Praktischer Leitfaden der
Parasitologie des Menschen

Für Biologen, Ärzte, Tropenhygieniker und Studierende

Von

E. Brumpt und M. Neveu-Lemaire

Zweite Auflage
Übersetzt und bearbeitet nach
der vierten französischen Auflage

von

Dozent Dr. Albert Erhardt

Lehrbeauftragter für Parasitologie und Angewandte Zoologie
an der Universität Münster i. W. / Leiter der Parasitologischen Abteilung
der Asta-Werke A.-G., Chem. Fabrik, Brackwede i. W.

Mit 234 Abbildungen

Springer-Verlag
Berlin · Göttingen · Heidelberg
1951

Titel der Originalausgabe:

Travaux pratiques de Parasitologie

Par

E. Brumpt
Professeur de Parasitologie
à la Faculté de Médecine de Paris
Membre de l'Académie
de Médecine

M. Neveu-Lemaire
Professeur agrégé
des Facultés de Médecine

Quatrième édition revue. Paris: Masson & Cie, 1946
ISBN 978-3-642-49239-6   ISBN 978-3-642-49238-9 (eBook)
DOI 10.1007/978-3-642-49238-9
Softcover reprint of the hardcover 2nd edition 1951

Vorwort zur französischen Ausgabe.

Das Büchlein, das wir heute der Öffentlichkeit übergeben, ist keine Wiederholung der bereits vorhandenen parasitologischen Lehrbücher; es bringt keine vollständige Aufzählung der Parasiten des Menschen, keine ausführliche Beschreibung derselben und der durch sie verursachten Krankheiten. Es ist einzig und allein zu dem Zweck geschrieben worden, auf den sein Titel bereits hinweist[1], den Studenten in ihren praktischen Arbeiten als Führer zu dienen.

Es erschien uns nutzbringend, zu Beginn einige Elementarbegriffe über die Parasiten im allgemeinen zu geben und über ihre pathogene Bedeutung zu sprechen. Nach dieser Einführung haben wir uns an einen Plan gehalten, wie er bei den praktischen Übungen in der Medizinischen Fakultät in Paris angewandt wird. Dieser Plan umfaßt zehn Kurse, von denen jeder einer oder mehreren Parasitengruppen, je nach ihrer größeren oder geringeren Bedeutung, gewidmet ist. Wir haben, das sei nachdrücklich betont, nur die Gruppen von Parasiten erwähnt, deren Kenntnis besonders nutzbringend ist, sowohl ihres häufigen Vorkommens wegen als auch wegen ihrer pathologischen Bedeutung.

Da es sich hier vor allem um einen Führer für die Praxis handelt, weisen wir auch auf die Methoden hin, wie man die Parasiten in der Natur erfaßt oder auf welche Weise man sie im menschlichen Organismus nachweist. Wir bringen hierfür die hauptsächlichsten und wichtigsten Untersuchungsmethoden.

Absichtlich haben wir alle Angaben beiseite gelassen, die sich auf die Pathologie der durch die Parasiten hervorgerufenen Krankheiten und ihre Therapie beziehen. Es würde aus dem Rahmen des Buches fallen, zumal diese Fragen in verschiedenen parasitologischen, klinischen und tropenmedizinischen Werken behandelt werden.

Dagegen glaubten wir, daß es wertvoll wäre, in einem Anhang die neuen Anschauungen über diejenigen Tiere zu bringen, die die Erreger entweder als Zwischenwirte oder als Reservoire (Reservewirte) beherbergen, und die dazu berufen erscheinen, in der Parasitologie eine immer wichtigere Rolle zu spielen.

So hoffen wir, daß dieser Führer in seiner Zusammenstellung den Studenten wirkliche Dienste erweisen und es ihnen ermöglichen wird, den praktischen Arbeiten der Parasitologie mit größerem Gewinn zu folgen.

Paris, den 12. Juni 1928.

E. Brumpt.   M. Neveu-Lemaire.

---

[1] Travaux pratiques de parasitologie.

Aus dem Vorwort zur ersten Auflage der deutschen Ausgabe.

Die deutsche Ausgabe, deren Erscheinen durch den Ausbruch des Krieges verzögert wurde, stellt nicht lediglich eine Übersetzung des französischen Buches dar, sondern Herr Professor Brumpt ermächtigte mich, den Text zu erweitern. Die Anordnung der einzelnen Abschnitte ist bei der französischen und deutschen Ausgabe nicht die gleiche, da es mir übersichtlicher schien, den Stoff in einen Allgemeinen und einen Speziellen Teil zu gliedern. Im Speziellen Teil ist in der deutschen Ausgabe der Abschnitt über die Bandwürmer vor den über die Saugwürmer gestellt worden. Ferner sind die Abbildungen stets einzeln dort in den Text eingefügt worden, wo von ihnen die Rede ist, im Gegensatz zur französischen Ausgabe, in der die Abbildungen auf 100 Tafeln wiedergegeben wurden.

Von der mir gewährten Freiheit machte ich außerdem vor allem in dem 1. Kapitel des 2. Abschnittes des Allgemeinen Teiles Gebrauch, worin die Untersuchungen des Stuhles auf die Wurmeier behandelt werden. Das von mir verfaßte 2. Kapitel des betreffenden Abschnittes „Die pharmakologischen Modellversuche zur Prüfung der Wirksamkeit von Wurmmitteln" wurde aus dem Grunde eingefügt, weil eine derartige Übersicht bisher nicht vorhanden ist. Ferner bin ich bei der Besprechung verschiedener Parasiten u. a. etwas näher auf ihre Verbreitung innerhalb des Deutschen Reiches eingegangen und habe auf eine Reihe zusammenfassender Arbeiten deutscher Autoren hingewiesen. Ich hoffe, durch diese Einfügungen dem Praktiker einen Dienst erwiesen zu haben.

Dem großzügigen Entgegenkommen des Springer-Verlages ist es zu verdanken, daß 10 neue Abbildungen in die deutsche Ausgabe aufgenommen werden konnten[1]. Darüber hinaus ließ der Verlag sämtliche im französischen Original enthaltenen Abbildungen nach einheitlichen Gesichtspunkten umzeichnen. Diese Umzeichnungen wurden von Fräulein Hanemann — wie mir scheint, in hervorragender Weise — in der Biologischen Reichsanstalt unter ständiger Aufsicht und Beratung von Herrn Professor A. Hase, Berlin-Dahlem, durchgeführt.

Im Februar 1942.

A. Erhardt.

---

[1] Es handelt sich um die Abb. 2, 3, 16, 40, 41, 87, 101, 141, 146 und 194 in der vorliegenden 2. Auflage.

Vorwort zur zweiten Auflage der deutschen Ausgabe.

Bereits ein Jahr nach ihrem Erscheinen war die erste Auflage der deutschen Ausgabe restlos vergriffen. Auch die Aufnahme, die der Leitfaden in Besprechungen und Kritiken im In- und Ausland gefunden hat, war äußerst freundlich.

Leider verzögerte sich die Herausgabe der zweiten Auflage außerordentlich. So wurde während des zweiten Weltkrieges der gesamte Satz einschließlich aller dazugehörigen Bildstöcke zweimal durch Kriegseinwirkung, und zwar jeweils kurz vor der Fertigstellung, vernichtet, nämlich im Dezember 1943 und im Februar 1945.

Der neuen Auflage ist die im Jahre 1946 herausgekommene vierte französische Auflage zugrunde gelegt. Darüber hinaus habe ich mich bemüht, den neuesten Forschungsergebnissen Rechnung zu tragen. So wurde z. B. ein Kapitel über die Toxoplasmen, die in letzter Zeit besondere Beachtung in Deutschland finden, neu aufgenommen. Für kritische Durchsicht dieses Kapitels bin ich Herrn Prof. PIEKARSKI, Bonn, und Herrn Dr. WESTPHAL, Hamburg, zu großem Dank verpflichtet.

Besonderer Wert wurde ferner auf Ergänzungen und Verbesserungen der Untersuchungsmethoden gelegt, um noch mehr als bisher den praktischen Bedürfnissen entgegenzukommen. Aus diesem Grunde wurde auch eine Darstellung über Prüfungsmethoden für Protozoen- und Insektenmittel eingefügt. Beide Kapitel wurden zusammen mit den schon in der ersten Auflage besprochenen pharmakologischen Modellversuchen zur Prüfung der Wirksamkeit von Wurmmitteln zu einem besonderen Abschnitt zusammengefaßt. Diese „Testierungsmethoden für antiparasitäre Präparate", die ganz aus meiner Feder stammen, dürften auch den Pharmakologen, Pharmazeuten und Schädlingsbekämpfer interessieren. Hierfür stellte Herr Dr. MINNING, Hamburg, dankenswerterweise seinen bisher noch nicht veröffentlichten Filarientest am Wasserfrosch zur Verfügung.

Drei alte Abbildungen wurden durch neue (35, 120 und 173) ersetzt und 15 neue (1, 4, 17, 30, 32, 92, 114, 159, 162, 167, 174, 180, 181, 182 und 192) eingefügt.

Einem vielfach geäußerten Wunsch folgend, habe ich als Anhang eine Übersicht über die wichtigste parasitologische Literatur gegeben und im Text an mehr Stellen als in der ersten Auflage auf — meistens zusammenfassende — Spezialarbeiten hingewiesen, ohne dabei irgendwie Vollständigkeit zu erstreben.

So hoffe ich, daß der Leitfaden in seiner neuen Auflage noch mehr als bisher seinen Zweck, ein Führer für die Praxis zu sein, erfüllt.

Mein besonderer Dank gilt wiederum Herrn Professor BRUMPT, Paris, der mir bei der Neugestaltung des Buches freie Hand ließ, meinem Freund Dr. SZENDRÖ, Ludwigshafen a. Rh., für seine erneute Hilfe bei der Durchsicht der Korrekturen, meiner langjährigen Assistentin Fräulein HEYNE für die Anfertigung des Sachverzeichnisses und schließlich dem Springer-Verlag, der keine Mühe scheute, unter schwersten Verhältnissen das Buch wieder so schön herauszubringen.

Brackwede i. W., den 20. Oktober 1950.

Albert Erhardt.

Inhaltsverzeichnis.

Allgemeiner Teil.

Spezieller Teil.

Erster Abschnitt.

Zweiter Abschnitt.

Dritter Abschnitt.

Vierter Abschnitt.

Allgemeiner Teil.

Einführung in das Studium der Parasitologie.

Die *Parasitologie* hat das morphologische und biologische Studium der parasitären Tiere und Pflanzen zur Aufgabe.

Ein echter *Parasit* oder *Schmarotzer* ist ein Lebewesen, das sein Leben ganz oder teilweise auf Kosten andersartiger lebender Organismen fristet.

I. Die Bedeutung der Parasitologie für die Medizin.

Um die Bedeutung der Parasitologie für die Medizin zu zeigen, genügt es, auf die Verheerungen hinzuweisen, die durch die verschiedenen Spirochätosen bewirkt werden, wie Syphilis, Framboesie und Rückfallfieber, ferner auf die Amöbenruhr, die Malaria, die Schlafkrankheit und auf die verschiedenen Wurmkrankheiten, besonders die Hakenwurmkrankheit, die in den tropischen Regionen der ganzen Erde so weitverbreitet ist.

Wir müssen gleichfalls die Krankheiten erwähnen, die durch blutsaugende Arthropoden übertragen werden, wie Flecktyphus, Gelbes Fieber, Denguë-Fieber und Pest.

Dieser Aufzählung fügen wir die durch Pilze hervorgerufenen Erkrankungen, wie Blastomykosen, Dermatomykosen und Mycetome hinzu.

Endlich dürfen wir, um die Gefahr der Unvollständigkeit zu vermeiden, die vielen von Bakterien erzeugten Krankheiten nicht unerwähnt lassen, denn die Bakterien sind nichts anderes als pflanzliche Parasiten, und die Bakteriologie ist tatsächlich auch nichts weiter als ein Zweig der Parasitologie[1].

II. Die verschiedenen Arten des Parasitismus.

Die Grenzen des Parasitismus sind nicht scharf umrissen, und es ist oft sehr schwierig, eine klare Unterscheidung zwischen sogenanntem echten Parasitismus und unechten Parasitismus, wie Raumparasitis-

---

[1] Für die *Veterinärmedizin* veranschlagt R. WETZEL die durchschnittliche Schadwirkung der *Haustierparasiten* im Gebiet des Altreiches jährlich auf 400 Millionen Goldmark. [Dtsch. Tierärztlbl. **4**, 233—235 (1937).]

mus oder Epökie[1], Mutualismus[2] bzw. Symbiose[3] und Kommensalismus oder Mitessertum[4] zu machen. Gleicherweise ist es schwierig, die frei lebenden Raubtiere von den blutsaugenden Ektoparasiten zu unterscheiden. Ein und dasselbe Insekt ist ein Raubtier, wenn es ein Tier tötet, um sich daran zu sättigen; es ist aber ein Parasit, wenn es ihm nur ein wenig Blut entzieht.

Die Arten des echten Parasitismus bewegen sich in weitgezogenen Grenzen. Wir geben einen kurzen Überblick[5].

Accidenteller Parasitismus. Gewisse frei lebende Tiere, wie Tausendfüßler (Myriapoden), Saitenwürmer (Gordiiden), einige Dipterenlarven, z. B. Stubenfliegenlarven, können nach Ansicht einiger Forscher eine gewisse Zeit im menschlichen Organismus leben. Man betrachtet sie als accidentelle Parasiten oder *Zufallsparasiten*.

Fakultativer Parasitismus. Es gibt eine große Anzahl von Lebewesen, Tieren oder Pflanzen, die für gewöhnlich in verwesenden organischen Stoffen leben und die man aus diesem Grunde zu den *Saprozoen* oder *Saprophyten* zählt. Man kann sie aber in gewissen Fällen auch im lebenden Organismus antreffen, z. B. in Wunden (vgl. S. 100). Solche Lebewesen sind z. B. einige Fliegenlarven oder verschiedene Pilze. Man nennt sie fakultative Parasiten oder *Gelegenheitsparasiten*.

Obligatorischer Parasitismus. Dagegen können gewisse Organismen nur auf Kosten anderer leben. Das sind die obligatorischen Parasiten oder *Zwangsparasiten*, deren Lebensäußerungen im übrigen sehr verschieden sind.

Temporärer Parasitismus. Die meisten blutsaugenden Tiere, wie Mücken, Bremsen, Wanzen, Blutegel, gehören zu dieser Kategorie. Sie ernähren sich notwendigerweise von Blut, aber sie verlassen ihren Wirt, sobald sie gesättigt sind.

Stationärer Parasitismus. Diejenigen Parasiten, die eine längere oder kürzere Zeitspanne auf oder in ihrem Wirt bleiben, z. B. Läuse, Bandwürmer, Oxyuren und Peitschenwürmer, gehören in diese Kategorie. Sie zerfällt wieder in folgende Gruppen:

---

[1] Der Ansiedler sitzt lediglich auf seinem Träger und entnimmt seine Nahrung vollkommen selbständig der äußeren Umgebung, z. B. Rankenfüßler (Krebse) auf Walen.

[2] Gast und Wirt haben beide von der Vergesellschaftung gewisse Vorteile, z. B. Einsiedlerkrebse und Actinie (Seeanemone).

[3] Inniges Zusammenleben zu gegenseitigem Nutzen, so daß beide Partner unvereinigt nicht mehr lebensfähig sind, z. B. Flagellaten im Darm holzfressender Termiten.

[4] Der Gast zehrt von der noch nicht angedauten Nahrung seines Wirtes, z. B. Krebse von der eingestrudelten Nahrung im Atemraum von Muscheln, bzw. entzieht seinem Partner nur solche Stoffe, die diesem ohnehin nichts mehr nützen, z. B. Haarlinge den Säugetieren Epidermisschuppen.

[5] Für die praktischen medizinischen Belange dürfte die Einteilung in Krankheitsüberträger, pathogene und apathogene Parasiten genügen.

Periodischer Parasitismus. Diese Bezeichnung wird für Organismen angewendet, die einen Teil ihres Lebens hindurch Parasiten sind, sei es in geschlechtsreifem Zustande, wie Hakenwürmer, sei es als Larven, wie Biesfliegen (*Hypoderma*) oder Dasselfliegen (*Dermatobia*).

Permanenter Parasitismus. Diesen Namen gibt man jenen Parasiten, die ihre ganze Lebensdauer hindurch am oder im Wirt bleiben, wie Läuse, Filarien oder Trichinen, oder denjenigen, von denen man in der freien Natur nur die Eier antrifft, wie es z. B. bei Band-, Spul- oder Madenwürmern der Fall ist.

Es kann vorkommen, daß ein Parasit, der sich normalerweise in einem Tier entwickelt, zufällig im Menschen gefunden wird; man nennt ihn dann einen *verirrten Parasiten.*

Es kann auch vorkommen, daß ein Parasit zufälligerweise ein Organ verläßt, in dem er sich sonst normal entwickelt, um sich in einem anderen anzusiedeln; man bezeichnet ihn dann als *irrenden Parasiten.*

Hyperparasitismus[1]. Die *Hyperparasiten* sind Parasiten anderer Parasiten. Sie können aber auch selber parasitiert sein von anderen Parasiten, die dann Hyperparasiten 2. Grades sind. Auf diese Weise können die parasitären Arthropoden, Würmer und sogar Protozoen (Abb. 182) Hyperparasiten beherbergen, die verschiedenen tierischen oder pflanzlichen Gruppen angehören. In bestimmten Fällen können diese Lebewesen sogar zur Vernichtung von Parasiten benutzt werden. Man nennt sie dann *Hilfsparasiten.* Hierher gehören z. B. *Ixodiphagus caucurtei*, eine Hymenoptere, die an Zecken parasitiert und eine große Zahl dieser Milben vernichtet, und verschiedene andere Hymenopteren (Hautflügler), die an den Puppen der Tsetsefliegen parasitieren (vgl. auch S. 258).

Pseudoparasitismus. Häufig werden den Laboratorien für Parasitologie zwecks näherer Bestimmung gewisse Lebewesen oder verschiedene Überreste eingesandt, die von Kranken herrühren oder von ihnen dem behandelnden Arzt übergeben wurden. Diese Stoffe stammen aus dem Urin, Auswurf, Stuhl oder aus den Ausscheidungen der Körperhöhlungen. In dieser künstlichen Gruppe, deren Angehörige man als *Pseudoparasiten* bezeichnet, kann man antreffen:

1. Oocysten von Coccidien, Eier von Leberegeln, Eier von Nematoden oder verschiedene Parasiten, die den Pflanzen oder eßbaren Tieren eigen sind und mit denselben verzehrt wurden. Es genügt, den Kranken zu befragen und seine Exkremente mehrere Tage hindurch zu untersuchen, um festzustellen, daß diese Elemente nicht als Parasiten im Menschen leben, sondern nur *Darmpassanten* darstellen, die zufällig in den Organismus hineingekommen sind.

---

[1] Wird während einer bestehenden Infektion (z. B. Malaria tertiana) der Parasitenträger erneut von derselben Parasitenart (im Beispiel: Plasmodium vivax) infiziert, so spricht man von *Superinfektion.*

2. Pflanzliche Überreste, wie die Äderung der Salatblätter, aus dem Inneren von Apfelsinen herrührende längliche Fasern, in der Luft umherfliegende Pollenkörnchen, die in zur Analyse gegebene Speisen, Exkremente oder Urin gefallen sind, Stückchen der entzündeten Darmschleimhaut, zylindrische Fasern der Harnwege usw. In Wirklichkeit handelt es sich dabei um einen Irrtum in der Bestimmung.

3. Larven von Fliegen oder Käfern, geschlechtsreife Milben und zahlreiche Tiere, wie Schlangen, Blindschleichen, Eidechsen, die von hysterischen oder „witzigen" Kranken gebracht werden.

4. Larven von Fliegen, gewöhnlich in den Exkrementen oder im Urin gefunden und von den Kranken guten Glaubens gebracht. Es handelt sich dabei am häufigsten um Larven, die durch den Geruch gewisser Stoffe angezogen oder ohne Wissen des Kranken von Fliegen abgesetzt worden sind, z. B. um „Rattenschwanzmaden" der *Schwirrfliege (Eristalis tenax)*. Eine ernsthafte Untersuchung erweist, wie die zufällige Infektion zustande gekommen ist.

III. Die Beziehungen der Parasiten zu ihren Wirten.

Die Parasiten können einerseits auf mehr oder weniger spezifische Weise ihren bestimmten Wirt finden oder sich in ihm entwickeln, wenn sie passiv in ihn gelangten, andererseits sich in dieser Hinsicht weitgehend unspezifisch verhalten und in den verschiedensten Wirtarten vorkommen.

Nach dem örtlichen Vorkommen bei ihren Wirten teilt man die Parasiten in *Ektoparasiten* und *Endoparasiten* ein.

Ektoparasiten sind diejenigen Parasiten, die auf der Oberfläche oder in den natürlichen, leicht erreichbaren Höhlungen des Körpers leben, wie in der Nase, den Ohren oder dem Munde[1]. Je nachdem, ob sie dem Tier- oder Pflanzenreich angehören, nennt man sie *Ektozoen* oder *Ektophyten*. Die pflanzlichen Organismen, die sich auf der Haut entwickeln, tragen den Namen *Dermatophyten*.

Endoparasiten nennt man die Parasiten, die in den tiefgelegenen Höhlungen des Organismus leben, in den Geweben oder im Blut. Sie heißen *Endozoen*, wenn es Tiere, und *Endophyten*, wenn es Pflanzen sind. Im Spezialfall nennt man die tierischen Organismen, die im Blute leben, *Hämatozoen*.

Alle Organe des Körpers können von Parasiten befallen werden; aber im allgemeinen entwickeln sich die Schmarotzer in einem bestimmten Gewebe und sterben, wenn sie dieses Gewebe nicht erreichen können. Gleicherweise setzen sie sich in einem bestimmten Teil des Verdauungskanals fest und können in einem anderen Teil nicht leben. Wenn jedoch der von Parasiten befallene Teil besonders günstige Bedingungen bietet

---

[1] Andere Autoren rechnen die Mundparasiten, z. B. *Entamoeba gingivalis*, zu den Endoparasiten.

und die Infektion stark ist, können sich die Parasiten ausnahmsweise auch an Stellen entwickeln, wo man sie gewöhnlich nicht antrifft.

IV. Die Entwicklungsweisen der Parasiten.

Die Entwicklungsweisen der Parasiten sind sehr verschieden. Nichtsdestoweniger kann man sie, je nachdem, ob die Entwicklung ohne oder mit Zwischenwirt erfolgt, in zwei Typen zusammenfassen, nämlich mit direkter oder mit indirekter Entwicklung.

Direkte Entwicklung oder Entwicklung ohne Zwischenwirt. Die ganze Entwicklung des Parasiten findet ohne Einschaltung eines Zwischenwirtes statt. Sie vollzieht sich entweder auf ein und demselben Individuum oder zum Teil in der äußeren Umgebung. Ersteres ist bei den Läusen und Krätzmilben, letzteres bei dem Spul- und Peitschenwurm der Fall. Da bei diesem Typus nur ein einziger Wirt in Betracht kommt (der allerdings verschiedenen Arten angehören kann), sagt man von einem hierhin gehörenden Parasiten, er sei *einwirtig* oder *monoxen*.

Innerhalb des Wirtes können sich die Eingeweidewürmer wiederum *direkt* oder *indirekt* weiterentwickeln. Denn entweder entwickelt sich die im Darmkanal des Menschen geschlüpfte Larve gleich im Darm *direkt* zum geschlechtsreifen Wurm oder führt erst eine komplizierte *Wanderung* in verschiedenen Organen des Wirtes aus, siedelt sich danach endgültig im Darm an und wächst nunmehr zum geschlechtsreifen Wurm heran. Ersteres Verhalten zeigt der Peitschenwurm, letzteres der Spulwurm.

Bei den *frei lebenden* rhabditiformen Larven des Zwergfadenwurms (*Strongyloides*) schließlich spricht man ebenfalls von direkter und indirekter Entwicklung, je nachdem, ob eine frei lebende Geschlechtsgeneration fehlt oder auftritt.

Bei allen angeführten Beispielen handelt es sich jedoch immer um monoxene Parasiten, die *definitionsgemäß zum Typus der direkten Entwicklung* oder der Entwicklung ohne Zwischenwirt gehören, unabhängig vom abweichenden Sprachgebrauch im einzelnen.

Indirekte Entwicklung oder Entwicklung mit Zwischenwirten. Die in Frage kommenden Parasiten leben im geschlechtsreifen Zustande in einem Lebewesen, das man als den *definitiven Wirt* oder *Endwirt* bezeichnet, und als Larve bei einem oder mehreren Wirten, die *Zwischenwirte, Zwischenträger, Überträger, Hilfs-* oder *Transportwirte*[1] ge-

---

[1] Der Endwirt wird auch als *Hauptwirt* und der Zwischenwirt als *Nebenwirt* bezeichnet. Wir halten es aber für zweckmäßiger, als Hauptwirt die Wirtart zu bezeichnen, die in erster Linie für den betreffenden Parasiten als Endwirt oder als Zwischenwirt in Betracht kommt, und als Nebenwirte die Arten, die seltener von dem Parasiten als End- oder Zwischenwirte befallen werden. So ist z. B. die Katze der Haupt-Endwirt und der Hund einer von mehreren Neben-Endwirten für den *Katzenleberegel* (*Opisthorchis tenuicollis*) und das Rind der Haupt-Zwischenwirt und das Zebu einer von mehreren Neben-Zwischenwirten des *Rinderbandwurmes* (*Taenia saginata*).

Der Begriff *Wartewirt* oder *Stapelwirt* wird auf S. 173 und *Reservewirt* auf S. 274 definiert.

nannt werden. (Näheres siehe im 10. Abschnitt.) Die Parasiten sind also *heteroxen*, da sie verschiedene Wirte haben. Die Parasiten, die nur *einen* Zwischenwirt aufweisen, wie die Spirochäten der Rückfallfieber, die Trypanosomen, die Taenien und gewisse Trematoden, werden *diheteroxen* genannt, da sich ihr vollständiger Entwicklungscyclus bei zwei Wirten vollzieht. Vollzieht sich der Entwicklungscyclus des Parasiten dagegen wenigstens bei zwei Zwischenwirten, so heißt er *polyheteroxen*. In diesem Fall spielen sich im ersten Zwischenwirt die hauptsächlichen Entwicklungsvorgänge (Wachstum, Vermehrung) ab, während der zweite Zwischenwirt vor allem zum Aufenthalt und Transport von bestimmten Entwicklungsstadien (z. B. Metacercarien, Plerocercoide) dient. Daher wird der zweite Zwischenwirt auch als Hilfswirt oder Transportwirt bezeichnet.

Bestimmte Saug- und Bandwürmer sind polyheteroxen. So entwickelt sich der Chinesische Leberegel erst in einer Schnecke und dann in einem Fisch, durch dessen Genuß sich der Mensch infiziert. Der Breite Bandwurm, im geschlechtsreifen Zustande ein Parasit des Darmes des Menschen, macht den gleichen Cyclus erst in einem kleinen Krebs (Copepoden) und dann in einem Fisch durch.

Als *Präpatenzperiode* bezeichnet man den Zeitraum, der zwischen der Infektion des Endwirtes und dem Eintritt der Geschlechtsreife des Parasiten liegt. Die *Latenz* oder *Inkubation* ist die Zeit zwischen dem Eindringen des Schmarotzers und dem Ausbruch der Krankheit.

V. Die pathogene Bedeutung der Parasiten[1].

Die durch die Parasiten hervorgerufenen pathogenen Erscheinungen können sehr verschieden sein je nach der in Betracht kommenden Art, und außerdem bei ein und derselben Art je nach ihrer Virulenz (Angriffskraft), der Stärke des Befalles und nach der Aufnahmebereitschaft oder Widerstandsfähigkeit (Resistenz und Immunität) des befallenen Organismus.

Finden die Parasiten für ihre Entwicklung und Vermehrung günstige Bedingungen, so können sie wohl charakterisierte akute oder chronische Krankheiten hervorrufen. Wenn es dagegen nur wenige Parasiten sind oder solche, die gut ertragen werden, so entsteht ein latenter, verborgener oder unauffälliger Parasitismus, und die Individuen, die die Parasiten beherbergen, bilden die sog. „*gesunden Parasitenträger*". Das trifft z. B. zu bei der Infektion des Menschen mit dem Rinderbandwurm. Bei der Infektion mit Hakenwürmern gelten noch 100—500 Würmer in vielen Fällen als harmlos. Dies ist besonders bei der klinischen Auswertung von statistischen Angaben zu beachten.

---

[1] Vgl. O. Höring: Zur Pathogenese der Invasionskrankheiten. Tropenhyg. Schriftr. **1943**, H. 9, 5—16.

Die Parasiten können in ihrem Wirt verschiedene Erscheinungen hervorrufen, die manchmal getrennt, meistens vereint auftreten, und die die Pathologie der parasitären Krankheiten oft verwickelt gestalten.

Schädigungen durch Blut- und Nahrungsentzug. Alle Parasiten vermehren sich mehr oder weniger unmittelbar auf Kosten des Organismus, dem sie einen Teil der aufbauenden Substanzen rauben, die für ihn bestimmt waren. In gewissen Fällen ist diese Tätigkeit ohne Bedeutung, in anderen dagegen sehr wichtig. Wir nennen als Beispiel die Anämie, die durch die Hakenwürmer oder durch die Malariaerreger hervorgerufen wird.

Toxische Wirkungen. Die Stoffwechselprodukte bestimmter Parasiten sowie verschiedene Sekrete, die von anderen ausgeschieden werden, üben einen toxischen Einfluß aus. So ist die Reaktion des Organismus auf Insektenstiche oder auf das Eindringen von Wurmlarven durch die Haut einer solchen Einführung von giftigen, für diese Tiere spezifischen Stoffen zuzuschreiben.

Traumatische und infektiöse Wirkungen. Viele Parasiten verletzen die Gewebe mehr oder weniger stark; so durchbohren die Larven bestimmter Würmer die Haut oder die Schleimhäute und führen verwickelte Wanderungen im Organismus aus. Ebenso gelangen die Eier der verschiedenen Bilharzienarten, die in den Blutgefäßen abgelegt werden, erst an die Oberfläche, nachdem sie die Capillaren oder die Darmschleimhäute oder die Harnblase durchbohrt haben (Abb. 153).

Diese Schädigungen werden im allgemeinen gut vertragen, aber in gewissen Fällen führen die Parasiten mehr oder weniger virulente Krankheitskeime mit sich und werden so die Ursache verschiedener bakterieller Infektionen.

Mechanische Wirkungen. Es ist leicht verständlich, daß gewisse Parasiten, die in geringer Zahl verhältnismäßig wirkungslos sind, mechanische Störungen hervorrufen, wenn sie den Organismus stark befallen oder in verschiedene Organe eindringen. Letzteres ist der Fall bei den Spulwürmern, wenn sie den Ductus Wirsungii, den Gallengang oder den Wurmfortsatz des Blinddarms durchbohren. Sie können aber auch durch ihre Anhäufung den Darm verstopfen. Indem der Haarwurm (*Wuchereria bancrofti*) Lymphstauung bewirkt, ruft er — wohl stets im Zusammenspiel mit Bakterien — die zahlreichen Erscheinungen der Filariose, wie z. B. die Elephantiasis, hervor. Man schreibt den Embolien, die von Malariaerregern in den Capillargebieten (Abb. 178) verursacht werden, die Entstehung der perniziösen Anfälle zu. Gewisse Parasiten erzeugen Druckerscheinungen; so z. B. die Echinokokkenblasen und die Finnen im Auge und Gehirn.

Reizende und entzündliche Wirkungen. Bestimmte Parasiten verursachen durch ihr Vorhandensein eine mehr oder weniger intensive

Reizung. So rufen die Trichinen eine Darmreizung hervor, die in den ersten Tagen der Infektion den Tod nach sich ziehen kann. Andere Parasiten verursachen Geschwüre oder Gewebsneubildungen, wie z. B. der Katzenleberegel.

Reaktionen des Wirtes. Der Organismus des Wirtes kämpft gegen die beginnende Einwirkung der Parasiten auf verschiedene Art; er benutzt zu diesem Zweck sowohl seine beweglichen und festen cellulären Elemente als auch seine humoralen Eigenschaften.

Celluläre Reaktionen. Die Zellen widersetzen sich oft der Infektion durch Parasiten durch die *Phagocytose* (Abb. 179). Wenn dies nicht genügt, kommt es zu verschiedenartigen Reaktionen: zu entzündlichen, metaplastischen, hyperplastischen und neoplastischen.

Die *entzündlichen Reaktionen* werden durch Neubildungen der an verschiedenen Leukocyten mehr oder weniger reichen Blutgefäße gekennzeichnet, in deren Mittelpunkt der Parasit zuweilen eingeschlossen ist; dieser Vorgang zeigt sich z. B. bei den Echinokokkencysten (Abb. 124), bei Finnen oder bei der Trichinose. Eosinophile Zellen und Riesenzellen sind manchmal reichlich vorhanden. Die *Eosinophilie* wird übrigens bei vielen durch Parasiten hervorgerufenen Erkrankungen beobachtet.

Die *metaplastischen Reaktionen* sind diejenigen, in denen z. B. ein normales zylindrisches Epithel in ein mehrschichtiges Pflasterepithel umgebildet wird; diesen Vorgang beobachtet man in den Bronchien, die von dem Lungenegel befallen sind (Abb. 151).

Die *hyperplastischen Reaktionen* äußern sich in der Hypertrophie der Zellen, die z. B. von Protozoen befallen sind, oder in einer starken Hyperplasie eines oder mehrerer Gewebe; es entstehen dann Adenome, die man ohne Schwierigkeit in der Leber eines Menschen beobachten kann, der an einer Distomatose leidet (Abb. 145 u. 149), und auch in der Blase und im Darm von Menschen, die an einer Bilharziose erkrankt sind (Abb. 157).

Die *neoplastischen Reaktionen* folgen manchmal auf die eben angeführten gutartigen Reaktionen, und es entstehen Krebsgeschwüre, die Metastasen hervorrufen und reihenweise gebildet werden können.

Um das Gebiet der menschlichen Parasitologie für kurze Zeit zu verlassen, erwähnen wir den kleinen Nematoden *Spiroptera* (*Gongylonema*) *neoplastica*, der im Magen der Ratte nach FIBIGER papillomatöse und carcinomatöse Geschwulstbildungen mit Metastasen hervorruft. Neuerdings hält man es jedoch für wahrscheinlich, daß die Geschwulstbildungen durch Viren hervorgerufen werden, die die Würmer übertragen. Als Zwischenwirte der Würmer kommen Schaben und Mehlkäfer in Frage.

Wir führen weiter die Lebercarcinome an, die bei Patienten mit Leberegeln beobachtet werden, unter anderem bei solchen, die den Chinesischen Leberegel und den Katzenleberegel beherbergen. Wir erwähnen auch die Blasenpapillome, die vom Blasenpärchenegel (*Schistosoma haematobium*) bei Krebserkrankungen der Blase verursacht werden. Endlich erinnern wir daran, daß über eine ätiologische Rolle der Trichinen bei Krebserkrankungen von mehreren Autoren berichtet worden ist.

Humorale Reaktionen. Die Parasiten und ihre Toxine wirken als Antigene im Organismus des Wirtes und rufen die Bildung verschiedener Antikörper hervor. Diese letzteren können streng spezifisch oder im Gegenteil polyvalent sein. Bisweilen genügt die fortschreitende Anhäufung dieser Antikörper, um die Parasiten zu vernichten und den Wirt entweder zeitweilig oder für immer steril zu erhalten; bisweilen dagegen sensibilisieren diese Stoffe den Körper, und es kann dann *Anaphylaxie* auftreten. Es kann aber auch die Bildung von Antikörpern völlig ausbleiben, und es gibt daher Infektionen, die fast niemals von selber ausheilen, z. B. die Schlafkrankheit.

Immunität[1]. Wenn der Organismus des Wirtes von einer Infektion geheilt ist, die von einem bestimmten Parasiten herrührt, kann er die Abwehrkräfte, die Immunkörper oder Antikörper, in sich bewahren, die sich einer neuen Einwirkung desselben Krankheitserregers erfolgreich widersetzen; man sagt dann, daß der Wirt eine *aktiv erworbene Immunität* besitzt[2]. Diese Immunität oder Feiung, die man häufig bei bakteriellen Infektionen findet, bildet eine Ausnahme bei den parasitären Erkrankungen. Man findet sie z. B. bei solchen Wurmkrankheiten (Trichinose, Filariasis, Echinokokkose, Bilharziose), bei denen die Würmer in den Geweben oder den zirkulierenden Körperflüssigkeiten dauernd leben (sog. somatische Helminthen im Gegensatz zu den Darmwürmern) und dabei den ganzen Komplex der Abwehrkräfte des Wirtskörpers aktivieren. Für den Nachweis dieser Antikörper kommen vor allem drei Methoden in Frage: die Komplementbindungsreaktion, die Präcipitinreaktion und die Hautprobe. Eine spezifische Präcipitation tritt z. B. auf im Reagenzglas auf der Oberfläche lebender *Schistosoma*-Cercarien und führt zur Bildung einer membranartigen Hülle um die Larven bei Behandlung mit *Schistosoma*-Antiserum, das aus infizierten Menschen gewo nen wird (VOGEL und MINNING). Die praktische Bedeutung

---

[1] Vgl. A. ERHARDT: Die Verwandtschaftsreaktionen mittels der Immunitätsreaktionen in der Zoologie und ihr Wert für phylogenetische Untersuchungen. Erg. Zool. **7**, 279—377 (1929). — C. SCHLIEPER: Immunbiologie der somatischen Helmintheninfektionen des Menschen. Tropenhyg. Schriftr. **1943**, H. 8, 5—50. — A. NAGEL: Über spezifische und unspezifische serologische Befunde bei der Trichinose des Menschen. Z. Immunit.forsch. **102**, 424—432 (1943). — H. VOGEL u. W. MINNING: Hüllenbildung bei Bilharzia-Cercarien im Serum bilharzia-infizierter Tiere und Menschen. Zbl. Bakter. I. Orig. **153**, 91—105 (1949).

[2] Wird diese aktive Immunität durch Verimpfen von Blut oder Serum auf andere Individuen übertragen, so spricht man von *passiv erworbener Immunität*. Unter *natürlicher* oder *angeborener Immunität* (*Resistenz*) versteht man eine individuell angeborene, erhöhte Widerstandskraft gegen das Eindringen bestimmter Parasiten ohne vorhergehende Infektion.

dieser Immunitätsreaktionen liegt darin, daß sie die *Diagnose* latenter Infektionen ermöglichen können, wenn die anderen Methoden versagen. Es ist jedoch bei diesen Reaktionen zu beachten, daß sie nicht streng artspezifisch, sondern oft gruppenspezifisch sind, also mehr oder weniger deutliche Verwandtschaftsreaktionen zeigen.

Bei den parasitären Krankheiten beobachtet man häufig eine *unvollkommene Immunität,* eine *labile* oder *stumme Infektion* oder eine *Prämunition.* Man versteht hierunter einen latenten Zustand der Krankheit bei gleichzeitigem Vorhandensein von Parasiten in den inneren Organen bei Wirten, die an unauffälligen, chronischen Infektionen leiden, z. B. an latenter Malaria. Es ist also — um bei dem letzten Beispiel zu bleiben — ein Gleichgewichtszustand zwischen der Körperabwehr und dem Plasmodienbestand eingetreten. Eine Neuinfektion (Reinfektion) mit dem gleichen Erregerstamm löst dann keine Krankheitserscheinungen aus. Wohl aber können andere Faktoren (Provokationen) Rückfälle (Rezidive) hervorrufen. Diese Rückfälle sind Ausdruck einer durch endogen vermehrtes Adrenalin hervorgerufenen Ausschüttung der in den inneren Organen inaktiv liegenden Malariaparasiten (MEYTHALER).

VI. Die Prophylaxe gegen die parasitären Krankheiten.

Der Mensch wird, mit Ausnahme der kongenitalen Infektionen, frei von allen Parasiten geboren und empfängt sie erst in der äußeren Umgebung, sei es durch die Luft, das Wasser oder verunreinigte Lebensmittel, sei es durch die Berührung mit infizierten Lebewesen oder durch Übertragung von Krankheitserregern durch Zwischenwirte. Es ist also theoretisch leicht möglich, sich keine parasitären Krankheiten zuzuziehen. Dazu ist es notwendig:

1. Die Krankheitserreger im Organismus des Kranken und in seiner Umgebung zu bekämpfen und ihre Überträger oder Zwischenwirte, wenn sie solche besitzen, zu vernichten. Alle zu ergreifenden Maßregeln bilden zusammengenommen die *allgemeine Prophylaxe.*

2. Durch geeignete Mittel die Ansteckung des gesunden Individuums zu verhindern: mechanischen Schutz, Abkochen der Nahrung, vorbeugende Mittel, Impfung. Dieses alles bildet die *individuelle Prophylaxe.*

Allgemeine Prophylaxe. Die angewandten Verfahren im Kampf gegen die Parasiten sind sehr verschieden. Man muß vor allen Dingen versuchen, die Parasiten und ihre Zwischenwirte unmittelbar zu vernichten, indem man geeignete Substanzen anwendet, um sie auszurotten, die Verbreitung ihrer natürlichen Feinde begünstigt und sie mittels künstlicher Fallen fängt oder mit Tieren, die als Fallen dienen.

Wenn diese direkten Verfahren nicht anwendbar sind, kann man indirekt vorgehen, indem man z. B. die Mücken dadurch vernichtet,

daß man die Larvenentwicklung verhindert. Wenn die Krankheitserreger sich im menschlichen Körper befinden, wirken verschiedene
spezifische Medikamente, wie Antimon- und Arsenpräparate, Chinin,
Atebrin und viele andere, mit gutem Erfolg. Das Problem wird schwieriger beim Vorhandensein von Tieren, die als Reservoire oder Reservewirte der Erreger dienen; man muß dann das Blut der Haustiere para-
sitenfrei machen oder die wild lebenden Tiere vernichten.

Endlich, wenn die Krankheitserreger nicht durch eine geeignete
medizinische Behandlung vernichtet werden können, muß man die
Kranken isolieren oder sie aus der Nähe von menschlichen Wohn-
sitzen entfernen.

Individuelle Prophylaxe. Derjenige Mensch, der in guten hygienischen Verhältnissen lebt und den Kontakt mit Kranken vermeidet,
hat die besten Möglichkeiten, parasitären Krankheiten zu entgehen.
Trotzdem ist es oft von Nutzen, Maßregeln zu ergreifen, um die Widerstandskraft des Organismus zu erhöhen. So befähigt die *vorbeugende
medizinische Behandlung* den Organismus, das Eindringen pathogener
Erreger erfolgreich zu bekämpfen; z. B. ergibt das Chinin und Atebrin
als Vorbeugungsmittel gegen Malaria sehr befriedigende Resultate[1].

Mit Hilfe von *Vaccinen* dagegen wird eine Immunisierung gegen
parasitäre Krankheiten i. e. S. nur selten erzielt, wohl aber gegen bakterielle Infektionen.

VII. Einteilung und Nomenklatur der parasitären Krankheiten.

Die parasitären Krankheiten tierischer Herkunft werden als *Zoosen*
bezeichnet, und zwar heißen diejenigen, die von Protozoen hervorgerufen
werden, *Protozoosen*, und diejenigen, die von den Eingeweidewürmern
verursacht werden, *Helminthosen* oder *Helminthiasen*. Die durch Würmer
und Arthropoden hervorgerufenen Krankheiten werden auch *Invasionskrankheiten* genannt im Gegensatz zu den durch die übrigen Parasiten
und die Bakterien erregten *Infektionskrankheiten*.

Unter den Protozoosen erwähnen wir die *Spirochätosen*, die *Try-
panosomosen* oder *Trypanosen* usw., unter den Helminthosen die *Bilharziosen*, die *Trichinose* usw. Von den Krankheiten, die durch Arthropoden entstehen, nennen wir die *Myiasen*, die durch parasitierende
Dipterenlarven hervorgerufen werden.

Die parasitären Krankheiten pflanzlicher Herkunft sind die *Phy-
tosen*, die — je nachdem sie durch Pilze oder durch Bakterien verursacht werden — die Namen *Mykosen* oder *Bakteriosen* tragen. Unter
den Mykosen kann man je nach ihrem örtlichen Vorkommen, ohne auf

---

[1] Vgl. S. 228.

die systematische Stellung Rücksicht zu nehmen, folgende Gruppen unterscheiden: die *Dermatomykosen*, die *Otomykosen*, die *Onychomykosen*, die *Ophthalmomykosen* usw. Wenn man die Spezies des Parasiten festgestellt hat, kann man zur genaueren Bestimmung angeben, daß man es mit einer *Mucormykose*, einer *Saccharomykose*, einer *Blastomykose* usw. zu tun hat. Zuweilen unterdrückt man den Ausdruck Mykose und hält sich an die in der Parasitologie gebräuchlichen Benennungen; man sagt z. B. *Aspergillose*, *Sporotrichose* usw. Man kann auch gleichzeitig den pathogenen Erreger und sein örtliches Vorkommen bezeichnen; das geschieht, wenn man von der *Lungenaspergillose* oder der *Hautaktinomykose* spricht.

Ob nun die parasitären Krankheiten tierischer oder pflanzlicher Herkunft sein mögen, so bleibt es doch am ratsamsten, die Namen für die Krankheit anzuwenden, die sie vor der Entdeckung ihrer pathogenen Erreger trugen, gleichzeitig aber die Krankheiten in die systematische Stellung einzuordnen, wohin ihre Erreger gehören. So können z. B. die Syphilis, die Framboesie und die Rückfallfieber unter die *Spirochätosen* eingruppiert werden und trotzdem ihre Namen beibehalten.

VIII. Einteilung der Parasiten[1].

Die Parasiten des Menschen gehören entweder dem Tierreich an, dann nennt man sie *Zooparasiten*, oder dem Pflanzenreich, dann heißen sie *Phytoparasiten*. Die einen wie die anderen sind nicht auf bestimmte zoologische oder botanische Gruppen beschränkt; man trifft sie in den verschiedensten systematischen Gruppen an, und häufig sind in derselben Gruppe parasitierende und frei lebende Spezies vorhanden. Es ist also nicht möglich, eine besondere Einteilung der Parasiten zu geben. Im Gegenteil, um sie zu klassifizieren, ist es notwendig, das allgemeine System der Lebewesen zu Hilfe zu nehmen.

1. Tierische Parasiten.

Die tierischen Parasiten des Menschen verteilen sich in ihrer Gesamtheit auf drei *Stämme* des Tierreiches, nämlich auf die *Arthropoden*, *Würmer* und *Protozoen*.

Arthropoden oder **Gliederfüßler (Arthropoda).** Die Arthropoden sind zweiseitig symmetrisch gebaute Tiere, deren Körper von Chitin umgeben ist und aus Segmenten verschiedener Struktur besteht und deren Gliedmaßen Gelenke besitzen; die Geschlechter sind getrennt. Sie umfassen mehrere *Klassen*, unter denen die *Insekten* und *Spinnentiere* die einzigen sind, die Parasiten des Menschen enthalten.

---

[1] Die hier gegebene Einteilung genügt für unseren auf die Praxis zugeschnittenen Leitfaden. Es sei jedoch ausdrücklich darauf hingewiesen, daß die Großeinteilung des Tierreiches offenbar noch revisionsbedürftig ist (ULRICH).

Insekten oder Kerbtiere (Insecta). Der Körper der Insekten besteht aus drei deutlich unterschiedenen Segmenten: Kopf, Thorax und Abdomen. Der Thorax trägt *drei Paar Beine*, daher der manchmal gebrauchte Name *Hexapoden*, und sehr häufig zwei Flügelpaare; jedoch sind letztere bisweilen auf ein Paar reduziert oder fehlen ganz. Im Laufe ihrer Entwicklung machen die Insekten eine mehr oder minder vollkommene *Metamorphose* oder Verwandlung durch.

Man bezeichnet die Metamorphose als *vollkommen*, wenn aus dem Ei eine wurmförmige Larve kriecht, die von dem erwachsenen Tier (Vollkerf oder Imago) völlig verschieden ist, und die sich in eine bewegliche Nymphe oder in eine unbewegliche Puppe verwandelt, aus welchen endlich das fertige Insekt hervorgeht.

Die Metamorphose heißt *unvollkommen*, wenn aus dem Ei ein junges Insekt schlüpft, das seinen Eltern ähnlich ist, jedoch weder Flügel — auch wenn die Eltern geflügelt sind — noch Fortpflanzungsorgane besitzt. Nach mehreren aufeinanderfolgenden Häutungen erlangt es diese Organe und ist dann erwachsen.

Die beim Menschen parasitierenden Insekten gehören den vier folgenden *Ordnungen* an: den *Dipteren* oder *Zweiflüglern*, den *Aphanipteren* oder *Flöhen*, den *Rhynchoten* oder *Schnabelkerfen* und den *Anopluren* oder *Läusen*. Ihre Kennzeichen sind folgende:

Vollkommene Metamorphose	ein Flügelpaar	*Dipteren*
	keine Flügel	*Aphanipteren*
Unvollkommene Metamorphose	zwei Flügelpaare	*Rhynchoten*
	keine Flügel	*Anopluren*

Spinnentiere (Arachnoidea). Der Körper der Spinnentiere ist im allgemeinen aus zwei Abschnitten zusammengesetzt, dem Cephalothorax (Kopfbruststück) und dem Abdomen. Der Teil, der aus Kopf und Thorax besteht, trägt *vier Beinpaare*; daher die an sich ungebräuchliche Bezeichnung *Octopoden*. Zwei *Ordnungen* enthalten Parasiten des Menschen, die *Acarinen* oder *Milben* und die *Linguatulinen* oder *Zungenwürmer* (*Wurmspinnen*). Für die Medizin sind nur die ersteren von wirklichem Interesse. Die systematische Stellung der letzteren ist unsicher.

Helminthen oder Würmer (Vermes). Der Stamm der Würmer umschließt Tiere von großer Verschiedenartigkeit. Wenn man von den Blutegeln oder Hirudineen absieht, die nur temporäre Parasiten sind und zu der Klasse der Anneliden oder Ringelwürmer zählen, gehören die im Menschen parasitierenden Würmer zu den zwei *Klassen* der *Nemathelminthen* oder *Rund-* oder *Fadenwürmer* und der *Plathelminthen* oder *Plattwürmer*.

Nemathelminthen oder Rundwürmer (Nemathelminthes). Die Nemathelminthen haben einen zylindrischen wurmförmigen Körper; sie besitzen keine mit Borsten versehenen Mundwerkzeuge, jedoch können in der Mundhöhle Haken oder zahnähnliche Gebilde auftreten. Ihr Nervensystem besitzt kein Bauchmark. Die Geschlechter sind getrennt. Die Tiere besitzen eine Albuminoidhülle bzw. eine Keratinschicht. Die Nemathelminthen werden in drei *Ordnungen* eingeteilt: *Nematoden* oder *Fadenwürmer, Gordiiden* oder *Saitenwürmer* und *Acanthocephalen* oder *Kratzer*. Nur die erste Ordnung verdient unsere Aufmerksamkeit.

Plathelminthen oder Plattwürmer (Plathelminthes). Die schmarotzenden Plathelminthen sind durch die parasitische Lebensweise zurückgebildete Würmer. Ihr Körper ist meistens plattgedrückt, einheitlich oder gegliedert, und die Leibeshöhle ist durch ein dichtes Gewebe weitgehend verdrängt. Die parasitären Arten sind mit Saugnäpfen versehen. Diese Tiere sind meistens Hermaphroditen.

Zwei Ordnungen interessieren den Mediziner: die *Trematoden* oder *Saugwürmer* und die *Cestoden* oder *Bandwürmer*. Ihre Kennzeichen sind folgende:

Einheitlicher Körper mit Verdauungskanal . . . . *Trematoden*
Gegliederter Körper ohne Verdauungskanal . . . . *Cestoden*

Protozoen oder **Urtiere (Protozoa).** Die Protozoen sind einzellige Tiere, die während einer mehr oder weniger langen Zeitspanne ihres Daseins die Fähigkeit besitzen, sich fortzubewegen. Sie bewegen sich mit Pseudopodien oder Scheinfüßchen, mit Flagellen oder Geißeln, mit beweglichen Cilien oder Wimpern. Diese Organismen sind im allgemeinen frei lebend, jedoch sind einige Parasiten des Menschen geworden.

Der Stamm der Protozoen wird in vier *Klassen* eingeteilt: in *Wimpertierchen* oder *Infusorien*, in *Geißeltierchen* oder *Flagellaten*, in *Sporentierchen* oder *Sporozoen* und in *Wurzelfüßler* oder *Rhizopoden*. Die Klassen unterscheidet man folgendermaßen:

Der Körper ist mit zahlreichen beweglichen *Wimpern* bedeckt. . . *Infusorien*
Der Körper trägt eine oder mehrere *Geißeln* . . . . *Flagellaten*
Der Körper von bestimmter Form trägt weder Wimpern noch Geißeln;
   die Tiere sind *stets Parasiten* . . . . *Sporozoen*
Wechselnde Körpergestalt mit ausstülpbaren *Scheinfüßchen* . . . . *Rhizopoden*

2. Einzellige Organismen, deren systematische Stellung nicht sicher ist.

In diese Gruppe stellen wir diejenigen einzelligen Organismen, deren systematische Stellung noch zweifelhaft ist, wie die *Spirochäten*, die *Bartonellen* und die *Rickettsien*. Sie unterscheiden sich folgendermaßen:

Spiraliger Körper, zerstreutes Chromatin, beweglich . . . . *Spirochäten*

	kugelig gestaltete Organismen, innerhalb von oder auf roten Blutkörperchen, bisweilen mit chromatischen und stäbchenförmigen Granula	*Bartonellen*
Vielgestaltig	Organismen ohne deutliche Hülle, gewöhnlich rund, oft stäbchen- oder fadenförmig, bisweilen hantelförmig, nicht beweglich	*Rickettsien*

3. Pflanzliche Parasiten.

Die pflanzlichen Parasiten des Menschen gehören alle zu den *Krypto-gamen*, d. h. ihnen fehlt die Blüte; sie gehören außerdem dem *Stamm* der *Thallophyten* an, sehr einfachen Organismen ohne Wurzeln, Stengel und Blätter und nur aus einem Thallus gebildet.

Die Thallophyten enthalten unendlich viele Pflanzen von verschieden-artigstem Bau. Sie werden in mehrere *Klassen* eingeteilt, von denen allein die *Pilze* und *Bakterien* für die menschliche Pathologie von Inter-esse sind.

Obgleich die Bakterien auch Parasiten sind, so lassen wir sie hier beiseite, da sie Gegenstand eines Spezialstudiums sind, und beschäftigen uns ausschließlich mit den Pilzen.

Zweiter Abschnitt.

Untersuchungsmethoden des Stuhles.

Wir geben hier nicht eine vollständige Aufstellung koprologischer Untersuchungsmethoden[1], sondern wir begnügen uns damit, die ein-fachsten Arten der Verfahren anzuführen, die es erlauben, mit einem Minimum von Material die Parasiten im Stuhl nachzuweisen: *Hel-mintheneier* einerseits, *Darmprotozoen* andererseits. Ein brauchbares Kot-untersuchungsbesteck hat O. WAGNER[2] zusammengestellt.

I. Nachweismethoden für die Helmintheneier.

Sammeln des Stuhles. Der Stuhl, der koprologisch untersucht werden soll, muß ohne Beimischung von Urin in einem reinen und trockenen Gefäß gesammelt werden. Man wird auf diese Weise vermeiden, an-organische oder organische Fremdkörper für Darmparasiten zu halten, wie z. B. saprozoische Flagellaten oder Infusorien oder gegebenenfalls sogar Insektenlarven. Andererseits verändert der Urin, wenn er den zu untersuchenden Stoffen beigemischt ist, nicht nur ihre Zusammen-setzung und ihr Aussehen, sondern beschädigt und zerstört sogar emp-findliche Parasiten wie die Protozoen.

Entnahme einer Stuhlprobe. Man entnimmt dem in beschriebener Weise gesammelten Stuhl eine Probe von der Größe einer Walnuß oder einer Haselnuß und kann sie in einer vollständig trockenen Flasche in das Laboratorium schicken, das sie untersuchen soll. Will man selber

---

[1] Vgl. W. HEUPKE: Die Faeces des Menschen. 2. Aufl. Dresden und Leipzig 1943. — S. L. BRUG u. G. H. KLÖVEKORN: Die parasitologische Diagnostik der menschlichen Faeces. Leipzig 1926.

[2] WAGNER, O.: Ther. Mh. Veterinärmed. **2**, 115—116 (1928).

die Analyse machen, nimmt man mit einem sehr reinen Glasstäbchen oder Platindraht ein Stückchen des zu untersuchenden Kotes und bringt es auf einen Objektträger.

Direkte Untersuchung. Wenn der Stuhl fest ist, verdünnt man die entnommene Probe mit steriler physiologischer Kochsalzlösung, breitet sie so gleichmäßig wie möglich zwischen Objektträger und Deckgläschen aus, drückt aber nicht zu stark, um die festeren Teilchen, die darin sein könnten, nicht zu zerquetschen (Abb. 1). Wenn das Präparat (*Nativ-*

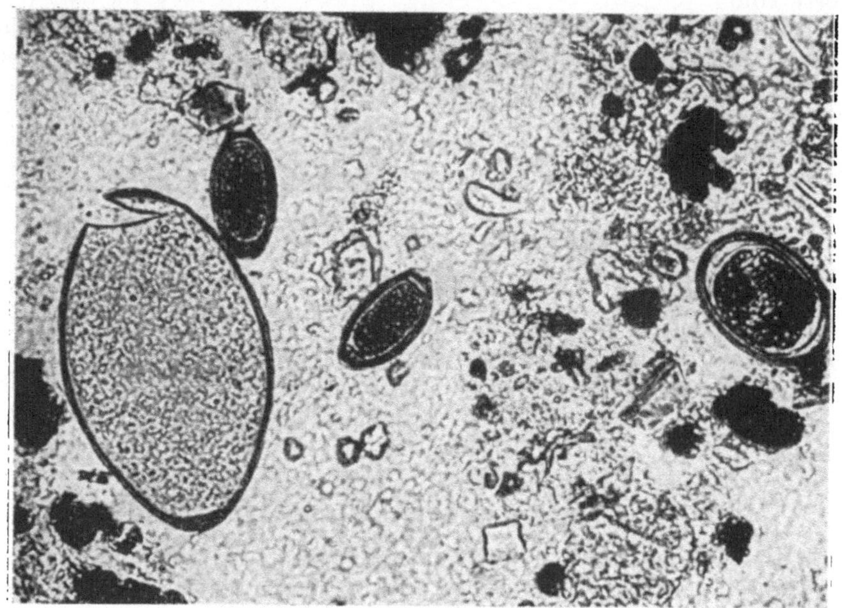

Abb. 1. *Nativ-Präparat.* Links ein Ei vom *Großen Leberegel* (*Fasciola hepatica*), in der Mitte zwei Eier vom *Peitschenwurm* (*Trichuris trichiura*) und rechts ein hüllenloses Ei vom *Spulwurm* (*Ascaris lumbricoides*) in den Faeces eines Menschen. (Nach F. PAUL aus SZIDAT u. WIGAND.)

Präparat) fertiggestellt ist, muß es so dünn sein, daß man darunterliegende gedruckte Buchstaben lesen kann. Ist der Kot flüssig, so ist es unnötig, ihn zu verdünnen.

Man beginnt dann die mikroskopische Untersuchung mit einem schwachen Objektiv, das ungefähr 60fach vergrößert, hierauf mit einem stärkeren, das etwa 200mal vergrößert. Diese Vergrößerung genügt, um die Eier der Helminthen zu finden.

Finden sich an der Oberfläche der Kotprobe schleimige Bestandteile, so ist es ratsam, sie auf einen Objektträger zu bringen und besonders zu untersuchen; man kann in ihnen dann oft Eier von bestimmten Parasiten finden, besonders solche vom *Darmpärchenegel* (*Schistosoma mansoni*).

Die direkte Untersuchung ohne Reagenzien genügt in vielen Fällen
für den Nachweis der Eier der Helminthen und ist immer zu empfehlen.

Quantitative Zählung von Helmintheneiern. Es ist nicht unwichtig,
die ungefähre Anzahl der Parasiten zu kennen, die von einem Individuum
beherbergt werden, in dessen Stuhl Eier gefunden wurden. Zu diesem
Zweck zählt man die Eier und leitet davon annähernd die Zahl der
Parasiten ab, die den Darm bevölkern. Dieses Verfahren wird besonders
bei Trägern von *Hakenwürmern* angewandt in Gegenden, wo die Hakenwurmkrankheit endemisch ist[1].

Man hat festgestellt, daß die Anwesenheit von 1000 Hakenwürmern
der Gattung *Necator*, etwa 500 Männchen und 500 Weibchen, im Darm
einer Anzahl von ungefähr 15 000—18 000 Eiern in 1 g halbflüssigen
Kotes (s. u.) entspricht. Indem man sich dieser Rechnung bedient und
die Anzahl der Eier auf je 1 g Kot berechnet, kann man mit ziemlicher
Genauigkeit die Zahl der Würmer schätzen, die ein Individuum beherbergt. In der laufenden Praxis erlauben diese Berechnungen folgenden
Schluß zu ziehen: Untersucht man zwischen Objektträger und Deckgläschen einen verdünnten Tropfen Kot, d. h. etwa $1/30$ g, so sind im
Kranken so viel *Necator*-Weibchen vorhanden, wie man Eier im Präparat
zählt. Man muß nun die erhaltene Zahl mit 2 multiplizieren, um die
Gesamtzahl der männlichen und weiblichen Würmer festzustellen, die
der Kranke beherbergt. Die *Ancylostoma*-Weibchen hingegen legen über
doppelt so viele Eier als die *Necator*-Weibchen, so daß schon auf 500 Ancylostomen, etwa 250 Männchen und 250 Weibchen, im obigen Beispiel
rund 18 000 Eier kommen würden. Die in dem Tropfenpräparat gezählten
Ancylostoma-Eier würden also ungefähr der Gesamtzahl der männlichen
und weiblichen Ancylostomen entsprechen.

In der Praxis hat sich für Massenuntersuchungen die **quantitative
Eierzählmethode von** Stoll ausgezeichnet bewährt, die auch für *Protozoencysten* anwendbar ist (Erhardt) und für die Zschucke[2] eine besondere *Helmintheneier-Zählkammer* hergestellt hat. Diese Kammer mit dem
dazugehörigen Besteck liefert die Firma Ernst Leitz, Wetzlar (Abb. 2).

Die Firma legt dem Besteck folgende *Gebrauchsanweisung zur quantitativen Stuhluntersuchung auf Helmintheneier* bei (etwas geändert):

1. Herstellung der Stuhlemulsion. a) In den graduierten Kolben werden
10 Stück Glasperlen gegeben und mit einer etwa 0,5 proz. oder $1/10$ n-
Natriumcarbonatlösung (Na_2CO_3 = Soda) bis zur Marke 56 ccm auf-
gefüllt.

b) Es wird je nach der Konsistenz der zu untersuchenden Stuhlproben mit Hilfe von Holzstäbchen (Zahnstochern) oder Glaslöffeln

---

[1] Zum Nachweis der im Boden vorkommenden Hakenwurm*larven* dient die
Sieb-Trichter-Methode von Baermann (S. 143).

[2] Zschucke, J.: Arch. Schiffs- u. Tropenhyg. **35**, 357—363 (1931).

so viel Stuhl zugegeben, daß der untere Rand des Flüssigkeitsmeniscus mit der Marke 60 ccm abschneidet. Die Konsistenz des Stuhles muß mit fest, halbfest, weich, halbflüssig oder flüssig notiert werden.

c) Nachdem der Glasstopfen aufgesetzt ist, wird der Inhalt des Kolbens so lange kräftig geschüttelt, bis der Stuhl gleichmäßig suspendiert ist. Die Prozedur dauert durchschnittlich 1 bis 2 Minuten.

Abb. 2. *Hauptteile des Bestecks von* ZSCHUCKE *für quantitative Zählung von Helmintheneiern und -larven:* a) graduierter Kolben, b) Zählkammer. Verkleinert. Original.

2. *Beschickung der Kammer.* a) Das saubere, fettfreie und trockene Deckglas wird auf die in gleicher Weise gereinigte Zählkammer aufgelegt und mit den beigegebenen Metallklammern befestigt.

b) Aus der frisch hergestellten bzw. noch einmal *kräftig geschüttelten* Emulsion wird mit der beigegebenen Pipette eine beliebige Menge entnommen und die Kammer durch Capillarwirkung gefüllt. Luftblasen pflegen sich nur dann zu bilden, wenn die Kammer oder das Deckglas nicht fettfrei waren, oder wenn man bei der Füllung der Pipette nicht darauf geachtet hat, daß keine Luftblasen in dieselbe eindrangen.

3. *Zählung.* a) Bei Stühlen, die nicht übermäßig reich an Eiern sind, zählt man den Gesamtinhalt (0,075 ccm) der über dem Zählnetz befindlichen Flüssigkeitsschicht (einen sog. „kleinen Tropfen") und findet die Zahl der Eier pro 1 g bzw. 1 ccm Stuhl dadurch, daß man den erhaltenen Wert mit 200 multipliziert (0,075 ccm × 200 × 4 ccm = 60 ccm).

b) Bei Stühlen, die außerordentlich reich an Eiern sind, kann man sich damit begnügen, mehrere große Quadrate oder Horizontalkolumnen durchzuzählen. Jedes große Quadrat entspricht dem 15. Teil der Kammer und besteht aus 100 kleinen Quadraten. Hat man Horizontalkolumnen gezählt, so kann man den Faktor, mit dem man den gefundenen Wert außer mit 200 multiplizieren muß, an dem Zählnetz ablesen. Er beträgt, wenn man die Zählung von oben begonnen hat, für die erste Kolumne 5, für die zweite 2,5, für die dritte 1,7 und für die vierte 1,25 (Abb. 3).

4. *Berechnung.* Will man aus der Zahl der in 1 g bzw. 1 ccm Stuhl vorhandenen Eier Rückschlüsse auf die Zahl der beherbergten Würmer

ziehen, so muß man sich zunächst darüber klar sein, daß der Einzeluntersuchung eine Reihe von Fehlerquellen anhaften, die sich nicht vermeiden oder nur schematisch berücksichtigen lassen (Schwankungen der Tagesmenge und des Wassergehaltes des Stuhles, Einfluß der Nahrung auf die Fertilität der Würmer usw.). Bei Reihenuntersuchungen gleicht sich dieser Fehler bis zu einem gewissen Grade aus. Aber auch hier gibt es eine Anzahl von Faktoren (wie die durchschnittliche Fertilität einer bestimmten Wurmart, das quantitative Verhältnis der Weibchen zu den Männchen), die regionär verschieden zu sein scheinen und die dort, wo es auf wissenschaftliche Genauigkeit ankommt, in kombinierten Versuchen mit Wurm- und Eierzählung vorher errechnet werden müssen. Soweit eine derartige Genauigkeit nicht erforderlich ist, kann man sich folgender Mittelwerte bedienen:

Man findet bei *weicher* Konsistenz des Stuhles in 1 g Kot:

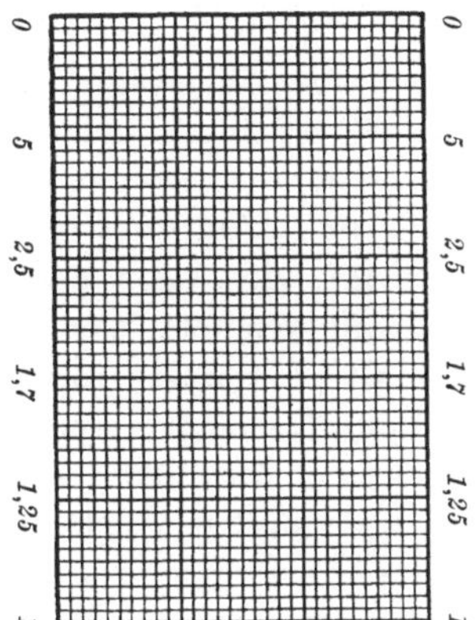

Abb. 3. *Zählnetz der Zählkammer von* ZSCHUCKE. 2fache Vergrößerung. Wegen der Zahlen vgl. den Text S. 18. Die Zählkammer faßt 0,075 ccm („Kleiner Tropfen"). Die Seitenlänge eines kleinen Quadrates beträgt 0,5 mm, die eines großen Quadrates 5,0 mm. (Nach ZSCHUCKE.)

Wurmart	Ancylostoma duodenale	Necator americanus	Ascaris lumbricoides	Trichuris trichiura
1. pro 1 Weibchen . .	125 Eier	50 Eier	1000 Eier	75 Eier
2. pro 1 Wurm . . .	62 ,,	25 ,,	600 ,,	47 ,,

(Das Verhältnis von Männchen zu Weibchen ist nämlich bei *Ancylostoma* und *Necator* durchschnittlich 1:1, bei *Ascaris* 1:1,5 und bei *Trichuris* 1:1,7.)

Hat der Stuhl eine andere Konsistenz, so müssen die gefundenen Werte auf breiigen (weichen) Stuhl umgerechnet werden, und zwar durch Multiplikation mit folgenden Faktoren:

fest 0,5
halbfest 0,66
halbflüssig 1,5
flüssig 2,0

Beispiele. 1. Es werden 2000 *Necator-* bzw. *Ancylostoma*-Eier pro 1 g Stuhl gezählt. Diese Menge entspräche bei weicher Konsistenz des Stuhles 40 *Necator*-Weibchen oder 80 erwachsenen Würmern bzw. 16 *Ancylostoma*-Weibchen oder 32 erwachsenen Würmern beiderlei Geschlechts. Wäre die Konsistenz des Stuhles jedoch halbflüssig, so würde die gleiche Eierzahl $\frac{2000 \times 1,5}{50} = 60$ *Necator*-Weibchen bzw. 120 erwachsenen Tieren oder 24 *Ancylostoma*-Weibchen bzw. 48 erwachsenen Tieren beiderlei Geschlechts entsprechen.

2. 1500 *Trichuris*-Eier pro 1 g Faeces würden bei weichem Stuhl auf die Anwesenheit von 20 Weibchen bzw. 32 Würmern beiderlei Geschlechts schließen lassen, in festem Stuhl jedoch nur auf 10 Weibchen bzw. 16 Würmern beiderlei Geschlechts. —

Eine sehr genaue quantitative Eierzählmethode ist die **Traganthmethode von Szidat-Erhardt.** Das Wesentliche dieser Methode ist folgendes: 1 g Stuhl wird nach dem (S. 22) beschriebenen Verfahren von Telemann angereichert. Der eierhaltige Bodensatz des Zentrifugenröhrchens wird mit Wasser ausgespült und in ein kleines Standgefäß („Pillenglas") gekippt, das 5 ccm einer 2proz. vergorenen Traganthlösung mit dem spezifischen Gewicht von 1,01 und einer Viscosität von 5 (im Vergleich mit Aqua destillata gleich 1) enthält. Das Ausspülen des Zentrifugengläschens erfolgt mit so viel Wasser, bis im Standgefäß die obere Marke von 7,5 erreicht wird. Das Standgefäß wird nun verschlossen und stark durchgeschüttelt, bis alle Eier gleichmäßig suspendiert sind. Es haben sich also die Eier aus 1 g Kot auf 7,5 ccm Flüssigkeit (ursprünglich 5 ccm 2proz. Traganthlösung und 2,5 ccm kothaltiges Wasser) im Standgefäß verteilt. Die mikroskopische Auszählung der Wurmeier erfolgt in der erwähnten Helmintheneier-Zählkammer von Zschucke (vgl. S. 18—19). Der sich aus mehreren Zählungen ergebende Durchschnittswert wird mit 100 multipliziert, um die Anzahl der Eier zu erhalten, die sich in 1 g Kot befinden. Hieraus und aus dem Gewicht des gesamten abgelegten Kotes läßt sich ohne weiteres die innerhalb von 24 Stunden ausgeschwemmte Anzahl der Eier berechnen.

Eine andere einfache quantitative Eierzählmethode ist der *quantitative Telemann* nach Erhardt (S. 23).

Die Zählung der Helmintheneier ist insofern ein wertvolles Verfahren, als sie dem Kranken eine überflüssige schmerzhafte und oft nicht ungefährliche Behandlung ersparen kann. Denn eine Therapie ist nur notwendig, wenn die Zahl der Parasiten so groß ist, daß dieselben krankhafte Schädigungen hervorrufen oder später hervorrufen können.

Anreicherungsverfahren. Die Anreicherungsverfahren, über die wir jetzt sprechen wollen, gestatten zwar eine sehr schnelle Diagnose, sind aber in ihren Ergebnissen meist ungenügend. Diese Methoden haben den Zweck, die mikroskopische Untersuchung zu kürzen und die Diagnose zu erleichtern; sie sind zahlreich, und alle weisen Unvollkommenheiten auf. Wir werden, ohne sie besonders zu empfehlen, zunächst diejenige anführen, die uns am einfachsten erscheint. Es ist die **Kochsalzmethode von Willis.** Sie gründet sich auf eine zweifache Eigenschaft der meisten Helmintheneier, nämlich auf einer gesättigten Salzlösung zu *schwimmen* und am Glas zu *haften*.

Man verfährt folgendermaßen: Man nimmt mit einem Glasstäbchen oder einem Metallspatel eine Stuhlprobe, deren Volumen proportional zu dem Gefäß ist, das man gewählt hat. Dieses Gefäß — meist ein Blechschächtelchen — muß zylindrisch sein, und man muß als Minimum 1 g Kot nehmen. Dann gießt man langsam eine gesättigte Kochsalzlösung, die zuvor bereitet wurde, hinein und verdünnt sorgfältig.

Ist der Kot verdünnt und bildet er einen klaren Brei, so füllt man das Gefäß bis zum Rande mit der Kochsalzlösung. Sobald das Gefäß bis zum Überlaufen gefüllt ist, bringt man auf die Oberfläche der Flüssigkeit einen sorgfältig gereinigten Objektträger und achtet darauf, daß sich keine Luftblasen bilden. Soweit als möglich bedient man sich eines Glases, dessen Öffnung nicht mehr als 2,5 cm im Durchmesser beträgt, damit ein gewöhnlicher Objektträger es vollständig bedeckt. Man wartet etwa 5 Minuten, damit die Eier an die Oberfläche steigen und sich an den Objektträger heften können; hierauf hebt man letzteren vorsichtig ab und dreht ihn um, ohne die daran klebende Flüssigkeit, die die Eier enthält, zu verschütten.

Nun bedeckt man ihn mit einem Deckgläschen und beginnt mit der mikroskopischen Untersuchung. Diese überaus einfache Methode erzielt besonders befriedigende Resultate mit den Hakenwurmeiern. Man kann sie auch auf die Eier der anderen Nematoden anwenden, aber nicht auf die Trematodeneier.

Dasselbe gilt auch für die **„Hamburger Deckglasauszählung"**, die von HUNG[1] ausgearbeitet und von FÜLLEBORN[2] weiter vervollständigt wurde. Dieses Verfahren besteht im Prinzip darin, daß die Methode von WILLIS mit einem bestimmten Kotquantum (1 g) ausgeführt wird und auf die gesättigte Kochsalzlösung 3 Deckgläschen in der Größe von 18×18 mm aufgelegt werden, an denen die aufsteigenden Hakenwurmeier festkleben.

Bei dieser Methode werden besonders angefertigte Blechschächtelchen verwendet, die das Hamburger Tropeninstitut zum Selbstkostenpreis von 10 Pf pro Stück abgibt. Diese Schächtelchen sind aus Messingblech hergestellt und besitzen am Boden eine Aushöhlung, die gerade 1 g Kot faßt. Der dazugehörige, aus festerem Weißblech bestehende Deckel kann als Untersatz für die Schächtelchen dienen. Die Schächtelchen können auch zum Einsammeln der Kotproben bei Massenuntersuchungen verwendet werden. Die Dimensionen des Blechschächtelchens sind so gewählt, daß seine Oberfläche 7 mal größer ist als die eines der 3 aufgelegten 18×18 mm großen Deckgläschen.

Der zu untersuchende Kot wird in die Aushöhlung des Bodens des Schächtelchens getan. Nach gründlichem Verrühren des Kotes mit zuerst nur tropfenweise zugesetzter gesättigter Kochsalzlösung wird

---

[1] HUNG: Arch. Schiffs- u. Tropenhyg. **30**, 399—421 (1926).
[2] FÜLLEBORN: Arch. Schiffs- u. Tropenhyg. **31**, 232—236 (1927).

2a

das Schächtelchen mit ungefähr 40 ccm der letzteren gefüllt, d. h. bis etwa $^1/_2$ cm unterhalb des Randes, wobei es auf mehr oder weniger Kochsalzlösung nicht ankommt. Dann werden sofort die 3 Deckgläschen auf die Kochsalzoberfläche aufgelegt, auf der sie schwimmen bleiben. Nach etwa 10 Minuten werden die 3 Deckgläschen mit der Pinzette abgehoben, mit der die Eier tragenden Unterseite auf einen Objektträger gelegt und ausgezählt.

Nach FÜLLEBORN[1] versagt jedoch diese Methode für quantitative Bestimmungen, sie genügt aber praktisch zum qualitativen Eiernachweis[2].

Im Gegensatz zu den soeben besprochenen Methoden ist die **Anreicherungsmethode von TELEMANN** für *alle* im Stuhl vorkommenden Helmintheneier[3] und sogar für Protozoencysten (ERHARDT) brauchbar. Das Prinzip dieser Methode ist folgendes:

Etwa 1 g von mit Wasser mehr oder weniger verdünntem Kot[4] wird in ein mit Gummistopfen verschließbares Zentrifugenglas getan und hier mit halbverdünnter, etwa 16—18 proz. Salzsäure und Äther stark durchgeschüttelt, so daß makroskopisch keine größeren Kotpartikelchen mehr erkennbar sind. Hierauf wird die Probe etwa 2 Minuten zentrifugiert, das Salzsäure-Äther-Gemisch und der Detrituspfropf mit einem Ruck abgegossen, bis nur der *eierhaltige Bodensatz* übrigbleibt (Abb. 4). Dieser Bodensatz wird nunmehr innerhalb des Zentrifugengläschens mit Wasser ausgewaschen, nochmals zentrifugiert und das Wasser schnell abgegossen, so daß wieder nur der eierhaltige Bodensatz übrigbleibt. Dieser wird jetzt entweder in die Zählkammer von ZSCHUCKE (S. 18) gebracht oder vorsichtig auf einen Objektträger gegossen, mit einem Deckgläschen bedeckt und mikroskopisch untersucht.

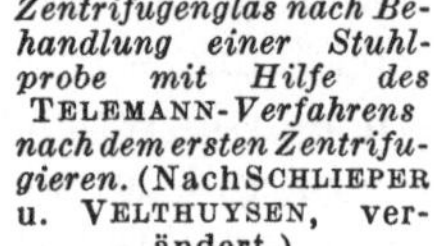

Abb. 4. *Darstellung der einzelnen Schichten im Zentrifugenglas nach Behandlung einer Stuhlprobe mit Hilfe des* TELEMANN-*Verfahrens nach dem ersten Zentrifugieren.* (Nach SCHLIEPER u. VELTHUYSEN, *ver-ändert.*)

---

[1] FÜLLEBORN: Arch. Schiffs- u. Tropenhyg. **32**, 441—481 (1928).

[2] NAJERA [Z. Tropenmed. u. Parasitol. **1**, 571—575 (1950)] hat die Elotationsverfahren dadurch verbessert, daß er statt der Blechschächtelchen eine Glasröhre von kegelstumpfer Form gebraucht. Das Deckgläschen wird auf die obere kleinere Kegelöffnung gelegt, während die untere nach Einfüllung des Stuhles verschlossen wird. Die Wurmeier konzentrieren sich somit auf eine wesentlich kleinere Oberfläche und die dadurch bedingte Eieranreicherung ist ungefähr 25 mal größer als bei den oben beschriebenen Verfahren.

[3] Methoden zum Nachweis von *Oxyuren* siehe S. 23.

[4] Bei Benutzung der bekannten Stuhlprobenröhrchen empfiehlt es sich, den Stuhl gleich im Röhrchen mit Wasser zu verdünnen, von diesem flüssigen Stuhl nach kräftigem Schütteln mehrere Löffelchen voll in das Zentrifugengläschen zu tun und, wie oben angegeben, weiter zu behandeln.

Sogar verhältnismäßig gute *quantitative* Ergebnisse kann man mit der TELEMANN-Anreicherung auf einfache Weise erzielen, wenn man dabei folgendermaßen verfährt (*quantitativer Telemann* nach ERHARDT[1]):

Die innerhalb von 24 Stunden abgelegten Stuhlmengen werden durch Hinzufügen von mehr oder weniger Wasser (nach Augenmaß) möglichst auf dieselbe flüssige Konsistenz gebracht, gründlichst verrührt und abgemessen. Von diesem flüssigen Kot werden von verschiedenenen Stellen mit einem kleinen Löffel insgesamt 1,5 ccm in ein graduiertes bzw. mit einer entsprechenden Marke versehenes Zentrifugenglas getan und in der oben beschriebenen Weise behandelt. Nach dem zweiten Zentrifugieren wird nur so viel Wasser abgegossen, daß im Zentrifugenglas 1,5 ccm eierhaltige Flüssigkeit zurückbleibt, diese wird mit einem kleinen Glasstab verrührt und in die Zählkammer von ZSCHUCKE gebracht, die 0,075 ccm faßt. Die in der Kammer gefundene Anzahl der Eier muß mit 20 multipliziert werden, um die Zahl der Eier in der verwendeten Kotprobe (1,5 ccm) zu finden. Aus dem so erhaltenen Wert und der Gesamtmenge des flüssigen Kotes läßt sich leicht errechnen, wieviel Eier innerhalb von 24 Stunden abgelegt wurden.

Beispiel. Die mit Wasser verrührte flüssige Stuhlmenge beträgt 450 ccm, in der Zählkammer werden 10 Eier gefunden. Demzufolge befinden sich in der Gesamtmenge $10 \times 20 \times \frac{450}{1,5} = 60\,000$ Eier.

Als **Provokationsmethode** zur Ausschwemmung von *Schistosoma haematobium*-Eiern in den Urin hat sich die intravenöse Injektion von 1 (bis 3) g Germanin (Bayer 205) bewährt[2]. Ist die Ausschwemmung der Eier der anderen *Schistosoma*-Arten in den Stuhl so gering, daß selbst die TELEMANN-Anreicherung versagt, so führt in vielen Fällen noch das *Ausschlüpfverfahren* von FÜLLEBORN zum Ziel. Diese Methode beruht darauf, daß nicht die Eier, sondern die bereits geschlüpften *Miracidien* oder *Wimperlarven* nachgewiesen werden. Zu diesem Zweck wird die zu untersuchende Stuhlprobe (5—15 g) mit physiologischer Kochsalzlösung (100—200 ccm) versetzt, letztere so lange immer wieder abgegossen und erneuert, bis die Flüssigkeit über dem Bodensatz klar bleibt. Dann wird die Kochsalzlösung durch warmes (35—40 °C) Leitungswasser ersetzt und das Gefäß an ein helles Fenster gestellt. Die Miracidien schlüpfen jetzt nach kürzerer oder längerer Zeit aus und sind leicht mit der Lupe zu erkennen.

Nachweis von Oxyuren. Man findet die außerhalb des Darmes abgelegten Eier, wenn man zunächst die Afterhaut mit einem Stempel naß massiert, um eine gleichmäßige Aufschwemmung der Eier zu

---

[1] ERHARDT, A.: Dtsch. tropenmed. Z. **45**, 449—456 (1941).
[2] KUNERT, H.: Zbl. Bakter. I. Orig. **143**, 161—164 (1939). — ENGELHARDT, J. C.: Dtsch. tropenmed. Z. **46**, 597—603 (1942).

erhalten. Dann werden Tropfen dieser Aufschwemmung, das sog. *Anal-schabsel*, mit dem Stempel auf den Objektträger abgetupft, getrocknet und unter Cedernöl mikroskopisch untersucht. Sehr praktisch ist auch die *Cellophanmethode*. Sie besteht darin, daß man einen Cellophanklebestreifen 2 Minuten direkt auf die Afterhaut legt. Darauf bringt man den Streifen, an dem die Oxyureneier haften, auf einen Objektträger und untersucht ihn mikroskopisch. Faltet man den Streifen zusammen, so sind die Eier im mikroskopischen Bild angereichert. Ferner kann man auch den *Fingernagelschmutz* mikroskopisch untersuchen. Die beste Methode zum Nachweis von Oxyuren ist jedoch die etwa 2 Stunden nach Beginn der Bettruhe vorgenommene *Analschau*, wobei man die ausgewanderten Weibchen findet. Die so nachgewiesenen Eier bzw. Oxyuren lassen jedoch keinen Schluß auf den Befall des Darmes mit Oxyuren zu.

Wir schließen diese Ausführungen mit einem Hinweis auf das Merkblatt von C. Schlieper[1]. Ferner verweisen wir auf den „Leitfaden zur Untersuchung der tierischen Parasiten des Menschen und der Haustiere" von Reichenow, Vogel und Weyer. Leipzig 1951.

Kurze Übersicht über die wichtigsten Helmintheneier. Wir werden nacheinander die Eier der Nematoden, Cestoden und Trematoden, die man im Stuhl finden kann, betrachten und auf ihre wichtigsten Merkmale hinweisen. Wurmeier sind stets an ihrer scharfen Kontur zu erkennen. In Zweifelsfällen muß man durch einen leisen Druck auf das Deckgläschen das fragliche Objekt verschieben, um die Diagnose zu stellen. Vgl. auch die Fehlerquellen auf S. 35.

F a d e n w ü r m e r (N e m a t o d e n). Die *Eier des Spulwurms* (*Ascaris*) (Abb. 1 u. 5) sind mehr oder weniger eirund und haben eine eiweißhaltige, unregelmäßig mit kleinen Buckeln besetzte Schale, die sie leicht kenntlich macht, obgleich sie bisweilen nicht vorhanden ist (Abb. 1). Bei der Eiablage sind sie ungefurcht und enthalten nur eine Zelle.

Man muß sich davor hüten, diese Eier mit *Pilzsporen* zu verwechseln, deren Oberfläche ebenfalls Unebenheiten aufweist. Die Pilzsporen sind aber viel kleiner, und ihr Durchmesser übersteigt nicht $30\,\mu$, während die Eier des Spulwurms 50—$75\,\mu$ lang und 40—$60\,\mu$ breit sind. Diese Eier werden in allen Ländern der Welt häufig im Stuhl angetroffen.

Die *Eier des Peitschenwurms* (*Trichuris*) (Abb. 1 u. 5) haben die Gestalt einer kleinen länglichen Citrone, ihre Schale ist glatt, dick und bräunlich, und sie tragen an den beiden Enden einen hellen schleimigen Pfropfen. Sie sind ungefurcht und enthalten nur eine Zelle. Durch ihr eigenartiges Aussehen können sie mit nichts anderem verwechselt werden. Sie sind 50—$55\,\mu$ lang und 22—$25\,\mu$ breit. Diese Eier findet man mit am häufigsten, und zwar in allen Gegenden der Erde.

---

[1] Schlieper, C.: Helminthologische Laboratoriumsmethoden. Stuttgart 1949.

Die Eier des Madenwurms (Enterobius) (Abb. 5 und 92) *werden nur ausnahmsweise im Stuhl angetroffen,* da sie von den Weibchen meistens außerhalb des Darmes in der Nähe des Afters abgelegt werden. Sie sind

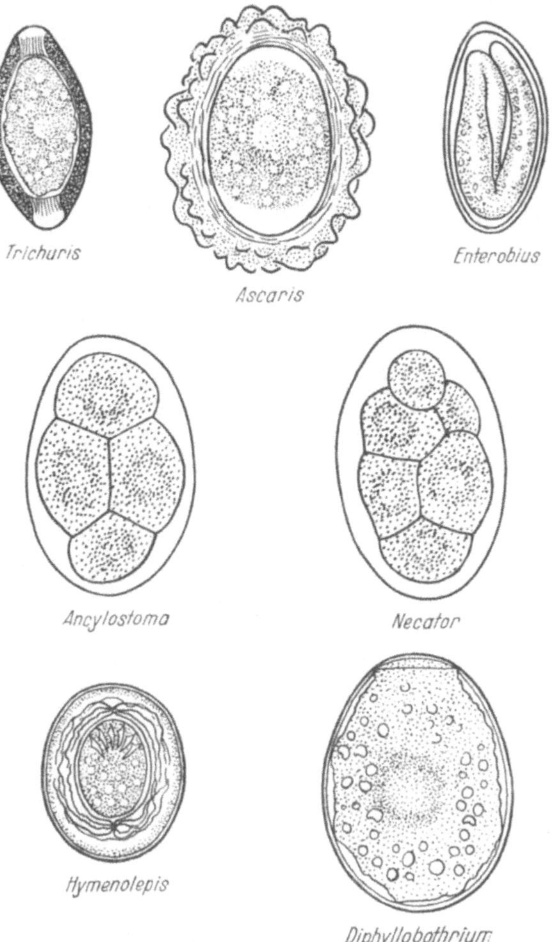

Abb. 5. *Eier der wichtigsten im Menschen parasitierenden Fadenwürmer und Bandwürmer* in 550facher Vergrößerung.

länglich, mit glatter, dicker, asymmetrischer Hülle und enthalten bald nach der Eiablage eine Larve; sie sind 50—60 μ lang und 30—32 μ breit.

Die *Eier des Hakenwurms (Ancylostoma)* (Abb. 5) sind ellipsoid mit sehr dünner, glatter und durchsichtiger Schale. Sie enthalten bei der Ablage 2—4, manchmal 8 Zellen und sind durchschnittlich 60 μ lang und 40 μ breit. In allen tropischen Gegenden werden diese Eier sehr häufig angetroffen, bisweilen auch in der gemäßigten Zone bei Bergleuten, so z. B. früher im rheinisch-westfälischen Kohlenrevier.

Die Eier des Todeswurms (Necator) (Abb. 5) sind im allgemeinen merklich länglicher als die vorhergehenden; wie bei den letzteren ist ihre Schale sehr dünn, glatt und durchsichtig und enthält bei der Eiablage 2—8 Zellen; sie sind 70 μ lang und 40 μ breit. Jedoch ist eine einwandfreie Differentialdiagnose der Eier von *Ancylostoma* und *Necator* sehr schwierig. Man findet die Eier von *Necator* in großer Menge in den Tropen.

Die *Eier des Zwergfadenwurms (Strongyloides)* sind ellipsoid mit dünner, glatter und durchsichtiger Schale wie die des Hakenwurms, aber sie enthalten bei der Eiablage bereits eine Larve. Sie unterscheiden sich von den Eiern des Madenwurms durch ihre symmetrische Form und die dünnere Schale. Sie besitzen eine Länge von 50—58 μ und eine Breite von 30—34 μ. *Diese Eier entwickeln sich normalerweise schon innerhalb des Darmes, wo die Larven schlüpfen.* Letztere sind rhabditiform, 200—300 μ lang und etwa 15 μ im Durchmesser und gelangen mit dem Stuhl ins Freie. Sie kommen hauptsächlich in den wärmeren Ländern und in Bergwerken vor.

Bandwürmer (Cestoden). Wie wir im Speziellen Teil sehen werden, *werden die Eier der meisten Bandwürmer mittels des Nativpräparates nicht im Kot gefunden,* da diese Eier nicht innerhalb des Darmes abgelegt werden, sondern der Mensch sie mit den Proglottiden von sich gibt. Von dieser Regel gibt es nur zwei Ausnahmen, nämlich bei *Hymenolepis* und *Diphyllobothrium*. Mittels der TELEMANN-Anreicherung ist es aber doch oft möglich, Bandwurmeier nachzuweisen, da durch dies Verfahren die Proglottiden bzw. deren Bruchstücke, die in das Zentrifugengläschen hineingeraten sind, teilweise zerstört und die Eier dadurch frei werden.

Die *Eier des Zwergbandwurms (Hymenolepis)* (Abb. 5) haben eine ganz eigenartige Struktur; sie sind eirund und besitzen eine äußere glatte und dünne Hülle und eine innere Hülle, die an jedem Pol eine kleine Verdickung aufweist, die den Ausgangspunkt für 4—5 gewundene Fäden bildet. Diese Fäden breiten sich in dem Hohlraum zwischen den beiden Hüllen aus. In der inneren Hülle befindet sich eine *Sechshakenlarve* oder *Oncosphaera* mit ihren 6 charakteristischen Haken. Diese Eier, die 50 μ lang und 45 μ breit sind, kann man im Stuhl finden, da sie im Darmlumen abgelegt werden. Man hat sie besonders bei Kindern in den verschiedensten Teilen der Welt beobachtet.

Die *Eier des Fischbandwurms (Diphyllobothrium)* (Abb. 5) sind denen der Leberegel sehr ähnlich; sie sind eiförmig, braun, *mit einem Deckel versehen* und ohne Embryo, wenn sie abgelegt werden, 70 μ lang und 45 μ breit. Da diese Eier in das Darmlumen abgelegt werden, finden sie sich in großer Anzahl bei Personen, die den Fischbandwurm beherbergen. Bekanntlich ist dieser Parasit besonders in der Nähe großer Seen verbreitet, in denen die Fische leben, die ihm als Zwischenwirte dienen. Er kommt z. B. sehr häufig am Kurischen Haff vor.

Saugwürmer (Trematoden). Die *Eier des Darmegels (Fasciolopsis)* sind groß, eiförmig, dunkel, *mit einem Deckel versehen* und bei der Eiablage gefurcht. Im Durchschnitt sind sie 125 μ lang und 75 μ breit.

Die *Eier des Großen Leberegels (Fasciola)* (Abb. 1 u. 6) sind sehr groß, eiförmig, bräunlich, *mit einem Deckel versehen* und bei der Eiablage gefurcht. Im Durchschnitt sind sie 140 μ lang und 80 μ breit. Sie kommen nur ausnahmsweise im menschlichen Stuhl vor, und diejenigen, die man dort findet, sind fast immer durch den Genuß von Hammelleber, in der sich die Leberegel befanden, in den Menschen gelangt.

Die *Eier des Kleinen Leberegels (Dicrocoelium)* (Abb. 6) sind sehr viel kleiner, ebenfalls bräunlich, eiförmig, mit dicker Schale und *mit einem Deckel versehen*; auf der einen Seite sind sie leicht flachgedrückt und enthalten bei der Eiablage einen Embryo; ihre Länge beträgt 38—45 μ, ihre Breite 22—30 μ. Die Eier sind ebenso selten im menschlichen Stuhl zu finden wie die des Großen Leberegels.

Die *Eier des Chinesischen Leberegels [Opisthorchis (= Clonorchis) sinensis]* (Abb. 6) gehören zu den kleinsten, die man im Kot findet; sie haben die Gestalt winziger, bauchiger Flaschen mit leicht verengtem Halse, sind mit rundem, hervortretendem *Deckel* geschlossen und tragen einen kleinen Höcker an dem dem Deckel gegenüberliegenden Ende; sie enthalten bereits ein Miracidium und sind 26—30 μ lang und 15—17 μ breit. Die Eier findet man in unseren Breiten nur bei Menschen, die aus dem Fernen Osten kommen, aber dort werden sie häufig beobachtet.

Die *Eier des Katzenleberegels (Opisthorchis tenuicollis)* ähneln den vorigen; sie sind eiförmig, *mit einem Deckel versehen* und einem kleinen Höcker an dem Ende, das dem Deckel gegenüberliegt. Ihre Länge beträgt 26—30 μ, ihre Breite 11—15 μ.

Die *Eier des Lungenegels (Paragonimus)* (Abb. 6) sind eiförmig, rötlichbraun, *mit einem Deckel versehen* und gefurcht, wenn sie abgelegt werden. Sie besitzen eine Länge von 85—100 μ und eine Breite von 50—67 μ. Wenn diese Eier in die Mundhöhle gelangen, werden sie häufig verschluckt und dann im Stuhl angetroffen; sie werden aber auch mit dem Auswurf der Kranken abgestoßen und bei der Untersuchung des Auswurfs gefunden.

Die *Eier vom Blasenpärchenegel (Schistosoma haematobium)* (Abb. 6) sind eiförmig, mit dünner, durchsichtiger Schale und *einem spitzen Stachel an dem einen Ende* des Eies. Sie enthalten ein Miracidium (Wimperlarve), wenn sie ins Freie gelangen, und haben eine Länge von 150 μ und eine

Breite von 60 μ. Diese Eier findet man nur ausnahmsweise im Kot. Gewöhnlich gehen sie mit dem Urin ab, und man muß in dem Boden-

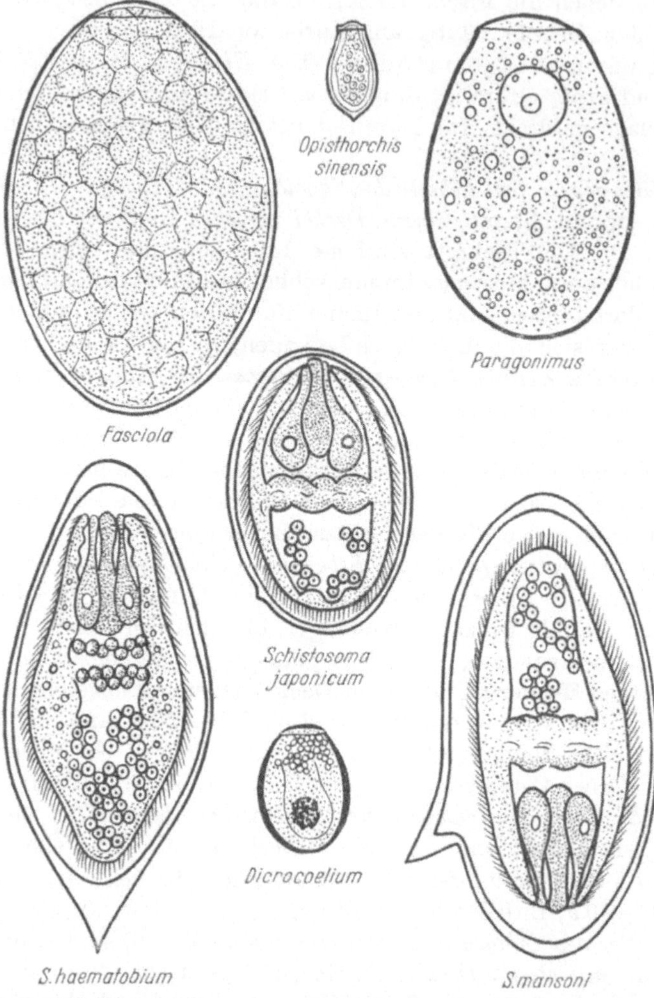

Abb. 6. *Eier der wichtigsten im Menschen parasitierenden Saugwürmer* in 550facher Vergrößerung.

satz, den man nach dem Zentrifugieren oder Dekantieren des Urins erhält, nach ihnen suchen.

Die *Eier vom Darmpärchenegel (Schistosoma mansoni)* (Abb. 6) haben das gleiche Aussehen und annähernd die gleichen Dimensionen wie die vorhergehenden, aber an Stelle des Endstachels besitzen sie einen *deutlichen seitlichen Stachel*, der eine Länge von 20 μ erreichen kann. Die Länge dieser Eier, die ebenfalls ein Miracidium enthalten, beträgt 112 bis

162 μ, die Breite 60—70 μ. In Ländern, in denen die Darm-Bilharziose herrscht, beobachtet man sie häufig im Stuhl.

Die *Eier vom Japanischen Pärchenegel* (*Schistosoma japonicum*) (Abb. 6) sind wesentlich kleiner als diejenigen der anderen Bilharzien und fast kugelförmig. Sie weisen einen *sehr kleinen seitlichen Stachel* auf, der nur sichtbar wird, wenn man das Ei genau im Profil betrachtet. Praktisch kann man diese Eier als stachellos ansehen. Sie enthalten ein vollständig ausgebildetes Miracidium, und ihre Länge beträgt 60—75 μ, ihre Breite 45—55 μ. Diese Eier trifft man im Fernen Osten an im Kot von Menschen, die an der „Katayama-Krankheit" leiden.

Bestimmungstabelle für die wichtigsten Helmintheneier.

					Maße	Art
Schale ohne Deckel	sehr dicke Schale, Eier enthalten nur eine Zelle	mit kleinen Buckeln bedeckte Schale, Eier mehr oder weniger eirund			60 × 50 μ	*Ascaris*
		glatte Schale. Eier citronenförmig mit hellem, schleimigem Pfropfen an jedem Pol			55 × 25 μ	*Trichuris*
	mitteldicke Schale mit doppelter Kontur, Eier eiförmig, asymmetrisch, eine Larve enthaltend				50 × 30 μ	*Enterobius*
	dünne und durchsichtige Schale	kein Stachel an der Schale	Eier enthalten 2, 4 oder 8 Zellen	eiförmig	60 × 40 μ	*Ancylostoma*
				länglich eiförmig	70 × 40 μ	*Necator*
			Eier eiförm. m. Larve		54 × 32 μ	*Strongyloides*
		Schale m. mehr oder weniger entwikkeltem Stachel	Eier eiförmig	kleiner Stachel an einem Pol	150 × 60 μ	*Schistosoma haematobium*
				großer seitlicher Stachel	150 × 60 μ	*S. mansoni*
			Eier fast kugelförm. m. sehr klein. seitl. Stach.		70 × 50 μ	*S. japonicum*
	Zwei Eischalen. Oncosphaera				50 × 45 μ	*Hymenolepis*
Schale mit Deckel	Eier eiförmig. Wenig hervortretender Deckel (besonders kenntlich durch ihre Größe)	Eier gefurcht			125 × 75 μ	*Fasciolopsis*
					140 × 80 μ	*Fasciola*
					95 × 55 μ	*Paragonimus*
					70 × 45 μ	*Diphyllobothrium*
		Eier m. Embr.			40 × 25 μ	*Dicrocoelium*
	Stark hervortretender Deckel mit Höcker am Gegenpol				28 × 16 μ	*Opisthorchis sinensis*
					28 × 13 μ	*O. tenuicollis*

II. Nachweismethoden für die Darmprotozoen.

Die Nachweismethoden für parasitierende Protozoen sind verschieden und richten sich danach, ob man nach den im Darm lebenden vegetativen Stadien der Protozoen oder nach ihren Cysten sucht.

1. Nachweismethoden für die im Darm lebenden vegetativen Stadien der Protozoen.

Sammeln des Stuhles. Wenn es sich um einen Kranken handelt, bei dem man Amöben oder Flagellaten vermutet, ist es unbedingt notwendig, den noch warmen Stuhl unmittelbar nach der Entleerung zu benutzen; es ist dies das einzige Mittel, die Anwesenheit von vegetativen Stadien im Darm festzustellen. Eine Gabe von einem salinischen Abführmittel oder 0,1 g Emetin, intravenös gegeben, wirken provokatorisch auf die Entleerung von Amöben.

Probeentnahme. Man bringt eine kleine Menge Schleim, am besten von den Stellen, wo er mit Blut durchzogen ist, zwischen Objektträger und Deckgläschen. In diesen Schleimpartikeln findet man dann die Ruhramöben. Die anderen Amöbenarten und die Flagellaten hingegen finden sich eher in diarrhöischen oder in schleimig-galligen Exkrementen.

Untersuchung. Die direkte Untersuchung (*Nativpräparat*) der auf dem erwärmten Objektträger mit warmer 0,85proz. Kochsalzlösung[1] verdünnten Stuhlprobe ohne irgendwelche sonstigen Reagenzien ist die erste, zu der man greifen soll, aber man muß sie auf einer warmen Platte bzw. auf einer mit warmem Wasser angefüllten PETRI-Schale oder besser noch auf einem heizbaren Objekttisch vornehmen, damit die Protozoen solange wie möglich ihre Beweglichkeit bewahren. Für diese Untersuchung wendet man zuerst ein Objektiv mit mittlerer Vergrößerung, dann eines für Anisol- oder Ölimmersion an, um die Einzelheiten der Organisation der vegetativen Stadien zu untersuchen. Bei Zusatz von 4% LUGOL*scher Lösung* treten die Kerne und Glykogenvakuolen deutlicher hervor.

Für eine genaue Untersuchung, insbesondere für die Differentialdiagnose der kleineren Arten, müssen die Darmprotozoen fixiert und mit *Eisenhämatoxylin* nach HEIDENHAIN gefärbt werden.

Die *Färbungsmethode* ist nach NÖLLER folgende: 1. Ausstreichen des frischen Stuhles auf Deckglas oder Objektträger (festen Stuhl mit physiologischer Kochsalzlösung verdünnen).

2. Fixieren in Sublimatalkohol 20 Minuten (Ausstrich vorher nicht eintrocknen lassen).

3. Jodalkohol 20 Minuten (Entfernen des Sublimats).

4. 70proz. Alkohol mindestens 30 Minuten.

5. Abspülen mit Wasser.

6. Beizen mit 4proz. Eisenalaunlösung 1 Stunde.

7. Abspülen mit Wasser.

8. Färben mit Hämatoxylinlösung 1 Stunde.

9. Abspülen mit Wasser.

---

[1] Wird die Kochsalzlösung mit einem geringen Zusatz einer 2proz. wäßrigen Eosinlösung versehen, so daß die Kochsalzlösung eine *schwach* rötliche Färbung erhält, dann erscheinen die Amöben als farblose Blasen in der rötlichen Flüssigkeit.

10. Differenzieren mit 2proz. Eisenalaunlösung 2, 3, 4 und 5 Minuten[1].

11. Wässern mindestens 30 Minuten möglichst in fließendem, notfalls in mehrmals gewechseltem Wasser.

12. 70proz., 80proz., 96proz., 100proz. Alkohol, Xylol je 2 Minuten.

13. Eindecken mit Canadabalsam, Caedax, Mastixharz oder Euparal (auf Objektträger bzw. unter Deckglas).

Reagenzien für die Eisenhämatoxylinfärbung: Sublimatalkohol: gesättigte wäßrige Sublimatlösung (7 g Sublimat in 100 ccm heißem destilliertem Wasser lösen) 2 Teile und 96proz. Alkohol 1 Teil.

Prüfung der Wirksamkeit des gebrauchten Sublimatalkohols: Eintauchen eines Metalles, das sich mit Quecksilber überziehen muß.

Jodalkohol: 4proz. LUGOLsche Lösung mit 70proz. Alkohol verdünnen, bis Kognakfärbung auftritt.

Eisenalaunlösungen. 4proz.: 4 g Eisenammoniumalaun (violette Krystalle) in 100 ccm destilliertem Wasser lösen. 2proz.: 1 Teil der 4proz. Lösung und gleiche Menge Wasser.

Hämatoxylin nach HEIDENHAIN: 1 g Hämatoxylin in 10 ccm 96proz. Alkohol lösen, 90 ccm destilliertes Wasser zufügen, 4 Wochen „reifen" lassen.

Alkoholverdünnungen. 70proz.: 73 ccm 96proz. Alkohol und 27 ccm destilliertes Wasser. 80proz.: 83 ccm 96proz. Alkohol und 17 ccm destilliertes Wasser.

Weitere Untersuchungsmittel: Physiologische Kochsalzlösung: 0,85 g Kochsalz (NaCl) in 100 ccm destilliertem Wasser lösen.

4proz. LUGOLsche Lösung: 6 g Jodkalium in 100 ccm destilliertem Wasser lösen, 4 g Jod hinzufügen.

2proz. Eosinlösung: 2 g Eosin in 100 ccm destilliertem Wasser lösen.

Die wichtigsten Darmprotozoen. Man kann *Balantidium coli* im Kot antreffen; es ist das größte Darmprotozoon und erreicht eine Länge von 50—200 μ (Abb. 159 u. 160). Eine schwache Vergrößerung genügt, um es aufzufinden.

Die Darmflagellaten sind sehr zarte, im Durchschnitt 10—12 μ lange Organismen. Selbst bei schwacher Vergrößerung errät man leicht ihre Anwesenheit, weil sie durch die Bewegung ihrer Geißeln bzw. ihre Eigenbewegung die festen Teilchen des Kotes verschieben. Die Arten, die man am häufigsten antrifft, sind *Giardia* (= *Lamblia*) *intestinalis* (Abb. 7 u. 16), an ihren beiden Kernen kenntlich, *Trichomonas intestinalis* (Abb. 7 u. 161) mit einer gut entwickelten undulierenden Membran und *Chilomastix mesnili* (Abb. 7 u. 162), bei der diese Membran rudimentär ist. Schon im lebenden Zustand sind diese 3 Flagellatenarten an ihren charakteristischen Bewegungen leicht zu unterscheiden. Die

---

[1] Man kann auch auf *einem* Objektträger 2, 3, 4 und 5 Minuten differenzieren, also 4 Längsstreifen von verschiedener Färbungsintensität erhalten, wenn man nach GÖNNERT u. WESTPHAL [Arch. Schiffs- u. Tropenhyg. **40**, 5—16 (1936)] folgendermaßen verfährt: Nach Abspülen mit Wasser (9) werden 25 ccm der 2proz. Eisenalaunlösung in einem Färbetrog von SCHIEFFERDECKER, der 100 ccm Flüssigkeit und 10 Objektträger faßt, gebracht, und nach je 1 Minute werden weiter je 25 ccm der 2proz. Eisenalaunlösung hinzugefügt. 2 Minuten nach dem Hinzufügen der letzten 25 ccm wird die Eisenalaunlösung abgegossen und wie oben angegeben (11—13) weiter verfahren.

Trichomonaden schwimmen lebhaft schaukelnd und torkelnd hin und her unter Drehung um ihre Längsachse, während *Chilomastix* an der abweichenden Gestalt, dem langsameren Geißelschlag und der langsam wackelnden Bewegung kenntlich ist. Die in ihrem Körperbau sehr

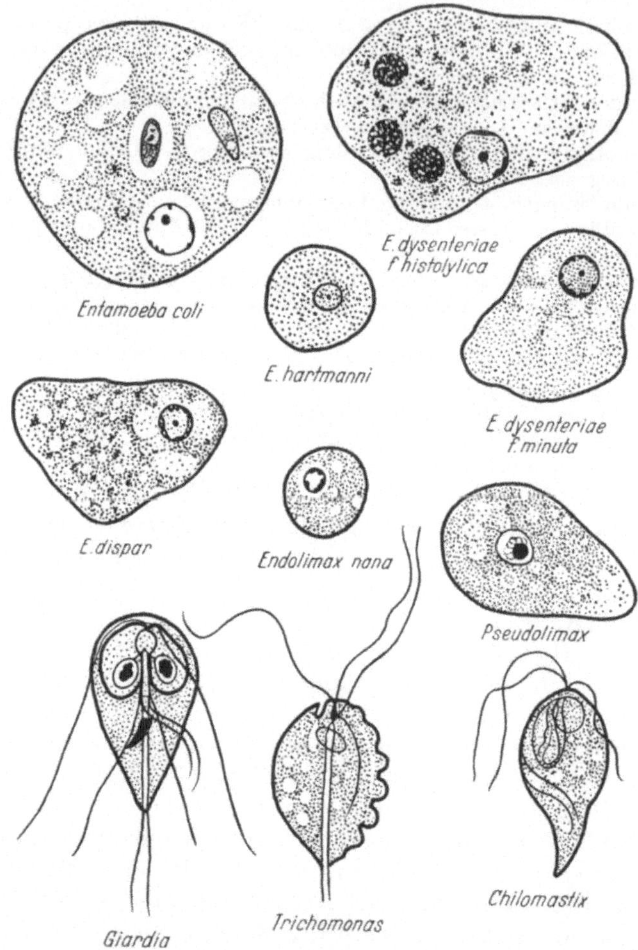

Abb. 7. *Vegetative Stadien der wichtigsten Darmprotozoen* in 2000facher Vergrößerung.

charakteristischen Lamblien schließlich zeichnen sich durch das schlanke, biegsame Schwanzende und ihre schnellen und zappeligen Bewegungen aus.

In der Praxis hat man in der Hauptsache Amöben zu untersuchen und festzustellen, ob es sich um nichtpathogene oder um *Ruhramöben* handelt.

Die Amöben sind durch ihre eigenartige Fortbewegung leicht kenntlich. Die Tiere führen eine Art kriechende Bewegung aus, indem sie einen oder mehrere Scheinfüße (Pseudopodien) ausstrecken. Die unschädliche *Entamoeba coli* und die pathogene Form der *Ruhramöbe* [*Entamoeba dysenteriae* (= *E. histolytica*)], nämlich die *Histolytica*- oder *Magna*form, sind in frischem Zustande schwer zu unterscheiden. Beide sind 20—30 μ lang; nur ein einziges Merkmal ist ziemlich scharf, nämlich die Anwesenheit von phagocytierten Blutkörperchen im Cytoplasma der *Ruhramöbe* (Abb. 7, 182ff.); außerdem sind die Bewegungen von *Entamoeba coli* viel langsamer als von *Entamoeba dysenteriae*. Die apathogene *Darmlumen*- oder *Minuta*form der *Ruhramöbe* ist an ihrer geringeren Größe zu erkennen, sie wird nur 10—20 μ groß (Abb. 7 u. 182).

Weitere Angaben über Amöben finden sich im 7. Abschnitt des Speziellen Teiles.

2. Nachweismethoden für die Protozoencysten.

Sammeln des Stuhles und Entnahme einer Stuhlprobe. Man wendet hier dieselben Verfahren wie bei dem Nachweis von Helmintheneiern an. Auch kann man die Protozoencysten mit der *Methode von* TELEMANN (S. 22) anreichern und quantitativ nach der *Methode von* STOLL-ZSCHUCKE (S. 17) auszählen (ERHARDT).

Untersuchung. Um nach den Cysten der Protozoen zu suchen, gebraucht man ein Objektiv mit ungefähr 200facher Vergrößerung, aber zur Untersuchung der Einzelheiten muß man ein Objektiv für Anisol- oder Ölimmersion zu Hilfe nehmen und die Cysten mit *Eisenhämatoxylin* nach HEIDENHAIN färben (s. oben).

Kurze Übersicht über die wichtigsten Protozoencysten. Es ist zwar möglich, daß man im Stuhl Cysten von *Balantidium coli*, die einen Durchmesser von 50—60 μ haben (Abb. 159), oder Oocysten von Coccidien findet, aber das ist eine Seltenheit. In den meisten Fällen trifft man bei der Untersuchung des Stuhles Cysten von Flagellaten und Amöben an.

Flagellaten. Die *Cysten von Chilomastix mesnili* (Abb. 8 u. 162) sind unregelmäßig birnenförmig mit einem einzigen Kern mit fibrillärer Struktur im Plasma und ungefähr $8,5 \times 6\,\mu$ groß. Die *Cysten von Giardia* (= *Lamblia*) *intestinalis* (Abb. 8) sind eiförmig, enthalten meistens 2, bisweilen 4 Kerne und sind 10—13 μ lang und 8—9 μ breit.

Amöben. Die *Cysten der Entamoeba coli* (Abb. 8, 182ff.) sind am größten. Sie enthalten im reifen Stadium 8 Kerne, aber in den meisten Fällen *keine balkenförmigen Chromidialkörper*; sie sind kugelförmig mit dicker Schale von doppelter Kontur und haben einen Durchmesser von 15—20 μ.

Die reifen Cysten von der *Ruhramöbe* [*Entamoeba dysenteriae* (*E. histolytica*)] (Abb. 8, 182ff.) sind kleiner, enthalten *4 Kerne* und meistens splitter- und balkenförmige *Chromidialkörper* in Form von kurzen, dicken Stäbchen mit abgerundeter Spitze. Die Cysten sind ebenfalls kugelförmig, aber mit dünner Schale und nur 10—14 μ im Durchmesser.

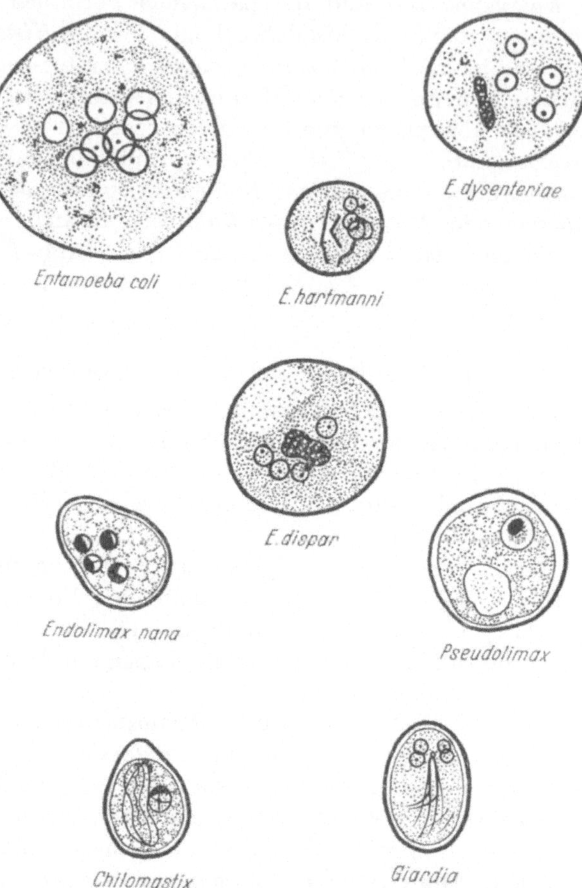

Abb. 8. *Cysten der wichtigsten Darmprotozoen* in 2000facher Vergrößerung.

Die Cysten von *Entamoeba dispar* (Abb. 8) sind morphologisch den letzteren gleich. Man trifft sie in der gemäßigten Zone, wo die Amöbenruhr nicht endemisch ist.

Endlich kann man häufig im Stuhl kleine Cysten von apathogenen Amöben antreffen, die man „*Jodamöben*" nennt. Diese Cysten enthalten nur *einen einzigen*, exzentrisch gelegenen, verhältnismäßig großen *Kern* und eine große Glykogenvakuole, die durch Jod rotbraun gefärbt wird. Die Cysten sind im Durchmesser 9—12 μ groß und gehören zur Spezies *Pseudolimax* (= *Jodamoeba*) *bütschlii*, die keinerlei bekannte pathogene

Wirkung ausübt. Die eiförmigen Cysten von *Endolimax nana* enthalten *2 oder 4 Kerne* und haben eine Größe von 7—10 μ. Die kugelförmigen Cysten von *Entamoeba hartmanni* besitzen *4 Kerne* und eine Größe von 5—10 μ (Abb. 8, 182ff.). Auch diese beiden Arten sind apathogen.

Bestimmungstabelle für die wichtigsten reifen Protozoencysten.

1 Kern	*birnenförmige* und lichtbrechende Cysten. Im Plasma filbrilläre Strukturen . . .		$6 \times 8,5\,\mu$ *Chilomastix*
	kugelförmige Cysten mit großer Glykogenvakuole, Kern mit großem kugelförmigem Karyosom		9—$12\,\mu$ *Pseudolimax*
4 Kerne	*eiförmige* Cysten mehr oder weniger länglich mit deutlichen Fibrillen im Plasma		8—9×10—$13\,\mu$ *Giardia (= Lamblia)*
	kugelförmige oder *eiförmige* Cysten	Kern mit Chromatin an der Kernmembran	10—$14\,\mu$ *Entamoeba dysenteriae (= E. histolytica)* 10—$14\,\mu$ *E. dispar* 5—$10\,\mu$ *E. hartmanni*
		Kern ohne Chromatin an der Kernmembran	7—$10\,\mu$ *Endolimax*
8 Kerne	kugelförmige Cysten mit dicker Membran		14—$20\,\mu$ *Entamoeba coli*

Beim Nachweis von Amöbencysten muß die Untersuchung des Stuhles *mehrere Male wiederholt* werden. Es kann nämlich vorkommen, daß durch noch ungeklärte Einflüsse die Encystierung zum Stillstand gebracht wird und in diesem Fall keine Cysten im Stuhl zu finden sind; jedoch erscheinen sie früher oder später in größerer oder geringerer Menge wieder. Wenn man während einer solchen *negativen Periode* eine Untersuchung vornimmt, kann man zu Fehlschlüssen verleitet werden; man muß daher wenigstens drei Untersuchungen mit je 1 Woche Zwischenraum ausführen.

Die Diagnose der Cysten gibt wertvolle Hinweise für therapeutische Maßnahmen; so werden Cystenträger von *Entamoeba hartmanni, E. dispar, E. coli* oder von *Jodamöben* nicht behandelt, während die Träger der *Ruhramöbe [Entamoeba dysenteriae (= E. histolytica)]* einer Behandlung unterzogen werden müssen.

3. Fehlerquellen bei dem Studium der Darmprotozoen.

Anfänger werden oft durch verschiedene Organismen bei der Diagnose irregeführt, die mehr oder weniger die Gestalt und das Aussehen von Amöben vortäuschen.

So kann man z. B. den Fadenpilz *Blastocystis* (Abb. 9) für Protozoencysten halten; es sind aber pflanzliche Organismen (vgl. S.259), die man sehr häufig im Stuhl antrifft.

Man kann auch verschiedene andere vegetabilische Organismen für Cysten halten, z. B. große Hefezellen, mehr oder weniger runde Mycelien,

verschiedenartige Sporen, Stärke- oder Pollenkörner (Abb. 10), besonders aber Fragmente pflanzlicher Tracheiden, d. s. spiralförmige

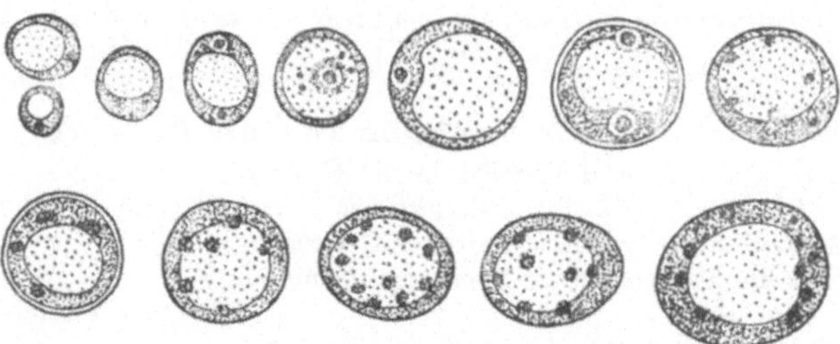

Abb. 9. *Verschiedene Stadien des Fadenpilzes Blastocystis hominis*, wie man sie im festen Stuhl
findet. In 1800facher Vergrößerung.

vegetabilische Gefäße, die wegen ihrer Ähnlichkeit mit den Tracheen
von Insekten so benannt sind. Diese Tracheiden zeigen sich manchmal

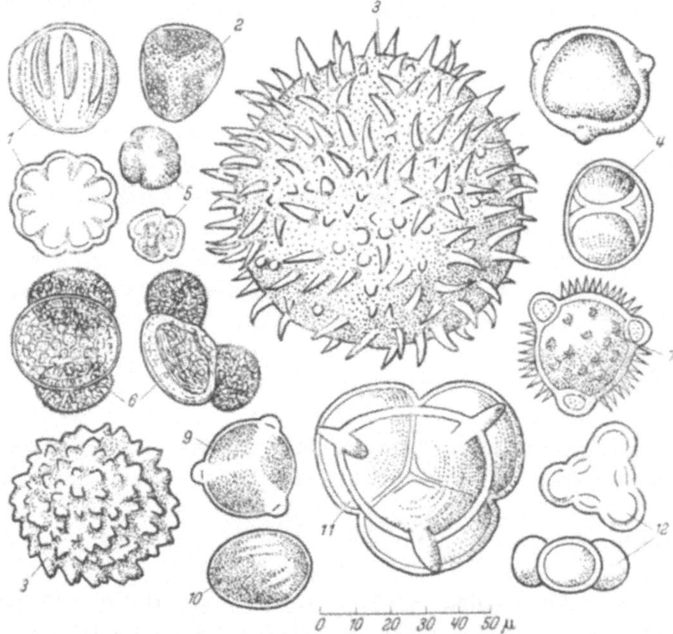

Abb. 10. *Pollenkörner*, die man im Stuhl findet, und die häufig für Parasiteneier oder Protozoencysten gehalten werden. *1* Boretsch, *2* Königskerze, *3* Malve und Eibisch, *4* Linde, *5* Mohn,
6 Kiefer und andere Coniferen, *7* Huflattich, *8* Artischocke, *9* Veilchen, *10* Kohl, *11* Alpenrose
(Rhododendron), *12* Besenginster. (Nach Originalzeichnungen von RONDEAU DU NOYER.)

in Form von Ringen mit dicker, doppelter Kontur, die leicht mit einer
Cyste zu verwechseln sind.

Man findet in diarrhöischem oder dysenterischem Stuhl noch
zylindrische Epithelzellen, kelchförmige Zellen, Endothelzellen von

Capillaren, die sogar Blutkörperchen enthalten können, endlich verschiedenartige Leukocyten, die Amöben vortäuschen können. Die Plattenepithelzellen am Rande des Afters mit unregelmäßigen Konturen und rundem Kern ähneln am stärksten diesen Protozoen. Aber diese Bestandteile sind flachgedrückt und nicht kugelförmig wie die Amöben, außerdem sind sie nicht beweglich wie die letzteren und strecken niemals Pseudopodien aus.

Dritter Abschnitt.

Untersuchungsmethoden des Blutes.

Wir haben keineswegs die Absicht, hier die Hämatologie[1] umfassend darzustellen; wir wollen vielmehr nur die einfachsten Methoden beschreiben, die es gestatten, mit einem Minimum von Material die Blutuntersuchung vom parasitologischen Standpunkt aus durchzuführen.

Die Untersuchung kann man sowohl am *frischen* als auch am *gefärbten Präparat* vornehmen.

I. Untersuchung des frischen Blutes.

Dieses Verfahren ist für die allgemeine Praxis am meisten zu empfehlen, da es die Anfänger am wenigsten irreführen kann.

Blutentnahme. Nachdem man einen Finger oder ein Ohrläppchen des Kranken sorgfältig mit Alkohol gereinigt und eine entsprechende Nadel oder Impflanzette mit Alkohol desinfiziert oder ausgeglüht hat, läßt man durch einen Stich in die Fingerkuppe oder das Ohrläppchen einen Blutstropfen hervorquellen. Diesen ersten Tropfen wischt man mit einem Gazestück ab und erhält durch Druck einen zweiten. Man bringt diesen zweiten Tropfen auf einen reinen Objektträger und legt ein Deckgläschen darauf. Ein Tropfen von der Größe eines Stecknadelkopfes genügt für ein Deckgläschen von 18 × 18 mm.

Ein gut angefertigtes Präparat zeigt im Mittelpunkt eine helle und an der Peripherie eine rote Zone von Hämoglobin, das durch Ruptur der Blutkörperchen frei geworden ist. Zwischen diesen beiden Zonen findet man mehr oder weniger isolierte, auf der Fläche liegende rote Blutkörperchen, die man gut auf Parasiten untersuchen kann.

---

[1] Vgl. V. Schilling: Praktische Blutlehre. 12. und 13. Aufl. Jena 1944 u. Das Blutbild und seine klinische Verwertung. 11. u. 12. Aufl. Jena 1943. — H. Schulten: Lehrbuch der klinischen Hämatologie. 2. Aufl. Leipzig 1943. — W. Schüffner: Das unfixierte Blutpräparat. Z. Hyg. **127**, 696—705 (1948).

Untersuchung bei durchfallendem Licht. Die mikroskopische Untersuchung ermöglicht die Feststellung von *Mikrofilarien* im Blutplasma. Ihre Länge beträgt ungefähr 200 μ, sie bewegen sich zwischen den Blutkörperchen und schieben dieselben hin und her. In gleicher Weise findet man *Trypanosomen*, 20 μ im Durchschnitt lang, die sich vermittels ihrer Geißel vorwärts bewegen und sich einen Weg durch die roten Blutkörperchen bahnen. Endlich kann man im Blutplasma auch dünne, spiralförmige und bewegliche *Spirochäten* feststellen, die durchschnittlich 8—15 μ lang sind.

Innerhalb der roten Blutkörperchen kann man verschiedene Formen von *Plasmodien* feststellen: jugendliche Exemplare mit mehr oder weniger lebhaften amöboiden Bewegungen und ältere Formen (Schizonten), die Pigmentkörnchen enthalten und deren Aussehen erkennen läßt, zu welcher *Plasmodium*-Spezies sie gehören. Wenn die Untersuchung lange dauert, kann man sehen, wie gewisse kugelförmige, pigmentierte Elemente, die die Mikrogametocyten darstellen, heftige Bewegungen machen und an ihrer Peripherie Mikrogameten ausstoßen, die fälschlich als Geißeln bezeichnet werden und die man nicht mit Spirochäten oder Trypanosomen verwechseln darf.

Fehlerquellen. Bei der Untersuchung der *Plasmodien* darf man die *Vakuolen*, die sich häufig in den Blutkörperchen bilden, wenn dieselben zwischen Objektträger und Deckgläschen zusammengedrückt werden, nicht für Parasiten halten. Die Vakuolen sind rund, lichtbrechend, mit festen und unbeweglichen Konturen, während die jungen Parasiten beweglich, nicht lichtbrechend und von unregelmäßiger Gestalt sind. Auch die *Blutplättchen, Hämatoblasten* oder *Thrombocyten*, die sich an die roten Blutkörperchen heften können, darf man nicht für Parasiten halten. Bei scharfer Einstellung kann man erkennen, daß dieselben immer an der Außenseite des Blutkörperchens anhaften, andererseits finden sich auch viele frei im Blut.

Ein ungeübter Beobachter kann endlich die lichtbrechenden Granula der eosinophilen Leukocyten und auch jene lichtbrechenden Granula für Pigment halten, die sich in den Lymphocyten befinden, die manchmal sogar schwarz erscheinen und die man unter dem Namen „Mansonsche Granula" kennt. Auch die bei Anfertigung des Präparates durch Verunreinigung hereingekommenen Staubkörnchen der Haut, die im Plasma frei vorkommen können oder manchmal durch die Leukocyten phagocytiert sind, führen zu Irrtümern.

Untersuchung bei Dunkelfeldbeleuchtung. Die Untersuchung bei Dunkelfeldbeleuchtung, fälschlich auch als ultramikroskopische Untersuchung bezeichnet, ermöglicht ebenfalls die Beobachtung von lebenden Mikroorganismen, besonders von *Trypanosomen* und *Spirochäten*. Es ist dies eines der besten Verfahren, um das *Treponema* der Syphilis im Leben zu untersuchen.

II. Untersuchung des fixierten und gefärbten Blutes.

Zwei Verfahren können bei dieser Untersuchung angewandt werden, deren jedes sich für besondere Fälle eignet. Wenn die Parasiten zahlreich genug sind, und es dem Beobachter daran liegt, gute Dauerpräparate anzufertigen, so stellt er *dünne Ausstrichpräparate* her. Sind dagegen die Parasiten selten, und ist es daher notwendig, eine größere Menge Blut zu untersuchen, um dieselben darin zu entdecken, so gebraucht man den sog. *Dicken Tropfen.*

1. Herstellung des Blutausstriches.

Entnahme und Ausstrich des Blutes. Man entzieht, wie oben angegeben, dem Finger oder Ohrläppchen des Kranken Blut, aber man bringt es 1 cm vom rechten Rand auf den Objektträger (Abb. 11). Auf diesen Bluttropfen führt man, vom *linken* Rande ausgehend, ein Deckgläschen zu. Dabei achtet man darauf, daß der Rand des Deckgläschens sehr eben, ohne Kerben und Vorsprünge ist, und verstärkt es an der Seite, an der man es hält, mit einer aufgeklebten Etikette, um es haltbarer zu machen. Sobald der Kontakt zwischen Blut und Deckgläschen hergestellt ist, haftet das Blut durch Adhäsion am ganzen Rand des Deckgläschens; man muß nun das im Winkel von 45° angesetzte Deckgläschen ohne starken Druck schnell nach links schieben, um das Blut in dünner und gleichmäßiger Schicht auszubreiten.

Wenn der Bluttropfen zu groß ist, nimmt man mit dem Rand des Deckgläschens nur einen Teil davon und breitet ihn ein wenig weiter aus. *Das Blut muß vollständig ausgestrichen werden,* aber der Ausstrich darf nicht bis zum anderen Ende des Objektträgers reichen; das Bluttröpfchen muß also sehr klein sein, da sonst am Deckgläschen eine zu große Blutmenge haften bleibt und mit derselben auch die meisten interessanten Bestandteile, insbesondere die Parasiten. *Außerdem muß der Ausstrich dünn sein,* d. h. die Blutkörperchen müssen in einer einzigen Schicht ausgebreitet und voneinander getrennt sein; sie dürfen sich nicht berühren und auch keine Anhäufung bilden.

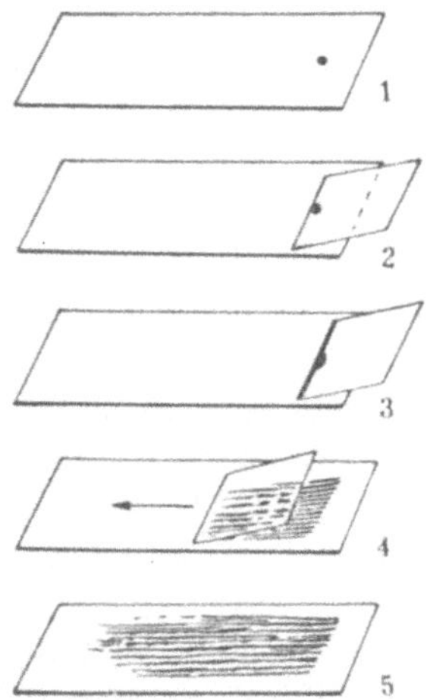

Abb. 11. *Anfertigung eines Blutausstriches mit einem Deckgläschen.* 1) Der Bluttropfen wird auf den Objektträger gebracht, 1 cm vom rechten Rand entfernt. 2) Das Deckgläschen wird von links her in einem Winkel von 45° an den Bluttropfen herangebracht. 3) Der Bluttropfen streckt sich in die Länge und haftet durch Adhäsion am ganzen Rand des Deckgläschens. 4) Das Deckgläschen wird in Richtung des Pfeiles nach links geschoben, um das Blut auszubreiten. 5) Fertiger Blutausstrich.

Man kann auch in Ermangelung eines Deckgläschens einen geschliffenen Objektträger, eine Capillarpipette oder eine Nähnadel nehmen (Abb. 12), aber man darf niemals ein Visitenkartenstückchen oder Zigarettenpapier gebrauchen, da diese dem Präparat viele für die Diagnose wichtige Bestandteile entziehen.

Ist der Ausstrich fertig, so wird er *schnell getrocknet*, indem man den Objektträger in der freien Luft, niemals über einer Flamme hin und her schwenkt. Wenn der Ausstrich einmal trocken ist, kann er sehr lange aufbewahrt und, in Filtrierpapier verpackt, selbst auf weite Entfernungen in ein Laboratorium geschickt werden.

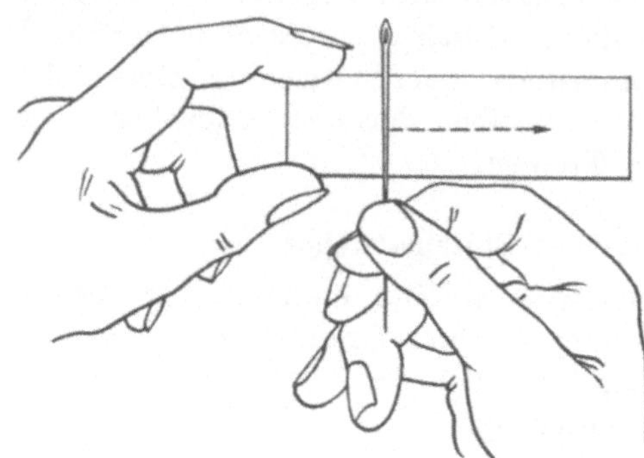

Abb. 12. *Behelfsmäßige Anfertigung eines Blutausstriches mit einer Nähnadel.*

Fixierung und Färbung. Die beste Methode ist die *panoptische Methode* oder Pappenheim-*Färbung*, bei der nacheinander die Lösungen von May-Grünwald und Giemsa[1] angewendet werden. Die erstere ist besonders eine Färbemethode für acidophile Bestandteile (rot) und neutrophile Granula (violett) der Leukocyten; die zweite Lösung ist eine Färbemethode für die Kerne (rotviolett) und die basophilen Teile (blau) der Leukocyten und des Plasmas. Wie man sieht, ergänzen sich diese beiden Farblösungen. Und zwar färben sich: Erythrocyten und Kerne der Parasiten rot, Blepharoplasten, Kerne der Leukocyten und kernhaltigen Erythrocyten rotviolett, eosinophile Granula leuchtend rot, neutrophile Granula undeutlich violett, basophiles Protoplasma der Lymphocyten und der Parasiten blau.

Fixierung. Man gießt auf das getrocknete Ausstrichpräparat 10 Tropfen der May-Grünwaldschen *Lösung*, bedeckt den Objektträger mit dem Deckel einer sehr trockenen Petri-Schale und läßt die Lösung *3 Minuten wirken. Es ist unumgänglich notwendig, die Lösung nicht austrocknen zu lassen.*

Färbung. Man hebt den Deckel der Petri-Schale ab und gießt, *ohne die* May-Grünwaldsche *Lösung zu entfernen*, 10 Tropfen von *neutralem destilliertem Wasser* auf den Objektträger, d. h. eine der May-Grünwaldschen Lösung gleiche Menge. Nun mischt man beide

---

[1] Will man *nur* mit der Giemsa-Lösung färben, so ist der lufttrockene Ausstrich 30 Minuten mit absolutem Alkohol oder 3 Minuten mit wasserfreiem Methylalkohol (Methanol puriss.) zu fixieren und dann in der Luft zu trocknen. Daraufhin färbt man wie oben angegeben mit verdünnter Giemsa-Lösung.

Flüssigkeiten, indem man den Objektträger vorsichtig nach allen Richtungen abwechselnd hebt und senkt, und läßt die verdünnte Lösung *1 Minute* wirken. Hierdurch werden alle acidophilen Bestandteile und neutrophilen Granula lebhaft rosa gefärbt. Darauf entfernt man die Farblösung, *ohne den Ausstrich abzuspülen*, und gießt 2 ccm einer verdünnten GIEMSA-*Lösung* auf den Objektträger. Die Verdünnung stellt man her, indem man *3 Tropfen* GIEMSA-*Lösung in 2 ccm destilliertes Wasser* tropft. 2 ccm der Lösung sind für je einen Objektträger erforderlich.

Das destillierte Wasser *darf nicht sauer sein*, es ist sogar besser, daß es leicht alkalisch ist. Um seinen p_H-Gehalt zu kontrollieren, gebraucht man als Indicator eine 1proz. Lösung von *Neutralrot*. Man tröpfelt dann 1—2 Tropfen dieses Indicators auf 1 l destilliertes Wasser, das geprüft werden soll; gewöhnlich färbt sich das Wasser rosa, ein Anzeichen dafür, daß es sauer ist; hierauf fügt man tropfenweise *eine 1proz. Natrium- oder Kaliumcarbonatlösung* hinzu, bis eine orangegelbe Färbung auftritt. Wenn nach einigen Minuten die rosa Färbung wieder erscheint, fügt man erneut die alkalische Lösung hinzu, bis die gelbliche Tönung bleibt. Durch dieses Verfahren kann man jedes beliebige destillierte Wasser gebrauchen, ohne es von neuem destillieren zu müssen. Man kann auch statt des einfachen destillierten Wassers *gepuffertes Wasser* (p_H von 7,2) verwenden, und zwar kommen nach WEISE auf 5 l destillierten Wassers 2,45 g primäres Kaliumphosphat und 5,70 g sekundäres Natriumphosphat. Die Farblösungen und das Original-Puffergemisch nach WEISE (in Ampullen für 1 und 5 l) werden geliefert von Dr. K. Hollborn u. Söhne, Leipzig S 3, Hardenbergstr. 3.

Je nach Art und Alter des Ausstriches und je nach der Temperatur läßt man die GIEMSA-Lösung 15 Minuten bis zu 1 Stunde wirken. Für einen frischen Ausstrich genügt eine Färbung von *20 Minuten*.

Hierauf spült man schnell in gewöhnlichem Wasser oder unter einem Wasserhahn die Lösung ab. Das Abspülen muß stark und gründlich sein, um ausgefällte Partikelchen fortzuspülen, und schnell, um die Färbung nicht zu beeinträchtigen.

Das Ausstrichpräparat wird sofort zwischen Fließpapier getrocknet, indem man in derselben Weise darauf drückt, als ob man eine beschriebene Seite mit Löschpapier trocknet. Aber man darf dabei mit dem Papier nicht über den Ausstrich hin und her wischen, denn die dünne Blutschicht würde dann aufgelockert werden. Man kann das Präparat auch durch Hin- und Herschwenken in der Luft trocknen.

Untersuchung. Handelt es sich um *Trypanosomen, Plasmodien* oder *Spirochäten*, muß man die Ölimmersion gebrauchen und *ohne Deckgläschen* möglichst bei künstlicher Beleuchtung mikroskopieren. Wenn man es mit *Mikrofilarien* zu tun hat, also mit viel größeren Parasiten, muß die Untersuchung mit schwachen Trockensystemen ausgeführt werden. Dann ist es aber ratsam, mit dem Finger eine dünne Cedernölschicht auf das Ausstrichpräparat zu bringen, damit es durchsichtig wird. In beiden Fällen kann das Cedernöl leicht entfernt werden, indem man den Objektträger in Xylol oder Toluol taucht und mit Fließpapier trocknet. Die Kerne der Parasiten erscheinen rot gefärbt, das Plasma blau.

Die Ausstrichpräparate werden, vor Staub geschützt, in Präparatenkästen *trocken und ohne Deckgläschen aufbewahrt.* Ausgeblichene Präparate können von neuem gefärbt werden.

Fehlerquellen. Anfänger müssen sich davor hüten, gewisse Verunreinigungen oder pathologische Veränderungen des Blutes für Parasiten zu halten.

So darf man nicht *Mikrofilarien* mit violett gefärbten Gewebefasern verwechseln, denen man häufig in den Präparaten begegnet. Ferner sind folgende Irrtümer möglich: Auf den Blutkörperchen ruhende

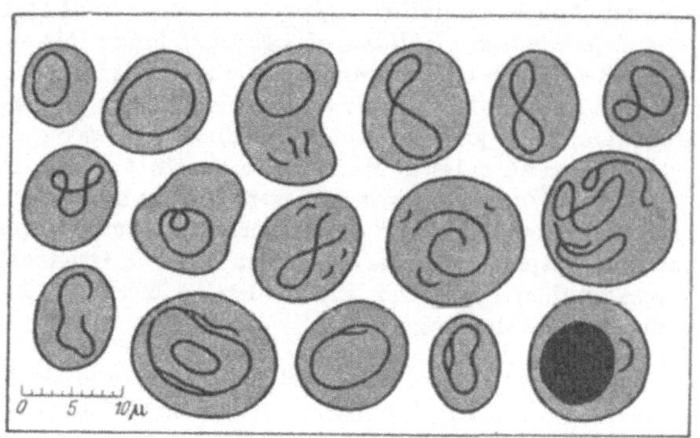

Abb. 13. „CABOT*sche Ringe*", die bei gewissen Anämien in polychromatophilen Blutkörperchen von Mensch und Tier beobachtet werden. Diese „CABOTschen Ringe" sind fälschlich als *Spirochäten* beschrieben worden, die innerhalb der Blutkörperchen parasitieren sollten.

Blutplättchen (Hämatoblasten oder Thrombocyten) können für *Plasmodien*, Hämatoblastengruppen für die rosettenartigen Teilungsformen der Schizonten, gepunktete polychromatophile Blutkörperchen für SCHÜFFNERsche Tüpfelung der parasitierten roten Blutkörperchen und endlich halbmondförmige Blutkörperchen für die „Halbmonde" (Gametocyten) der Tropica gehalten werden. Umgekehrt darf man nicht die großen Parasiten der Tertiana mit polynucleären (segmentkernigen) Leukocyten verwechseln.

Irrtümlicherweise hat man auch krankhaft veränderte rote Blutkörperchen oder „CABOTsche Ringe" für *Spirochäten* angesehen. Man hielt diese „CABOTschen Ringe", die Reste der Kernwand darstellen, für Spirochäten, die innerhalb der Blutkörperchen parasitieren sollten (Abb. 13).

2. Herstellung des Dicken Tropfens.

Dieses Verfahren, das der Anreicherungsmethode bei der Untersuchung des Stuhles zu vergleichen ist, ermöglicht ein schnelles Auffinden der Parasiten, wenn sie im Blute selten sind; es bietet außerdem den Vorteil, in kurzer Zeit eine große Anzahl Kranker untersuchen zu können (Abb. 14 u. 15).

Blutentnahme und Herstellung des Präparates. Man entnimmt wiederum das Blut dem Finger oder Ohrläppchen und setzt einen großen Tropfen oder mehrere kleinere Tropfen voneinander entfernt in die Mitte des Objektträgers. Man streicht das Blut kreisförmig mit dem Instrument aus, das zur Entnahme des Blutes gedient hat, legt den Objekt-

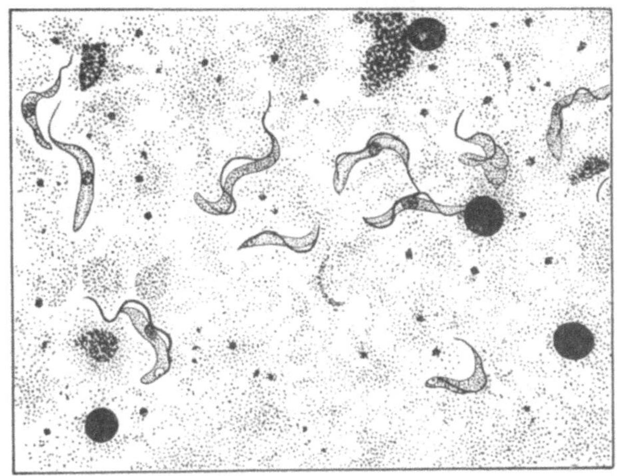

Abb. 14. *Trypanosoma rhodesiense (ein Erreger der Schlafkrankheit) im Dicken Tropfen.*

träger flach hin und läßt den Dicken Tropfen, vor Staub und Fliegen geschützt, trocknen. Zum Nachweis äußerst seltener Parasiten empfiehlt es sich, den Dicken Tropfen aus der untersten, gesenkten Blutschicht einer 1 Stunde zuvor beschickten Blutkörperchensenkungspipette herzustellen.

Entfernung des Hämoglobins und Färbung. Das Prinzip dieses Verfahrens besteht darin, das Hämoglobin der roten Blutkörperchen verschwinden zu lassen, so daß nach der Färbung *nur die Leukocyten und Parasiten* (oft allerdings auch die Thrombocyten) auf dem Objektträger erscheinen.

Entfernung des Hämoglobins. Der Dicke Tropfen wird nicht fixiert. Man behandelt das Blut, wenn es völlig getrocknet ist, *entweder nur mit destilliertem Wasser oder* mit einer Lösung von GIEMSA im Verhältnis von *1 Tropfen* GIEMSA-*Lösung auf 2 ccm destilliertes Wasser;* nach einer Einwirkung von *10 Minuten* ist das Hämoglobin verschwunden, und man beginnt mit der Färbung.

Färbung. Man entfernt die erste Lösung und läßt als Färbemittel wiederum die GIEMSA-Lösung wirken, diesmal aber weniger stark verdünnt; man benutzt sie wie bei der Färbung dünner Blutausstriche im

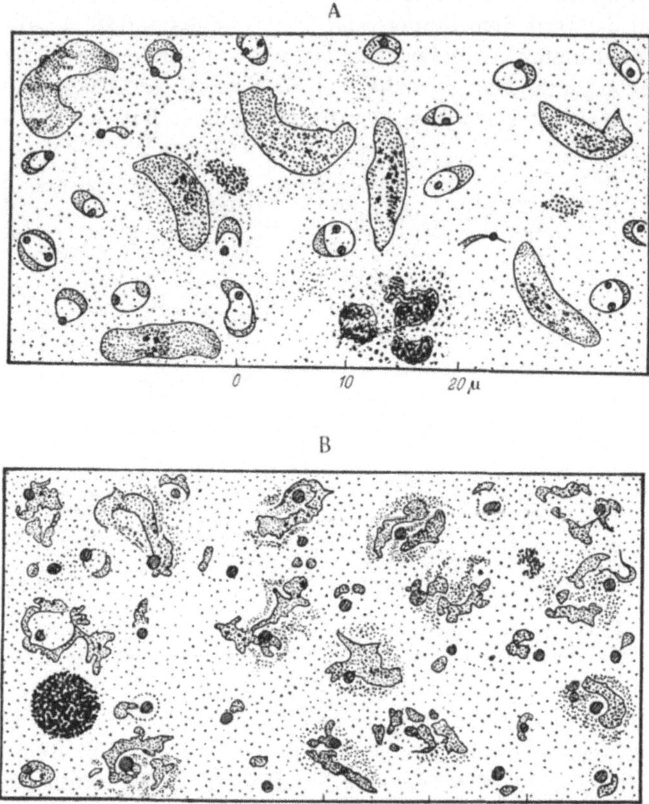

Abb. 15. *Verschiedene menschliche Malariaerreger im Dicken Tropfen.* A) Halbmonde und Ringe von *Plasmodium falciparum* (Erreger der Tropica): Beachte das gut sichtbare Pigment in den Halbmonden und die verhältnismäßig gleichartigen Ringe (sog. Tropenringe); B) Schizonten von *Plasmodium vivax* (Erreger der Tertiana), deren sehr feines Pigment nur sehr schwer zu erkennen und deren zerrissenes und sehr verschiedengestaltiges Cytoplasma sehr charakteristisch ist.

Verhältnis von *3 Tropfen* GIEMSA-*Lösung auf 2 ccm destilliertes Wasser* und *läßt sie ungefähr eine Viertelstunde wirken.*

Untersuchung. Die mikroskopische Untersuchung auf Protozoen findet ebenso wie bei dem dünnen Blutausstrich ohne Deckgläschen mit Ölimmersion bei künstlicher Beleuchtung statt. Die Untersuchung von Mikrofilarien ist auf S. 126 wiedergegeben.

Vierter Abschnitt.

Testierungsmethoden für antiparasitäre Präparate.

Bei der Prüfung der Wirksamkeit von antiparasitären Präparaten muß man zunächst unterscheiden, ob die Substanz auf Ektoparasiten oder auf Endoparasiten wirken soll. In dem ersten Fall handelt es sich meistens um *insecticide* Mittel, die entweder Krankheitsüberträger in der freien Natur, z. B. Stechmücken, oder Parasiten am Menschen, z. B. Läuse, vernichten sollen. Für den zweiten Fall werden *Heilmittel* benötigt, die die Krankheitserreger, z. B. Protozoen oder Helminthen, innerhalb des menschlichen Organismus abtöten oder abtreiben sollen. Dementsprechend sind auch die Testierungsmethoden ganz verschieden. Das eine Mal erfolgt die Prüfung der Präparate an Insekten oder sonstigen Tieren in vitro, das andere Mal an Versuchstieren, die mit den in Frage kommenden Parasiten infiziert sind.

I. Die pharmakologische Prüfung von Insektenmitteln an Ektoparasiten[1].

Die in diesem Kapitel geschilderten Laboratoriumsmethoden gelten nicht nur für die Prüfung von Insektenmitteln an Insekten, sondern sinngemäß überhaupt für alle Substanzen, die auch auf andere Arthropoden (z. B. Milben), auf Schnecken und auf außerhalb des menschlichen Organismus lebenden Entwicklungsstadien von Helminthen (z. B. Cercarien, Hakenwurmlarven) wirken oder wirken sollen. Es können bei diesen Untersuchungen je nach der benutzten Tierart und der besonderen Versuchsanordnung biologisch-technische Schwierigkeiten auftreten, auf die im Rahmen dieser allgemeinen Anleitung nicht näher eingegangen werden kann. Es ist jedoch selbstverständlich, daß die Versuche unter den üblichen experimentellen Kautelen durchgeführt werden müssen (z. B. gleiches Zuchtmaterial, Alter und Geschlecht, gleiche Temperatur, Luftfeuchtigkeit, Nahrungsmenge, Nährstoffe usw.).

Je nachdem, ob die Tiere, an denen die Prüfung der Präparate durchgeführt wird, an der Luft oder im Wasser leben, sind die Testverfahren verschieden. Mittel gegen gewisse Ektoparasiten können direkt am infizierten Versuchstier geprüft werden, z. B. Krätzemittel an mit Räudemilben (*Notoedres alepis*) infizierten Ratten.

---

[1] RIEMSCHNEIDER, R.: Zur Kenntnis der Kontakt-Insecticide. I u. II. Pharmazie. 2. u. 9. Beiheft. 1. Erg.-Bd. 1947 u. 1950. — K. ENIGK: Die Insecticide in der Veterinärmedizin. Mh. prakt. Tierheilk. **1**, 138—142 u. 193—216 (1950). — W. EICHLER, Fragen der DDT-Laboratoriumstechnik. Zbl. Bakter. I. Orig. **154**, 234—239 (1949).

Zuerst besprechen wir die Methoden, die ausgeführt werden mit Arthropoden, die *an der Luft leben*. Hierfür hat sich folgendes *einfaches Verfahren* bewährt.

Man bringt von der zu untersuchenden Substanz und einem Standardpräparat, etwa Dichlordiphenyltrichlormethylmethan (DDT) je 1 ccm einer 1 promilligen Lösung in je einen 1000 ccm fassenden ERLENMEYER-Kolben und verteilt die Menge möglichst gleichmäßig. In einen dritten Kolben, der zur Kontrolle dient, gibt man 1 ccm des Lösungsmittels (z. B. Aceton). Daraufhin wird das Lösungsmittel im Vakuum in allen 3 Kolben abgesogen. Nach einem bestimmten Zeitabschnitt bringt man je 20 Insekten in die ERLENMEYER-Kolben, schließt dieselben mit Gaze und stellt fest, ob die Insekten durch das zu prüfende Präparat schneller abgetötet werden als durch das Standardpräparat. Ist dies der Fall, werden nach Abschluß des Versuches die toten Insekten entfernt und die geöffneten Kolben bis zum nächsten Tage aufbewahrt. Nach 24 Stunden werden in *dieselben* ERLENMEYER-Kolben wieder 20 Insekten gebracht. Da die geprüften Substanzen sich in der Zwischenzeit mehr oder weniger stark verflüchtigt haben, werden die Insekten am zweiten oder an einem späteren Versuchstage länger leben. Die Versuche und der Kontrollversuch werden täglich wiederholt, möglichst bei gleichbleibender Temperatur und Feuchtigkeit, bis sich einwandfrei ergeben hat, welches Präparat die bessere insecticide Wirkung hat. Zur Auswertung von Serienversuchen wird nicht nur der Eintritt des Todes, sondern auch der Lähmungsbeginn und der Eintritt der Fortbewegungsunfähigkeit der Insekten festgestellt.

Diese einfache Methode läßt einwandfrei erkennen, ob das untersuchte Mittel eine insecticide Wirkung besitzt oder nicht, sie sagt aber noch nichts darüber aus, ob die wirksame Substanz ein Kontakt-, Fraß- oder Atmungsgift darstellt.

Entsprechend der Art ihrer Nahrungsaufnahme können die Insekten in Fresser und Sauger eingeteilt werden. Wirkt eine Substanz auf Sauger, so kann dieselbe kein Fraßgift sein. Zur Ausschaltung von Fraß- und Atemgiftwirkung und zur alleinigen Beurteilung von Kontaktgiftwirkung hat RIEMSCHNEIDER eine entsprechende Testapparatur konstruiert, die in gleichmäßig strömender Luft dauernde Beobachtung der Versuchstiere unter gleichbleibender relativer Feuchtigkeit und konstanter Temperatur ermöglicht.

Bei *im Wasser lebenden* Insekten, z. B. Mückenlarven, oder Wasserschnecken wird das Mittel in Form eines dünnen Filmes auf die Wasseroberfläche verteilt oder im Wasser gelöst. Es sind bei diesen Untersuchungen natürlich ebenfalls Kontrollversuche durchzuführen und ferner die biologischen Eigentümlichkeiten genau zu beachten, so z. B., daß die Larven von *Anopheles* die Wasseroberfläche abweiden, während die *Culex*-Larven dies nicht tun. Im übrigen wird die Untersuchung in analoger Weise, wie oben geschildert, durchgeführt.

Bei der *praktischen* Anwendung wird geprüft, um wieviel die im Laboratorium ermittelte niedrigst wirksame Konzentration überdosiert werden muß, um im Freiland einen Nutzeffekt zu erhalten, und wie lange dieser anhält. Ferner wird geprüft, wieweit sich das Insecticid mit anderen Substanzen, insbesondere mit Wasser, vermischen läßt, versprühbar ist, ein gutes Durchdringungsvermögen besitzt, ob es an der Unterlage gut haftet oder auf der Wasseroberfläche schwimmt usw. Ferner ist zu untersuchen, ob sich das betreffende Präparat unter verschiedenen klimatischen und geographischen Faktoren verschieden verhält. Für die Einführung in die Praxis ist dann weiter ausschlaggebend die Giftigkeit der Substanz für Mensch, Haus- und Nutztiere.

Erst wenn diese Fragen befriedigend geklärt sind, sollte ein neues Präparat in den Handel eingeführt werden.

II. Die pharmakologische Prüfung von Heilmitteln an Endoparasiten [1].

Im Vergleich zu den im vorigen Kapitel geschilderten verhältnismäßig einfachen Prüfungsmethoden in vitro sind die Testierungsverfahren von Heilmitteln, die der Bekämpfung von Endoparasiten dienen sollen, wesentlich schwieriger, da die Prüfung an infizierten Versuchstieren durchgeführt werden muß. Diese Schwierigkeiten sind biologisch begründet durch die Anpassung der einzelnen Parasitenarten an ihre spezifischen Wirte. Die Beschaffung geeigneter natürlich oder experimentell infizierbarer Versuchstiere ist demzufolge nicht einfach. Oft ist es nicht möglich, die im Menschen vorkommenden Arten auf Versuchstiere zu übertragen. Man muß sich dann damit begnügen, mit verwandten Arten zu arbeiten, z. B. mit Kaninchenoxyuren oder Vogelplasmodien.

Das Ergebnis derartiger Tierversuche bildet die Grundlage für die zunächst versuchsweise Anwendung der gefundenen Präparate in der Humanmedizin. Es muß nämlich die *klinische* Prüfung zuerst einmal den Nachweis erbringen, daß die betreffende Substanz überhaupt im gewünschten Sinne auch am infizierten Menschen wirkt. Ist dies der Fall, muß die Klinik ferner die eigentlichen Richtlinien (Dosierung usw.) für die Therapie am kranken Menschen ausarbeiten, bevor das neue Präparat in die Praxis eingeführt werden darf.

Bei den ersten Tierversuchen prüfte man die Wirkung verschiedener Substanzen in *vitro* auf bestimmte Protozoen (EHRENBERG[2] bereits im

---

[1] OESTERLIN, M.: Chemotherapie. Braunschweig 1939.

[2] EHRENBERG, D. CHR. G.: Die Infusionsthierchen als vollkommene Organismen, S. 531. Leipzig 1838.

Jahre 1831) und Eingeweidewürmer (KÜCHENMEISTER[1] im Jahre 1851). Diese Reagensglasversuche wurden im Laufe der Zeit nach verschiedenen Richtungen hin ausgebaut und erfüllen auch für gewisse *Spezialfragen* ihren Zweck. Man stellte jedoch bei fortschreitender Erfahrung zwei bemerkenswerte Tatsachen fest:

1. Substanzen, die im Reagensglasversuch die Parasiten vergiften, töten im lebenden Wirt die Parasiten in zahlreichen Fällen nicht ab bzw. sind völlig unwirksam.

2. Ein hochwirksames Heilmittel kann in vitro vollständig versagen.

Dies bedeutet eine experimentelle Bestätigung der an sich selbstverständlichen Erkenntnis, daß der Parasit und das zu untersuchende Präparat *in vivo* ganz anderen Bedingungen ausgesetzt sind als in vitro. Ferner ist es meistens unmöglich, auf Grund der chemischen Konstitution eines Präparates Voraussagen über seine antiparasitäre Wirkung zu machen. Unter Berücksichtigung dieser Tatsachen darf man also — von Ausnahmen abgesehen — nicht die Reagensglasversuche anwenden, wenn man zu praktischen, auf den Menschen im eingangs besprochenen Sinne übertragbaren Ergebnissen bei der Auffindung oder Auswertung von Heilmitteln kommen will. Man muß vielmehr die verschiedenen parasitären Infektionen des Menschen in *adäquaten Tierversuchen* zu kopieren versuchen oder, mit anderen Worten, die Untersuchung *an einem mit den entsprechenden Parasiten infizierten Versuchstier* durchführen. Denn der chemotherapeutische Modellversuch muß ein möglichst getreues Abbild der natürlichen Infektion darstellen, und jede Abweichung, jede Variation hinsichtlich irgendeiner Versuchsbedingung zieht nur auf Irrwege führende Ergebnisse nach sich.

Aber auch bei derartigen adäquaten Modellversuchen muß man sich natürlich stets vor Augen halten, daß trotz aller anatomischen und physiologischen Ähnlichkeiten zwischen Mensch und Versuchstier dennoch große graduelle Unterschiede im einzelnen bestehen. Man muß sich daher hüten, aus den Untersuchungen, die an Tierinfektionen gemacht wurden, zu weitgehende Parallelschlüsse auf die Menscheninfektion zu ziehen. Dies gilt besonders für Analogieschlüsse in Dosierungsfragen.

Auf die Forderungen, die grundsätzlich an einen adäquaten Modellversuch zu stellen sind, wird weiter unten (S. 50) eingegangen.

Das Endergebnis der pharmakologischen Prüfung wird nach Möglichkeit ausgedrückt durch den *chemotherapeutischen Index* oder *Quotienten*. Dieser stellt nach EHRLICH das Verhältnis der kleinsten heilenden Dosis (Dosis minima curativa), die alle Parasiten abtötet oder abtreibt, zu der vom Wirtstier gerade noch verträglichen Dosis (Dosis maxima tolerata) dar.

---

[1] KÜCHENMEISTER: Arch. f. physiol. Heilkunde **10**, 630 (1851).

Experimentell lassen sich jedoch genauer als die genannten Dosen die mittlere therapeutische Dosis (D. c. 50), die 50% der Parasiten beseitigt, und die mittlere tödliche Dosis (D. l. 50) festlegen. Auf die Problematik dieser Definitionen und ihre Anwendung für die Praxis kann hier nicht näher eingegangen werden. Jedoch gestatten diese gut reproduzierbaren Zahlen einen Vergleich der *chemotherapeutischen Breite* der geprüften Mittel und stellen somit *ein* wichtiges Kriterium zur objektiven Beurteilung der Güte eines Mittels dar.

So kann man z. B. in den meisten Fällen von einem guten Wurmmittel sprechen, wenn im adäquaten Tierversuch der Index etwa 1 : 20 beträgt, d. h. wenn noch die 20fache kleinste therapeutische Dosis vom Wirtstier vertragen wird. Der Quotient beträgt natürlich 1, wenn die Dosis curativa und maxima tolerata zusammenfallen, und mehr als 1, wenn es selbst mit der für das Wirtstier letalen Dosis nicht gelingt, die Parasiten abzutöten. Letzteres ist beispielsweise der Fall bei der Chinin- und Plasmochintherapie der Vogelmalaria. Die Wirkung der betreffenden Substanzen muß dann nach anderen Gesichtspunkten bestimmt werden, z. B., ob eine Entwicklungshemmung der Parasiten nachweisbar ist (s. u.).

Beide Dosen eines Präparates, die therapeutische und die letale, müssen bei einmaliger Gabe (pro 1 kg Lebendgewicht bei Katzen und Kaninchen, pro 100 g bei Ratten und pro 20 g bei Mäusen und Kanarienvögeln) und natürlich an Versuchstieren derselben Art, z. B. Katzen, ermittelt werden. Es ist unzulässig, etwa die therapeutische Dosis des Ascaridol an der Spulwurminfektion der Katze auszutesten, die letale Dosis des Ascaridol aber an der weißen Maus, und aus den so gefundenen Werten den Index des Ascaridol für die Spulwurminfektion der Katze zu berechnen.

Die *chemotherapeutische* Breite ist nicht zu verwechseln mit der *klinischen* Breite eines Präparates. Die klinische Breite ist begrenzt einerseits durch die (unterste) in möglichst 100% der Fälle wirksame therapeutische *Normaldosis* und andrerseits durch die zulässige *Höchstdosis*, die noch ohne Gefahr einer Intoxikation gegeben werden kann. Die klinische Breite ist also stets geringer als die chemotherapeutische Breite. Schon aus diesem Grunde ist die Entwicklung von Substanzen mit einer möglichst großen chemotherapeutischen Breite zu fordern, die außerdem bereits in möglichst geringer Dosis voll wirksam sein sollten.

Wir besprechen nacheinander die pharmakologischen Modellversuche zur Prüfung von *Wurmmitteln* und von *Protozoenmitteln*, einschließlich von Spirochätenmitteln und Rickettsienmitteln.

1. Die pharmakologischen Modellversuche zur Prüfung der Wirksamkeit von Wurmmitteln [1].

Allgemeines. Bei der pharmakologischen Prüfung von vermifugen oder vermiciden Substanzen muß man folgende 2 Fälle scharf auseinanderhalten, nämlich

---

[1] ERHARDT, A.: Die chemotherapeutische Prüfung von Wurmmitteln. Pharmazie **3**, 49—58 (1948).

einerseits die Isolierung wirksamer Prinzipien aus bekannten, der lebenden Natur entnommenen Anthelminthica und andrerseits die Prüfung neuer chemischer Stoffe als Wurmmittel.

Im ersteren Falle ist es durchaus angebracht, als Testobjekt zunächst isolierte Darmwürmer (Schweineascariden, Katzenbandwürmer u. a.) oder auch Regenwürmer, Blutegel, Planarien, Enchytraeen, Erdnematoden, Essigälchen, Daphnien, kleine Fische usw. oder schließlich sogar Muskelpräparate und Nerv-Muskel-Präparate von Würmern *in vitro* zu benutzen, sofern sich gezeigt hat, daß die Ausgangsdroge sich einerseits als Wurmmittel bei Mensch oder Tier bewährt hat bei gleichzeitiger geringer Giftigkeit für den Warmblüter und andrerseits auf solche isolierten Tiere oder Präparate einwirkt. Es ist jedoch dabei zu beachten, daß die Würmer im *Reagensglas* auf außerordentlich viele chemische Stoffe reagieren. Solche Wurm*gifte* muß man deutlich von den Wurm*mitteln* trennen.

Wenden wir uns nun dem zweiten Fall zu, nämlich der Prüfung neuer chemischer Stoffe als Wurmmittel, so scheint es zwar nicht ausgeschlossen, daß man im Reagensglasversuch auf eine Substanz stößt, die die Würmer auch aus dem Darmkanal heraustreibt, es hat sich aber, wie wir sahen, immer mehr die Erkenntnis durchgesetzt, daß nur die Untersuchung an einem *mit den entsprechenden Würmern* **infizierten Versuchstier** *zur Testierung von neuen Wurmpräparaten* in Frage kommt.

Zum quantitativen Nachweis der Wurmeier im Kot des Versuchstieres haben sich für pharmakologische Untersuchungen im Tierversuch als *quantitative Eierzählmethoden* der *quantitative Telemann* nach ERHARDT (S. 23) und die *Traganthmethode* von SZIDAT-ERHARDT bewährt (S. 20).

Während der Dauer der Untersuchung müssen die Versuchstiere eine *Standarddiät* erhalten, um regelmäßig Kot in konstanter Menge abzusetzen. Für die TELEMANN-Anreicherung wird täglich die gesamte innerhalb von 24 Stunden abgelegte und gewogene Kotmenge in einen Mörser getan und mit so viel Wasser gründlichst verrührt, daß der Kot einen Gesamtwassergehalt von etwa 80—90% besitzt. Nur ein solcher *wässeriger Kot* bietet eine sichere Gewähr dafür, daß durch gründliches, etwa 5 Minuten dauerndes Umrühren die Eier gleichmäßig verteilt werden.

Da natürlich ein genaues Abschätzen des Wassergehaltes unmöglich ist, muß für gewisse Spezialuntersuchungen der Wassergehalt des durch Zusatz von Wasser auf eine bestimmte Konsistenz gebrachten Kotes exakt bestimmt werden, indem 10 g des Kotbreies im Trockenschrank bei 110°C getrocknet werden. Aus dem Gewicht der Trockensubstanz läßt sich dann ohne weiteres die Zahl berechnen, mit welcher der Durchschnittswert der gezählten Eier multipliziert werden muß, um die Anzahl der Eier *in 1 g Trockenkot* zu erhalten. Nur auf diese Art und Weise erhält man wirklich vergleichbare Werte.

Für einen brauchbaren Modellversuch zur Prüfung der Wirksamkeit von neuen Wurmmitteln, die später beim Menschen angewandt werden sollen, sind zunächst folgende Hauptpunkte zu berücksichtigen:

1. Das *infizierte Versuchstier* muß möglichst ein *Säugetier* sein. So ist z. B. das 3wertige Antimonpräparat „Fuadin" ein Specificum gegen die Schistosomiasis des Menschen und die Opisthorchiasis der Katze, es ist aber völlig unwirksam gegen die Bilharziellainfektion der Ente. Dabei gehören die Gattungen *Schistosoma* und *Bilharziella* zu ein und derselben Familie (Schistosomidae), während die Gattung *Opisthorchis* zu einer ganz anderen Familie (Opisthorchidae) gehört, die im System sehr entfernt steht.

2. Der *Krankheitserreger* muß bei Mensch und Versuchstier möglichst derselben oder einer nahe verwandten Spezies angehören und ähnliche pathologisch-anatomische und klinische Erscheinungen hervorrufen. Es muß also im Idealfall für *jede* Wurmkrankheit des Menschen ein spezifischer Modellversuch zur Verfügung stehen. Dabei ist es ferner unbedingt nötig, daß die Infektion „fest" ist, d. h. daß die Würmer resistent sind, nicht zu locker sitzen und zu leicht abgetrieben werden können.

3. Der *pharmakologische Effekt* muß im Modellversuch genau quantitativ verfolgbar sein, sei es durch Kontrolle der Ablage der Wurmeier, sei es durch Nachweis der abgetriebenen Würmer usw. In einigen wichtigen Fällen ist ein wertvoller Test für die Wirksamkeit eines Präparates die *Mehrausschwemmung von Wurmeiern* (Abb. 16) in den Tagen nach Applikation des Mittels. Am Ende einer Untersuchung (oft schon am 4. Tage nach der Gabe des Präparates) ist die *Sektion* des Versuchstieres unerläßlich, um das Ergebnis der Wurmkur schnell und einwandfrei sicherzustellen. Dabei hat sich für die Auffindung von kleinen Nematoden und Nematodenlarven im Darminhalt das Flotationsverfahren von BOECKER (S. 125) bewährt.

4. Bei dem Modellversuch muß weiter berücksichtigt werden, ob die Würmer im Versuchstier als Larven (z. B. als Finnen) oder als Geschlechtstiere vorkommen. Im letzteren Fall

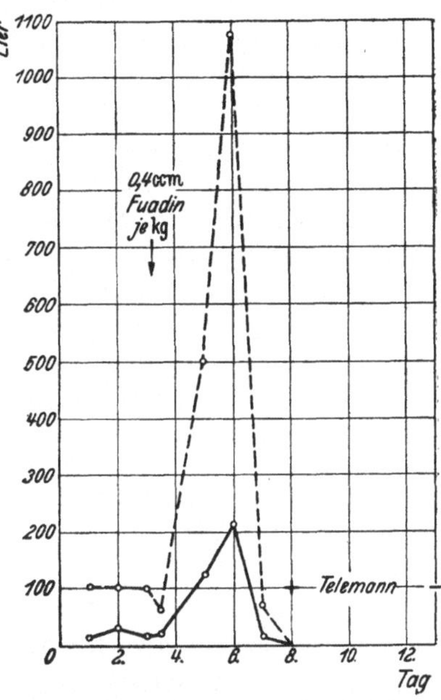

Abb. 16. *Wirkung des dreiwertigen Antimonpräparates Fuadin in therapeutischer Dosis* (0,4 ccm subcutan pro Kilogramm Lebendgewicht der Katze) *auf die Eiablage des Katzenleberegels (Opisthorchis tenuicollis) im Tierversuch.* Die ausgezogene Kurve gibt die täglich in 1/186,7 g flüssigen Katzenkotes ausgezählte, die gestrichelte Kurve die in 1/186,7 g Trockenkot berechnete Anzahl der Wurmeier an. Vor Gabe des Präparates verläuft die gestrichelte Kurve fast geradlinig, d. h. es wird täglich dieselbe Eiermenge ausgesch'eden, und zwar von jedem Wu'm rund 1000 Eier. Nach Injektion des Specificums Fuadin am 3. Versuchstage erfolgt eine starke Mehrausschwemmung von Wurmeiern, die einen mehr als 10fachen Anstieg der Kurve am 6. Tage bedingt. Darauf fällt die Kurve steil ab. Am 8. Tage sind nur noch mit der TELEMANN-Anreicherung Wurmeier zu finden, am 13. Tage gar keine mehr. Die Sektion ergibt eine 100proz. Abtötung der Katzenleberegel. Im *Reagensglasversuch* jedoch ist das Fuadin unwirksam auf die Katzenleberegel. (Nach ERHARDT.)

erhebt sich wieder die Frage, ob die Würmer lebend gebärend sind (*Trichinella*) oder ob die abgelegten Wurmeier täglich regelmäßig (z. B. von *Opisthorchis, Strongyloides, Ancylostoma*) bzw. verhältnismäßig regelmäßig (z. B. von *Taenia, Hymenolepis, Diphyllobothrium, Dipylidium, Ascaris, Trichuris, Schistosoma mansoni* und *japonicum*) im Kot nachweis-

bar sind oder ob dies nicht der Fall ist [z. B. bei *Passalurus* (= *Oxyuris*)].
In welchen Organen die geschlechtsreifen Würmer ihren Sitz haben,
spielt bei diesen Modellversuchen keine Rolle, wohl aber, ob die abgetöteten Tiere im Kot nachweisbar sind (z. B. meistens die Band- und
Spulwürmer) oder ob dies nicht der Fall ist (bei den meisten übrigen
Arten). Bei den Larven hingegen kommt es darauf an, ob sie in der
peripheren Blutbahn anzutreffen sind (*Filarien, Trichinella*) oder ob sie
sich in den Organen des Körpers befinden (*Finnen*).

Tierversuche. Bei der folgenden Übersicht sollen nur die wichtigsten
Modellversuche näher besprochen werden. Es ist bei diesen Untersuchungen meist gleichgültig, ob mit natürlich oder künstlich infizierten Versuchstieren gearbeitet wird.

Wir betrachten zunächst die Modellversuche, bei denen mit *geschlechtsreifen eierlegenden Würmern* gearbeitet wird, und hier zunächst die Wurmarten, die *regelmäßig innerhalb von 24 Stunden ihre
Eier ablegen.*

Einen einfachen Modellversuch stellt die **Opisthorchiasis der Katze**
(Abb. 16, S. 51) dar, was um so wertvoller ist, als an dieser Infektion
sich auch die 3wertigen Antimonpräparate testieren lassen, die bei
der *Schistosomiasis des Menschen* wirksam sind. In Mensch und Katze
kommt außerdem derselbe Erreger vor: *Opisthorchis tenuicollis* (= *O.
felineus*). Die Katzenleberegel legen ferner ihre Eier innerhalb von
24 Stunden in stets gleichbleibender Zahl ab (pro Tier rund 1000), so
daß man von einer bestimmten Anzahl von Eiern auf eine bestimmte
Mindestzahl von Würmern schließen kann. Nur bei frisch infizierten
Katzen liegen die Verhältnisse etwas anders, da junge Opisthorchis
mehr Eier pro Tag legen als alte.

Ähnliche Verhältnisse finden wir bei einer weiteren Infektion, nämlich bei der **Strongyloidose der Ratte,** deren Erreger *Strongyloides ratti*
ist. In den ersten 30 Tagen nach der Infektion legen entweder die jungen
Weibchen täglich wesentlich mehr Eier ab als die alten oder ein großer
Teil der inzwischen geschlechtsreif gewordenen Zwergfadenwürmer stirbt
ab. Die überlebenden Würmer würden im letzteren Falle offenbar erheblich länger am Leben bleiben und sehr regelmäßig ihre Eier ablegen.
Vom 30. Infektionstag ab ist nämlich die tägliche Eiablage so konstant,
daß man aus der Zahl der abgelegten Eier Rückschlüsse auf die Zahl
der vorhandenen Würmer ziehen kann.

Bei diesen beiden Modellversuchen ist demnach die Testierung von
Wurmmitteln sehr einfach. Man kann aus der vor Gabe des Medikamentes *berechneten Mindestanzahl der Würmer* und aus den bei der Sektion
tatsächlich gefundenen Parasiten einwandfrei feststellen, ob das gegebene Medikament eine vermicide bzw. vermifuge Wirkung gehabt

hat oder nicht. Bei der Sektion der Ratten ist jedoch zu beachten, daß die Darmschleimhaut mikroskopisch auf die darin befindlichen Würmer durchmustert werden muß. Ein weiterer Test dafür, ob das Medikament überhaupt irgendeinen Einfluß auf die Würmer besitzt oder nicht, besteht darin, ob nach Applikation desselben eine *Mehrausschwemmung von Eiern* nachweisbar ist oder nicht (Abb. 16).

Nicht ganz so einfach liegen die Verhältnisse bei einem anderen Modellversuch, nämlich bei der **Ancylostomiasis der Katze,** deren Erreger *Ancylostoma caninum* ist. Die tägliche Ablage der Eier unterliegt nämlich bei dieser Infektion meist derartigen Schwankungen, daß es nicht möglich ist, aus der Zahl der Eier genaue Rückschlüsse auf die Zahl der Parasiten zu ziehen. Man muß daher für quantitative Arbeiten, falls diese für bestimmte Fragestellungen erforderlich sind, die Katzen möglichst gleichmäßig mit 100—150 Ancylostomalarven experimentell infizieren, von denen etwa 10—35 % angehen. Denn aus der Zahl der abgetriebenen, im Kot nachgewiesenen Würmer einerseits und der im Darm noch vorhandenen lebenden Würmer andrerseits läßt sich nicht immer einwandfrei feststellen, wie hoch der Prozentsatz der durch ein Medikament abgetöteten *Ancylostoma* ist, da abgetötete Hakenwürmer im Darm der Katze verdaut werden können, wie dies auch regelmäßig bei *Opisthorchis* und *Strongyloides* der Fall ist und auch hin und wieder bei Band-, Peitschen- und Spulwürmern vorkommen kann.

Wir kommen nunmehr zu der Gruppe von Würmern, die ebenfalls *geschlechtsreif* im Menschen und Versuchstier parasitieren, *deren Eiablage aber nicht so regelmäßig* erfolgt wie bei den eben besprochenen Helminthen, denn es können zwischen zwei Eiablagen mehrere Tage vergehen. In diese Gruppe gehören vor allem die *Bandwürmer (Taenia, Dipylidium, Diphyllobothrium, Hymenolepis),* ferner *Ascaris, Trichuris* und die verschiedenen *Schistosomaarten.* Von den einheimischen Arten kommen als Modellversuche in Frage: für **Bandwürmer** die Infektionen der Katze mit *Taenia taeniaeformis, Dipylidium caninum* und *Diphyllobothrium latum,* des Kaninchens mit *Cittotaenia ctenoides* und der Ratte und der Maus mit *Hymenolepis fraterna,* für **Peitschenwürmer** die Infektion des Kaninchens mit *Trichuris leporis* und für **Spulwürmer** die der Katze mit *Toxocara cati.* Bei dieser Gruppe kann man oft tagelang keine Eier im Kot des Versuchstieres nachweisen, und aus der Zahl der plötzlich gefundenen Eier kann man keine genauen Schlüsse auf die Infektionsstärke ziehen. Dieser Nachteil wird aber — im Gegensatz zur Opisthorchiasis, Strongyloidose, Schistosomiasis und Ancylostomiasis — dadurch aufgehoben, daß *diese Würmer zum größten Teil* nach Applikation eines wirksamen Präparates in den meisten Fällen *nicht im Darm zersetzt, sondern gleich abgetrieben* werden.

Gegebenenfalls ist mit dem Wurmmittel ein Abführmittel zu geben. Aus der Zahl der abgetriebenen und bei der Sektion gefundenen Parasiten ergibt sich also fast immer einwandfrei, ein wie hoher Prozentsatz der Würmer abgetrieben ist.

Für die verschiedenen Bilharziosen des Menschen kommen als Modellversuche die **Schistosomainfektionen von Maus, Kaninchen und Affen** in Frage. Die Versuchstiere müssen experimentell infiziert werden. Entsprechend den biologischen Eigentümlichkeiten der Bilharzien ist der Invasionsmodus folgendermaßen: Den möglichst eireichen Kot eines infizierten Menschen oder eines bereits infizierten Versuchstieres bringt man in Wasser. Sobald die Wimperlarven ausgeschwärmt sind, setzt man die in Frage kommenden Schnecken in das Wasser, die von den Wimperlarven infiziert werden. Nach 30—35 Tagen haben sich innerhalb der Schnecke Gabelschwanzlarven entwickelt. Bringt man die Schnecken nunmehr in klares Wasser und stellt sie 2—3 Stunden an das helle Sonnenlicht, so schlüpfen die Gabelschwanzlarven aus, die mit der Lupe leicht erkenntlich sind. Zur Infektion werden die Versuchstiere in dem cercarienhaltigen Wasser ungefähr $^1/_2$—1 Stunde lang gebadet. Mäuse werden mit etwa 50 Cercarien, Kaninchen mit einigen Hundert und Affen mit 1000—2000 pro Tier infiziert. Bis zum Auftreten der Eier im Kot vergehen ungefähr 6 Wochen. Für *Schistosoma haematobium* und *mansoni* eignen sich am besten als Versuchstiere Affen und Mäuse, für *Schistosoma japonicum* hingegen Kaninchen.

Nach der chemotherapeutischen Behandlung muß die Eiablage bzw. das Schlüpfen der Miracidien noch längere Zeit kontrolliert bzw. durch Germanininjektionen provoziert werden, da das (vorübergehende) Aufhören der Eiausscheidung keine Gewähr für Parasitenfreiheit bietet und die abgetöteten Geschlechtstiere nicht ausgeschieden werden. Auf jeden Fall muß am Schluß der Untersuchung die Sektion durchgeführt werden.

Wir wenden uns jetzt dem der menschlichen Oxyuriasis adäquaten Modellversuch zu, nämlich der **Oxyuriasis des Kaninchens,** deren Erreger *Passalurus ambiguus* ist.

Bei dieser Testierungsmethode muß man von der Tatsache ausgehen, daß aus der Zahl der im Kaninchenkot mittels der üblichen Anreicherungsmethoden gefundenen *Passalurus*-Eier keinerlei Rückschlüsse auf die Infektion des Kaninchens mit Oxyuren gezogen werden können. Ferner muß die verhältnismäßig kurze Lebensdauer der *Passalurus* berücksichtigt werden und der Umstand, daß die abgetöteten kleineren Oxyuren im Darm verdaut werden können und demzufolge nicht im Kot gefunden zu werden brauchen, während die über 6 mm großen Weibchen wohl zum größten Teil im abgelegten Kot nachweisbar sind, wenigstens wenn die Kotablage regelmäßig erfolgt. Tritt jedoch nach Gabe eines stark vermiciden Präparates Verstopfung ein, die sich über mehrere Tage hin erstreckt, so können in diesem Fall auch alle großen Weibchen zersetzt werden. Alle durch diese Eigentümlichkeiten bedingten Fehlerquellen werden bei folgender *Methode* ausgeschaltet.

Durch direkte Beobachtung der Oxyuren im Coecum mit Hilfe eines chirurgischen Eingriffes oder durch Auffinden von spontan abgegangenen Würmern im Kot oder durch Abtreibung von im Rectum befindlichen Würmern mittels eines rectalen Einlaufes von 40 ccm einer 2proz. Kochsalzlösung wird vor Beginn des eigentlichen Versuches festgestellt, ob die Tiere gut mit Oxyuren *natürlich* infiziert sind oder nicht. Für die Testierung kommen nur Kaninchen in Frage, die wenigstens mit 100 Würmern infiziert sind und ein Mindestgewicht von etwa 2000 g haben. Derartige Kaninchen erhalten etwa 24 Stunden nach der Operation oder am 4. Tage nach dem Einlauf das zu untersuchende Wurmmittel. Daraufhin wird von dem Versuchstier täglich der Kot genauestens auf abgegangene Oxyuren untersucht. Am 4. Tage nach Applikation des Präparates stellt man durch Sektion oder durch weitere Spontanabgänge oder durch einen Einlauf fest, ob im Versuchstier noch Oxyuren vorhanden sind oder nicht. Weist man im nichtgetöteten Kaninchen noch lebende Oxyuren nach, so kann das Tier nötigenfalls für weitere Versuche verwendet werden, andernfalls wird das Kaninchen ebenfalls getötet und seziert. Aus der Zahl der im abgelegten Kot festgestellten lebenden und toten Passaluren und der im Darmtrakt gefundenen toten Oxyuren einerseits und den im Darm evtl. noch lebend angetroffenen Würmern andrerseits läßt sich ohne weiteres berechnen, wieviel Oxyuren durch das untersuchte Präparat mindestens abgetötet bzw. abgetrieben wurden.

Bei diesem Test ist weiter zu berücksichtigen, daß sich bestimmte Substanzen gegenüber den verschiedenen Larvenstadien und den Geschlechtstieren verschieden verhalten können. Zur Klärung derartiger Fragen sind die Kaninchen *experimentell* mit wenigstens 5000 infektionsfähigen Eiern, die bereits die Larven enthalten, zu infizieren. Solche Eier gewinnt man folgendermaßen. Man muß Eier verwenden, die *sich bereits auf dem Blastulastadium* befinden. Diese werden innerhalb von 24 Stunden bei einer Temperatur von 38° C und in mit Wasserdampf gesättigter Atmosphäre infektionsfähig (Boecker). Blastulaeier findet man auf ausgeschiedenen Kotpillen in kleinen, schimmelartigen, makroskopisch erkennbaren Häufchen. Man kann sie auch aus legereifen, mit dem Kot ausgeschiedenen Weibchen herauspräparieren. Die Zahl der Blastulaeier pro Weibchen beträgt durchschnittlich 1300 Stück, also nur etwa $^1/_{10}$ der Eierzahl von Enterobius vermicularis.

Ebenfalls auf chirurgischer Basis beruht der Modellversuch zur Testierung von Präparaten, die gegen die *Finnen der Bandwürmer* wirksam sein sollen. Diese Untersuchungen werden an der **Cysticercose des Kaninchens** durchgeführt. Denn die Kaninchen beherbergen häufig im Netz, an der Magen- oder Leberoberfläche sog. *Erbsenförmige Finnen* (*Cysticercus pisiformis*) des *Gesägten Bandwurmes* (*Taenia pisiformis*) des Hundes. Zunächst stellt man durch Öffnung der Bauchhöhle fest, ob das Kaninchen in größerer Anzahl (mindestens etwa 50) lebende Finnen besitzt. Der *Test für das Leben einer Finne* ist das Sichumstülpen des Scolex. Man muß zu diesem Zweck einige Finnen mit ihren Bälgen operativ aus dem Kaninchen entfernen, dann aus den Finnenbälgen die Finnen herauspräparieren und in eine auf 37—40° erwärmte physiologische Kochsalzlösung bringen, worauf sich der Scolex mit folgenden Proglottiden alsbald ausstülpt und stundenlang lebhafte Bewegungen zeigt. Ist dies später nach Gabe des Medikamentes bei den anderen Finnen desselben Kaninchens nicht der Fall, liegt ein vermicider Effekt des Wurmmittels vor.

Als weiterer Modellversuch soll die **Trichinose der Ratte,** deren Erreger *Trichinella spiralis* ist, besprochen werden. Die Trichineninfektion der Ratte eignet sich zur Prüfung von Wurmmitteln sowohl gegen Darmtrichinen als auch gegen Muskeltrichinen. Die Schwierigkeit dieses Modellversuches besteht vor allem darin, die Versuchsratten und die Kontrolltiere einerseits gleichmäßig quantitativ mit Trichinen zu infizieren, andrerseits das zur Infektion dienende trichinenhaltige Rattenfleisch so zu bemessen, daß die Versuchstiere nicht an Darmtrichinose eingehen, aber dennoch genügend viele Muskeltrichinen bekommen. Etwa 10 Tage nach der Infektion finden sich sowohl die geschlechtsreifen Darmtrichinen als auch schon Muskeltrichinen — letztere besonders im Zwerchfell und Kaumuskel — in der infizierten Ratte. Zur Feststellung, ob ein Präparat gewirkt hat oder nicht, müssen die Versuchs- (und Kontroll-) Ratten getötet und seziert werden. Die Darmtrichinen findet man, indem man den Darm aufschneidet und in einem Glaskolben mit Wasser schüttelt. Den so erhaltenen Darminhalt behandelt man nach dem auf S. 125 geschilderten Flotationsverfahren von Boecker und zählt die Darmtrichinen in der Zählkammer von Zschucke aus. Außerdem durchmustert man die Darmschleimhaut mikroskopisch auf die darin etwa noch befindlichen Trichinen. Die Muskeltrichinen werden in dem bekannten Kompressorium untersucht.

Als Testierungsmethode für Präparate gegen die verschiedenen Filaria-Infektionen des Menschen diente früher die *Filariasis des Hundes* (Erreger: *Dirofilaria immitis*). Dieser Methode ist aber der Modellversuch an der **Filariasis der Baumwollratte**[1] (*Sigmodon hispidus*), deren Erreger *Litomosoides carinii* ist, in vielen Richtungen überlegen. Übertragen werden diese Filarien durch die blutsaugende *Milbe Liponyssus bacoti*.

Die in Amerika vorkommenden Baumwollratten sind bereits *natürlich* infiziert im Tierhandel; die Zahl der Mikrofilarien im Blut wechselt

---

[1] Hewitt, R. J., W. S. Wallace, E. White u. Y. Subba-Row: J. Labor. a. clin. Med. **32**, 1293—1302 (1947). — W. E. Kershav, J. Williamson u. D. S. Bertram: Brit. med. J. **4594**, 130—132 (1949).

jedoch bei der Ankunft im Laboratorium sehr. Zur Beurteilung der Infektionsstärke werden Blutausstriche durchgesehen (25—100 Gesichtsfelder). Auf diese Weise gelingt es schnell, einen Überblick von genügender Sicherheit zu erreichen. Bei wöchentlicher Auszählung steigen die so ermittelten Werte bei unbehandelten Tieren immer erheblich im Verlauf von 8 Wochen an, wenn auch Streuungen vorkommen. Längere Beobachtungszeiten sichern die ansteigende Tendenz weiter. Zur *experimentellen* Infektion bringt man die Baumwollratten für einige Tage in ein künstliches Rattennest, in das man zahlreiche Milben setzt, die vorher an infizierten Baumwollratten gesaugt haben.

Nach erfolgreicher Behandlung verschwinden die Mikrofilarien aus der Blutbahn. Außerdem werden bei der Sektion erwachsene Filarien aus der Pleurahöhle zur Beurteilung der Wirkung der Wurmmittel herangezogen. Bei den Geschlechtstieren dienen sowohl das Bewegungsbild als auch morphologische Eigentümlichkeiten zur Feststellung des Lebens oder Todes. Abgetötete Filarien sind meistens von einer Leukocyten- und Fettmasse umgeben, die makroskopisch als „käsig" imponiert.

Für europäische Verhältnisse eignet sich die **Filariasis des Grünen Wasserfrosches** (*Rana esculenta*), deren Erreger *Icosiella neglecta* ist, als Testmethode für Filarienmittel (W. Minning u. P. Ding[1]). In Deutschland findet man etwa 20% der Wasserfrösche mit diesen Filarien infiziert. Zwischenwirte sind sehr wahrscheinlich *Zwergschnaken* (*Ceratopogoninae*). Die erwachsenen Würmer leben in der Muskulatur des Körperstammes und der Extremitäten. Die Mikrofilarien, die eine Scheide aufweisen, sind in strömendem Blut nachweisbar; sie besitzen keine Periodizität. Die Blutentnahme erfolgt am besten am Lippenwinkel. Therapiebeurteilung ergibt sich aus dem Schwinden der Mikrofilarien und aus dem Verhalten der erwachsenen Würmer. Durch Sektion wird festgestellt, ob die Geschlechtstiere leben oder abgetötet sind.

In der folgenden Tabelle sind die soeben besprochenen Modellversuche in ihren wesentlichsten Punkten noch einmal zusammengestellt.

Übersicht über die wichtigsten Modellversuche zur Prüfung von Wurmmitteln.

Art der Infektion	Erreger	Invasionsmodus	Wesentlichste Punkte des Modellversuches
Hakenwurminfektion der Katze	*Ancylostoma caninum*	Percutane Einbohrung der gezüchteten Larven	Quantitative Infektion. Eierzählung. Sektion.
Spulwurminfektion der Katze	*Toxocara cati*	Perorale Aufnahme larvenhaltiger Wurmeier	Nachweis der abgetriebenen Würmer. Sektion.

[1] Minning, W. u. P. Ding: Z. Tropenmed. u. Parasitol. **2**, H. 4 (1951).

Übersicht über die wichtigsten Modellversuche zur Prüfung von Wurmmitteln
(Fortsetzung).

Art der Infektion	Erreger	Invasionsmodus	Wesentlichste Punkte des Modellversuches
Bandwurminfektion der Katze	*Taenia taeniaeformis*	Perorale Aufnahme finnenhaltiger (Cysticercus fasciolaris) Leber von Maus und Ratte	Nachweis der abgetriebenen Würmer. Sektion.
Leberegelinfektion der Katze	*Opisthorchis tenuicollis*	Perorale Aufnahme finnenhaltiger (encystierte Metacercarien) Fischmuskulatur	Eierzählung. Mehrausschwemmung von Eiern. Sektion.
Oxyureninfektion des Kaninchens	*Passalurus ambiguus*	Perorale Aufnahme larvenhaltiger Wurmeier	Chirurgischer Eingriff oder rectaler Einlauf zur Feststellung der Infektionsstärke. Nachweis der abgetriebenen Würmer. Sektion.
Peitschenwurminfektion des Kaninchens	*Trichuris leporis*	Perorale Aufnahme larvenhaltiger Wurmeier	Eierzählung. Nachweis abgetriebener Würmer. Sektion.
Finneninfektion des Kaninchens	*Cysticercus pisiformis*	Perorale Aufnahme von Gliedern von Taenia pisiformis aus Hundekot	Chirurgischer Eingriff zur Feststellung der Infektion. Test, ob die Finnen leben. Sektion.
Zwergfadenwurminfektion der Ratte	*Strongyloides ratti*	Percutane Einbohrung der gezüchteten Larven	Eierzählung ab 30. Tag nach der Infektion. Mehrausschwemmung von Eiern. Mikroskopische Sektion.
Trichineninfektion der Ratte	*Trichinella spiralis*	Perorale Aufnahme trichinenhaltiger Rattenmuskulatur	Quantitative Infektion. Darm- u. Muskeltrichinen. Mikroskopische Sektion. Kontrollinfektionen.
Bilharzieninfektion der weißen Maus und des Affen bzw. Kaninchens	*Schistosoma mansoni* u. *haematobium* bzw. *japonicum*	Percutane Einbohrung der gezüchteten Gabelschwanzlarven (Cercarien)	Eier- und Miracidiennachweis. Wasserschnecken. Quantitative Infektion. Sektion.
Filarieninfektion der Baumwollratte (Sigmodon hispidus)	*Litomosoides carinii*	Übertragung der Jungfilarien durch den Stich der Milbe Liponyssus bacoti	Nachweis der Mikrofilarien im Blutausstrich, der Geschlechtstiere durch Sektion.
Filarieninfektion des Wasserfrosches (Rana esculenta)	*Icosiella neglecta*	Übertragung durch den Stich von Zwergschnaken (Ceratopogoninae)?	Nachweis der Mikrofilarien im Blutausstrich, der Geschlechtstiere durch Sektion.

Was nun die **Übertragung** *der im Tierversuch gewonnenen Ergebnisse auf die entsprechenden Wurminfektionen des Menschen* anbetrifft, so zeigt sich, daß die Modellversuche an der Ancylostomiasis und Ascaridose der Katze und an der Oxyuriasis des Kaninchens für derartige *Rückschlüsse* besonders wertvoll sind, jedoch ist im Kaninchenversuch bei einzelnen Wurmmitteln, z. B. Thymol, die hohe Giftunempfindlichkeit des Pflanzenfressers in Rechnung zu stellen. Von den in der beschriebenen Weise testierten, gebräuchlichsten Handelspräparaten hatten folgende die höchsten (reziproken) Quotienten, die in Klammern wiedergegeben sind, an nachstehenden Infektionen: Fuadin (1,75) an der Opisthorchiasis, Filmaronöl (2—6,6) und Ascaridol „Bayer“ (2) an der Ancylostomiasis, Filmaronöl (12—40) an der Taeniose, Ascaridol „Bayer“ (20—40), Santonin (4—10) und Mandaverm (50) an der Ascaridose und Thymol (50) und Atrimon (etwa 60) an der Oxyuriasis. Alle an der Strongyloidose, Cysticercose und Trichinose geprüften Substanzen waren ohne jede Wirkung. Indessen dürfen die im Tierversuch gewonnenen Ergebnisse nicht überschätzt und ohne weiteres auf den Menschen übertragen werden. In jedem Fall ist vielmehr eine genaue *klinische Prüfung* notwendig, bevor ein neues Wurmmittel in die Praxis eingeführt wird (s. S. 47).

2. Die pharmakologischen Modellversuche zur Prüfung der Wirksamkeit von Protozoenmitteln[1].

Allgemeines. Die im vorhergehenden Kapitel gemachten grundsätzlichen Ausführungen gelten auch für die Prüfung von Präparaten, die zur Bekämpfung von Krankheiten dienen, die von Protozoen, Spirochäten und Rickettsien hervorgerufen werden. Insbesondere trifft auch bei diesen Untersuchungen das zu, was über die Reagensglasversuche gesagt wurde. So wird man nicht erwarten dürfen, praktische Erfolge zu erzielen etwa bei der Austestierung von Trypanosomenheilmitteln an Glockentierchen im Reagensglas oder bei der Prüfung von Malariamitteln an frei lebenden Amöben in vitro.

Als brauchbare, adäquate Testierungsmethoden kommen vielmehr auch hier nur solche Modellversuche in Frage, die an *Versuchstieren* ausgeführt werden, welche mit den *entsprechenden Protozoen* **infiziert** sind.

Tierversuche. Die für die **Malaria** des Menschen adäquaten Modellversuche sind an der Vogelmalaria ausgearbeitet worden (ROEHL, KIKUTH). Zunächst wird untersucht, ob das fragliche Präparat überhaupt eine Wirkung auf die Malaria ausübt. Diese Untersuchung, die keinen Rück-

---

[1] ERHARDT, A.: Die chemotherapeutische Prüfung von Protozoenmitteln. Pharmazie **5**, 297—303 (1950).

schluß auf den Angriffsort (Schizonten, Gamonten) zuläßt, wird an der *Plasmodiuminfektion des Kanarienvogels* oder der *Plasmodium gallina- ceum-Infektion des Huhnes* oder der *Plasmodium lophurae-Infektion des Huhnes und der Ente*[1] durchgeführt. Ist ein Effekt nachweisbar, wird nunmehr die Frage entschieden, ob die Substanz ein *Schizontenmittel* oder ein *Gamontenmittel* darstellt. Zu diesem Zweck wird das Präparat entweder an der *Haemoproteusinfektion des Reisvogels* oder mittels des sog. *Geißelungstestes* geprüft. Schließlich ist es noch von größtem In- teresse, zu erfahren, ob die Substanz eine prophylaktische Wirkung entfaltet, also ob sie ein *Sporozoitenmittel* darstellt. Zur Prüfung dieser Frage dient der *Prophylaxeversuch an der Kanarienvogelmalaria.*

Wir besprechen zunächst die *Methodik zur Prüfung von Malaria- mitteln an der Kanarienvogelmalaria.* Dieselbe wird erregt durch folgende Plasmodienarten:

Plasmodium (= *Proteosoma*) *cathemerium, P. praecox* (= *P. relic- tum*), *P. inconstans, P. elongatum und P. circumflexum.* Besonders häu- fig werden die beiden zuerst genannten Arten verwendet.

Die verschiedenen Plasmodienarten lassen sich leicht aus dem Blut des Spenders intramuskulär auf den Empfänger überimpfen. Das parasitenhaltige Blut entnimmt man der Flügel- oder Beinvene und verdünnt es mit physiologischer Kochsalz- lösung. 5 oder 6 Tage nach der Überimpfung treten im peripheren Blute des in- fizierten unbehandelten Vogels die ersten Parasiten auf, die sich in den folgenden Tagen rasch vermehren. Die Infektion erreicht am 9. oder 10. Tag ihren Höhe- punkt. Diese akute Phase endet entweder mit dem Tode des Vogels oder geht in ein chronisches Stadium über. Im letzteren Falle sind nach etwa 14—18 Tagen die Plasmodien aus der peripheren Blutbahn bei den meisten Vögeln verschwunden und haben sich in den inneren Organen angesiedelt.

Bekanntlich gibt es nur wenige malaricide Substanzen, die die Vogelmalaria zum Erlöschen bringen. Aus diesem Grunde kann der Heilversuch als Testierungs- methode für Malariamittel im allgemeinen nicht angewendet werden. Wohl aber hat sich eine von ROEHL ausgearbeitete quantitative Methode ausgezeichnet be- währt, bei der *die entwicklungshemmende Wirkung* der Präparate festgestellt wird.

Es wird an frisch infizierten Tieren der Nachweis geführt, ob das erste Auftreten der Plasmodien im peripheren Blut der behandelten Vögel *verzögert* wird oder nicht im Vergleich zum Erscheinen der Para- siten bei den unbehandelten Kontrollvögeln. Eine wirksame Substanz muß also die normale Inkubationszeit verlängern. Man bezeichnet die wirksame Dosis einer derartigen Substanz als *Rezidivdosis.* Eine Dosis curativa gibt es in diesem Fall ja nicht. Die Verzögerung muß deutlich sein, d. h. die Parasiten dürfen frühestens am 10. Tage nach der Infek- tion im Blut auftreten, während sie ja bei den unbehandelten Kontroll-

---

[1] *Plasmodium berghei* läßt sich auf weiße Mäuse und Ratten übertragen. Jedoch erhöht das Ergebnis des Mäusetestes nicht die Sicherheit der Voraussage der Wirkung auf den Menschen gegenüber den Ergebnissen der Vogelmalaria (MUDROW-REICHENOW).

tieren bereits nach 5 oder 6 Tagen erscheinen. Ob die Verzögerung bei den behandelten Tieren größer als 5 Tage ist oder nicht, ist gleichgültig.

Tritt die geforderte Verzögerung ein, so muß die Konzentration des geprüften Präparates variiert werden zur Feststellung der kleinsten noch in 50% der Fälle wirksamen Rezidivdosis. Als Beispiel seien die Zahlen für salzsaures Chinin angeführt, die erhalten werden, wenn den Vögeln *vom Tage der Infektion an täglich eine einmalige Dosis von 1 ccm der betreffenden Lösung pro 20 g Körpergewicht mit der Schlundsonde per os 6 Tage hindurch* gegeben wird. Eine Lösung 1 : 200 wird noch von den Vögeln vertragen, eine Lösung 1 : 800 ist noch deutlich auf die Plasmodien wirksam, die Verdünnung 1 : 1600 aber nicht mehr. Es sind also die Lösungen 1 : 200 bis 1 : 800 wirksam, d. h. das Chinin hat eine *Wirkungsstärke* von 4.

Auf diese Art und Weise erhält man reproduzierbare Zahlen, die einen Vergleich der *Wirkungsstärken* der verschiedenen geprüften Substanzen gestatten. Jedoch ist diese Wirkungsstärke nicht zu verwechseln mit dem chemotherapeutischen Quotienten, da wir bisher nur über wenige Mittel verfügen, die bei der Vogelmalaria vollkommene Heilung bringen.

Hat man an der Kanarienvogelmalaria festgestellt, daß die geprüfte Substanz einen Effekt von einer bestimmten Wirkungsstärke besitzt, so wird nunmehr untersucht, ob die Substanz ein *Schizontenmittel oder ein Gamontenmittel* darstellt. Diese Untersuchung wird, wie oben erwähnt, ausgeführt entweder *an der Infektion des Reisfinken mit Haemoproteus oricivorae oder am Geißelungstest.*

Wir besprechen zunächst die *Testierungsmethode* an der chronischen *Reisvogelmalaria.* Die Schizonten von *Haemoproteus* entwickeln sich nur in den Endothelzellen der inneren Organe des Reisvogels und erscheinen demzufolge nicht in der peripheren Blutbahn, in der hingegen die Gametocyten anzutreffen sind. Ein wirksames *Gamontenmittel,* etwa Plasmochin, bringt nun die Gametocyten so lange zum Verschwinden, bis seine Wirkung abgeklungen ist. Dann treten allerdings von neuem Gamonten in der Blutbahn auf, die sich aus jungen Schizonten in den inneren Organen neu entwickelt haben.

Die *Wirkungsstärke* eines solchen Gamontenmittels wird in analoger Weise berechnet wie die eines Malariamittels an der Kanarienvogelmalaria.

Die Wirkung eines *Schizontenmittels,* etwa des Atebrin oder ähnlicher Verbindungen, läßt sich an der Haemoproteusinfektion nach KIKUTH folgendermaßen nachweisen: Bei gleichzeitiger Anwendung eines Gamontenmittels und eines Schizontenmittels, z. B. des Plasmochin und Atebrin, bleibt auch das Wiederauftreten der Gamonten in der peripheren Blutbahn aus oder wird sehr verzögert. Daraus kann mit KIKUTH gefolgert werden, daß das Atebrin die in den Endothelien zur Reife gelangenden Schizonten derartig schädigt, daß die Entstehung neuer Gamonten im Keim erstickt wird. Auf diese Art und Weise lassen sich wirksame Substanzen in Schizonten- und Gamontenmittel differenzieren.

Das andere Verfahren zur Prüfung einer spezifisch gametociden Wirkung, der *Geißelungstest*, beruht auf der selektiven Eigenschaft des Plasmochin, noch in kleinsten Dosen die „Geißelung" der Mikrogametocyten, d. h. die Bildung der 4—8 Mikrogameten aus 1 Mikrogametocyte, zu verhindern.

Untersucht man das Blut eines Kanarienvogels, das reich an Mikrogametocyten von *Plasmodium cathemerium* ist, unter dem Mikroskop, nachdem es als Deckglaspräparat 5 Minuten in einer feuchten Kammer bei 37°C aufbewahrt wurde, so kann man den Vorgang der Geißelung direkt beobachten. Diesen Prozeß kann man nun unterbinden, indem man einem solchen Vogel, dessen Blut zur Geißelung neigende Mikrogametocyten aufweist, eine einzige Dosis von Plasmochin, und zwar noch in der Verdünnung 1 : 120000, verabreicht. Entnimmt man wenige Stunden nach Applikation des Präparates dem Vogel Blut und untersucht dieses, wie beschrieben, so sind die Mikrogamonten noch vorhanden, die zu erwartende Geißelung aber bleibt aus. Dieser Effekt läßt sich nicht nur durch das Plasmochin erreichen, sondern durch *alle Substanzen, die eine spezifisch gametocide Wirkung besitzen*, so z. B. durch Certuna, und zwar noch in einer Dosis von 1 : 200000. Schizontenmittel hingegen beeinträchtigen den Geißelungsvorgang nicht.

Zur Prüfung von *Sporozoitenmitteln*, die für die kausale Prophylaxe der Malaria notwendig sind, dient der *Prophylaxeversuch an der Kanarienvogelmalaria*. Die Methode besteht darin, daß das zu prüfende Präparat einige Tage nacheinander einer größeren Anzahl von *gesunden, parasitenfreien Kanarienvögeln* gegeben wird. Die Vögel werden entweder nach der letzten Gabe der Substanz oder schon an einem der Applikationstage mit den Sporozoiten von *Plasmodium cathemerium* infiziert. Gleichzeitig werden unbehandelte Kontrollvögel infiziert.

Ein wirksames Sporozoitenmittel, das bisher allerdings nur auf die Vogelmalaria wirkt, ist das Endochin. Es verhindert, in einer einzigen Dosis wenige Stunden vor oder nach der Sporozoiteninfektion oder gleichzeitig gegeben, ein Angehen der Infektion. Dieses kausalprophylaktische Mittel erfüllt aber noch nicht die hinsichtlich der menschlichen Malaria gehegten Hoffnungen (KIKUTH).

Die Wirkungsstärke eines derartigen Prophylakticums muß durch den *prophylaktischen* Index ausgedrückt werden, der aus der mittleren tödlichen Dosis und der mittleren prophylaktischen Dosis, die in 50% der Fälle vollwirksam ist, errechnet wird.

Zur Ausführung der Methodik ist nötig:

1. Die Infektion der Kanarienvögel mit den Sporozoiten von *Plasmodium cathemerium*.

2. Die Aufzucht der Stechmücken (*Culex pipiens*, nicht *Anophelesarten*).

3. Die Infektion der Stechmücken mit Gametocyten von *Plasmodium cathemerium*.

Die *Infektion der Kanarienvögel* mit den Sporozoiten findet statt entweder auf künstliche Weise, indem man die sporozoitenhaltigen Speicheldrüsen herauspräpariert, in physiologischer Kochsalzlösung verreibt und intramuskulär den Vögeln appliziert, oder auf natürliche Weise durch den Mückenstich. Hierfür wird der leicht gefesselte Kanarienvogel eine Nacht hindurch in den Mückenkäfig gebracht, in dem sich die infektiösen Stechmücken befinden. Am nächsten Morgen überzeugt man sich, ob die Mücken in der Nacht gestochen und gesogen haben, d. h. man stellt fest, ob der Mückendarm voller Blut ist oder nicht. Die vollgesogenen Mücken werden seziert zur Feststellung, ob sich in ihren Speicheldrüsen zur Zeit des Stechaktes mutmaßlich Sporozoiten befunden haben. Ist letzteres der Fall gewesen, so findet man in den Speicheldrüsen meistens noch mehr oder weniger zahlreich Sporozoiten. Gleichzeitig infizierte Kontrollvögel erhalten das zu untersuchende Präparat nicht und müssen nach einer Inkubationszeit von 7—8 Tagen zahlreiche Parasiten in ihrem peripheren Blut enthalten.

Die *Aufzucht der Stechmücken* (*Culex pipiens*) geschieht folgendermaßen: Die geschlechtsreifen Mücken werden in großen viereckigen Gazekäfigen gehalten, deren Höhe, Länge und Breite etwa je 100 cm betragen. Die Käfige müssen in einem Raum untergebracht sein, der eine Temperatur von 24—30° C und eine relative Luftfeuchtigkeit von etwa 80% besitzt. Letzteres kann man durch Auflegen feuchter Tücher auf die Käfige erreichen. Man kann die geschlechtsreifen Stechmücken monatelang mit Zuckerwasser und Apfelschnitten ernähren. Zur Eiablage müssen die Weibchen aber Blut saugen. Zu diesem Zwecke bringt man zweimal wöchentlich nachts in einem kleinen Drahtkäfig einen Kanarienvogel in den Zuchtkäfig. In diesem Käfig muß eine Schale mit Wasser stehen, damit die Mücken, die Blut gesogen haben, ihre Eier ablegen können.

Das Züchten der Mücken aus dem Ei macht bei *Culex* keine Schwierigkeiten. Die Schale (etwa 20 × 30 cm groß) mit den abgelegten Eiern wird aus dem Käfig herausgenommen. Zur Fütterung der Larven dient eine Heuinfusion und Pepton. In die Schale werden etwa 6 g fein geschnittenes Heu getan, sobald die Larven geschlüpft sind. Gehalten werden die Zuchten bei einer Wasserwärme von 20—22° C. Man muß darauf achten, daß sich keine Kahmhaut bildet. Je größer die den Larven zur Verfügung stehende Wasseroberfläche ist, desto besser gedeihen die Tiere. Es werden täglich die etwa gestorbenen Larven und Puppen aus der Schale entfernt. Kurz vor dem Schlüpfen der Imagines wird die Schale mit den Puppen in einen großen Gazekäfig gebracht, der für die geschlechtsreifen Mücken bestimmt ist.

Bei der *Infektion der Stechmücken mit den Gametocyten* darf man die Mücken nicht an stark infizierten Kanarienvögeln saugen lassen, da die Mücken sonst an der Infektion sterben. Das Saugen der Mücken am infizierten Kanarienvogel findet in der oben beschriebenen Weise statt.

Es ist nicht möglich, auf Grund der an den verschiedenen Testmethoden der Vogelmalaria gewonnenen Ergebnisse Rückschlüsse auf die *spezifische* Wirkung der geprüften Substanzen auf die verschiedenen Malariaarten des Menschen (Tertiana, Quartana, Tropica) zu ziehen. Hierüber kann nur die klinische Prüfung Auskunft geben.

Der für die **Amöbenruhr** adäquate Modellversuch ist die *Amoebiasis der jungen Katze,* hervorgerufen durch die *Ruhramöbe* (*Entamoeba* *dysenteriae* = *E. histolytica*)[1]. Allerdings müssen die Ergebnisse dieses Modellversuches mit großer Kritik ausgewertet werden wegen des häufigen Vorhandenseins bakterieller Begleitinfektionen.

Die Infektion der Katzen findet entweder durch stomachale Infektion mit Amöbencysten oder im allgemeinen durch intrarectale Applikation von Ruhramöben aus Kulturen oder Krankenstühlen statt.

Die Durchführung der intrarectalen Infektion geschieht folgendermaßen: Zunächst wird der Dickdarm der Katze vom Kot gereinigt. Dies wird dadurch erreicht, daß man dreimal nacheinander mittels eines Darmrohres rectal 20—30 ccm einer körperwarmen physiologischen Kochsalzlösung einführt. Darauf wird das Infektionsmaterial — infizierter Menschen- oder Katzenkot oder Kulturamöben — ebenfalls durch ein Darmrohr rectal gegeben. Um ein Pressen der Tiere zu vermeiden, wird in Äthernarkose infiziert. Die Afteröffnung wird nach der Infektion mit wenig Watte mehrere Stunden lang verschlossen. Gegebenenfalls muß die Infektion wiederholt werden.

Bereits einige Tage nach der Infektion findet man die ersten Amöben im Katzenkot. Gleichzeitig treten die meist schweren Krankheitserscheinungen auf, die bei jungen Tieren unter 1 kg Gewicht schon nach wenigen Tagen zum Tode führen. Zur Bildung von Leberabscessen kommt es im allgemeinen nicht.

Entsprechend dem stürmischen Verlauf der Krankheit bei der Katze muß die *chemotherapeutische Prüfung* der Präparate sofort erfolgen, sobald die ersten Amöben im Kot nachweisbar sind.

Als Testierungsmethode für die **Kala-Azar** des Menschen dient die *Kalar-Azar-Infektion des Hamsters (Cricetus cricetus) bzw. des syrischen Goldhamsters (Cricetus auratus)*, deren Erreger *Leishmania donovani* ist (M. MAYER, ROEHL). Die Infektion findet statt mittels Impfung infektiösen Materials von Milz und anderen Organen von Kala-Azar-Kranken oder von bereits infizierten Hamstern oder mittels Verimpfung von Kulturen der Parasiten. Von den Impfmethoden hat sich besonders folgende von KIKUTH und SCHMIDT bewährt:

Leber und Milz eines getöteten Hamsters mit positivem Leishmanienbefund werden unter sterilen Kautelen zerrieben und mit 50 ccm physiologischer Kochsalzlösung verdünnt. Von dieser Verdünnung wird den Hamstern 1 ccm intraperitoneal injiziert. Die Infektion geht regelmäßig an. 5—6 Wochen nach der Überimpfung sind die Parasiten im Leberpunktat nachzuweisen. Nach etwa 450 Tagen sind alle Endothelzellen der Organe mit Parasiten vollgepfropft und in einigen Organen die Parasiten in das Parenchym eingedrungen. Der Hamster unterliegt im allgemeinen der Infektion erst am Ende des zweiten Jahres. Der Nachweis der Leishmanien im *lebenden* Hamster erfolgt durch die mikroskopische Untersuchung des Leberpunktates. Von *gestorbenen* oder *getöteten* Tieren werden Ausstrich- und Schnittpräparate von Milz und Leber angefertigt.

---

[1] Es hat sich als Test für die Auswertung von Amöbenmitteln auch die experimentelle, akut verlaufendeRatteninfektion [R. JONES: Ann. trop. Med. **40**, 130 (1946)] und Hundeinfektion [P. E. THOMPSON u. B. L. LILLIGREN: Amer. J. trop. Med. **29**, 323 (1949)] mit Amöben bewährt.

Bei diesem Modellversuch handelt es sich, wie wir sahen, um eine über viele Monate sich erstreckende chronische Infektion, deren Verlauf großen individuellen Schwankungen unterworfen ist. Die Tiere zeichnen sich durch abweichendes Verhalten aus, so daß ein Versuch nicht ohne weiteres mit einem anderen verglichen werden darf. So kann auch ein chemotherapeutischer Index nicht präzisiert werden. Man darf also an dieses Testverfahren nicht zu weitgehende Anforderungen bezüglich der Auswertung von Einzelheiten stellen, wenn es sich auch bei der Prüfung von Antimonpräparaten ausgezeichnet bewährt hat.

Als Modellversuche für die **Schlafkrankheit** kommen die *Trypanosen der verschiedenen Laboratoriumstiere* in Frage.

Bei diesen Untersuchungen ist besonders zu berücksichtigen, daß sich die schnell vermehrenden und schnell tödlich wirkenden Laboratoriumsstämme im kleinen Versuchstier viel leichter therapeutisch beeinflussen lassen als die natürlichen und insbesondere chronischen Infektionen mit pathogenen Trypanosomen bei den großen Haustieren. Weiter ist zu berücksichtigen, daß Trypanosomen, die die Blutbahn verlassen haben, schwerer therapeutisch zu beeinflussen sind als Trypanosomen in der Blutbahn. Dies gilt besonders für die Schlafkrankheit des Menschen, wenn die Trypanosomen bereits in die Cerebrospinalflüssigkeit eingedrungen sind. Aus diesem Grunde sind vielleicht am besten die Ergebnisse auf den Menschen zu übertragen, die bei Untersuchungen an intracerebral geimpften Mäusen gewonnen werden[1]. Bemerkenswert erscheint die Tatsache, daß nicht alle Trypanosomenarten innerhalb desselben Wirtes gleich stark von den einzelnen trypanociden Mitteln beeinflußt werden, sondern sich spezifisch verschieden verhalten. Während es z. B. mit Brechweinstein bei der Ratte unschwer gelingt, eine Infektion mit *Trypanosoma brucei* (Erreger der Nagana) in kürzester Zeit abzuschneiden, bleibt dieselbe Dosis dieses Mittels ohne jeden Einfluß auf das Rattentrypanosom *Trypanosoma lewisi*.

Bei jeder *chemotherapeutischen Prüfung* eines Präparates ist es natürlich notwendig, daß die Pathogenität, Virulenz und gegebenenfalls die Arzneifestigkeit und Spontanheilungswahrscheinlichkeit des Trypanosomenstammes, der als Test Verwendung findet, genau bekannt sind. Man gebraucht daher meist Stämme jahrelanger Passagen, die einen gleichmäßigen Verlauf verbürgen. Am zweckmäßigsten sind solche Arten zu verwenden, die nach subcutaner Infektion in wenigen Tagen weiße *Mäuse* unter ständiger Vermehrung der Trypanosomen *töten*. Es kommen hierfür vor allem folgende Arten in Frage: *Trypanosoma gambiense* (Erreger der Schlafkrankheit), *Trypanosoma brucei* und *congolense* (Erreger der Nagana der Haustiere), *Trypanosoma equiperdum* (Erreger der Beschälseuche [Dourine] der Pferde) und *Trypanosoma equinum* (Erreger der Mal de Caderas der Pferde). Die Virulenz der Stämme von *Trypanosoma evansi* (Erreger der Surra der Haustiere und Kamele) ist sehr schwankend, so daß sich diese Infektion nicht als Testierungsmethode eignet.

---

[1] Vgl. I. Zschucke: Z. Hyg. **122**, 620—625 (1940).

Die Feststellung der trypanociden Wirkung eines Präparates erfolgt zunächst mit möglichst großer Dosis bei möglichst *schwacher Infektion*. Es werden drei Mäuse und eine unbehandelte infizierte Kontrollmaus verwendet, die mit derselben Trypanosomenaufschwemmung infiziert sind, und bei denen die Infektion des Blutes gerade deutlich in Erscheinung tritt, d. h. es dürfen im Nativpräparat bei der Durchmusterung einer größeren Anzahl von Gesichtsfeldern nur vereinzelte Trypanosomen gefunden werden.

Einige Stunden nach Applikation des Präparates und dann täglich 1—2mal wird das Blut auf Trypanosomen untersucht.

Man infiziert die weißen Mäuse mit trypanosomenhaltigem Blut, indem man ungefähr 0,5 ccm eines Gemisches von Blut und physiologischer Kochsalzlösung (ungefähr im Verhältnis 1:2) intraperitoneal oder 0,02 ccm Citratblut bei Äthernarkose intracerebral einer Maus injiziert.

Die täglich laufenden *Blutkontrollen* werden folgendermaßen durchgeführt: Man schneidet mit der Schere ein kleines Stück vom Schwanzende der Maus ab, nimmt mit einem Deckglas das an der Schnittstelle heraustretende Blutströpfchen ab (evtl. muß man das Blut von der Schwanzwurzel nach der Spitze drücken), bringt das Deckglas auf einen Objektträger und mikroskopiert mit stärkstem Trockensystem und stark abgeblendetem Licht.

Bei jedem *erfolgreichen Heilversuch* müssen die Mäuse noch 3 Wochen nach der Applikation des Präparates täglich, dann zweimal wöchentlich bis zum Schluß der Beobachtungszeit (stets mehrere Monate) auf etwa auftretende Rezidive beobachtet werden. Bei der Sektion sind Präparate aus Herzblut und Organsaft anzufertigen, um festzustellen, ob Trypanosomen vorhanden sind oder nicht.

Hierauf wird die Wirkung des Präparates an den verschiedenen Infektionen bei größeren Versuchstieren, *Ratten, Meerschweinchen, Kaninchen und Hunden* evtl. auch an *Rindern* und *Pferden* geprüft. Bei diesen Versuchstieren verlaufen die erwähnten Infektionen meist chronisch mit wenig Parasiten im Blut. Sind nach Gabe eines Präparates Trypanosomen im Blute nicht mehr nachweisbar, so werden zur Kontrolle größere unverdünnte Blutmengen (1,5—2,0 ccm subcutan oder intraperitoneal) etwa jede 14 Tage auf Mäuse überimpft, da ja der Nachweis auch spärlicher Trypanosomen in dem Blut der Maus leicht gelingt.

Bei den zu Beginn des Versuches entsprechend infizierten, unbehandelten Kontrolltieren muß am Ende der Trypanosomenbefund noch positiv sein zur Feststellung, daß in der Zwischenzeit keine Spontanheilung aufgetreten ist, sofern die Kontrolltiere den Versuch überhaupt überlebt haben.

Zur Prüfung von Präparaten, die auf die **Chagas-Krankheit** wirken sollen, dient die *Infektion des Hundes und der weißen Maus mit Trypanosoma (= Schizotrypanum) cruzi*. Die Infektion der Mäuse findet statt entweder durch Blutübertragung vom erkrankten Menschen bzw. von einer Maus zur anderen oder durch Infektion mit Wanzen*kot* von *Triatoma* oder *Rhodnius*, der metacylische Trypanosomen enthält. Die *Testierungs-*

methode ist im übrigen dieselbe wie die soeben beschriebenen, soweit es sich um die im Blute vorkommenden Trypanosomenformen handelt. Daneben spielen ja auch die *Leishmania*-Formen in der Muskulatur bei der Entwicklung von *T. cruzi* eine große Rolle. Da es bisher nur wenige spezifische Mittel (Penicillin[1] [??], 7602 [Ac] „BAYER"[2]) gibt, ist es noch nicht restlos geklärt, ob man — ähnlich wie bei den Schizonten- und Gamontenmitteln der Malaria — zwischen Mitteln unterscheiden muß, die spezifisch auf die Trypanosomen- und Leihsmaniastadien wirken.

Als Modellversuch für die **Syphilis**[3] kommt vor allem die *Scrotumsyphilis des Kaninchens* in Frage, hervorgerufen durch *Treponema pallidum*. Diese Form der Syphilis wird experimentell erzeugt durch Impfung mit Material von menschlichen Primäraffekten oder mit Hornhautteilchen von Keratitis syphilitica, in denen reichlich Spirochäten enthalten sind, oder mit Injektionen von spirochätenhaltigem Preßsaft unter die Scrotalhaut. An der Infektionsstelle entsteht nach einigen Wochen das dem menschlichen Schanker sehr ähnliche Ulcus syphiliticum des Kaninchens, jedoch nur bei einem Teil der infizierten Tiere. Dieser Schanker hält sich durchschnittlich $2^1/_2$—3 Monate. In den Geschwürrändern sind stets große Mengen von Spirochäten enthalten.

Mit der *chemotherapeutischen Prüfung* von Präparaten beginnt man erst, wenn die Schanker gut ausgebildet sind und der Spirochätenbefund positiv ist. Da die Kaninchen in der Größe der entstehenden Schanker bedeutende Unterschiede aufweisen, so ist ein Vergleich der bei verschiedenen Tieren erhaltenen Ergebnisse nicht ohne weiteres möglich. Der als Wirkung des geprüften Chemotherapeuticums auftretende Rückgang der Läsionen ist möglichst messend zu verfolgen, ebenso der jeweilige Spirochätenbefund. Der Eintritt der Heilung kann mit Sicherheit erst dann behauptet werden, wenn der Nachweis (durch Drüsenüberimpfung) gelingt, daß im Kaninchen keine Spirochäten mehr vorhanden sind.

Die *spontane Kaninchenspirochätose*, deren Erreger *Treponema cuniculi* ist, verhält sich chemotherapeutisch anders als die durch *Treponema pallidum* hervorgerufene. *Treponema cuniculi* ist nicht menschenpathogen.

Für die verschiedenen Arten des **Rückfallfiebers** ist der adäquate Modellversuch die *Infektion der weißen Maus mit Spirochaeta duttoni*. Die Infektion erfolgt mit 0,4 ccm einer Spirochätenaufschwemmung intraperitoneal. Die Aufschwemmung erhält man, indem man 1 bis 2 Tropfen spirochätenhaltigen Menschen- oder Mäuseblutes mit 1 bis 2 ccm physiologischer Kochsalzlösung mischt. Von dem auf den Infektionstag folgenden Tage an werden die Versuchstiere täglich untersucht.

---

[1] Vgl. K. W. EARLE: J. trop. Med. **49**, 74—76 (1946).

[2] Vgl. S. MAZZA: Dtsch. Tropenmed. Z. **45**, 577—590 (1941).

[3] Die Salvarsanpräparate werden an der Infektion der Maus mit Trypanosoma brucei und equiperdum testiert.

Die Blutentnahme erfolgt in derselben Weise wie bei den Trypanosen der Maus. Das Nativpräparat wird bei starker Abblendung oder im Dunkelfeld betrachtet.

Die Weiterimpfung auf die nächste Maus erfolgt am zweckmäßigsten, wenn sich etwa 30 Spirochäten im Gesichtsfeld vorfinden, d. h. meistens am 3. Tage nach der Infektion. Wenn auch zu erwarten ist, daß die Maus noch am 4. Tage Spirochäten im Blut aufweist, so ist trotzdem die Weiterimpfung möglichst am 3. Tage durchzuführen, da man keine Gewähr hat, ob die Krisis nicht doch schon vorher einsetzt oder die Maus stirbt.

Bei der *chemotherapeutischen Prüfung* gelten betreffs der Pathogenität, Virulenz und Arzneifestigkeit auch für diesen Modellversuch die Ausführungen, die bei den Trypanosen der Maus gemacht wurden. Die Applikation des zu prüfenden Mittels hat sofort bei dem ersten Auftreten der Spirochäten im Blut zu erfolgen, da die verschiedenen Rezidive mit der Zeit immer schwächer werden.

Als Modellversuch für die **WEILsche Krankheit** dient die *Infektion des jungen Meerschweinchens mit Leptospira icterohaemorrhagiae.* Wenn man jungen Meerschweinchen im Gewicht von 150—200 g defibriniertes Blut von Kranken in Dosen von 0,5—2,0 ccm an 3 aufeinanderfolgenden Tagen intraperitoneal injiziert, erkranken die Tiere vielfach am 4. oder 5. Tag nach der 1. Injektion in typischer Weise. So tritt z. B. die charakteristische Gelbfärbung der Skleren auf. Die Infektionen gelingen aber nur, wenn das zu verimpfende Blut während der ersten Krankheitstage des Menschen entnommen wird. Durch Weiterverimpfung von Blut oder von Leberaufschwemmungen der erkrankten Meerschweinchen kann man die Infektionen in vielen Passagen fortführen.

Die *chemotherapeutische Prüfung* hat sofort zu beginnen, wenn die ersten Krankheitssymptome auftreten bzw. die Leptospiren im Blut (man entnimmt das Blut zweckmäßigerweise dem Ohr) oder Urin nachweisbar sind. Denn die erkrankten unbehandelten Tiere gehen fast stets zugrunde. Die Leptospiren sind in besonders großen Mengen in der Leber nachweisbar. Nach wirksamer Behandlung sind die klinisch bereits vollkommen gesunden Tiere noch durchweg mit Leptospiren infiziert und werden erst mehrere Wochen nach der Behandlung leptospirenfrei.

Als letzter Modellversuch sei der für die verschiedenen Arten des **Fleckfiebers** besprochen, nämlich die *Infektion der weißen Maus mit Rickettsia mooseri.* Diese Infektion ist ja für den Menschen weniger gefährlich als das klassische Fleckfieber.

Die Infektion der Mäuse erfolgt durch intraperitoneale Injektion von 0,25 ccm einer Gehirnemulsion in der Verdünnung 1 : 2000. Die Gehirnemulsion wird hergestellt aus Gehirnen bereits infizierter Mäuse. Die Gehirne werden in eine entsprechende Menge physiologischer Kochsalzlösung getan, durch Schütteln mit Glasperlen zerkleinert und durch Gazelagen grob filtriert. Nach einer Inkubationszeit von etwa 7 bis 10 Tagen erkranken von den so infizierten Mäusen rund 75 % schwer und sterben zum großen Teil. Die Rickettsien treten in den akuten schweren Krankheitszuständen in ungeheurer Menge auf. Bevorzugt befallen wird das Endothel des Peritoneums. Der Nachweis der Rickettsien erfolgt in dem nach GIEMSA gefärbten Peritonealschmierpräparat (WOHLRAB).

Da sich die extra- und intracellulären Rickettsienstämme am leichtesten in Kleiderläusen halten und durch Prüfung der Magenausstriche das Versuchsergebnis leicht festzustellen ist, eignet sich die *Kleiderlaus als Testobjekt* zur Vorprüfung für die Wirksamkeit von Substanzen, die gegen das Fleckfieber und andere Rickettsienkrankheiten wirken sollen (WEYER). Die Substanzen werden den Läusen rectal appliziert.

Übersicht über die wichtigsten Modellversuche zur Prüfung von Protozoenmitteln.

Modellversuch	Wesentlichste Punkte des Versuches
Kanarienvogelmalaria	Verzögerung des Auftretens der Plasmodien im Blut
Reisvogelmalaria	Verschwinden der Gametocyten im Blut. Differenzierung von Schizonten- und Gamontenmitteln
Geißelungstest	Verhinderung der Bildung der Mikrogameten aus den Mikrogametocyten im Blut des behandelten Kanarienvogels im Deckglaspräparat. Differenzierung von Schizonten- und Gamontenmitteln
Prophylaxeversuch an der Kanarienvogelmalaria	Infektion des Kanarienvogels mit Sporozoiten *nach* Gabe des Präparates. Sporozoitenmittel
Amoebiasis der Katze	Rectale Infektion mit Ruhramöben bei jungen Katzen. Akuter Krankheitsverlauf
Kalar-Azar-Infektion des Hamsters	Intraperitoneale Infektion mit infektiösem Material aus der Leber und Milz. Lange Inkubationszeit. Große individuelle Schwankungen
Trypanosen der Maus	Schwache Infektion. Akuter Verlauf. Auftreten von Rezidiven. Unbehandelte Kontrolltiere. Methode geeignet zur Testierung von Salvarsanpräparaten
Scrotumsyphilis des Kaninchens	Experimentelle Infektion mit Treponema pallidum
Infektion der weißen Maus mit Spirochaeta duttoni	Sofortige Applikation des Präparates beim ersten Auftreten der Spirochäten im Blut
Infektion des Meerschweinchens mit Leptospira icterohaemorrhagiae	Junge Tiere (150—200 g). Applikation des Präparates beim ersten Auftreten der Krankheitssymptome
Infektion der weißen Maus mit Rickettsia mooseri	Intraperitoneale Injektion von 0,25 ccm einer infektiösen Gehirnemulsion 1:2000. Akuter Krankheitsverlauf

Spezieller Teil.

Erster Abschnitt.

Zweiflügler (Diptera).

Die **Zweiflügler (Diptera)** sind Insekten mit vollständiger Metamorphose. Sie besitzen nur zwei Flügel im Gegensatz zu den meisten Insekten, die deren vier haben. Nur das erste Flügelpaar ist wirklich vorhanden, das zweite wird durch besondere Organe ersetzt, die aus einem Stielchen mit Endkölbchen bestehen und die man Schwingkölbchen oder Halteren nennt.

Einteilung. Wir teilen die Dipteren in zwei große Gruppen ein: die *Nematocera* („Fadenhörner") oder *Mücken* im weiteren Sinne mit fadenförmigen, mehr als dreigliedrigen Fühlern und die *Brachycera* („Kurzhörner") oder *Fliegen* im weiteren Sinne mit kurzen, nur aus drei Gliedern bestehenden Antennen.

Die **Nematocera** oder **Mücken** im weiteren Sinne sind außerdem durch einen schlanken Körper, lange und schmale Flügel und lange Fühler gekennzeichnet; die Gliederzahl der letzteren schwankt zwischen 6 und 15. Die Larven leben im Wasser oder auf dem Lande.

Drei Familien (Endung *-idae*) bzw. Unterfamilien (Endung *-inae*) interessieren den Arzt. In der folgenden Bestimmungstabelle finden wir ihre charakteristischen Merkmale.

Costal- (Rand-) Ader umzieht den ganzen Flügel	Längliche distal abgerundete Flügel, am Geäder geschuppt (Abb. 18)	*Stechmücken* (*Culicidae*)
	Ovale oder lanzettenförmige, behaarte Flügel (Abb. 37)	*Phlebotomen* (*Phlebotominae*)
Costalader schließt in der Nähe des oberen Flügelrandes ab (Abb. 40)		*Kribbelmücken* (*Simuliidae*)

Charakteristisch für die **Brachycera** oder **Fliegen** im weiteren Sinne sind: ein gedrungener Körper, große Flügel und kurze, nur dreigliedrige Antennen. Sie werden in zwei Gruppen unterteilt. Bei den *Orthorrhapha* („Spaltschlüpfern") schlüpfen die fertigen Insekten durch einen T-förmigen Spalt aus der Puppenhülle. Sie besitzen keine Kopfblase. Die *Cyclorrhapha* („Deckelschlüpfer") dagegen verlassen die Puppenhülle durch eine runde Öffnung, die sie durch den Druck einer Kopfblase herstellen.

Von den *Orthorrhapha* interessiert nur eine Familie den Mediziner, die Familie der *Tabanidae* oder *Bremsen*.

Bei den *Cyclorrhapha* spielen zwei Familien eine wichtige Rolle in der Pathologie, die *Muscidae* oder *Fliegen* im engeren Sinne und die *Oestridae* oder *Dasselfliegen*. Die zuletzt genannte Familie stellt allerdings nur eine künstliche Bildung dar. Die beiden Familien unterscheiden sich in folgender Weise:

Gut entwickelter Rüssel; Flügel- ⎱ *Muscidae oder Fliegen*
lappen mäßig zurückgebildet ⎰ i. e. S.
Rüssel unentwickelt oder in einem ⎱ *Oestridae* oder *Dassel-*
Grübchen versteckt; stark ent- ⎰ *fliegen*
wickelter Flügellappen

Pathogene Bedeutung. Eine Anzahl Dipteren sind Blutsauger und für die Medizin von besonderem Interesse. Denn sie entnehmen dem Blut verschiedenartige pathogene Keime und spielen die Rolle von *Krankheitsüberträgern*. Andere Dipteren sind als Imagines unschädlich, aber als Larven fakultative oder obligatorische Parasiten. Sie leben in verschiedenen Organen, entwickeln sich hier und verursachen Erkrankungen, die unter dem Namen *Myiasis* bekannt sind.

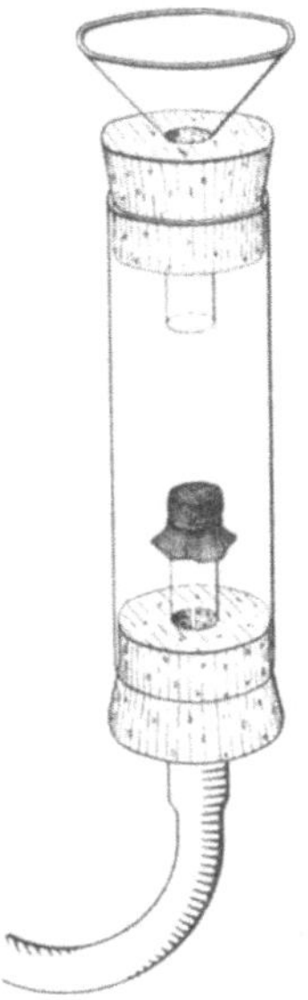

I. Stechmücken (Culicidae).

Für die Medizin haben die *Stechmücken*, „*Schnaken*"[1], *Gelsen*, *Moskitos* oder *Culiciden* eine sehr wesentliche Bedeutung gewonnen, seitdem man weiß, daß sie verschiedene Krankheiten übertragen können, insbesondere die Malaria und das Gelbe Fieber.

Fang. Die geschlechtsreifen Insekten halten sich an dunkeln Plätzen menschlicher Wohnungen oder in Ställen auf. Man fängt die Tiere, indem man vorsichtig eine Glasröhre über eine schlafende Mücke stülpt; aufgeschreckt flattert sie in die Röhre hinein. Nun verschließt man letztere mit einem Wattepfropfen. Für den Fang haben sich ferner besondere Fanggläser, wie das Nochtsche Reusenröhrchen u. a., auch behelfsmäßige (Abb. 17), bewährt, die mit einer Aspirationsvorrichtung versehen sind. Die im Wasser

Abb. 17. *Behelfsmäßiges Insektenfangglas.* Das Fangglas besteht aus einem Glaszylinder von 15 cm Länge und 5 cm Durchm. Beide Öffnungen können mit je einem durchbohrten Korken verschlossen werden. Durch den oberen Korken ist ein Glastrichter, durch den unteren eine Glasröhre gesteckt. Letztere ist an ihrem oberen Ende mit Gaze verschlossen, an ihrem unteren mit einem Gummischlauch versehen. Der Fang der Insekten geschieht derartig, daß man die Trichteröffnung über das Insekt stülpt und am unteren Ende des Gummischlauches heftig saugt. Hierdurch wird das Insekt in das Fangglas hineingesogen. (Original.)

---

[1] In der zoologischen Sytematik werden die *Schnauzenmücken* oder *Tipuliden* (*Tipulidae*) auch als Schnaken bezeichnet, die also eine andere Familie darstellen und medizinisch uninteressant sind.

lebenden Stechmückenlarven fängt man mit einer weißen Emailleschale
od. dgl., nötigenfalls, indem man vorher den Boden des Gewässers
etwas aufwühlt.

Untersuchung. Die mit Zigarettenrauch, Äther oder Chloroform getöteten Mücken können, auf feine Nadeln aufgespießt, trocken unter-

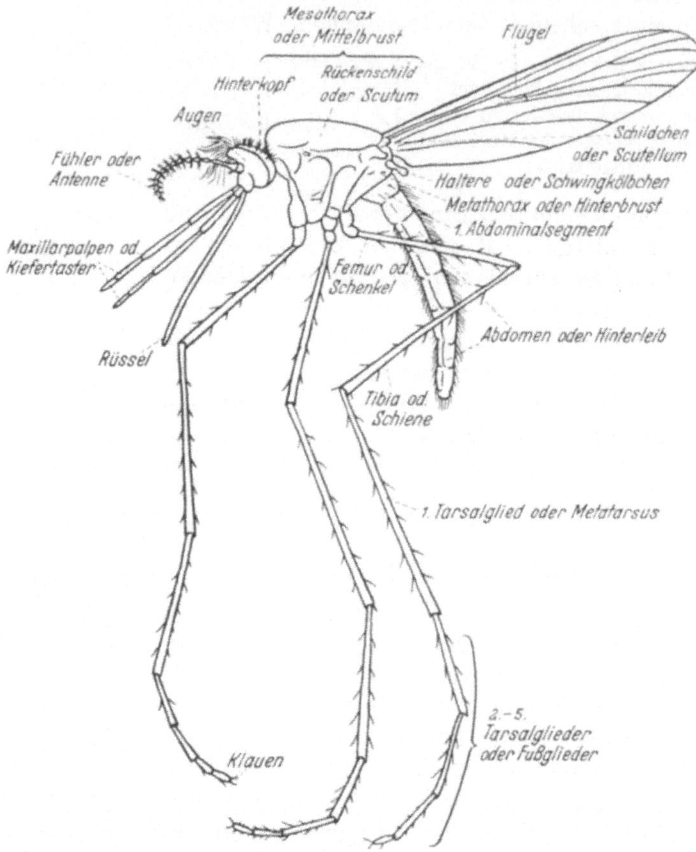

Abb. 18. *Äußerer Bau einer weiblichen Malariamücke (Anopheles) in 6facher Vergrößerung.*

sucht werden. Man beobachtet sie dann mit Hilfe einer einfachen Lupe
oder eines Binokulars. Sie können aber auch zwischen Objektträger und
Deckgläschen in Canadabalsam oder Mastixharz eingebettet werden. Zu
diesem Zweck werden die getöteten Tiere zunächst für einige Minuten
in 60proz. Alkohol gebracht und dann in 6proz. kalter Kalilauge oder
in Diaphanol (= Chlordioxyessigsäure) 1—2 Tage aufgehellt. Von hier
kommen sie mehrere Stunden in 60proz. Alkohol und werden dann in
der üblichen Weise (vgl. S. 31, Punkt 12 und 13) weiterbehandelt, wobei

sie in jeder Stufe wenigstens 1 Stunde bleiben müssen. Dieses Verfahren wendet man sowohl bei Larven als auch bei geschlechtsreifen Tieren an; es ermöglicht, Einzelheiten im Mikroskop zu erkennen, die bei einer einfachen Untersuchung unter der Lupe verlorengehen würden.

Morphologie. Die Stechmücken sind kleine Nematoceren, deren Länge durchschnittlich 5—10 mm beträgt; Körper, Flügel und Gliedmaßen sind mit kleinen Schuppen bedeckt; der Kopf trägt vorn einen *langen Stechrüssel* von etwa halber Körperlänge, seitlich zwei Maxillarpalpen von verschiedener Gestalt und Größe und 14- oder 15 gliedrige Fühler. Die nebenstehende Abbildung zeigt die wichtigsten Körperteile einer Mücke (Abb. 18).

Unterschiede zwischen Männchen und Weibchen. Männchen und Weibchen voneinander unterscheiden zu können, ist insofern

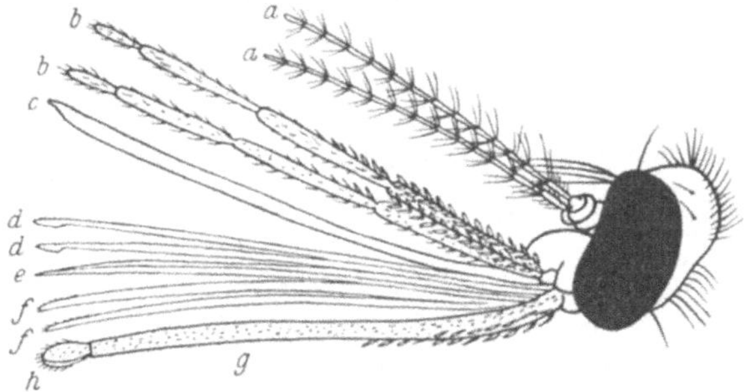

Abb. 19. *Kopf mit künstlich ausgebreiteten Mundwerkzeugen einer weiblichen Malariamücke* (*Anopheles*). *a, a* Fühler oder Antennen; *b, b* Maxillarpalpen oder Kiefertaster; *c* Labrum oder Oberlippe; *d, d* Mandibeln oder Oberkiefer; *e* Hypopharynx oder Schlundrohr mit Speichelgang; *f, f* Maxillen oder Unterkiefer; *g* Labium oder Unterlippe oder Rüsselscheide; *h* Labellen. (Nach MANSON.)

von Bedeutung, als nur die Weibchen Blutsauger sind und infolgedessen Menschen oder Tiere stechen; die Männchen ernähren sich, mit ganz seltenen Ausnahmen, von pflanzlichen Säften.

Die Männchen erkennt man daran, daß sie mit langen und dichten Haaren besetzte, infolgedessen gefiedert aussehende Fühler besitzen, während die Antennen der Weibchen fast unbehaart sind und nur einige kurze, um die Basis eines jeden Gliedes ringförmig geordnete Haare aufweisen (Abb. 29).

Rüssel. Die Rüsselscheide (Abb. 19 u. 20) wird gebildet von der *Unterlippe* (*Labium*), die mit zwei beweglichen Labellen (umgebildeten Lippentastern) endet; diese sind durch eine feine Membran, die sog. DUTTONsche Membran, mit der Unterlippe verbunden. Die Unterlippe ist rinnenförmig ausgehöhlt und enthält 6 Stechborsten:

1. das *Labrum* (den *Epipharynx*) oder die *Oberlippe*,

2. den *Hypopharynx* oder das *Schlundrohr*, das von einem feinen Kanälchen, dem *Speichelgang*, durchzogen ist,

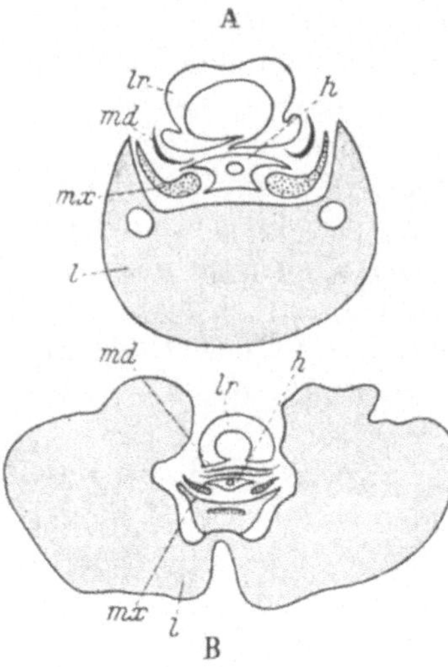

Abb. 20. *Schematischer Querschnitt durch den Rüssel einer Stechmücke* in verschiedener Höhe. A) durch den basalen Teil, B) durch den distalen Teil; *lr* Labrum oder Oberlippe; *h* Hypopharynx oder Schlundrohr mit Speichelgang; *md* Mandibeln oder Oberkiefer; *mx* Maxillen oder Unterkiefer; *l* Labium oder Unterlippe oder Rüsselscheide mit zwei Tracheen in Abb. A.

3. die beiden *Mandibeln* oder *Oberkiefer*,

4. die beiden *Maxillen* oder *Unterkiefer*.

Das *Saugrohr* für das Aufsaugen des Blutes wird am basalen Teil des Rüssels dadurch gebildet, daß die unten rinnenförmig ausgehöhlte Oberlippe auf den Hypopharynx, am distalen Teil des Rüssels aber dadurch, daß sie auf die beiden Mandibel gelegt wird. Auf jeder Seite des Rüssels befinden sich die *Maxillarpalpen* oder *Kiefertaster*, deren Länge wechselt und die daher für die Einteilung der Insekten wichtig sind. Wenn die Mücke sticht, dringen nur die 6 Stechborsten in die Haut ein, die Unterlippe aber bleibt außerhalb und faltet sich unter dem Kopf des Insektes zusammen (Abb. 21). Der eigentliche Stich ist meist schmerzlos.

Geschlechtsapparat. Der äußere Geschlechtsapparat (*Hypopygium*) besteht beim *Männchen* aus einer Spange, dem 9. Segment, mit 2 Zangen. Jede Zange oder *Gonopode* setzt sich zusammen aus einem Grundglied oder *Valve* und einem Greifhaken oder *Stylus*.

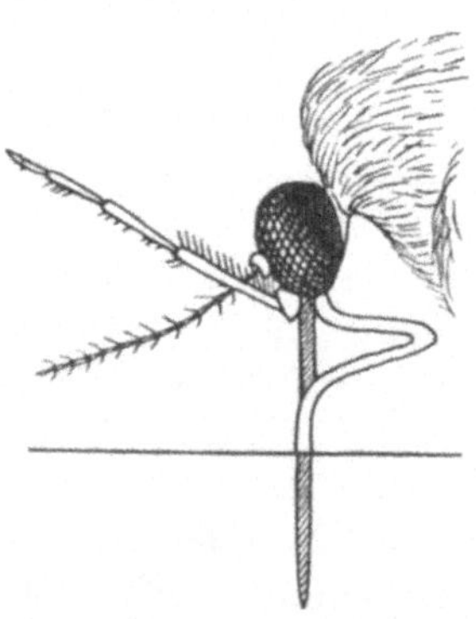

Abb. 21. *Haltung des Rüssels einer Stechmücke im Augenblick des Stiches* in 10facher Vergrößerung.

Beim *Weibchen* befindet sich am Hinterende des Abdomens bauchseits die Geschlechtsöffnung und 2 Zapfen, *Cerci* genannt, die bei einigen Arten deutlicher sichtbar sind als bei anderen.

Verdauungsorgane. Es ist von besonderem Wert, den Darmkanal und die dazugehörenden Teile genau zu kennen, denn in dem Magen und den Speicheldrüsen entwickeln sich die Erreger der Malaria.

Der Verdauungskanal beginnt mit einem muskulösen, im Kopf der Mücke gelegenen Pharynx, der den Saugapparat bildet, dann führt die Speiseröhre (Oesophagus) einerseits in einen umfangreichen Saug- oder Vorratsmagen mit zwei kleinen akzessorischen Blindsäcken, andererseits in den Magen, der aus einem vorderen verengten Teil, dem sog. Magenschlauch, und einem hinteren angeschwollenen Abschnitt, dem sog. Magensack, besteht. Der Saugmagen dient zur Aufnahme der Pflanzensäfte, der Magensack zur Aufnahme des Blutes. In der Wand des letzteren befinden sich bei den infizierten Mücken die *Cysten der Malariaplasmodien*, die sog. *Sporocysten*. Der Enddarm ist vom Magen durch die Einmündung von 5 MALPIGHIschen Gefäßen getrennt. Der Darm endet mit einer Rectalampulle, die Rectaldrüsen enthält.

Die beiden *Speicheldrüsen* befinden sich im Vorderteil des Thorax; jede von ihnen besteht aus 3 Lappen. Der Mittellappen ist kleiner und von besonderer histologischer Struktur. Er scheint eine giftige Flüssig-

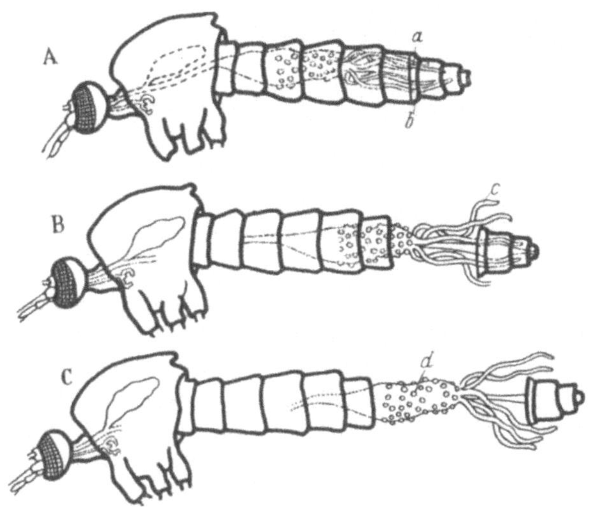

Abb. 22. *Drei aufeinanderfolgende Stadien* (A, B, C) *beim Herauspräparieren des Darmkanales einer Stechmücke. a* u. *b* Einschnitt im 6. Ring des Hinterleibes, *c* die 5 MALPIGHIschen Gefäße. *d* Magensack mit *Malariacysten.* In 8facher Vergrößerung. (Nach R. BLANCHARD.)

keit auszuscheiden, die durch ein besonderes Organ, die Speichelpumpe, ausgespritzt wird.

Präparation des Magens. Die mit Zigarettenrauch, Äther oder Chloroform getötete Mücke wird, nachdem die Flügel und Beine abgetrennt sind, in einem Tropfen Kochsalzlösung mit dem Rücken auf einen Objektträger mit dunkler Unterlage gelegt. Mit Hilfe einer Präpariernadel hält man den Thorax fest, während man mit einer anderen auf jeder Seite des Abdomens in Höhe des 6. oder 7. Ringes zwei Einschnitte macht. Dann lockert man vorsichtig das letzte Segment des Abdomens und zieht gleichzeitig mit ihm automatisch die Ovarien und den Darmkanal langsam heraus (Abb. 22). Man gebraucht nur den Magen und die MALPIGHIschen Gefäße und bringt sie in einen frischen Tropfen Kochsalzlösung auf einen anderen Objektträger. Nach sorgfältigem Auseinanderbreiten des Präparates und nachdem man es mit einem Deckgläschen bedeckt hat, untersucht man im Mikroskop bei schwacher Vergrößerung die Magenwände, in denen sich die *Cysten* der *Plasmodien* befinden, wenn das Insekt infiziert ist.

Präparation der Speicheldrüsen. Um die Speicheldrüsen zu erhalten (Abb. 23), kann man entweder den Kopf der Mücke, an dem die Speicheldrüsen gewöhnlich hängenbleiben, lockern und langsam vom Thorax abziehen, oder man kann den Thorax von Kopf und Abdomen trennen und dann die Drüsen freilegen, indem man den Thorax auf-

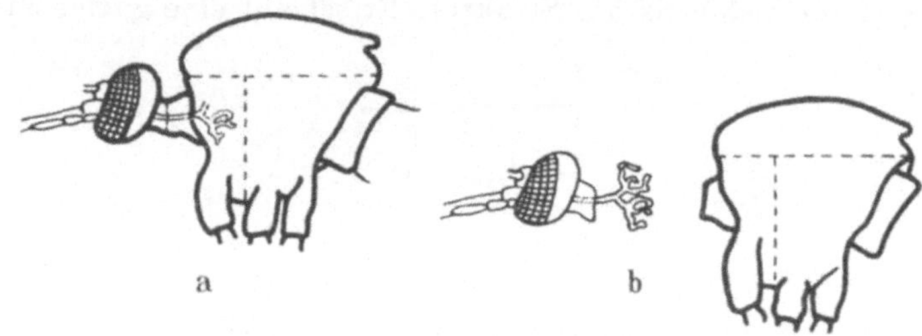

Abb. 23. *Zwei aufeinanderfolgende Stadien* (a, b) *beim Herauspräparieren der beiden Speicheldrüsen einer Stechmücke.* In 8facher Vergrößerung. (Nach R. BLANCHARD.)

präpariert[1]. Wenn die Drüsen infiziert sind, wimmeln sie von infektionsfähigen Sporozoiten der Malariaplasmodien.

Biologie[2]. Es ist unbedingt notwendig, die Biologie der Stechmücken zu kennen wegen ihrer großen Bedeutung für die menschliche Pathologie.

Vorkommen. Diese Insekten sind Kosmopoliten. Sie werden jedoch zahlreicher und in jeder Jahreszeit in den warmen Ländern angetroffen, während sie in der kalten oder gemäßigten Zone weniger häufig sind und nur in der warmen Jahreszeit auftreten.

Die geschlechtsreifen Mücken stehen zum Menschen in mehr oder weniger naher Beziehung. Von diesem Standpunkt aus teilt man sie in drei Gruppen ein:

1. die eigentlichen *Hausmücken*, die den größten Teil ihres Lebens in menschlichen Wohnungen, Ställen usw. zubringen;

2. die sog. *Gastmücken*, die einen *Übergang* zwischen der vorhergehenden und der folgenden Gruppe darstellen. Diese Mücken kommen nur in die Häuser, um Nahrung zu finden, dann aber suchen sie wieder ihre Wohnplätze im Freien auf;

---

[1] Bei der Präparation empfiehlt es sich, leicht auf den seitlich liegenden Thorax der mit dem Rücken dem Untersucher zugewandten Mücke zu drücken. Dadurch heben sich Kopf und Hals nach vorn hin vom Thorax ab. Der Kopf wird nun mit einer Lanzettnadel noch etwas weiter nach vorn gezogen, und darauf werden Kopf und Hals mit der Lanzettnadel getrennt. Dann haften direkt an derselben die Speicheldrüsen (Methode von PIEKARSKI).

[2] BATES, M.: The Natural History of Mosquitoes. New York 1949.

3. die *Freilandmücken,* die in Wäldern und Gehölzen leben und niemals in menschliche Wohnungen eindringen.

Die Mücken lieben Feuchtigkeit, die meisten von ihnen führen eine nächtliche Lebensweise und stechen nach Sonnenuntergang; diejenigen, die in dunkeln und feuchten Wäldern leben, stechen auch am Tage. Im allgemeinen entfernen sie sich kaum von dem Ort, wo sie zur Welt gekommen sind, doch können sie auch 2—8 km durchfliegen, und es

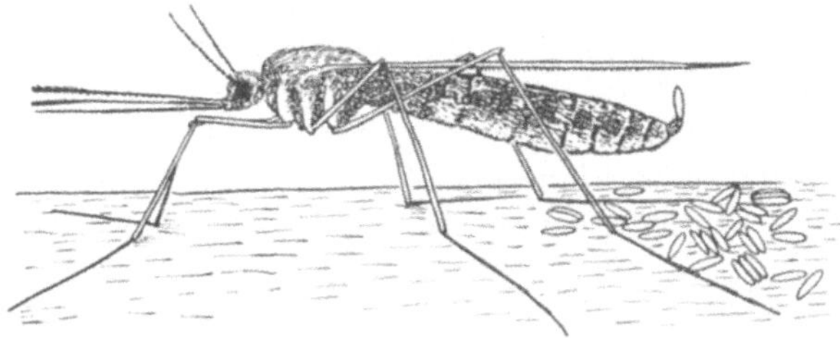

Abb. 24. *Weibliche Malariamücke (Anopheles maculipennis) bei der Eiablage.* In 4facher Vergrößerung. (Nach BRUMPT.)

gibt sogar Mücken, die entweder aktiv oder von schwachen Winden getragen 25 und selbst 50 km und mehr in einer Nacht durchfliegen können.

Vermehrung[1]. Die Begattung findet kurz nach dem Ausschlüpfen statt, und die begatteten, mit Blut vollgesogenen Weibchen legen ihre Eier auf die Oberfläche eines Gewässers ab. Die Wahl des Wassers, ob tief oder flach, kalt oder warm, stehend oder fließend, klar oder trübe,

Abb. 25. *Gruppe von Eiern der Malariamücke (Anopheles maculipennis).* An den beiden Seiten der Eier sind die Schwimmkammern deutlich zu erkennen.

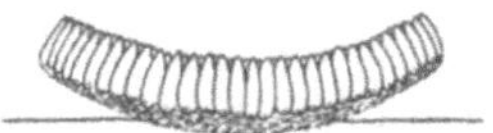

Abb. 26. *Eischiffchen der Gemeinen Stechmücke (Culex pipiens).*

süß oder salzig, wechselt nach den Arten. Jedoch müssen die Gewässer mehr oder weniger windgeschützt sein, weswegen größere Seen gemieden werden. Die Eier werden im allgemeinen in der Nacht abgelegt, entweder einzeln (*Anopheles, Stegomyia,* Abb. 24 u. 25) oder zusammengeklebt in Form eines Schiffchens (*Culex*) (Abb. 26); mit seltenen Ausnahmen schwimmen die Eier auf der Oberfläche des Wassers; ihre Zahl schwankt zwischen 150 und 400 bei einer einzigen Eiablage.

Das Ausschlüpfen der Larve aus dem Ei geht im allgemeinen nach 2—3 Tagen vor sich, wenn die Temperatur günstig ist; durch Kälte wird dieser Vorgang verzögert. Die Eier von *Stegomyia* können monate-

---

[1] Aufzuchtmethoden s. S. 63.

lang der Trockenheit standhalten, aber sich nur öffnen, wenn sie das notwendige Wasser für die Entwicklung der Larven finden. Die noch im Ei befindlichen Larven tragen einen kleinen Sporn („Eizahn") am Kopf, um die Schale für das Schlüpfen zu durchbohren. Beim Verlassen des Eies beträgt die Länge der wurmförmigen Larven kaum 1 mm. Sie sind sehr beweglich, nähren sich von pflanzlichen oder tierischen Stoffen und atmen, obgleich sie im Wasser leben, normalerweise atmosphärische Luft ein, indem sie an die Oberfläche kommen und ihre beiden Stigmen (Atemöffnungen) mit der Luft in Berührung bringen. Diese Stigmen befinden sich auf der dorsalen Seite des vorletzten Segmentes oder an der Spitze eines Atemrohres („Schnorchel"), das von demselben Segment ausgeht. Für kürzere Zeiträume können die Larven jedoch behelfsmäßig mit ihren Tracheenkiemen die im Wasser gelöste Luft ein-

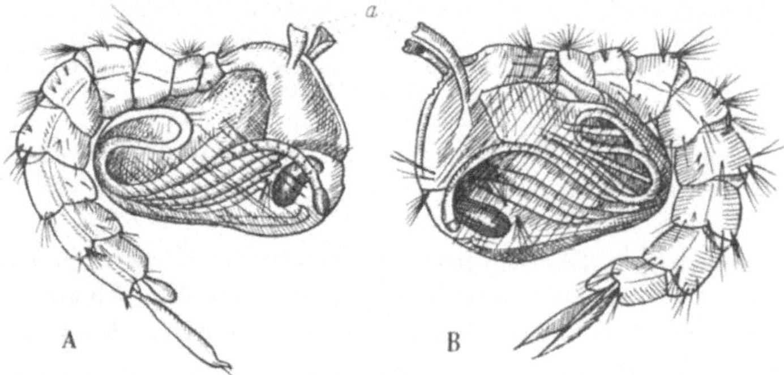

Abb. 27. *Mückenpuppen der Gattungen Anopheles* (A) *und Culex* (B). *a* Atemrohr. In 6facher Vergrößerung.

atmen (Abb. 33). Die Larven der Mücke *häuten sich dreimal* hintereinander und weisen daher *vier verschiedene Larvenstadien* auf. Im vierten Stadium erlangen sie eine durchschnittliche Länge von 1 cm, hören bald auf zu fressen und verpuppen sich.

Die ebenfalls im Wasser lebenden Puppen (Abb. 27) haben ungefähr die Gestalt eines Fragezeichens, einen umfangreichen Cephalothorax, an dem sich zwei ohrenartige Atemrohre befinden, und ein Abdomen, das von 9 Segmenten gebildet wird. Die Dauer des Puppenstadiums schwankt je nach Temperatur und Arten zwischen 2 und 6 Tagen.

Nach dieser Zeitspanne ruht die Puppe unbeweglich an der Wasseroberfläche, ihr Abdomen weitet sich, und es öffnet sich, wie bei den orthorrhaphen Dipteren, in dem emporgestreckten Thorax ein Spalt, durch den die fertige Mücke (Imago) langsam ihre Puppenhülle verläßt, um ihren Flug zu beginnen (Abb. 28).

Im günstigsten Falle dauert die vollständige Verwandlung 2 bis 3 Wochen.

Überwinterung. Beim Eintritt der kalten Jahreszeit verschwinden die geschlechtsreifen Imagines bestimmter Mückenarten, aber ihre Eier, häufiger noch ihre Larven überwintern. In anderen Fällen verbringen

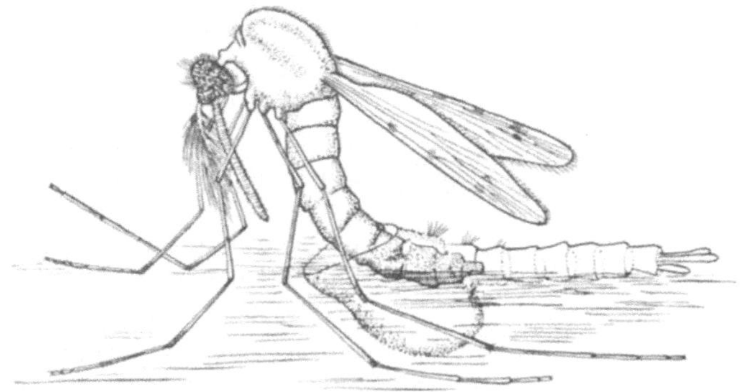

Abb. 28. *Schlüpfakt einer männlichen Malariamücke (Anopheles maculipennis) aus der Puppenhülle.* In 5facher Vergrößerung.

die begatteten Weibchen den Winter in erstarrtem Zustand und legen ihre Eier ab, sobald die erste Wärme eintritt, z. B. zahlreiche *Anopheles*-Arten.

Einteilung. Die *Stechmücken* oder *Culicidae* werden in mehrere Unterfamilien eingeteilt, die zahlreiche Gattungen und sehr zahlreiche Arten enthalten. Zwei dieser Unterfamilien interessieren den Arzt, nämlich die *Anophelinae* und die *Culicinae*. Man unterscheidet sie folgendermaßen:

Kiefertaster bei beiden Geschlechtern von gleicher Länge wie der Rüssel (Abb. 29c u. d). Schildchen hinten gleichmäßig gerundet (Abb. 30a). Den Larven fehlt das Atemrohr. (Abb. 33A) *Anophelinae.* — Gattung *Anopheles* (hierhin gehört: *Malariamücke*).

Kiefertaster bei den Männchen meistens länger, bei den Weibchen stets kürzer als der Rüssel (Abb. 29a u. b). Schildchen hinten dreilappig (Abb. 30b). Larven mit einem Atemrohr versehen (Abb. 33B u. 36). *Culicinae.* — Gattung *Culex* (hierhin gehört: *gemeine Stechmücke*). Gattung *Aëdes* (*Stegomyia*) (hierhin gehört: *Gelbfiebermücke*).

Diese beiden Unterfamilien sind von besonderem medizinischem Interesse, und es ist für den Arzt unerläßlich, die *Anophelinae* von den *Culicinae* unterscheiden zu können.

Unterschiede zwischen Anopheles und Culex. *1. Imagines* oder *Vollkerfe*. Die Untersuchung des Kopfes und des Thorax der Geschlechtstiere ermöglicht die Unterscheidung zwischen beiden Gattungen.

Wenn man die Abbildungen (Abb. 29) betrachtet, sieht man, daß der Kopf einer Mücke folgende Anhangsorgane besitzt: in der Mitte ein unpaares Gebilde, den Rüssel, zu beiden Seiten desselben die Kiefer-

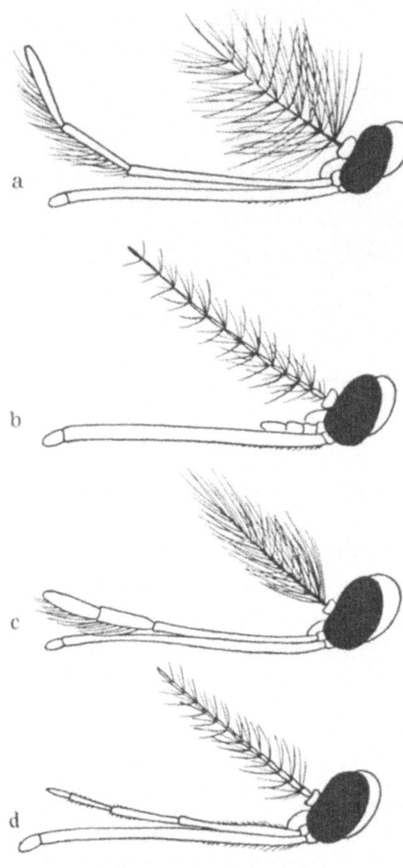

Abb. 29. *Köpfe männlicher und weiblicher Stechmücken der Gattungen Culex und Anopheles.* a) Kopf eines Männchens von *Culex* mit langen Kiefertastern; b) Kopf eines Weibchens von *Culex* mit kurzen Kiefertastern; c) Kopf eines Männchens von *Anopheles*; d) Kopf eines Weibchens von *Anopheles*; die Kiefertaster sind bei beiden Geschlechtern von *Anopheles* etwa so lang wie der Rüssel. 12fache Vergrößerung.

taster, deren Länge verschieden sein kann; endlich in der Nähe der Augen die Antennen oder Fühler, von denen wir bereits gesprochen haben. Die Antennen sind zur Unterscheidung der Gruppen nicht zu verwerten, sie ermöglichen es aber, wie wir vorhin bemerkten, die Männchen und Weibchen zu bestimmen. Der Unterschied zwischen geschlechtsreifen *Anopheles* und *Culex* beruht auf dem Bau der Kiefertaster und der Form des Schildchens. Bei *Anopheles* beider Geschlechter haben diese Taster die gleiche Länge wie der Rüssel (daher die Bezeichnung *Gabelmücke*), bei den Männchen von *Culex* dagegen überragen sie ihn, während sie bei den dazugehörigen Weibchen sehr kurz sind und kaum ein Drittel der Rüssellänge erreichen. Praktisch hat man es mit *Culex* zu tun, wenn bei der Untersuchung mit bloßem Auge oder besser mit der Lupe der Kopf einer weiblichen Mücke mit einem einzigen Anhangsorgan, dem Rüssel, abschließt und die Kiefertaster kaum sichtbar sind. Wenn der Kopf aber drei Anhangsorgane von gleicher Länge aufweist, den Rüssel in der Mitte und zu beiden Seiten die Kiefertaster, so hat man *Anopheles* vor sich.

Ein weiteres morphologisches Unterscheidungsmerkmal zwischen *Anopheles* und den übrigen Stechmückengattungen ist der verschiedene Bau des Schildchens oder Scutellums, das wie ein wulstartig vorgewölbter Querriegel dem Hinterrande des Rückenschildes (Scutums) anliegt (Abb. 18). Das Schildchen ist bei beiden Geschlechtern von *Anopheles* gleichmäßig flach bogenförmig gerundet, und die Borsten sind über seinen Hinterrand gleichmäßig verteilt. Bei allen anderen Stechmücken beiderlei Geschlechts hat das Schildchen einen dreilappigen Hinterrand, und die Borsten sind in 3 Gruppen angeordnet (Abb. 30).

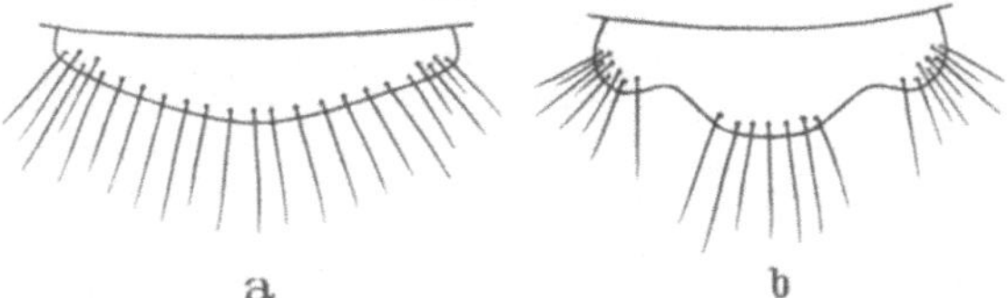

Abb. 30. *Schildchen (Scutellum) von Anopheles (a) und Aëdes (b). (Nach PEUS.)*

Man kann auch im Leben *Anopheles* von *Culex* an der verschiedenen Stellung unterscheiden, die sie einnehmen, wenn sie sich auf eine Mauer, eine Fensterscheibe oder auf jede andere Fläche niederlassen (Abb. 31). *Anopheles* setzt sich zur Ruhe *schräg auf eine Unterlage*; außerdem bilden Kopf, Thorax und Abdomen eine gerade Linie, und die Achse, die durch diese Körperteile geht, bildet mit der Unterlage einen spitzen Winkel (ein „A"). Im Gegensatz dazu sitzt *Culex* mehr oder weniger *parallel zur Unterlage*; außerdem bildet die Achse, die durch den Rüssel, den Kopf und den Thorax geht, zusammen mit der Achse des Abdomens einen stumpfen Winkel (ein „C"), so daß in der Seitenansicht *Culex* ein buckliges Aussehen hat.

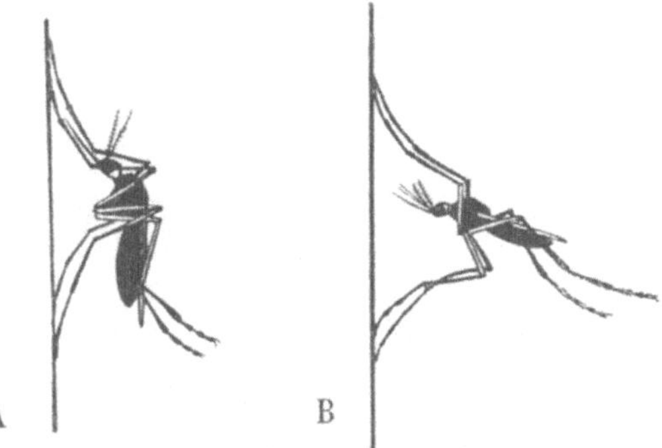

Abb. 31. *Die verschiedenen Ruhestellungen der geschlechtsreifen Stechmücken (Imagines) der Gattungen Culex (A) und Anopheles (B).*

2. *Puppen* (Abb. 27). Bei den *Anopheles*-Puppen befindet sich an der Hinterecke der Seitenkante der Abdominalsegmente ein *Dorn*, bei allen übrigen Stechmückenpuppen steht an seiner Statt nur ein feines (einfaches oder geteiltes) Härchen (Abb. 32). Außerdem sind die Atemrohre der *Anopheles*-Puppen verhältnismäßig kurz und stark keulenförmig verdickt, im Gegensatz zu den weit schlankeren und längeren der anderen Stechmückenpuppen (Abb. 27).

3 Larven. Schon im Larvenstadium, das ja im Wasser durchlaufen wird, kann man *Anopheles* von *Culex* unterscheiden (Abb. 33). Die Larven von *Anopheles* nehmen eine *horizontale und parallele Lage zur Oberfläche des Wassers* ein, wenn sie Luft holen. Denn nur diese Stellung ermöglicht es ihnen, ihre unmittelbar auf der Rückenseite des vorletzten Segmentes befindlichen Stigmen in Berührung mit der atmosphärischen Luft zu bringen.

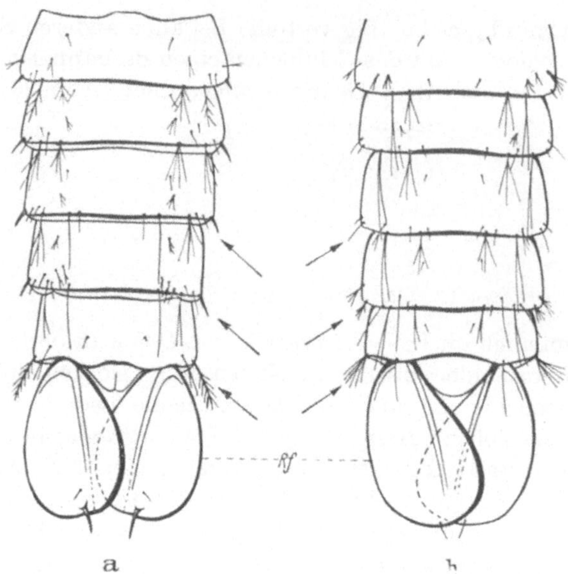

Abb. 32. *Hinterleibsenden der Puppen von Anopheles* (a) *und Culex* (b) *von oben. Rf =* Ruder-
finnen. Die Pfeile deuten auf die Haare an den Hinterecken der Segmentseitenkante, die bei
Anopheles zu einem Dorn umgebildet sind. (Nach PEUS.)

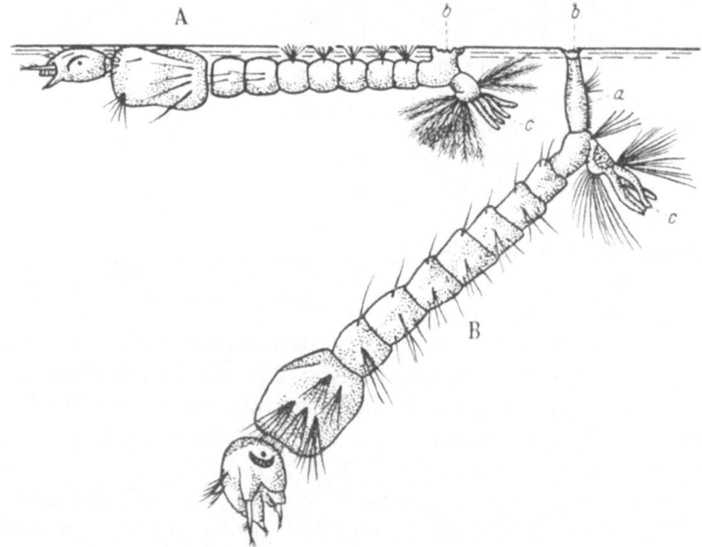

Abb. 33. *Die verschiedenen Stellungen der Mückenlarven zur Wasseroberfläche bei den Gattungen
Anopheles* (A) *und Culex* (B). *a* Atemrohr („Schnorchel"), *b* Atemöffnungen (Stigmata),
c Tracheenkiemen. In 6facher Vergrößerung.

Die Larven von *Culex* dagegen tragen an der Rückenseite des vorletzten Segmentes ein mehr oder weniger langes Rohr, das Atemrohr

(„Schnorchel“), an dessen Ende die Stigmen sich öffnen. Die Larven halten sich daher schwimmend an der Oberfläche *mit schräg nach unten gesenktem Kopf*, wenn sie zum Atemholen an die Oberfläche des Wassers gekommen sind. Wenn man Mückenlarven mit einem feinen Netz oder irgendeinem Gefäß aus dem Wasser gefischt hat und sie in ihrer Ruhelage beobachtet, ist es außerordentlich leicht, die Larven von *Anopheles* und *Culex* zu unterscheiden.

Die Stellungen, die die Larven der *Anopheles* und *Culex* im Wasser einnehmen, sind also genau umgekehrt wie die der erwachsenen Tiere dieser beiden Mückengattungen:

$$\begin{array}{lll} Parallel & \begin{cases} \text{zur Unterlage} \dots\dots\dots & \text{Imago von } Culex \\ \text{zur Wasseroberfläche} \dots\dots & \text{Larve von } Anopheles \end{cases} \\ Schräg & \begin{cases} \text{zur Unterlage} \dots\dots\dots & \text{Imago von } Anopheles \\ \text{zur Wasseroberfläche} \dots\dots & \text{Larve von } Culex \end{cases} \end{array}$$

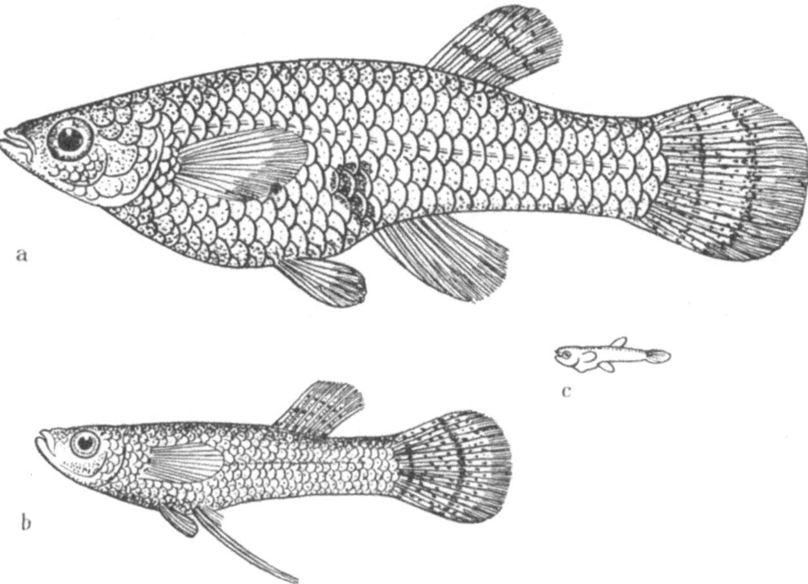

Abb. 34. *Mückenlarvenfressender (culiciphager) Millionenfisch oder Gambusie (Gambusia holbrooki).* a) Weibchen, b) Männchen, c) Junges, das soeben die Mutter verlassen hat. In 2facher Vergrößerung.

Feinde. Wir müssen hier einige kleine Fische aus der Familie der *Zahnkärpflinge* erwähnen, die gewöhnlich wegen ihrer Menge *Millionenfische* genannt werden und die vor allem der Gattung *Gambusia* angehören. Die *Gambusien* ernähren sich von Mückenlarven, vertilgen dieselben in großen Mengen („*Moskito-Fische*“) und spielen daher für die Prophylaxe der Malaria eine sehr wichtige Rolle. Eine der bekanntesten Arten ist *Gambusia holbrooki* (Abb. 34).

Pathogene Bedeutung. Auf den Menschen übertragen die Mücken: *Malaria*, bestimmte *Filariosen, Gelbfieber, Denguëfieber,* die *Japanische* und *Russische Sommergehirnentzündung*.

Malaria. *Die Malaria wird nur von Anopheles*[1] *übertragen.* Man kann alle *Anopheles*-Arten als verdächtig ansehen. Denn man hat eine große Anzahl Arten speziell auf ihre Aufnahmefähigkeit für Malariaparasiten hin untersucht und gefunden, daß die meisten Arten befähigt sind, wenigstens *eine Plasmodium*-Art (Abb. 173ff.) zu übertragen. Jedoch ist die pathogene Bedeutung der einzelnen Malariamückenarten verschieden groß.

Die Arten, die am häufigsten die Malaria übertragen, sind[2]: in Europa *Anopheles maculipennis,* seltener *A. elutus* (= *sacharovi*), *A. bifurcatus* und *A. superpictus*; in Afrika *A. gambiae* (= *A. costalis*) und *A. funestus*; in Asien *A. culicifacies* und *A. ludlowi*; auf dem Malaiischen Archipel *A. aconitus* und *A. maculatus*; in Ozeanien *A. punctulatus*; in Nordamerika *A. quadrimaculatus*; in Südamerika *A. albimanus* und *A. argyritarsis*.

Filariosen. Die Mücken, die die Filariosen übertragen, gehören zu den Unterfamilien der *Anophelinae* und *Culicinae.* Der *Haarwurm*

---

[1] In Anbetracht der großen Bedeutung, die die Malariamücken für die Medizin haben, sei folgende, auf die praktischen Bedürfnisse des Arztes zugeschnittene *Bestimmungstabelle* zum Erkennen der geschlechtsreifen Anophelen (Imagines) wiedergegeben:

1. Insekten (vgl. S. 13) mit 4 Flügeln oder ohne Flügel . . keine Zweiflügler.
— Insekten mit 2 Flügeln und 2 Schwingkölbchen . . *Zweiflügler* (*Diptera*) 2.
2. Zweiflügler (vgl. S. 70) mit nur dreigliedrigen Fühlern und meist von gedrungenem Bau. . . Fliegen (Brachycera) vgl. S. 70.
— Zweiflügler mit 6—15gliedrigen Fühlern und meist von schlankem Bau . . . . *Mücken* (*Nematocera*) 3.
3. Mücken (vgl. S. 70) mit kurzem Rüssel oder schnauzenartigen Mundteilen . . . . keine Stechmücken.
— Mücken mit langem Stechrüssel von etwa $^1/_2$ Körperlänge . . . . *Stechmücken* (*Culicidae*) 4.
4. Stechmücken (vgl. S. 71) mit langbehaarten, federartigen Fühlern (Abb. 29a u. c). . . . . *Männchen* 5.
— Stechmücken mit schlanken, fadenförmigen, sehr fein und kurz behaarten Fühlern (Abb. 29b u. d) . . . . *Weibchen* 6.
5. Kiefertaster meistens länger als der Rüssel (Abb. 29a), Schildchen hinten dreilappig (Abb. 30b) . . . . keine Anopheles.
— Kiefertaster so lang wie der Rüssel (Abb. 29c), Schildchen hinten gleichmäßig gerundet (Abb. 30a) . . . *Männchen von Anopheles.*
6. Kiefertaster kurz (Abb. 29b), Schildchen hinten dreilappig (Abb. 30b) . . . . keine Anopheles.
— Kiefertaster so lang wie der Rüssel (Abb. 29d), Schildchen hinten gleichmäßig gerundet (Abb. 30a) . . . *Weibchen von Anopheles.*

[2] Vgl. F. Peus: Die Fiebermücken des Mittelmeergebietes. Hyg. Zool. **8** (1942). — F. Weyer: Die Malaria-Überträger. Leipzig 1939.

(*Wuchereria bancrofti*) (Abb. 104ff.) wird übertragen von den Gattungen *Anopheles*, *Culex* (*C. fatigans*) und *Aëdes* [*A. (Stegomyia) scutellaris*]. Die

Abb. 35. *Gelbfiebermücke* [*Aëdes (Stegomyia) aegypti*]. Nach einer Tafel des Hamburger Tropeninstitutes. MARTINI comp. SIKORA pinx. (Aus MARTIN MAYER.)

Überträger der *Malayischen Filarie* (*Wuchereria malayi*) sind die Gattungen *Anopheles* und *Taeniorhynchus* (*Mansonioides*).

Gelbfieber. Die Mücke, die diese durch ein filtrierbares Virus hervorgerufene Krankheit in der Natur überträgt, ist *Aëdes (Stegomyia) aegypti* (Abb. 35, 36), eine Hausmückenart, die in den tropischen und subtropischen Ländern der Erde sehr verbreitet ist.

Unter experimentellen Bedingungen können auch einige andere Arten der *Culicinae* die Krankheit übertragen, ja es ist im Experiment sogar Kontaktinfektion möglich[1].

Stegomyia zeigt die gleichen wichtigsten Merkmale wie *Culex*, unterscheidet sich

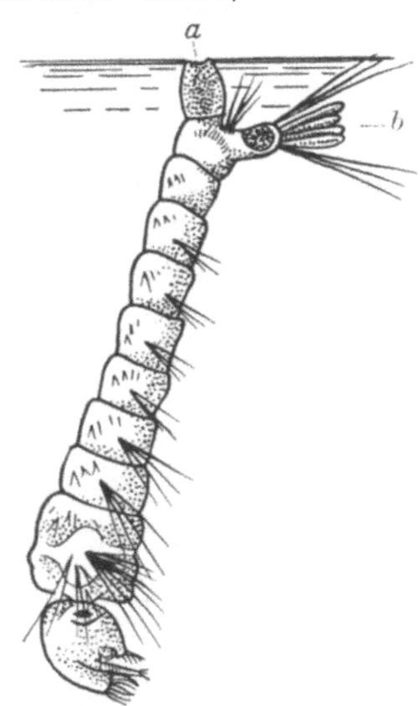

Abb. 36. *Larve der Gelbfiebermücke* [*Aëdes (Stegomyia) aegypti*]. a) Stigma mit Atemrohr („Schnorchel"), b) Tracheenkiemen. In 6facher Vergrößerung.

6a

---

[1] Vgl. W. SCHÜFFNER: Moderne Gelbfieberforschung. Tropenhyg. Schriftr. **9**, 44—52 (1943).

aber von *Culex* durch ihre dunkle Farbe, ihr verhältnismäßig spitzes Hinterende und durch die über Kopf, Thorax, Abdomen und Beine verstreuten Schuppen von schönem Silberweiß, daher die Bezeichnung *Tigermoskito*. Die Zeichnung auf dem Rücken ist lyraartig, die der Beine erscheint geringelt.

Denguefieber. Das Denguëfieber, das ebenfalls durch ein filtrierbares Virus erregt wird, setzt plötzlich und heftig ein. Es treten Muskel- und Gelenkschmerzen auf. Das Fieber kommt in zahlreichen tropischen und gemäßigten Gegenden epidemisch vor. Es wird von bestimmten Mücken übertragen, die unter anderen zu den Gattungen *Culex* (*C. fatigans*) und *Aëdes* [*A.* (*Stegomyia*) *aegypti*, *A.* (*S*). *scutellaris*] gehören.

Japanische Sommergehirnentzündung. Die Krankheit, die auch *epidemische Encephalitis* genannt wird, wird hervorgerufen durch einen Erreger, den man erfolgreich übertragen hat durch den Stich und durch Einimpfung zerriebener Mücken folgender Arten: *Culex pipiens pallens* und *C. tritaeniorhynchus*. Die Übertragung der Krankheit gelang auch mit *Anopheles quadrimaculatus* und *Aëdes* (*Stegomyia*) *aegypti*.

Russische Sommergehirnentzündung. Die Krankheit wird hervorgerufen durch einen Erreger, der dieselben Eigenschaften hat wie der eben geschilderte. Der Erreger wurde isoliert aus zwei Mückenarten, nämlich aus *Culex pipiens* und *C. tritaeniorhynchus*.

II. Phlebotomen (Phlebotominae).

Die *Gnitzen*[1], *Mottenfliegen*, *Sandfliegen* oder *Phlebotomen*, die eine Unterfamilie der *Schmetterlingsmücken* (*Psychodidae*) darstellen, haben das Aussehen sehr kleiner Stechmücken. Ihre Bedeutung als Überträger verschiedener Krankheiten ist jetzt gut bekannt. Bestimmte Arten leben wie gewisse Stechmücken an dunklen, hochgelegenen Stellen menschlicher Wohnungen, z. B. in Zimmerecken oder unter der Decke oder hinter Leitungsrohren. Man fängt sie in gleicher Weise wie die Stechmücken.

Untersuchung. Man kann die Phlebotomen untersuchen, nachdem man sie auf ein Stückchen Pappe geklebt oder genadelt hat; da sie aber sehr klein sind, ist es vorzuziehen, sie in Canadabalsam oder Mastixharz einzubetten und unter dem Mikroskop zu untersuchen (vgl. S. 30/31).

Morphologie. Die Phlebotomen sind 1,5—3 mm lang (Abb. 37); sie unterscheiden sich von den Stechmücken durch die ovalen oder lanzet-

---

[1] Als *Gnitzen* werden auch die ebenfalls sehr kleinen, blutsaugenden *Zwergschnaken* (*Ceratopogoninae*) bezeichnet, die eine Unterfamilie der *Zuckmücken* (*Chironomidae*) bilden und deren Weibchen zum Teil Blutsauger sind. In Mecklenburg schließlich werden die *Blasenfüßler* (*Thysanoptera*) auch *Gnitten*, d. h. Gnitzen, genannt. — Bei den in diesem Buch erwähnten Gnitzen handelt es sich stets um Phlebotomen.

tenförmigen Flügel und den behaarten Körper; auch die Flügel sind stark behaart. Die geschlechtsreifen Tiere haben das Aussehen kleiner

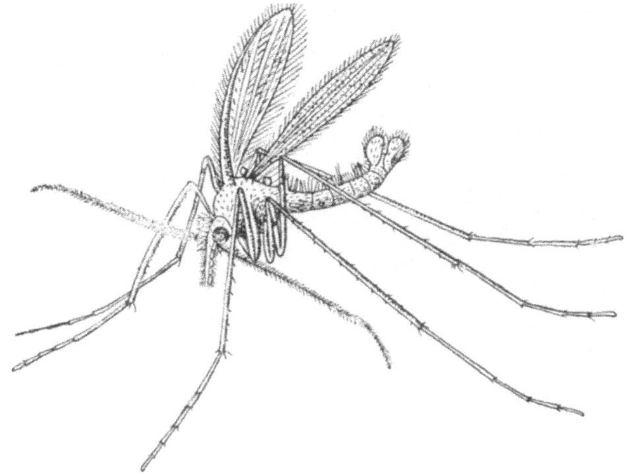

Abb. 37. *Männliche Pappatacimücke* (*Phlebotomus papatasi*). In 14facher Vergrößerung. (Nach NEWSTEAD.)

Nachtfalter; die Flügel sind beim Sitzen nach aufwärts gerichtet, sog. Engelflügelstellung. Die Larven leben auf der Erde.

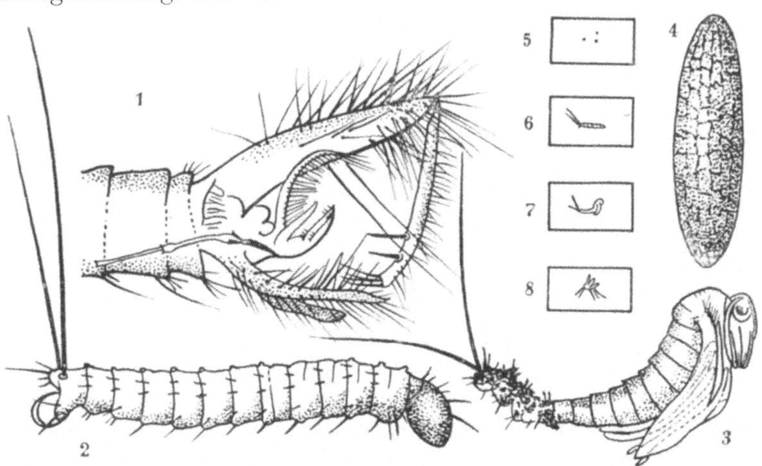

Abb. 38. *Pappatacimücke* (*Phlebotomus papatasi*). 1) Äußerer Genitalapparat (Hypopygium) des Männchens, 2) Larve, 3) Puppe, 4) Ei. 1—4 vergrößert. 5) Eier, 6) Larve, 7) Puppe, 8) geschlechtsreife Mücke (Imago). 5—8 in natürlicher Größe. (Nach NEWSTEAD.)

Unterschiede zwischen Männchen und Weibchen. Die Unterschiede sind von gleicher Wichtigkeit wie bei den Stechmücken, denn nur die Weibchen sind Blutsauger. Jedoch dürfen wir uns hier nicht wieder vom Aussehen der Antennen leiten lassen, sondern müssen auf das hintere Ende des Abdomens achten, das bei den Männchen einen umfangreichen Geschlechtsapparat (Hypopygium) trägt (Abb. 38), bei den Weibchen aber spitz ausläuft.

Rüssel. Der Rüssel zeigt die gleiche Bildung wie bei den Mücken; die Mandibeln bilden zusammen mit der Oberlippe das Saugrohr für das Aufsaugen des Blutes (Abb. 39).

Biologie. Neuere Untersuchungen über diese Insekten haben ihre Lebensweise und Entwicklungsstufen weitgehend geklärt.

Vorkommen. Die Phlebotomen sind in den warmen Ländern der ganzen Welt verbreitet; in den Tropen treten sie in großen Mengen auf, und zwar das ganze Jahr hindurch, während sie in der gemäßigten Zone nur in der warmen Jahreszeit erscheinen. Im allgemeinen führen diese Insekten eine nächtliche Lebensweise. Ihr Flug ist lautlos, ruckartig und meist nicht weittragend. Es sieht so aus, als ob die Phlebotomen springen, wenn sich der Flug auf nur etwa 20 cm erstreckt. Ihr Stich ist schmerzhaft.

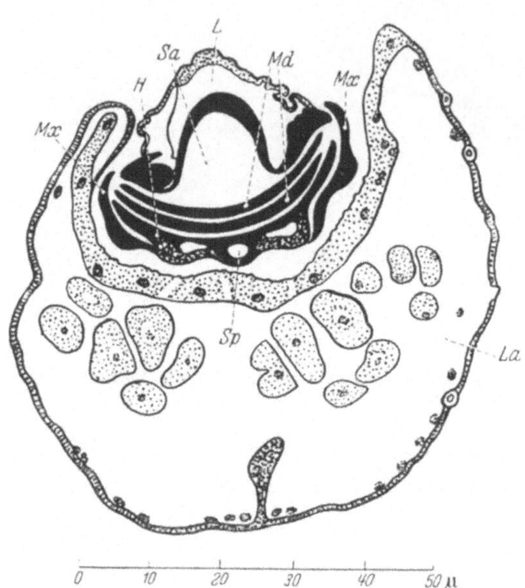

Abb. 39. *Mundwerkzeuge einer weiblichen Gnitze (Phlebotome)*. Querschnitt durch den Rüssel. *L* Labrum oder Oberlippe; *Md* die beiden Mandibeln oder Oberkiefer, der eine liegt unter dem anderen; *Mx* die beiden Maxillen oder Unterkiefer; *H* Hypopharynx oder Speichelrohr, durchzogen von dem Ausführgang des Speichelganges (*Sp*); *Sa* Saugrohr; *La* Labium oder Unterlippe oder Rüsselscheide. (Nach V. NITZULESCU).

Vermehrung. Die begatteten Weibchen legen die Eier einzeln ab; die Larven leben im Kot von Eidechsen und Kellerasseln und häuten sich viermal; das Puppenstadium dauert 6—12 Tage (Abb. 38). Die geschlechtsreifen Tiere überwintern nicht, dagegen sichern die Larven im vierten Stadium die Erhaltung der Art von einem Jahr zum anderen.

Pathogene Bedeutung. Die Phlebotomen, vor denen man sich durch besonders engmaschige Moskitonetze schützen kann, übertragen folgende Krankheiten auf den Menschen: das *Dreitagefieber*, die *Orientbeule*, die *amerikanische Hautleishmaniase*, die *Kala-Azar*, die *Kinder-Leishmaniase* oder *Kinder-Kala-Azar* und die *Verruga peruana*.

Dreitagefieber oder Hundsfieber. Diese Erkrankung ist dem Denguëfieber ähnlich (beide werden zu den leichten Sommerfiebern der warmen Länder gerechnet) und wird in Italien *Pappatacifieber* genannt. Das Fieber wird durch einen unsichtbaren Erreger, ein filtrierbares Virus, verursacht und äußert sich in einem 2—3tägigen Fieberanfall, der von Neuralgien und heftigen Schmerzen in Gelenken und Muskeln begleitet wird. Die Krankheit wird in erster Linie von der *Pappataci- mücke (Phlebotomus papatasi)* übertragen.

Orientbeule. Die Orientbeule ist eine Hautleishmaniase der Alten Welt, auf die wir später zurückkommen werden. Die Überträger sind hauptsächlich die Arten *Phlebotomus papatasi* und *P. sergenti*, die als Zwischenwirte dienen.

Amerikanische Hautleishmaniase. Diese Erkrankung ähnelt der vorigen, wird aber in der Neuen Welt beobachtet. Sie wird ebenfalls von Phlebotomen übertragen, besonders von einer brasilianischen Art, *Phlebotomus intermedius*.

Kala-Azar. Diese Leishmaniase, die hauptsächlich in China und Indien verbreitet ist, wird in Indien von *Phlebotomus argentipes* und in China von *P. chinensis* und von einer Unterart von *P. sergenti* über- tragen (Abb. 169).

Kinder-Kala-Azar. Diese der vorhergehenden sehr nahe ver- wandte Krankheit ist im Mittelmeerbecken verbreitet und wird eben- falls von Phlebotomen übertragen, am häufigsten von *Phlebotomus perniciosus* (Abb. 170).

Verruga peruana. Die Verruga peruana oder das *Oroyafieber* ist eine auf bestimmte Felsentäler der Anden beschränkte Krankheit. Sie wird durch einen Mikroorganismus, unter dem Namen *Bartonella bacilli- formis* (Abb. 200) bekannt, verursacht. Folgende Phlebotomen sind Überträger dieser Erkrankung: *Phlebotomus noguchii* und wahrschein- lich auch *P. peruensis* und *P. verrucarum*.

III. Kribbelmücken [Melusinidae (= Simuliidae)].

Die *Kriebel-* oder *Kribbelmücken, Melusiniden* oder *Simulien* sind kleine, im Habitus fliegenähnliche Insekten, die Menschen und Tiere in allen Gegenden der Erde überfallen. Mehrere Arten sind als Über- träger von Filarien bekannt, die im Menschen parasitieren.

Fang. Man kann die oft in Scharen fliegenden Kribbelmücken mit einem Netz oder mit einem mit Wasser oder Alkohol getränkten Tuch fangen. In großen Mengen fängt man gewisse Arten auch in den Ohren der Haustiere und an den Fenstern von Tierställen. Endlich kann man sie auch selber aus den Puppen züchten, die — ebenso wie die Larven — auf Steinen und Wasserpflanzen in fließenden Gewässern zahlreich vorkommen. Zu diesem Zweck bringt man die Pflanzen usw., an denen die Puppen haften, in ein geschlossenes Glasgefäß, das kein Wasser enthalten darf, wohl aber einen gewissen Feuchtigkeitsgrad aufweisen muß.

Untersuchung. Es ist wegen ihrer dicken Körperform besser, diese Insekten genadelt und trocken zu untersuchen, als ein mikroskopisches Präparat von ihnen anzufertigen.

Morphologie. Die Simulien (Abb. 40) haben eine durchschnittliche Länge von 3 mm. Ihre Färbung ist meistens dunkel oder schwarz, bisweilen rot. Ihr ovaler, gewölbter Rücken verleiht ihnen ein buckliges

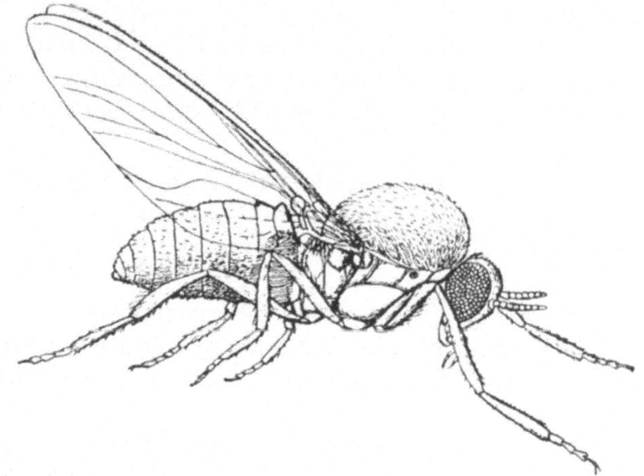

Abb. 40. *Weibchen einer Kribbelmücke* [*Melusina* (= *Simulium*) *argyreata*], nüchtern, von der Seite. In 15facher Vergrößerung. (Original von FRIEDERICHS aus MARTINI.)

Aussehen. Die Antennen sind verhältnismäßig kurz und aus 11 ineinandergeschachtelten Gliedern gebildet. Die Larven leben im Wasser.

Der mächtige Rüssel der Weibchen, die allein Blutsauger sind, ist wie bei den Gnitzen gestaltet.

Die Flügel zeigen eine besondere charakteristische Äderung.

Biologie. Die Biologie der Kribbelmücken und besonders ihre Entwicklungsweise sind sehr interessant.

Vorkommen. Die Kribbelmücken sind über die ganze Welt verbreitet, und man findet sie sowohl in den kalten als auch in den warmen Ländern. Sie sind am Tage munter und stechen zu jeder Tagesstunde.

Vermehrung. Die Entwicklung findet nur in fließendem, gut durchlüftetem Wasser statt. Das begattete Weibchen legt seine Eier stets unter dem Wasser an einem Blatt einer untergetauchten Wasserpflanze usw. ab. Die ausgeschlüpften Larven (Abb. 41, Mitte) heften

sich durch eine am Hinterende gelegene Saugscheibe an Steine oder
Wasserpflanzen fest. Nach 6 Häutungen spinnt die Larve einen Kokon
und verwandelt sich in eine Puppe (Abb. 41) von brauner Farbe, die
fast schwarz geworden ist, wenn das geschlechtsreife Insekt ausgebildet
ist. Die Larven und Puppen atmen die im Wasser verteilte Luft mit

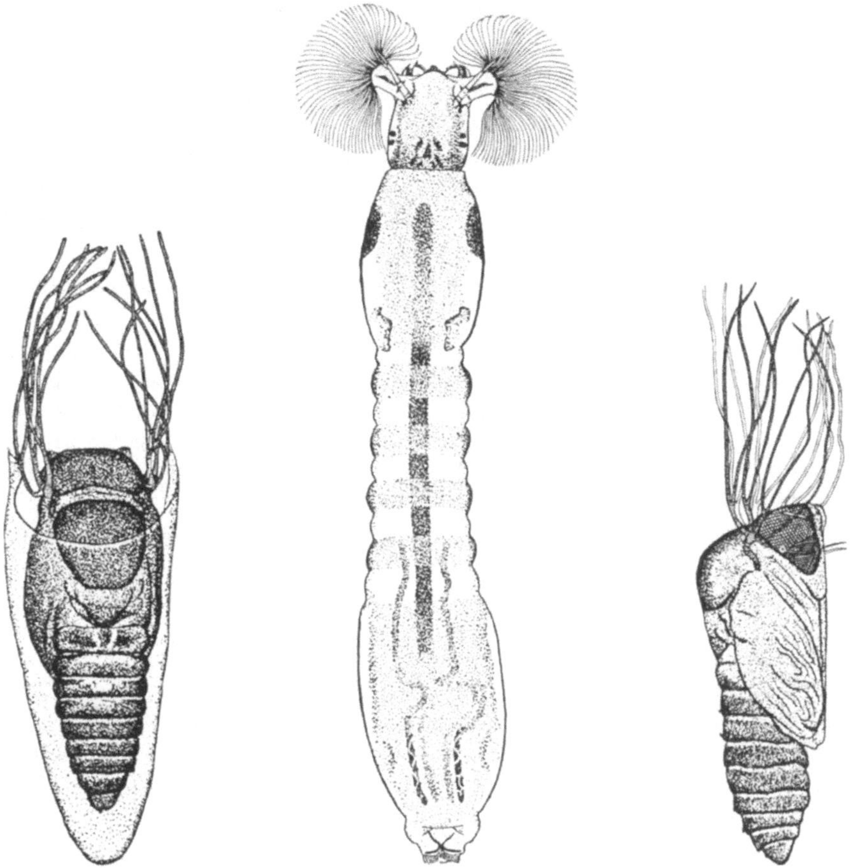

Abb. 41. *Entwicklungsstadien von Kribbelmücken* [*Melusina* (=ˈ*Simulium*)]. In der Mitte: Larve
vom Rücken, links: Puppe vom Rücken im Kokon, rechts: Aus dem Kokon herauspräparierte
Puppe von der Seite. In 15facher Vergrößerung. (Original von H. SIKORA aus MARTINI.)

Hilfe ihrer Kiemenbüschel ein. In den gemäßigten und kalten Zonen
überwintern die Larven. Die vollständige Entwicklung dauert in der
gemäßigten Zone etwa 1 Monat.

Pathogene Bedeutung. Der Stich bestimmter Arten ist sehr schmerzhaft. Man hat die Kribbelmücken beschuldigt, bestimmte Krankheiten
auf den Menschen zu übertragen, aber der Beweis dafür ist noch nicht er-
bracht außer bei den *Onchocercosen* oder *Wurmknotenseuchen* (Abb. 108 ff.).

Die afrikanische Onchocercose wird durch eine Filarie, *Onchocerca volvulus*, hervorgerufen, deren Überträger *Simulium damnosum* ist. Die amerikanische Onchocercose, deren Erreger *Onchocerca caecutiens* ist, wird von *Simulium avidum*, *S. ochraceum* und *S. mooseri* übertragen. Die Kribbelmücken werden in Mittelamerika wegen ihrer Häufigkeit in den Kaffeepflanzungen als *Kaffeefliegen* bezeichnet.

IV. Bremsen (Tabanidae).

Die *Bremsen* oder *Tabaniden* sind jene großen Dipteren, die während des Sommers Haustiere überfallen und bisweilen auch den Menschen angreifen, z. B. die *Regenbremse* [*Chrysozona* (= *Haematopota*) *pluvialis*]. Die Bedeutung der Bremsen für die menschliche Pathologie ist im übrigen nur gering.

Fang. Man fängt die Bremsen mit einem Netz oder einer Glasröhre.

Untersuchung. Man untersucht die Bremsen unter der Lupe, nachdem man sie, ebenso wie alle großen Insekten, mit Äther oder Chloroform getötet und vermittels einer starken Nadel aufgesteckt hat.

Morphologie. Diese Insekten, deren Länge 3 cm erreichen kann, haben einen breiten Kopf, zwei große, beim Männchen in der Kopfmitte zusammenstoßende, beim Weibchen getrennte Augen. Nur das Weibchen ist (wie bei den besprochenen Mücken) blutsaugend.

Der Rüssel des Weibchens zeigt dieselbe Bildung wie der der Gnitzen. Sechs Stechborsten werden von der Unterlippe umgeben. Beim Männchen finden wir nur vier Stechborsten, da die Mandibeln zurückgebildet sind. Die Larven leben im allgemeinen im Wasser oder in der Erde und sind Fleischfresser.

Biologie. Die Bremsen leben in Wäldern oder auf Weiden. Die Eiablage findet auf Pflanzen, feuchtem Boden oder an Felswänden in Wassernähe statt. Bevor die Larven sich in Puppen verwandeln, häuten sie sich sieben-, bisweilen achtmal. Die Puppen halten sich in der Erde oder auf Pflanzen und Steinen am Rande des Wassers auf.

In der gemäßigten Zone entwickelt sich nur eine Generation im Jahr. Die Bremsen überwintern im Larvenstadium.

Pathogene Bedeutung. Die meisten Bremsenarten sind nur durch ihren Stich lästig. Es gibt jedoch einige *Blindbremsen* von der Gattung *Chrysops*, die zwei Krankheiten auf den Menschen übertragen können: eine afrikanische *Filariose* und eine bakterielle Erkrankung, die *Tularämie*.

Afrikanische Filariose. Diese Filariose, deren Erreger die *Wanderfilarie* (*Loa loa*) (Abb. 107) ist, wird von zwei *Chrysops*-Arten, sog. *Mangrovefliegen*, übertragen, nämlich von *C. dimidiatus* (Abb. 42) und von *C. silaceus*.

Tularämie. Diese Krankheit, die zuerst in den Vereinigten Staaten, dann in einigen anderen Ländern (Rußland, Skandinavien, Deutsch-

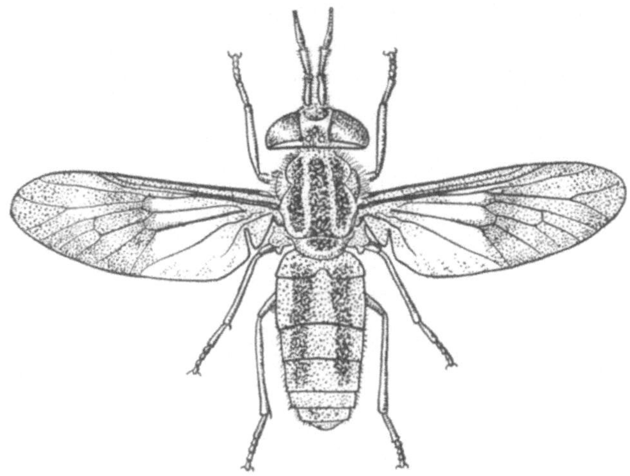

Abb. 42. *Weibchen von Chrysops dimidiatus* (,,*Mangrovefliege*''), Überträger der Wanderfilarie (Loa loa). In 5 facher Vergrößerung.

land, Griechenland, Tunis) beobachtet wurde, ist eine Septicämie, von der nicht selten bestimmte wild lebende Nagetiere (*Hasen, Kaninchen, Lemminge, Wasserratten, Feldmäuse*), aber auch der Mensch befallen

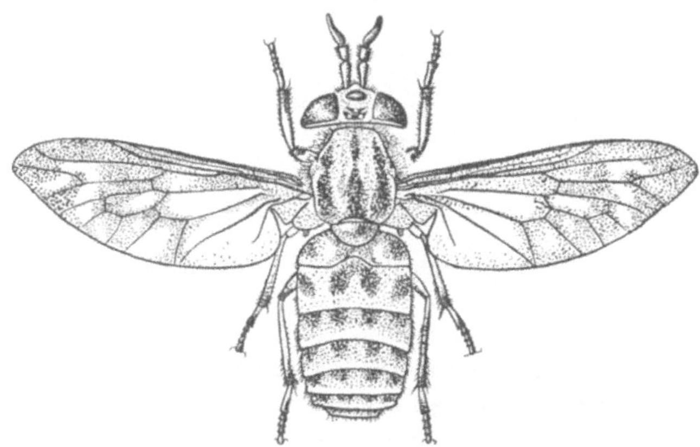

Abb. 43. *Weibchen von der Amerikanischen Pferdebremse Chrysops discalis*, Überträger der Tular-ämie. In 4facher Vergrößerung.

werden. Ihr Erreger ist *Pasteurella tularensis*. Der Mensch kann sich durch Berührung infizierter Tiere anstecken, die Infektion kann aber auch von verschiedenen *Schildzecken* (vgl. S. 118) oder von der *Amerika-nischen Pferdebremse Chrysops discalis* (Abb. 43) übertragen werden.

V. Stechfliegen (Stomoxydinae).

Die *Stechfliegen* (*Stomoxydinae*), die eine Unterfamilie der *Fliegen im engeren Sinne* (*Muscidae*) bilden und zu denen wir hier auch die *Tsetsefliegen* stellen, haben dieselben Gewohnheiten wie die Dipteren, von denen wir bisher gesprochen haben. Sie sind Blutsauger, und bestimmte Arten haben die Fähigkeit, pathogene Erreger auf den Menschen zu übertragen. Es handelt sich hier insbesondere um die *Trypanosomen* der Schlafkrankheit.

Unter den Stechfliegen beschäftigen wir uns mit den Gattungen *Stomoxys* (*Wadenstecher*) und *Glossina* (*Tsetsefliegen*).

1. Wadenstecher (Stomoxys).

Die *Gemeinen Stechfliegen, Wadenstecher* oder *Stallfliegen* (*Stomoxys calcitrans*) (Abb. 44) ähneln in Größe und Aussehen den *Gemeinen Stuben-*

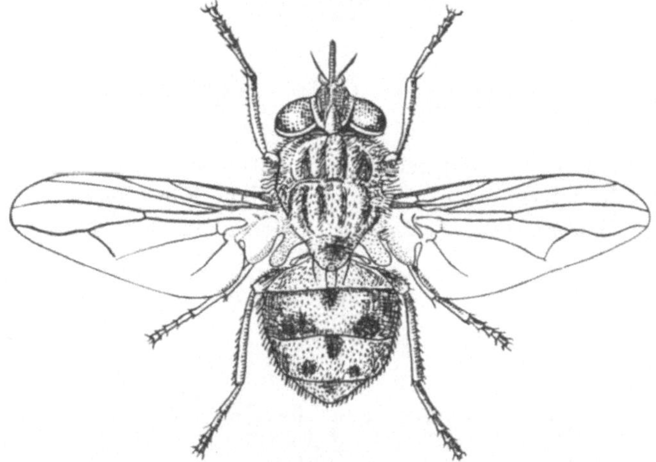

Abb. 44. *Wadenstecher* (*Stomoxys calcitrans*). In 6facher Vergrößerung. (Nach E. Austen.)

oder *Hausfliegen* (*Musca domestica*), sie besitzen jedoch im Gegensatz zu letzteren einen *Stechrüssel*. Man fängt und untersucht sie auf dieselbe Weise wie die Bremsen.

Morphologie. Der Bau des Rüssels ist weniger kompliziert als der der Mücken im weiteren Sinne und der der Bremsen; ohne die Unterlippe mitzuzählen, finden sich *nur zwei Stechborsten statt sechs*. Denn es fehlen die Mandibeln und Maxillen; nur die *Oberlippe* (*Labrum*) und das *Speichelrohr* (*Hypopharynx*) sind übriggeblieben. Die *Unterlippe* (*Labium*) ist mit einer scharfen Spitze, einem Bohrapparat, versehen. Sie dringt gleichzeitig mit den beiden Stechborsten in die Wunde ein. Bei den

Wadenstechern sind die Taster dünn, fadenförmig und erreichen kaum die Hälfte der Rüssellänge.

Biologie. Diese Fliegen sind Kosmopoliten. Befinden sie sich in völligem Ruhezustande auf einer Mauerfläche, so unterscheiden sie sich von der Stubenfliege durch ihre Stellung; sie richten dann stets den Kopf nach oben im Gegensatz zur Stubenfliege, die die umgekehrte Stellung einnimmt. Ihre Larven leben im Dung und verwandeln sich in elliptische, bräunliche Puppen, aus denen das fertige Insekt schlüpft.

Pathogene Bedeutung. Man hat angenommen, daß die Wadenstecher, insbesondere *Stomoxys calcitrans*, Lepra, Furunkulose und Kinderlähmung übertragen, aber diese Hypothesen sind nicht bestätigt worden. Experimentell können diese Fliegen rein mechanisch *Milzbrandbacillen*, bestimmte *Spirochäten* und *Trypanosoma gambiense*, einen Erreger der Schlafkrankheit, übertragen.

2. Tsetsefliegen (Glossina).

Die *Glossinen*, *Zungenfliegen* oder *Tsetsefliegen* sind ausschließlich afrikanische Insekten, die die Trypanosomen der Schlafkrankheit auf den Menschen übertragen und daher unsere Aufmerksamkeit in besonderem Maße verdienen. Nach den Stechmücken haben die Glossinen unter den Dipteren die größte Bedeutung für die menschliche Pathologie.

Fang. Man fängt die Glossinen wie die anderen Stechfliegen oder wie die Bremsen. Daneben kann man ihre Vorliebe für dunkle Farben ausnutzen, indem man viereckige schwarze Stofflappen in Leim taucht und sie auf dem Rücken weißgekleideter Personen befestigt, die sich in die Wohnplätze der Glossinen, in die sog. *Fliegengürtel*, begeben. Man fängt die Tsetsefliegen auf diese Weise in großen Mengen. Ferner bedient man sich mit großem Erfolg selbsttätiger Fliegenfallen.

Untersuchung. Die mit Äther oder Chloroform getöteten Glossinen müssen vermittels einer starken Nadel aufgesteckt und unter der Lupe oder dem Binokular untersucht werden. Um eine genauere Untersuchung vorzunehmen, um z. B. den Rüssel oder die Geschlechtswerkzeuge zu untersuchen, ist es notwendig, mikroskopische Präparate herzustellen. Nachdem man die zu untersuchenden Teile isoliert hat, bringt man sie in ein Reagensgläschen mit 10% Kalilauge, kocht eine Viertelstunde im Wasserbade, wäscht hierauf mit Wasser aus, führt das Untersuchungsmaterial durch die Alkoholreihe, hellt es in Nelkenöl auf und bettet es in Canadabalsam ein.

Morphologie. Die Tsetsefliegen sind Dipteren, deren Körper größer ist als derjenige der Stubenfliege. Folgende Merkmale machen sie leicht kenntlich: horizontaler, dünner Rüssel, an der Basis zu einer Blase erweitert, und scherenförmig auf dem Rücken gekreuzte Flügel (Abb. 45 u. 46). Die Antennen sind mit je einer Fühlerborste (*Arista*) versehen, die zahlreiche gefiederte Strahlen trägt. Die Taster sind groß und von gleicher Länge wie der Rüssel.

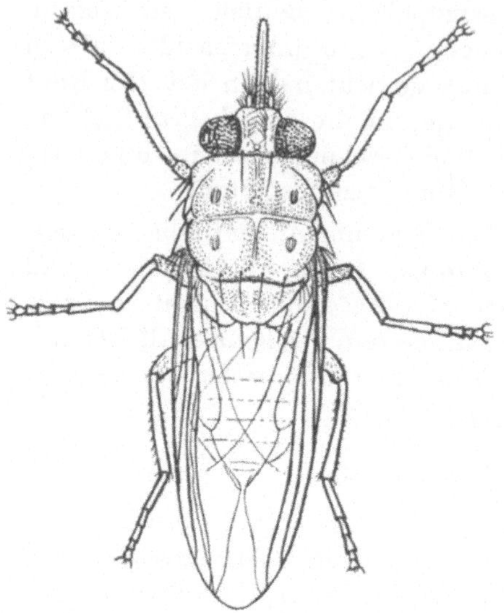

Abb. 45. *Tsetsefliege (Glossina longipennis) in Ruhestellung mit zungenförmiger Flügelhaltung.* In 3,5facher Vergrößerung. (Nach E. AUSTEN.)

Die Männchen unterscheiden sich durch ihren Geschlechtsapparat von den Weibchen. Die Unterscheidung der Geschlechter ist übrigens weit weniger wichtig als bei den Mücken und Bremsen, da die beiden Geschlechter die gleichen Gewohnheiten haben: Männchen und Weibchen sind Blutsauger und greifen Menschen und Tiere an.

Rüssel. Der Rüssel (Abb. 47) besteht wie bei den Wadenstechern aus einer *Unterlippe* (*Labium*), einer *Oberlippe* (*Labrum*) und dem *Speichelrohr* (*Hypopharynx*). Alle drei Teile dringen beim Stechen in die Haut ein. Mandibeln und Maxillen fehlen. Die stark entwickelten Kiefertaster können den Rüssel wie mit einer Scheide umgeben.

Verdauungsorgane. Der Verdauungskanal muß kurz beschrieben werden, denn in diesem Organ und in den dazu gehörenden Teilen entwickeln sich die pathogenen Trypanosomen. An den im Kopf befindlichen muskulösen Pharynx schließt sich die Speiseröhre an. Nun folgen einerseits der Proventrikel, der Schlund, der eigentliche röhrenförmige Mitteldarm oder Magen und schließlich der am Ende zu einer Rectalampulle erweiterte Enddarm. Andererseits zweigt von der Speiseröhre ein zweiter Gang ab, der sog. Kropfgang, der in den im Abdomen gelegenen Kropf führt.

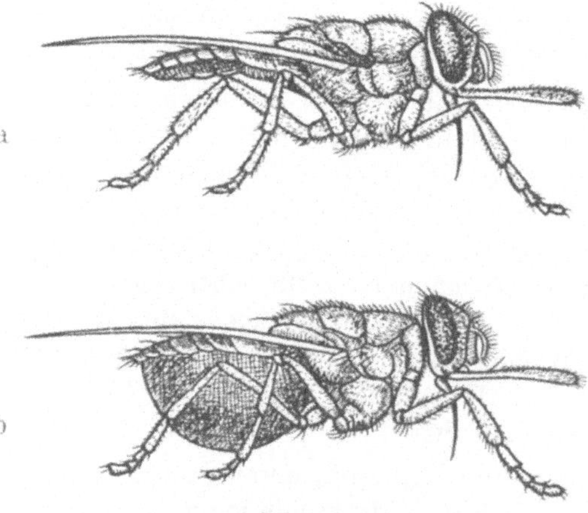

Abb. 46. *Tsetsefliege (Glossina palpalis).* a) nüchtern, b) vollgesogen. In 3facher Vergrößerung.

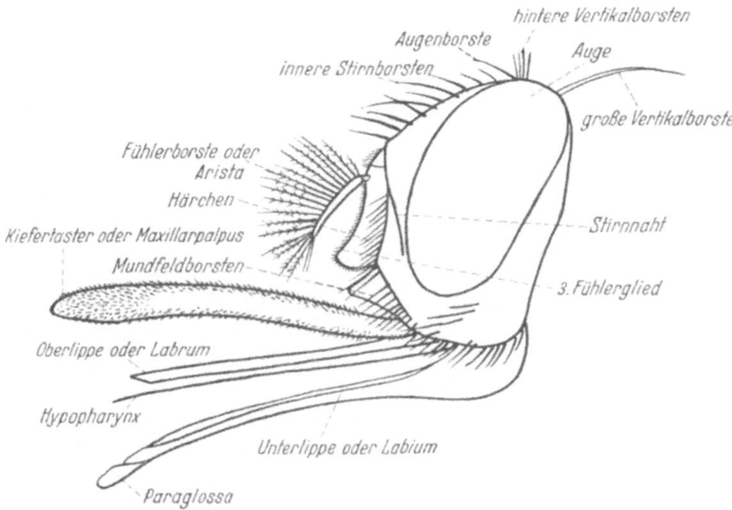

Abb. 47. *Seitenansicht des Kopfes einer Tsetsefliege (Glossina palpalis).* Der Rüssel ist in typischer Weise bis auf die unpaaren Teile zurückgebildet. *Der Stechapparat besteht — wie bei allen Stechfliegen — aus Oberlippe (Labrum), Speichelrohr (Hypopharynx) und Unterlippe (Labium).* Der Hypopharynx ist in die Unterlippe eingebettet. Die beiden Kiefertaster bilden für den Stechapparat eine Scheide. In 15facher Vergrößerung. (Nach SURCOUF u. GONZALEZ-RINCONES.)

Die *Speicheldrüsen* bestehen aus zwei langen schlauchförmigen Röhren. Sie ziehen sich in Windungen bis zum hinteren Ende des Abdomens (Abb. 48).

Präparation des Darmkanals. Die Isolierung des Darmkanals ist verhältnismäßig leicht. Man schneidet das Insekt der Länge nach durch und präpariert es in physiologischer Kochsalzlösung. Wegen der Größe des Tieres bietet die Präparation keine besonderen Schwierigkeiten.

Präparation der Speicheldrüsen. Diese Drüsen können wie der Darmkanal bestimmte Stadien von pathogenen Trypanosomen enthalten. Man sollte daher die Präparationstechnik kennen, jedoch verlangt dieselbe gewisse Übung und vorsichtiges Arbeiten.

Biologie. Die Biologie der Glossinen zu kennen, ist ebenso

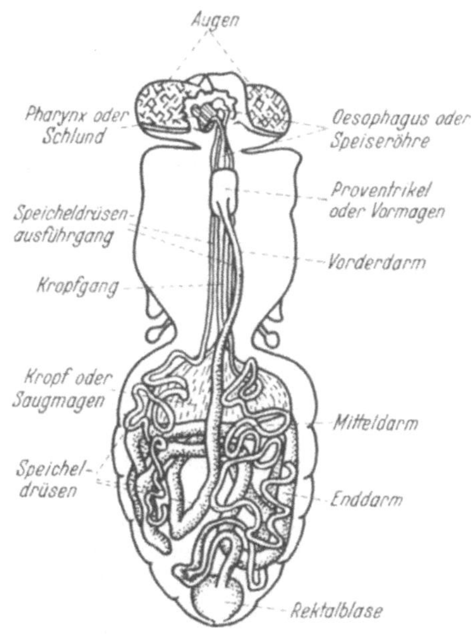

Abb. 48. *Anatomie einer Tsetsefliege (Glossina palpalis).* In 5facher Vergrößerung. (Nach MINCHIN.)

nützlich wie die Kenntnis der Lebensweise der Stechmücken, denn auch die Tsetsefliegen spielen in der Tropenmedizin eine sehr beträchtliche Rolle.

Vorkommen. Die Glossinen sind in Afrika weit verbreitet, aber nicht gleichmäßig verteilt. Denn jede Art tritt nur an solchen Stellen auf, wo sie günstige Lebensbedingungen findet. Bestimmte Arten, wie *Glossina palpalis*, lieben hohe Luftfeuchtigkeit und leben an Bachufern oder in Wäldern, die Wasserläufe umsäumen. Andere, wie *G. tachinoides*, suchen weniger die Feuchtigkeit als vielmehr einen Schutz gegen allzu große Trockenheit auf. Wieder andere endlich, wie *G. morsitans*, fühlen sich in nur geringer Luftfeuchtigkeit wohl. Man beobachtet diese Insekten das ganze Jahr hindurch, aber sie sind zahlreicher während der Regenzeit. Sie sind im allgemeinen am Tage munter und stechen auch mit wenigen Ausnahmen tags. Ihr Stich ist fast schmerzlos.

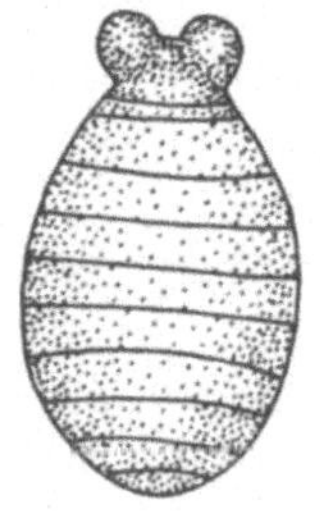

Abb. 49. *Puppe einer Tsetsefliege (Glossina).* In 5facher Vergrößerung.

Die Glossinen ernähren sich auf Kosten sehr verschiedenartiger Wirte. Sie bevorzugen dunkle Farben. Dies ist einer der Gründe, weswegen die Schwarzen häufiger gestochen werden als die Europäer.

Vermehrung. Das begattete und mit Blut vollgesogene Weibchen bringt jeweils eine große weiße Larve zur Welt, im Verlaufe ihres etwa 3 Monate dauernden Lebens durchschnittlich 7—10 Larven. Diese bohrt sich 1—2 cm in die Erde und verwandelt sich dort im Verlauf einiger Stunden in eine braune, unbewegliche Puppe (Abb. 49) (sog. Fliegentönnchen[1] oder Puparium), aus der einige Wochen später das fertige Insekt schlüpft. Die Orte für die Eiablage sind je nach den Arten verschieden.

Pathogene Bedeutung[2]. Die Glossinen übertragen einige pathogene Trypanosomen (Abb. 163ff.) auf verschiedene Säugetiere und die Erreger der *Schlafkrankheit* auf den Menschen. Diese Krankheit dezimiert die Schwarzen in einem großen Teil von Afrika und wird von zwei Trypanosomen verursacht: durch *Trypanosoma gambiense* und *T. rhodesiense*. Ersteres wird von *Glossina palpalis*, in bestimmten Gegenden von *G. tachinoides* übertragen. Die Übertragung der zweiten Art geschieht durch *Glossina morsitans* und wahrscheinlich auch durch die *G. swynnertoni*.

---

[1] Das Tönnchen der Fliegen besteht aus erstarrter Larvenhaut, während man als Kokon die selbstgesponnene Schutzhülle bezeichnet, in der sich manche Insektenlarven verpuppen.

[2] Vgl. Martini, E.: Aus der Epidemiologie der Schlafkrankheit und Nagana. Z. angew. Entomol. **28**, 488—500 (1941). — F. Zumpt: Die Tsetsefliegen. Jena 1936. — E. Ulmann: Tsetsefliegen und Trypanosomenentwicklung. Tropenhyg. Schriftr. **5**, 5—33 (1942).

VI. Parasitische Dipterenlarven.

Außer den bisher besprochenen Dipteren, deren medizinische Bedeutung darauf beruht, daß die Geschlechtstiere durch ihren Stich bestimmte Erreger auf den Menschen übertragen, gibt es noch andere pathologisch wichtige Zweiflügler, die zwar als Imagines weder stechen noch Blut saugen, deren Larven aber in unseren Geweben oder Organen parasitieren.

Der Parasitismus dieser *Dipterenlarven* ist bisweilen fakultativ, d. h. die Larven von bestimmten Arten, die sich im allgemeinen von Kadavern oder verwesenden Stoffen ernähren, findet man gelegentlich bei lebenden Organismen. Andererseits kann der Parasitismus aber auch obligatorisch sein, und die Larven entwickeln sich dann ausschließlich im lebenden Organismus.

Wir fügen noch hinzu, daß die Larven von einigen exotischen Fliegen, wie z. B. diejenigen von *Auchmeromyia*, Blutsauger sind und sich ausschließlich von Menschen und Tieren ernähren.

Untersuchung. Die lebenden Larven kann man töten, indem man kochendes Wasser über sie gießt. Um ihre äußeren Merkmale näher zu untersuchen, insbesondere die vorderen und hinteren Stigmen, an deren Form man die Arten unterscheidet, kocht man aber die Larven in Kalilauge. Hierauf bettet man entweder die ganze Cuticula oder die Organe, die man untersuchen will, in Mastixharz ein, nachdem man sie mit Hilfe eines Rasiermessers abgetrennt hat.

Morphologie. Die Larven der *Brachyceren oder Fliegen im weiteren Sinne* sind wurmförmig und ohne sichtbaren Kopf. Ihr Körper besteht aus einer Reihe mehr oder weniger deutlich, bisweilen klar getrennter Segmente mit seitlichen Wülsten und warzenartigen Knötchen. Die Stigmen sitzen vorn und hinten am Körper, manchmal nur hinten, wie z. B. bei *Hypoderma*.

Die Larven der *Fliegen im engeren Sinne* (*Muscidae*) sind vorn spitz, in der Mitte des Körpers zylindrisch, das Hinterende ist am dicksten. Die Larven besitzen mehr oder weniger sichtbare Mundhaken (Abb. 50).

Die Larven der *Dasselfliegen* (*Oestridae*) sind annähernd zylindrisch, bald vorne enger als hinten (*Hypoderma*), bald umgekehrt (*Dermatobia*).

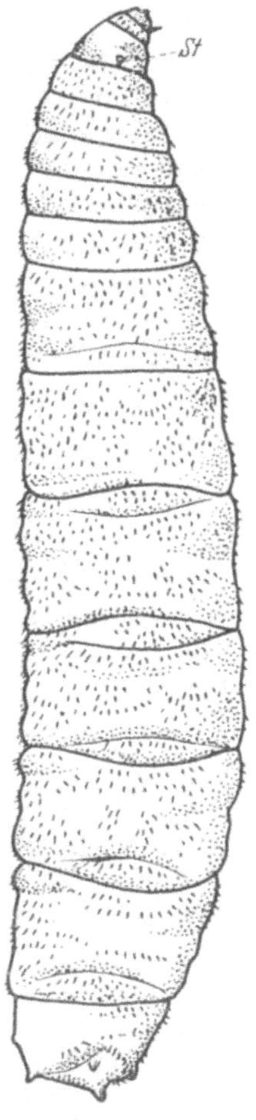

Abb. 50. *Larve einer Fleischfliege* (*Wohlfahrtia magnifica*). *St* vorderes rechtes Stigma (Atemöffnung). In 7facher Vergrößerung.

7*

Wie schon erwähnt, stellt diese Familie eine durchaus künstliche Bildung dar.

Biologie. Die Muscidenlarven leben in Abfällen aller Art, in verwesenden organischen Stoffen, bisweilen auch auf lebenden Organismen. Die Östridenlarven jedoch sind immer Parasiten und bewohnen den Magen und Darm verschiedener Säugetiere oder die Haut von Mensch und Tier.

Pathogene Bedeutung. Die Brachycerenlarven — mögen sie fakultative oder obligatorische Parasiten sein — verursachen bei Mensch und Tier verschiedene Krankheitserscheinungen, die unter dem Namen *Myiasis* oder *Madenfraß* bekannt sind. Nach dem Sitz der Larven unterscheidet man eine *Myiasis der Körperhöhlen, des Darmes oder der Haut*. Nach den Lebensgewohnheiten der Fliegenmaden spricht man von *Wund-, Darm-, Schleimhaut-* und *Hautschmarotzern*.

Wir werden nacheinander die pathogene Bedeutung der Larven der *Muscidae* und *Oestridae* untersuchen. Letztere enthalten die beiden interessanten Gattungen *Hypoderma* und *Dermatobia*.

1. Larven von Fliegen im engeren Sinne (Muscidae).

Die Larven von bestimmten Fliegen, die zum größten Teil unter dem Namen *Schmeißfliegen* bekannt sind, leben gewöhnlich auf Kadavern oder verwesenden organischen Stoffen. Ihr Parasitismus ist also nur accidentell bzw. fakultativ. Aus dieser Gruppe, die man auch als eine besondere Familie [*Larvaevoridae* (= *Tachinidae*)] ansieht, betrachten wir einige besonders wichtige Arten.

Von der Gattung der *Goldfliegen* (*Lucilia*) erwähnen wir: *Lucilia nobilis*, deren Larven im Gehörgang des Menschen gefunden werden und eine *Ohrmyiasis* erzeugen können, ferner *L. sericata*[1], deren Larven in warmen Ländern häufig die Wunden bei Mensch und Tier befallen, und endlich die Larven von *L. argyrocephala*, die in Afrika in Wunden beobachtet worden sind.

---

[1] Die Larven der *Grünen Schafschmeißfliege* (*Lucilia sericata*) werden heute in der Therapie benutzt. Man sammelt die Eier, desinfiziert sie äußerlich und züchtet die Larven [vgl. G. STEINER: Eine Zuchtweise für Fleischfliegen. Zool. Anz. **138**, 97—106 (1942)] unter aseptischen Bedingungen. Dann setzt man mehrere Larvenstämme nacheinander — denn in 3 Tagen durchlaufen die Larven ihre ganze Entwicklung — in auf chirurgischem Wege hergestellte Wunden bei der Behandlung der chronischen Osteomyelitis (Knochenmarkentzündung). Die Larven fressen die nekrotischen Gewebe, die Wunde wird zu starker Reaktion angeregt und heilt schnell. Neuerdings hat man erkannt, daß den Ausscheidungsprodukten der Fliegenmaden, in erster Linie dem Allantoin, die heilende Wirkung zuzuschreiben ist und daß der eigentlich wirksame Bestandteil der bei der chemischen Zersetzung des Allantoins entstehende Harnstoff ist. [Vgl. F. ZUMPT: Z. Reichsfachsch. Krk.pfleger **6**, 171—173 (1938).] Aus diesem Grunde verwendet man nunmehr Harnstoffpräparate zur beschleunigten Heilung eiternder Wunden.

Von der Gattung der eigentlichen *Schmeißfliegen* (*Calliphora*) sind zu beachten: Die *Blaue Schmeißfliege* oder *Brummer* (*C. vomitoria*), in unseren Gegenden sehr häufig, und die *Chilenische Schmeißfliege* (*C. limensis*). Man hat Larven dieser beiden Arten in der Nasenhöhle des Menschen gefunden.

Eine Fliege, die mehr Aufmerksamkeit verdient, ist *Cochliomyia hominivorax*, eine amerikanische Art. Sie ist von den Vereinigten Staaten bis nach Argentinien verbreitet. Sie legt ihre Eier nicht nur in Kadaver, sondern sehr häufig auch auf die Oberfläche von Wunden oder in Ohren und Nasen gesunder Menschen und Tiere. Die Larve ist weißlich, und die eigentümliche Anordnung der Kränze, scharfer nach hinten gerichteter Haken, auf jedem Segment ist die Veranlassung, daß die Amerikaner die Larven *screw-worm*, d. h. *Schraubenwurm*, nennen. Diese Larven sind außerordentlich gefräßig, verschlingen die Gewebe und greifen dank der festen Haken, mit denen der Mund bewaffnet ist, sogar Knorpel und Knochen an. Es entstehen dadurch oft bedeutende Schädigungen, die selbst den Tod herbeiführen können.

Die Gattungen der *Fleischfliegen*, nämlich *Sarcophaga*, *Sarcophila* und *Wohlfahrtia*, enthalten vivipare Arten. Statt Eier abzulegen, gebären die Weibchen zahlreiche kleine Larven, die sie oft in Körperhöhlen oder in Wunden ablegen. Als Beispiel nennen wir: *Sarcophaga carnaria*, *Sarcophila latifrons* und *Wohlfahrtia magnifica*, deren Larven schwere Schädigungen und selbst den Tod hervorrufen können (Abb. 50).

Alle diese Larven, die wir aufgezählt haben, und auch andere, die zu denselben Gattungen gehören, können beim Menschen eine *gewebszerstörende Myiasis der Körperhöhlen*, z. B. eine *Nasenmyiasis*, hervorrufen.

Bestimmte Fliegenlarven, die entweder den obengenannten oder anderen, sehr verschiedenartigen Gattungen angehören, werden im menschlichen Darm gefunden. Sie verursachen die sog. *Darmmyiasis*.

Endlich entwickeln sich einige Arten in den subcutanen Geweben des Menschen und verschiedener Tiere und verursachen hier eine *Hautmyiasis* von furunkulösem Typus. Es handelt sich in diesen Fällen besonders um eine afrikanische Art, die sog. *Tumbufliege* (*Cordylobia anthropophaga*), deren Larve unter dem Namen *Cayor-Wurm* bekannt ist.

2. Larven von Dasselfliegen (Oestridae).

Die geschlechtsreifen *Dasselfliegen*[1] oder *Biesfliegen* der Gattung *Hypoderma* sind Dipteren von 10—15 mm Länge und behaartem Körper. Das Weibchen ist mit einer vorstreckbaren Legeröhre versehen (Abb. 51—53).

---

[1] Vgl. R. WETZEL: Biologische Grundlagen der Dasselbekämpfung. Vet.-med. Nachr. „Bayer" **1**, 1—6 (1950).

Die Eier werden meistens in dem Fell großer Wiederkäuer — Rinder,
Hirsche, Rehe — abgelegt. Aus dem Ei schlüpft eine kleine Larve.
Diese bohrt sich aktiv durch die Haut in den Körper oder gelangt, so-
bald das Wirtstier sich leckt, über die
Zunge in die Speiseröhre. Nach der ersten
Häutung wandert die Larve durch die Ge-

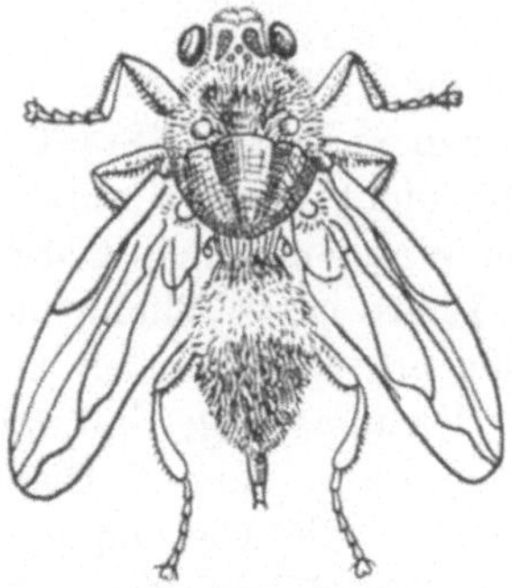

Abb. 51. *Weibchen der Großen
Rinderdasselfliege* (*Hypoderma
bovis*). In 2,5facher Vergrößerung. ·(Nach BRAUER.)

Abb. 52. *Männchen der
Kleinen Rinderdasselfliege*
(*Hypoderma lineatum*). In
1,5facher Vergrößerung.
(Nach BRAUER.)

Abb. 53. *Weibchen der
Wilddasselfliege* (*Hypo-
derma diana*). In 2facher
Vergrößerung. (Nach
BRAUER.)

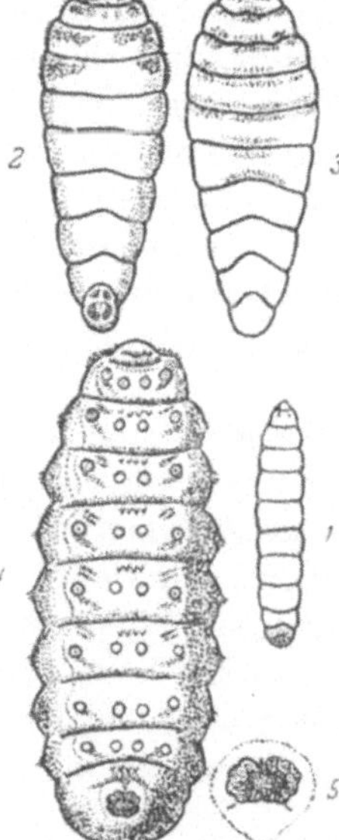

webe, erreicht die Haut und bohrt ein Loch,
durch das sie später ihren Wirt verläßt. Die Larve
(Abb. 54 u. 55) häutet sich wieder und bleibt unter
der Haut, wo sie ein furunkulöses Geschwür, die
sog. *Dasselbeule*, verursacht. Nach einer weiteren
Häutung ist ihre Entwicklung vollendet, sie fällt
auf die Erde, wird hart und verwandelt sich erst in
die Puppe und dann in das geschlechtsreife Insekt.

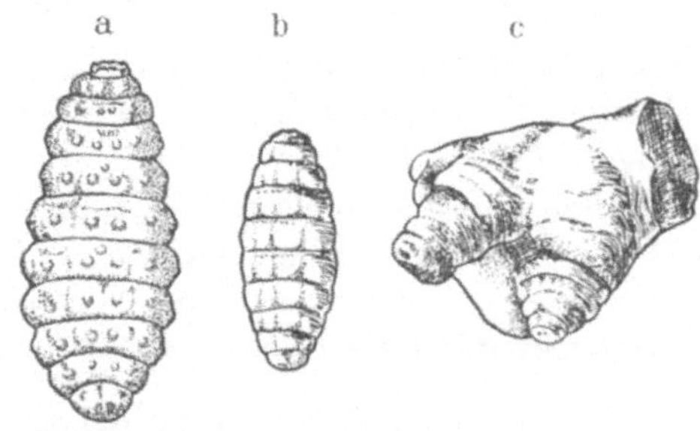

Abb. 54. *Wilddasselfliege*
(*Hypoderma diana*).
1 Zweites Larvenstadium.
2 Drittes Larvenstadium,
Rückenseite. 3 Drittes
Larvenstadium, Bauch-
seite. 4 Viertes Larven-
stadium. 5 Hintere Stig-
menplatte des vierten
Larvenstadiums. (Nach
BRAUER.)

Abb. 55. *Wilddasselfliege* (*Hypoderma diana*). a) und b) herauspräparierte Larven; c) zwei Larven, die in der Haut eines Rehes
stecken.

In gewissen Fällen verhalten sich die Larven
der Dasselfliegen genau so beim Menschen wie bei
den Tieren. Bei beiden verursachen sie eine *Hautmyiasis*. Diese Myiasis kann je nach der Art der

Dasselfliegen und dem Stadium der Larven verschiedene klinische Formen annehmen: Die *schleichende subcutane Myiasis* wird durch die Larven der *Großen Rinderdasselfliege (Hypoderma bovis)* im 2. und 3. Stadium und durch verschiedene Larven von *Magenfliegen* oder *Magenbremsen (Gastrophilus-*Arten) hervorgerufen. Die Larven der *Großen* und *Kleinen Rinderdasselfliege (Hypoderma bovis* und *H. lineatum)* verursachen die *subcutane Myiasis mit wanderndem Tumor* oder den sog. *Hautmaulwurf*[1]; endlich wird die *furunkulöse Myiasis* durch weiter entwickelte Larven derselben Arten verursacht.

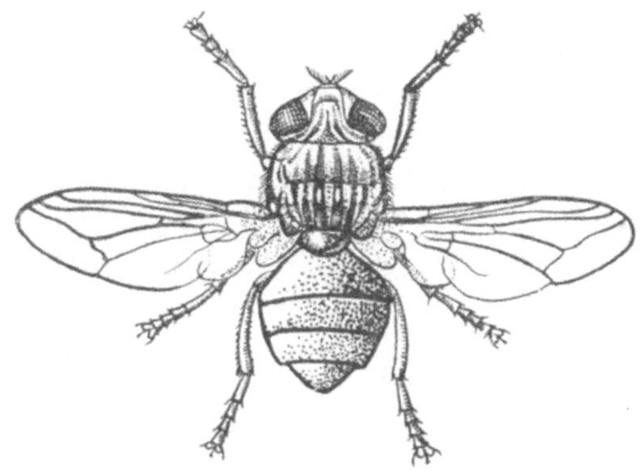

Abb. 56. *Weibchen der Amerikanischen Dasselfliege (Dermatobia cyaniventris)* in 2facher Vergrößerung. (Nach MANSON.)

Die Gattung *Dermatobia* ist in Amerika verbreitet und wird auch in eine besondere Familie (*Cuterebridae*) gestellt. Die einzige uns interessierende Art ist die

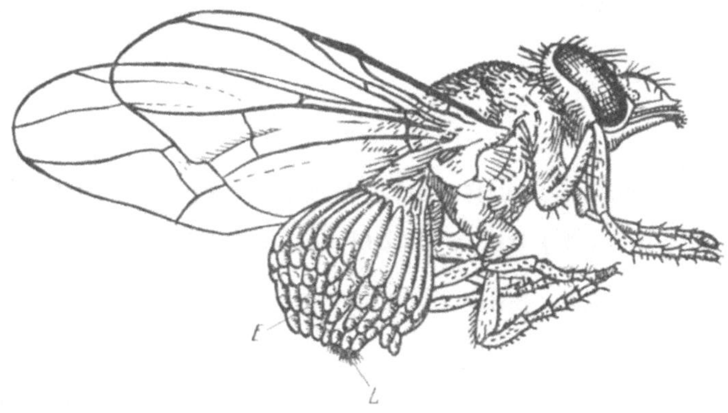

Abb. 57. *Wadenstecher (Stomoxys) mit einem an seinem Abdomen festgehefteten Eierpaket (E) von der Amerikanischen Dasselfliege (Dermatobia cyaniventris). L* Larven, die den Eideckel geöffnet haben und bereit sind, sich auf einem günstigen Wirt anzuheften. In 6facher Vergrößerung. (Nach A. NEIVA u. J. FLORENCIO GOMES.)

Amerikanische Dasselfliege [Dermatobia cyaniventris (= D. hominis)], ein leuchtend blaues Insekt mit metallischem Glanz. Die Länge beträgt 14—17 mm (Abb. 56).

---

[1] Eine andere Form von Hautmaulwurf wird hervorgerufen durch intracutanes Wandern von eingedrungenen Larven von bestimmten *Hakenwürmern (Ancylostoma braziliense* und *Uncinaria stenocephala).*

Die Entwicklung von *Dermatobia* ist sehr bemerkenswert. Das Weibchen legt seine Eier nicht direkt auf die Haut von Tier oder Mensch, sondern es heftet die Eier an das Abdomen von verschiedenen stechenden Insekten, die am Tage fliegen, wie bestimmten Mücken, Wadenstechern usw. Diese Eier sind zu je 15—20 zusammengeklebt und haften fest am heimgesuchten Insekt (Abb. 57). Die Larven entwickeln sich in 5—6 Tagen im Ei und warten auf die Gelegenheit, einen günstigen Endwirt zu finden. In diesem Fall verlassen sie schnell ihr bisheriges Wirtstier, bohren sich in die Haut des Endwirtes ein und entwickeln sich in geringer Entfernung von der Stelle, auf die sie abgelegt wurden. Die Larve (Abb. 58) wächst heran und läßt sich, wenn sie sich vollständig entwickelt hat, zu Boden fallen, wird zur Puppe und dann zum geschlechtsreifen Insekt.

Abb. 58. *Larven von der Amerikanischen Dasselfliege* (*Dermatobia cyaniventris*), *sog.* „*Mückenwürmer*". a) erstes Larvenstadium („Macaque"), b) zweites Larvenstadium („Torcel" oder „Berne"). In 2facher Vergrößerung.

Die Larven von *Dermatobia* sind bekannt unter den Namen „*Mückenwürmer*", „*Macaque*", „*Berne*" und „*Torcel*" und erregen bei verschiedenen wild lebenden und domestizierten Tieren und beim Menschen eine *furunkulöse Hautmyiasis*.

Zweiter Abschnitt.

Flöhe (Aphaniptera), Wanzen (Heteroptera), Läuse (Siphunculata), Milben (Acarina)[1].

Die **Flöhe (Aphaniptera** oder **Siphonaptera)** sind wie die Dipteren Insekten mit vollkommener Verwandlung und sind mit stechenden Mundwerkzeugen versehen. Die Ordnung enthält zwei Familien: *Pulicidae* oder *Flöhe* im engeren Sinne und *Sarcopsyllidae* oder *Sandflöhe*.

Die **Schnabelkerfe (Rhynchota)** sind Insekten mit unvollkommener Verwandlung, d. h. dem Ei entschlüpft ein kleines, der Imago ähnliches Insekt, jedoch ohne Flügel. Die Tiere haben stechende Mundwerkzeuge. Die am Menschen parasitierenden Schnabelkerfe gehören alle zur Unterordnung der **Wanzen (Heteroptera** oder **Hemiptera)**. Charak-

---

[1] Für die *Ungezieferbekämpfung* sei auf das Buch „Die Haus- und Gesundheitsschädlinge und ihre Bekämpfung", 2. Aufl., Berlin 1950, von H. KEMPER, verwiesen.

teristisch für letztere ist meistens das Vorhandensein von vier Flügeln. Die Hinterflügel sind membranös. Die Vorderflügel sind an ihren basalen Teilen lederartig, an den distalen häutig. Man nennt daher die Vorderflügel „*Halbdecken*" oder „*Hemielytren*". Zwei Familien sind zu erwähnen: *Cimicidae* oder *Bettwanzen* mit verkümmerten, einschuppigen Hemielytren und fehlenden Hinterflügeln und *Reduviidae* oder *Raubwanzen* mit Hemielytren und gut entwickelten Flügeln.

Die **Läuse (Anoplura** oder **Siphunculata)** sind wie die Wanzen Insekten mit unvollkommener Verwandlung und ebenfalls mit stechenden Mundwerkzeugen versehen. Eine einzige Familie ist erwähnenswert, die der *Pediculidae* oder *Läuse* im engeren Sinne.

Die **Milben (Acarina)** sind Spinnentiere mit kugelförmigem Körper, dessen Cephalothorax und Abdomen verschmolzen sind. Die geschlechtsreifen Tiere haben *vier Beinpaare*, die Flügel fehlen. Die Milben machen mehrere Verwandlungen durch und gehen von der sechsbeinigen Larve in die achtbeinige Nymphe über, ehe sie geschlechtsreif werden. Vom medizinischen Standpunkt aus teilen wir die Milben in zwei Gruppen ein:

1. *Blutsaugende Milben*, zu denen die *Zecken* (*Ixodidae* und *Argasidae*) und die *Laufmilben* (*Trombidiidae*) gehören.

2. *Hautmilben*, zu denen die *Krätzmilben* (*Sarcoptidae*) und die *Haarbalgmilben* (*Demodicidae*) gehören.

I. Flöhe (Pulicidae).

Die *Flöhe* im engeren Sinne (*Puliciden*) sind kleine Insekten, kaum länger als 2—3 mm, mit seitlich flachgedrücktem Körper, was ihnen von vorn gesehen ein sehr charakteristisches Aussehen verleiht.

Sammeln. Um lebende Flöhe zu fangen, muß man auf den Wirtstieren vorsichtig nach ihnen suchen, indem man planmäßig die Haare durchmustert. Tote Flöhe zu sammeln ist wesentlich leichter. Hier genügt es, die Wirtstiere einige Augenblicke Chloroformdämpfen auszusetzen. Pestratten ergreift man mit einer Zange und taucht sie in Brennspiritus. Hierauf sammelt man die Flöhe aus dem Fell der Ratten und aus dem Spiritus, den man durch Baumwolle filtriert. Der Mensch befreit sich von Flöhen, indem er sie auf weiße, hell beleuchtete Tücher oder in Schalen mit hell beleuchtetem Wasser springen läßt.

Untersuchung. Mit Blut vollgesogene Flöhe sind schwer zu untersuchen. Man behandelt sie erst mit 6proz. heißer Kalilauge, führt sie durch die Alkoholreihe und Xylol und bettet sie endlich in Canadabalsam ein.

Morphologie. Der mehr oder weniger runde Kopf trägt kurze Antennen. Augen sind vorhanden oder fehlen. Der Rüssel besteht aus folgenden Teilen: einer starren, rinnenförmig gehöhlten Stechborste, dem *Epipharynx*, einem Paar von *Mandibeln* mit gezähntem Rand, einem Paar von dreieckigen, blattähnlichen *Maxillen* mit viergliedrigen *Kiefertastern* (*Maxillartastern*) und einer kurzen *Unterlippe* (*Labium*). Letztere umgibt nur den basalen Teil der Mandibeln und des Epipharynx und endet mit zwei *Lippentastern* (*Labellen*).

Der Thorax trägt keine Flügel, aber drei Beinpaare von ungleicher Länge. Das erste Paar ist das kürzeste und das dritte das längste. Die

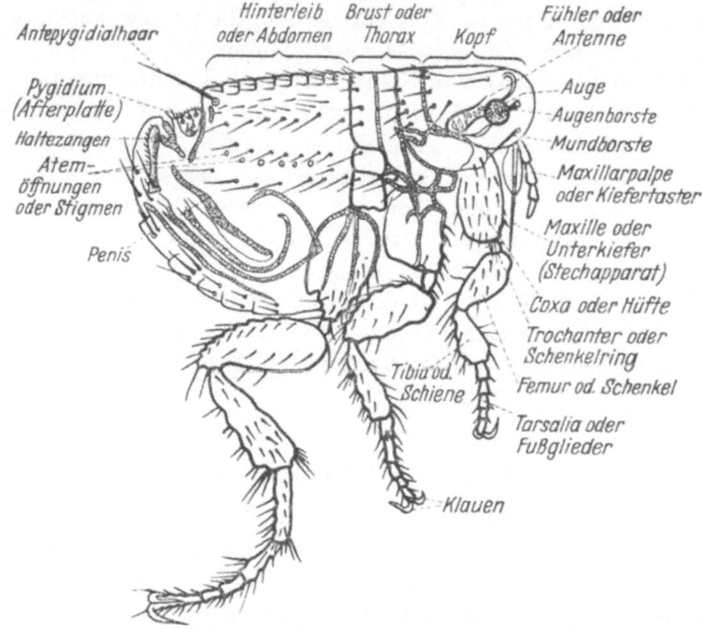

Abb. 59. *Männchen vom Pestfloh* (*Xenopsylla cheopis*). Organisationsschema. In 22facher Vergrößerung. (Nach N. C. Rothschild.)

Beine dieses letzten Paares sind kräftig und zum Sprung eingerichtet (Abb. 59). Das Abdomen ist beim Weibchen umfangreicher als beim Männchen. Letzteres trägt im Abdomen ein zusammengerolltes Kopulationsorgan, das häufig durch die Körperoberfläche hindurch sichtbar ist. Im Abdomen der Weibchen findet man ein Receptaculum seminis oder Spermatheke und oft ein großes Ei.

Biologie. Die Flöhe sind Ektoparasiten. Sie sind nur selten für eine einzige Tierart spezifisch, im Gegensatz zu einer weit verbreiteten falschen Ansicht. Ein und dieselbe Flohart kann vielmehr auf verschiedenen Säugetieren und Vögeln vorkommen, und umgekehrt kann ein einziger Wirt Träger verschiedener Floharten sein. Diese Insekten sind sehr gefräßig, saugen sich häufig voll und scheiden oft während des Stechens Blut durch den After aus.

Die Weibchen legen ihre Eier in Ritzen, Kleidungsstücke, Streu oder Nester von Tieren ab. Nach einer mehr oder weniger langen Zeit schlüpft eine kleine wurmförmige Larve aus (Abb. 60). Sie ist an der Stirn mit einem kleinen Horn, dem sog. Eizahn, versehen, das ihr zum Durchbohren der Eischale dient. Die Larve nährt sich von verschiedenen Abfällen. Sie häutet sich und webt im Laufe der Weiterentwicklung einen Kokon, worin sich die anfangs weiße, dann bräunliche Puppe entwickelt, aus der das geschlechtsreife Insekt schlüpft.

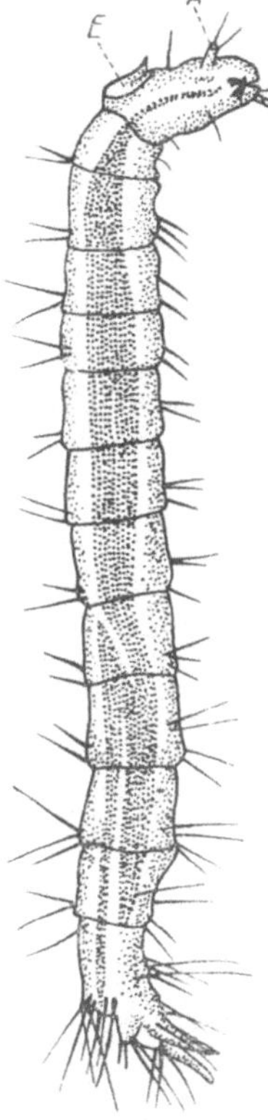

Abb. 60. *Larve vom Menschenfloh (Pulex irritans)*, die soeben aus dem Ei geschlüpft ist. *A* Antenne oder Fühler, *E* provisorischer Eizahn. In 50facher Vergrößerung.

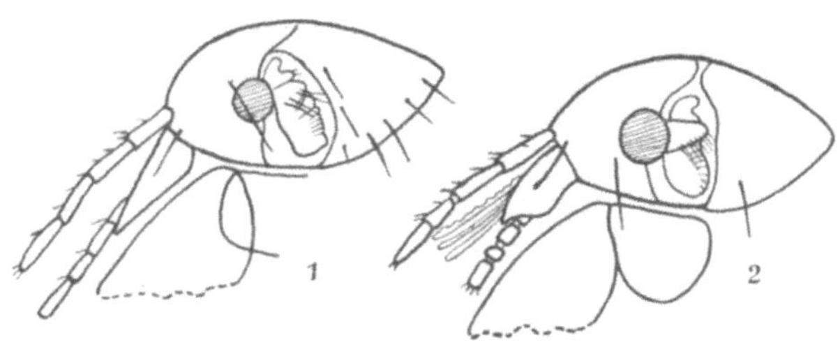

Abb. 61. 1) *linke Kopfseite vom Pestfloh (Xenopsylla cheopis)*. Die beiden Haare hinter dem Auge bilden zusammen mit den Haaren am (rechten) hinteren Rand ein deutliches V. 2) *linke Kopfseite vom Menschenfloh (Pulex irritans)*. Hinter dem Auge ist nur eine isolierte Borste vorhanden. (Teilweise nach VIOLLE.)

Einteilung. Die einzigen Flöhe, die den Arzt interessieren, sind die vier folgenden Arten. Sie unterscheiden sich durch das Vorhandensein oder Fehlen besonderer chitinöser Organe, die man wegen ihres Aussehens Kämme oder Ctenidien nennt. Diese befinden sich entweder am dorsalen Hinterende des Prothorax oder am vorderen Teil des Kopfes. Man spricht demzufolge von *Ctenidien des Vorderrückens* und von *Ctenidien des Kopfes.*

Ohne Kämme	Eine einzige Borste auf der hinteren Hälfte des Kopfes (Abb. 61, 2)	*Menschenfloh (Pulex irritans)* (Abb. 62)
	Borsten in Form eines V auf der hinteren Hälfte des Kopfes (Abb. 61, 1)	*Tropischer Rattenfloh (Xenopsylla cheopis)* (Abb. 59).
Nur ein Kamm, und zwar auf dem Vorderrücken		*Nordischer Rattenfloh [Nosopsyllus (= Ceratophyllus) fasciatus]*
Zwei Kämme, der eine am Kopf, der andere auf dem Vorderrücken (Abb. 63)		*Hundefloh [Ctenocephalides (= Ctenocephalus) canis]*

Pathogene Bedeutung. Bestimmte Flöhe übertragen die *Beulenpest* auf den Menschen. Bekanntlich ist die *Pest* bei den Nagetieren sehr verbreitet, besonders bei den Ratten. Als Überträger dient ein Floh, der bei diesen Tieren sehr häufig vorkommt, der *Tropische* oder *Orientalische Rattenfloh* oder *Pestfloh* (*Xenopsylla cheopis*) (Abb. 59 u. 61, 1).

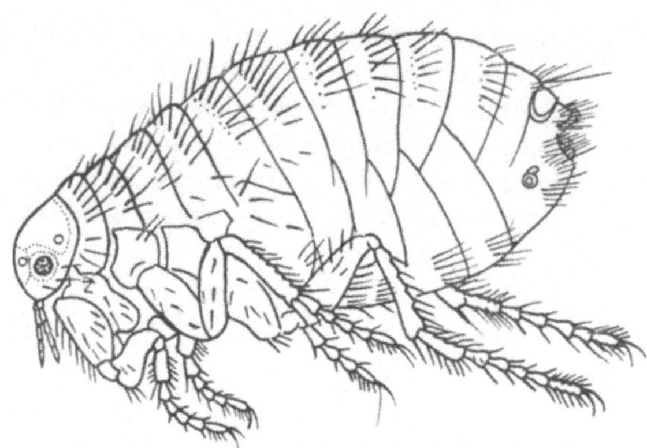

Abb 62. *Weibchen vom Menschenfloh* (*Pulex irritans*). Weder auf dem Kopf, am Mund noch auf der Vorderbrust (Prothorax) sind Kämme (Ctenidien) vorhanden. In 25facher Vergrößerung.

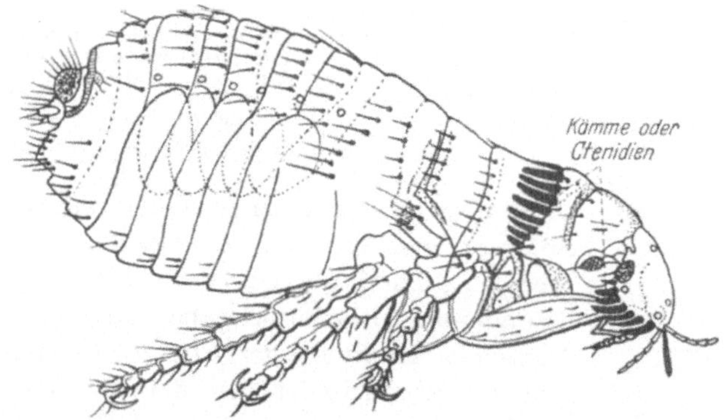

Abb. 63. *Haltung eines Hundeflohs* [*Ctenocephalides* (= *Ctenocephalus*) *canis*] *im Augenblick des Stiches*. Diese Flohart besitzt je einen Kamm (Ctenidie) am unteren Kopfrand (am Mund) und auf der Vorderbrust (Prothorax). In 25facher Vergrößerung.

Dieser Floh kann den Menschen stechen und, wenn er infiziert ist, die Pest auf ihn übertragen; dazu genügt ein einziger Stich. Der *Menschenfloh* (*Pulex irritans*) (Abb. 62) kann ebenfalls die Pest von einem Kranken auf einen Gesunden übertragen.

Das *endemische, gutartige* oder *murine Fleckfieber oder Rattenfleckfieber*, verursacht durch *Rickettsia mooseri*, wird auch durch verschiedene Floharten übertragen, von denen wir die *Rattenflöhe* [*Xenopsylla cheopis*

(Abb. 59 u. 61, 1) und *Nosopsyllus* (= *Ceratophyllus*) *fasciatus*] und den *Hundefloh* [*Ctenocephalides* (= *Ctenocephalus*) *canis*] (Abb. 63) erwähnen.

Wir fügen noch hinzu, daß zwei Floharten, der *Menschenfloh* (*Pulex irritans*) (Abb. 61, 2 u. 62) und der *Hundefloh* [*Ctenocephalides* (= *Ctenocephalus*) *canis*] (Abb. 63) einem Hundebandwurm, dem sog. *Gurken-kern-Bandwurm* (*Dipylidium caninum*) (Abb. 128ff.) als Zwischenwirte dienen. Dieser Bandwurm wird auch beim Menschen gefunden. Der *Nordische* oder *Europäische Rattenfloh* [*Nosopsyllus* (= *Ceratophyllus*) *fasciatus*] ist Zwischenwirt von einem Bandwurm der Nagetiere, nämlich von *Hymenolepis diminuta*. Auch dieser Bandwurm kann gelegentlich Parasit des Menschen sein (vgl. Abb. 125ff.).

Der *Flohstich* erregt bisweilen ein heftiges Jucken und eine kleine Ekchymosis, die oft von einem Ödem begleitet ist.

II. Sandfloh (Sarcopsylla penetrans).

Der *Sandfloh* [*Sarcopsylla* (= *Tunga* = *Dermatophilus*) *penetrans*] sieht im nüchternen Zustand einem gewöhnlichen Floh sehr ähnlich.

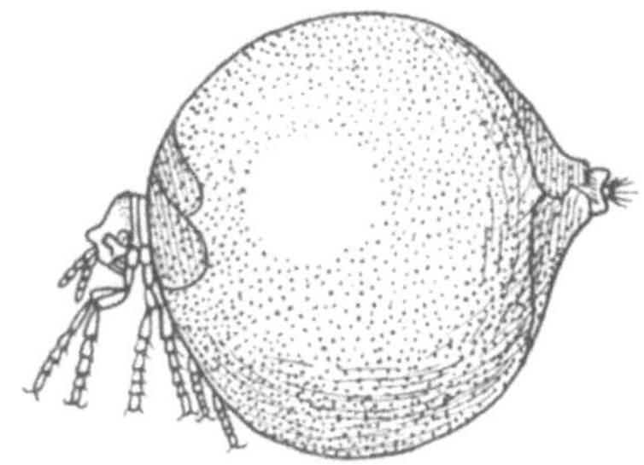

Abb. 64. *Junger Sandfloh (Sarcopsylla pene-trans).* In 30facher Vergrößerung.

Abb. 65. *Trächtiges „ausgereiftes" Weibchen vom Sandfloh (Sarcopsylla penetrans).* In 3,5facher Vergrößerung.

Er stammt aus dem tropischen Amerika und hat sich über ganz Afrika und Madagaskar, ferner über Indien und China verbreitet.

Untersuchung. Man untersucht den Sandfloh ebenso wie die anderen Flöhe.

Morphologie. Der Sandfloh ist kleiner als der Menschenfloh, kaum 1 mm lang. Man erkennt ihn an seiner eckigen Stirn (Abb. 64) und den Mandibeln, die an den Seiten stark gezähnt sind.

Biologie. Die Männchen und die unbegatteten Weibchen sind Ekto-parasiten wie alle Flöhe, das begattete Weibchen aber setzt sich mit Hilfe seines Rüssels fest und bohrt sich allmählich in die Haut ein, in der es bis zu seinem Tode verbleibt. In einigen Tagen erreicht es die Größe einer Mistelbeere, deren Farbe es ebenfalls zeigt. Es enthält dann eine große Anzahl Eier (Abb. 65).

Pathogene Bedeutung. Dieses Insekt befällt vor allem das Schwein und den Menschen. Wenn es bei letzterem nicht rechtzeitig entfernt wird, so kann es mehr oder weniger schwere Entzündungen hervorrufen: Phlegmone, Nekrosen von Knochen und Sehnen usw. Die durch diesen Parasiten verursachten Geschwüre können zu Tetanusinfektionen führen. Der gewöhnliche Sitz des Sandflohs ist der Fuß, aber er kann sich auch an den Händen, Ellenbogen und Knien festsetzen.

III. Bettwanzen (Cimicidae).

Die *Bettwanzen* sind blutsaugende Wanzen, flügellos mit eiförmigem, dorsoventral abgeplattetem Körper und von bräunlicher Farbe.

Fang. Da diese Insekten eine nächtliche Lebensweise führen, fängt man sie nachts an den Plätzen, wo sie zahlreich vorhanden sind, tagsüber in Holzverkleidungen, Mauerritzen, in Hühnerställen usw.

Untersuchung. Man kann die Bettwanzen wie die anderen Insekten nadeln und unter der Lupe untersuchen, aber es ist besser, die noch nicht vollgesogenen Exemplare in Canadabalsam einzubetten, nachdem man sie in 70 proz. Alkohol getötet hat (vgl. S. 31).

Morphologie. Die Bettwanzen sind ungefähr $^1/_2$ cm lang. Der Kopf ist klein und endet mit einem

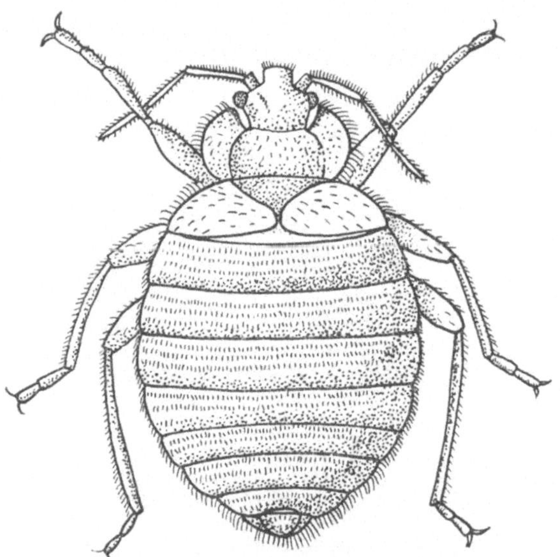

Abb. 66. *Männchen der Gemeinen Bettwanze (Cimex lectularius). In 15facher Vergrößerung.*

mächtigen Rüssel, der gewöhnlich unter dem Kopf und dem Vorderteil des Thorax zurückgeschlagen liegt. Dieser Rüssel besteht aus einer starren, rinnenförmig gehöhlten *Unterlippe (Labium)*, in der vier Stechborsten liegen, je ein Paar *Mandibeln* und *Maxillen*. Die *Oberlippe (Labrum)* ist rudimentär, Hypopharynx und Kiefertaster fehlen. Die Augen sind verhältnismäßig groß und die Antennen von mittlerer Länge (Abb. 66).

Biologie. Diese Insekten leben in menschlichen Wohnungen. Sie verbergen sich tags in Ritzen des Holzwerks, aus denen sie nachts hervorkriechen, um Menschen und Tiere zu stechen. Sie machen eine unvollständige Entwicklung durch (Abb. 67).

Pathogene Bedeutung. Die Bettwanzen haben nur eine sehr geringe Bedeutung für die menschliche Pathologie. Wir erwähnen nur die *Gemeine Bettwanze* (*Cimex lectularius*) und eine andere, sehr ähnliche Art, die *Tropische Bettwanze* [*Cimex rotundatus* (= *C. hemipterus*)].

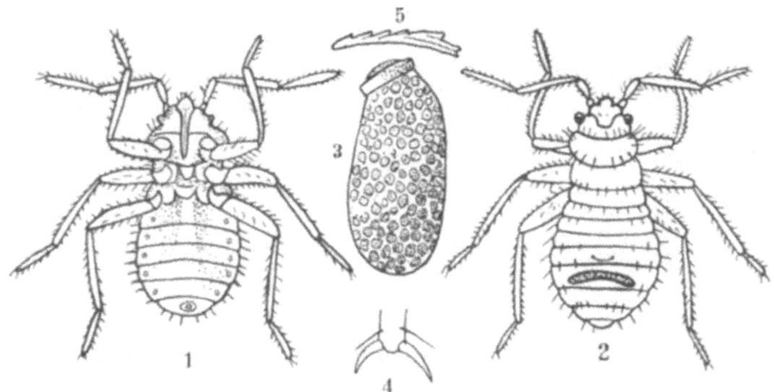

Abb. 67. *Gemeine Bettwanze* (*Cimex lectularius*). Soeben aus dem Ei (3) geschlüpfte Larven von der Bauchseite (1) und von der Rückenseite (2). (4) Die beiden Klauen am Fußende. (5) Ein Larvenhaar stark vergrößert. (Nach C. L. MARLATT.)

Erstere ist ein kosmopolitisches Insekt, zieht aber die gemäßigte Zone der heißen vor, während letztere ein außerordentlich häufiger Parasit der warmen Länder der Alten und Neuen Welt ist. Die einzige Krankheit, die sie anscheinend unter besonderen Bedingungen übertragen können, ist das kosmopolitische Rückfallfieber („Läuserückfallfieber"). Experimentell können sie einige pathogene Erreger übertragen. Der Wanzenstich ruft bisweilen bei Menschen mit zarter Haut eine heftig juckende, von einem Ödem begleitete Quaddel hervor.

IV. Raubwanzen (Reduviidae).

Die *Raubwanzen*, *Schreitwanzen* oder *Reduvien* sind blutsaugende, große geflügelte Wanzen mit länglichem, dorsoventral abgeplattetem Körper von verschiedener Farbe. Die Arten, die allein eine Bedeutung für die menschliche Pathologie besitzen, kommen in Amerika vor.

Fang. Man fängt die Raubwanzen in Nestern oder in Erdhöhlen wild lebender Tiere und in menschlichen Wohnungen.

Untersuchung. Da es sich hier um große Insekten handelt, steckt man die mit Äther oder Chloroform getöteten Tiere mit einer starken Nadel auf und untersucht sie dann mühelos unter der Lupe.

Morphologie. Diese Insekten sind 2—4 cm lang. Der Kopf ist länglich, der Hals deutlich erkennbar, der Rüssel unter dem Kopf zusammengeschlagen und von gleicher Bildung wie bei den Bettwanzen. Die Unterlippe (Labium) besteht aus drei Segmenten. Die Augen sind mittelgroß und die Antennen lang.

Biologie. Die Raubwanzen leben auf Kosten wild lebender Tiere, aber bestimmte Arten haben sich den menschlichen Wohnungen angepaßt. Da die geschlechtsreifen Tiere fliegen können, vermögen sie in einer bestimmten Entfernung von ihrem gewöhnlichen Aufenthaltsort zu stechen. Die Larven und Nymphen besitzen keine Flügel und können daher nur diejenigen Individuen stechen, die mit ihnen unter einem Dache leben. Die Vermehrung geschieht wie bei den Bettwanzen.

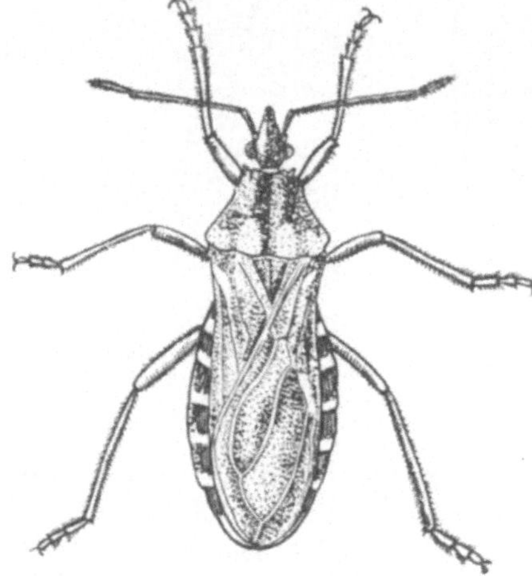

Abb. 68. *Männchen der Brasilianischen Raubwanze* (*Triatoma megista*). Überträger von *Trypanosoma cruzi* in Brasilien. In 2facher Vergrößerung.

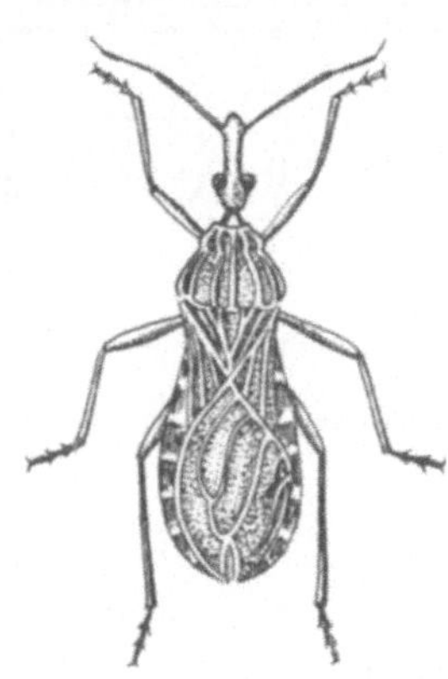

Abb. 69. *Männchen der Venezuelischen Raubwanze* (*Rhodnius prolixus*). Überträger von *Trypanosoma cruzi* in Venezuela. In 2facher Vergrößerung.

Pathogene Bedeutung. Wir erwähnen nur zwei südamerikanische Arten: *Triatoma megista* (Abb. 68), eine 3 cm lange brasilianische Art mit schöner roter Zeichnung auf Thorax und Abdomen, und *Rhodnius prolixus* (Abb. 69), eine Art, die in Venezuela und Kolumbien sehr häufig vorkommt und kleiner als die vorhergehende und von mehr grauer Farbe ist. Beide Arten übertragen eine amerikanische Trypanose auf den Menschen, die wir unter dem Namen *Chagas-Krankheit* kennen. Der *Kot* dieser Insekten enthält hauptsächlich die pathogenen Trypanosomen (Abb. 166ff,) und vermittelt dadurch die Infektion des Menschen.

V. Läuse (Pediculidae).

Die *Läuse* im engeren Sinne (*Pediculiden*) sind kleine, nur 1—3 mm lange Insekten mit dorsoventral abgeplattetem Körper von mehr oder weniger blaßgrauer Farbe. Die Männchen sind immer kleiner als die Weibchen.

Sammeln. Man kann die Läuse mit Leichtigkeit auf dem Kopf eines verlausten Kindes sammeln oder auch aus den Kleidungsstücken, die unmittelbar die Haut eines Menschen berühren, der diese Parasiten beherbergt.

Untersuchung. Man kann die Läuse mit DDT, Blausäure oder heißem Alkohol töten, aber auch, indem man sie einfach verhungern läßt. Hierauf ist es leicht, sie in Canadabalsam einzubetten (vgl. S. 31).

Morphologie. Der Kopf trägt kurze Antennen, kleine Augen und einen im Ruhezustande *eingezogenen Rüssel*, der aus Mundwerkzeugen besteht, die dem *Labrum* oder *Epipharynx*, dem *Hypopharynx* und dem *Labium* homolog sind. Der Kopf ist durch einen Hals vom Körper mehr oder weniger deutlich getrennt. Flügel

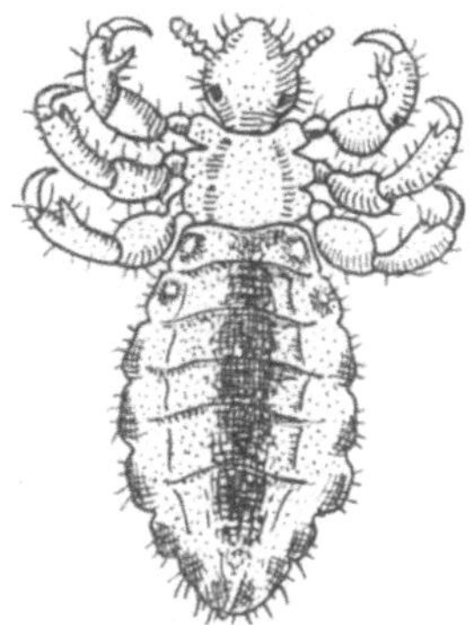

Abb. 70. *Männchen der Kopflaus* (*Pediculus capitis*). In 15facher Vergrößerung.

fehlen. Die Beine sind kräftig, verkürzt und mit mächtigen Krallen bewaffnet, wodurch das Insekt sich an Haare und Borsten anklammern kann (Abb. 70).

Der *Darmkanal* umfaßt einen kurzen Pharynx, eine gerade Speiseröhre, einen geräumigen Magen, an dessen Ende vier MALPIGHIsche Gefäße münden, und endlich einen Enddarm, der mit der Rectalampulle endet.

Biologie. Die Läuse sind ausschließlich blutsaugende und sehr gefräßige permanente Parasiten; ihr Stich ist unangenehm und juckend, außer bei denjenigen Personen, die an diese Parasiten gewöhnt sind.

Die Läuse sind Insekten mit unvollkommener Verwandlung. Die Eier oder *Nissen* (Abb. 71) werden auf Haare oder auf die die Haut unmittelbar bedeckenden Gewebefäden abgelegt. Durch ein besonderes, schnell erhärtendes Sekret werden die Eier daran festgekittet. Nach 6—10 Tagen schlüpft die junge, dem geschlechtsreifen Tier ziemlich ähnliche Larve aus dem Ei. Bald erlangt sie Geschlechtsorgane, und schon 18 Tage nach ihrer Geburt hat sie die Fähigkeit, sich zu vermehren.

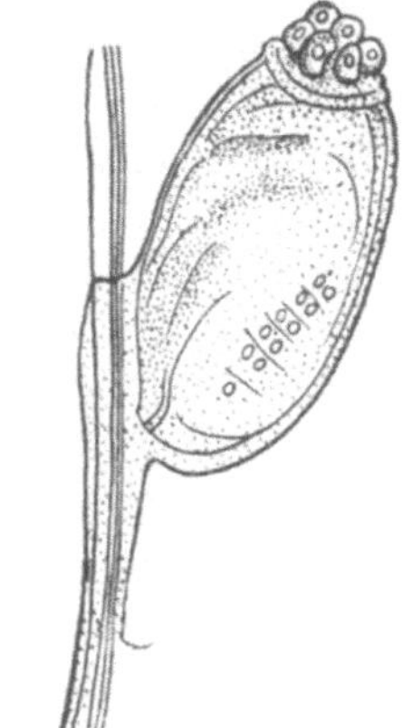

Abb. 71. *Ein Haar mit einem daran festgekitteten Ei der Kopflaus* (*Pediculus capitis*). Stark vergrößert.

Einteilung. Die am Menschen parasitierenden Läuse gehören zwei Gattungen an: Es sind dies die Gattung *Pediculus* (*Kopf-* und *Kleiderlaus*) mit länglichem Körper und die Gattung *Phthirius* (= *Phthirus*) (*Filzlaus*) mit gedrungenem Körper.

Pathogene Bedeutung[1]. Die *Filzlaus* oder *Schamlaus* [*Phthirius* (= *Phthirus*) *inguinalis* = *P. pubis*] (Abb. 72) ist ein lästiger Parasit, aber nach unserer heutigen Kenntnis ohne Bedeutung für die Übertragung irgendeiner Krankheit.

Dagegen sind die *Kopflaus* (*Pediculus capitis*) (Abb. 70) und die *Kleiderlaus* [*Pediculus corporis* (= *P. vestimenti*)] sehr gefährlich. Sie werden von mehreren Autoren in *eine* Art unter dem Namen *Menschenlaus* [*Pediculus humanus* (= *P. hominis*)] vereinigt. Die Gefahr liegt nicht in den von ihnen hervorgerufenen lokalen Reizungen, sondern darin, daß sie Überträger von schweren Krankheiten sind.

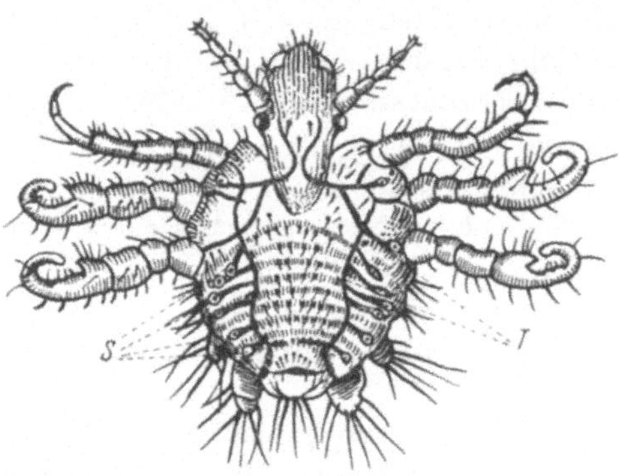

Abb. 72. *Filzlaus* (*Phthirius inguinalis*). *S* Stigmen (Atemöffnungen). *T* Tracheen. In 25facher Vergrößerung. (Nach R. BLANCHARD, etwas verändert.)

Denn die Kopflaus und die Kleiderlaus übertragen das *kosmopolitische Rückfallfieber* oder *Läuserückfallfieber*, den *Flecktyphus* und das *Fünftagefieber*.

Kosmopolitisches oder Europäisches Rückfallfieber oder Läuserückfallfieber. Diese Krankheit ist eine Blutspirochätose, hervorgerufen durch *Spirochaeta recurrentis* (= *S. obermeieri*). Da die infektionsfähigen Spirochäten sich in der Leibeshöhle der Laus befinden, erfolgt die Infektion nicht durch den Stich, sondern *durch Zerquetschung* der Laus auf der Haut, gewöhnlich durch Verletzungen beim Kratzen (Abb. 195ff.).

Flecktyphus oder epidemisches oder bösartiges Fleckfieber. Der klassische Flecktyphus ist eine sehr schwere Krankheit, die besonders bei Massenansammlungen unsauberer Menschen und bei Armeen im Felde herrscht. Sie wird durch die Anwesenheit eines Mikroorganismus im Blut, genannt *Rickettsia prowazeki*, hervorgerufen (Abb. 201). Die Läuse übertragen diese Krankheit *durch den Kot*, besonders durch den in die Stichwunde eingeriebenen Kot. Auch der eingetrocknete Läusekot kann noch lange Zeit hindurch infektiös bleiben. Ferner ist Übertragung durch Tröpfchen- und Staubinhalation höchstwahrscheinlich.

Fünftagefieber oder Wolhynisches Fieber. Diese Erkrankung wird durch einen dem vorhergehenden ähnlichen Erreger verursacht, der unter dem Namen *Rickettsia quintana* bekannt ist. Einige Autoren sind

---

[1] Die sogenannte *Läusesucht* oder *Läusekrankheit* (*Phthiriasis*) wird nicht durch Läuse erregt, sondern durch die *Beulenmilbe* (*Harpyrhynchus tabescentium*); vgl. G. OUDEMANS: Z. Parasitenk. **11**, 145—198 (1939).

der Meinung, daß die Krankheit durch den *Stich* der Laus übertragen wird, andere dagegen glauben, daß die *Exkremente* die Erreger enthalten und daß letztere durch Kratzwunden in die Haut eindringen.

VI. Blutsaugende Milben: Zecken (Ixodidae und Argasidae) und Laufmilben (Trombidiidae).

Die *blutsaugenden Milben* zeigen dieselbe Lebensweise wie die Insekten, von denen wir soeben gesprochen haben. Wenn diese Milben den Menschen befallen, wollen sie ebenfalls sein Blut saugen. Zu diesen Milben gehören die *Schildzecken* (*Ixodidae*), die *Lederzecken* (*Argasidae*) (mit den Gattungen *Argas* und *Ornithodorus*) und die *Roten Laufmilben* (*Trombidiidae*).

Sammeln. Die Schildzecken sind bis zu einem gewissen Grade permanente Parasiten, daher muß man sie auf ihrem Wirt suchen. Man entfernt sie vom Wirt, indem man zunächst einen Tropfen Petroleum auf die Zecken tut und sie dann mit einer Pinzette abhebt. Die Lederzecken führen dagegen eher die Lebensweise der Bettwanzen und verstecken sich tagsüber einerseits in den Mauerritzen menschlicher Wohnungen oder in Tauben- und Hühnerställen (*Argas*), andererseits in der Erde oder im Sande (*Ornithodorus*), wo man sie fangen kann. Die Roten Laufmilben stechen nur im Larvenstadium und sind wegen ihrer Kleinheit schwer zu fangen.

Untersuchung. Die Schild- und Lederzecken sind Riesen unter den Milben. Sie können trocken in Sammlungen aufbewahrt werden, indem man sie wie Insekten nadelt. Man untersucht sie dann unter einer Lupe. Die Larven, die Nymphen und die nüchternen Exemplare, die nicht zu dick sind, werden in heißem 70proz. Alkohol getötet, aufgehellt (vgl. S. 31), durch die Alkoholreihe, Xylol und Canadabalsam geführt, um zwischen Objektträger und Deckgläschen eingebettet zu werden. Nun können sie mikroskopisch untersucht werden. Die Roten Laufmilben werden in derselben Weise präpariert.

1. Schildzecken (Ixodidae).

Morphologie. Die *Ixodiden, Haftzecken* oder *Schildzecken*, gewöhnlich einfach *Zecken* oder *Holzböcke* genannt, haben einen mehr oder weniger eiförmigen Körper ohne äußere Segmentierung. Der Körper ist flach, wenn die Tiere sich im nüchternen Zustand befinden, wird aber bei vollgesogenen und gesättigten Weibchen gewölbt und umfangreich. Diese können dann eine Länge von 2—3 cm erreichen. Ein Kopfabschnitt tritt nicht deutlich in Erscheinung, wohl aber ein *endständiges, nach vorn gerichtetes Rostrum.* Dieses Rostrum setzt sich zusammen aus einem ventralen „*Rüssel*" (*Clava* oder *Hypostom*), der mit Zähnen versehen

8*

ist, deren Spitzen nach hinten gerichtet sind, aus zwei dorsalen *Cheliceren* mit beweglichen Hafthaken und aus zwei *Palpen*. Die letzteren sind an ihrer Innenseite löffelförmig ausgehöhlt und können das Rostrum *umhüllen*, wenn sie sich zusammenlegen (Abb. 73). Der Cephalothorax und das Abdomen sind zu einer einheitlichen Masse verschmolzen und tragen auf der Rückseite einen *Schild*, der beim Weibchen klein, beim Männchen aber sehr entwickelt ist. Es sind *vier* mit *Klauen* und *Haftlappen* (*Pulvillum*) endende Beinpaare vorhanden. Der Geschlechtsdimorphismus ist stark ausgeprägt.

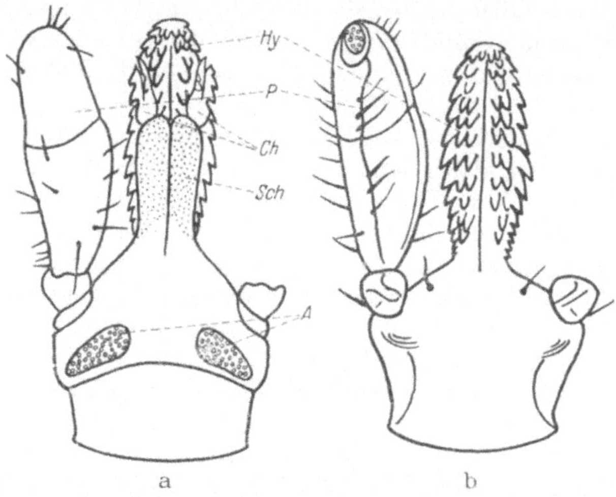

Abb. 73. *Kopf* (*Capitulum*) *mit Mundwerkzeugen des Weibchens vom Holzbock* (*Ixodes ricinus*). a) Von der Rückenseite, b) von der Bauchseite. *Hy* Hypostom oder Rüssel, *P* Palpen, *Ch* Cheliceren, *Sch* Chelicerenscheide, *A* Gruppen von Poren (Areae porosae). In 70facher Vergrößerung. (Nach NUTTALL u. WARBURTON.)

Biologie. Die Schildzecken sind temporäre Parasiten, die sich einige Tage oder Wochen hindurch an Säugetiere, Vögel oder Reptilien heften. Im allgemeinen verlassen sie ihren Wirt nur, um sich zu häuten. Die begatteten Weibchen legen im Dickicht, im Walde oder auf Wiesen mehrere tausend Eier ab; dann trocknen sie ein und sterben. Aus den Eiern schlüpfen *sechsbeinige Larven* — also Tiere mit nur drei Beinpaaren —, die das Blut kleiner Tiere saugen und sich darauf nach einer ersten Häutung in ebenfalls blutsaugende *achtbeinige Nymphen* verwandeln. Nach einer zweiten Häutung gehen aus den Nymphen die geschlechtsreifen Männchen und Weibchen hervor. Je nach den Zeckenarten vollziehen sich diese Häutungen bald auf einem einzigen, bald auf zwei oder drei Wirten.

Einteilung. Zu den eigentlichen Schildzecken oder Ixodiden gehören u. a. folgende Gattungen: *Ixodes, Haemaphysalis, Dermacentor, Amblyomma, Rhipicephalus, Boophilus* usw. Wir halten es aber für überflüssig, hier die charakteristischen Merkmale zur Bestimmung anzuführen.

Pathogene Bedeutung. Die pathogene Bedeutung der Schildzecken beruht, abgesehen von den vorübergehenden Verletzungen, die durch den Zeckenstich entstehen können, vor allem darin, daß sie verschiedene Rickettsiosen auf den Menschen übertragen, wie das *Felsengebirgsfieber* (*Rocky Mountains Spotted Fever*), das *Exanthematische Zeckenfieber*, das *Zeckenbißfieber* und das *Queenslandfieber* oder *Q-Fieber*. Hierzu gehören ferner bestimmte Krankheiten, die wahrscheinlich ebenfalls von Rickettsien hervorgerufen werden, nämlich das *Bullis-Fieber*, das *Colorado-Zeckenfieber* und das *Zeckenfleckfieber*. Endlich übertragen die Schildzecken auch die *Tularämie* und die *Taiga-Gehirnentzündung* und verursachen die *Zeckenparalyse*.

Rickettsiosen. Das *Felsengebirgsfieber* oder *Rocky Mountains Spotted Fever* wird durch *Rickettsia rickettsi* (= *R. brasiliensis*) verursacht

Abb. 74. *Männchen der Waldzecke* (*Dermacentor andersoni*). In 6facher Vergrößerung.

Abb. 75. *Weibchen der Waldzecke* (*Dermacentor andersoni*). In 6facher Vergrößerung.

und in der Natur auf den Menschen von einer *Waldzecke* (*Dermacentor andersoni*) übertragen (Abb. 74 u. 75). Das *Brasilianische Fleckfieber von São Paulo* und das *Fleckfieber von Kolumbien*, zwei mit dem Felsengebirgsfieber ätiologisch identische Krankheiten, werden in der Natur von *Amblyomma cayennense* übertragen.

Das *Exanthematische Zeckenfieber* oder *Mittelmeerfleckfieber* wird durch *Rickettsia conori* verursacht und von einer *Hundezecke* (*Rhipicephalus sanguineus*) übertragen.

Das *Zeckenbißfieber*, dessen Erreger *Rickettsia pijperi* ist, wird von *Rhipicephalus simus, R. appendiculatus, Boophilus decoloratus* (*Rinderzecke*), *Amblyomma hebraeum* und *Haemaphysalis leachi* übertragen.

Das *Queenslandfieber*, oder kurz *Q-Fieber* genannt, ist eine Rickettsiose, deren Erreger *Rickettsia burneti* (= *R. diaporica*) ist. Nachdem es in Australien entdeckt war, fand man es auch in Nordamerika und neuerdings in Italien, Griechenland, Süddeutschland und in der Schweiz. Diese Krankheit wird in Australien durch *Haemaphysalis humerosa*,

Rhipicephalus sanguineus (*Hundezecke*) und vielleicht auch durch *Haemaphysalis bispinosa* und *Ixodes holocyclus* übertragen. In Amerika ist der Überträger eine *Waldzecke* (*Dermacentor andersoni*) und vielleicht *Amblyomma maculatum*.

Wahrscheinlich sind folgende Krankheiten ebenfalls Rickettsiosen: Das *Bullis-Fieber*, das seinen Namen nach dem Fort Bullis in Texas erhalten hat. Der Überträger ist *Amblyomma americanum*.

Das *Colorado-Zeckenfieber*, übertragen durch eine *Waldzecke* (*Dermacentor andersoni*).

Das *Zeckenfleckfieber*, das im Frühjahr und Sommer in Zentralsibirien wütet, wird übertragen durch *Dermacentor nuttalli*.

Tularämie. Diese Septicämie, deren Übertragung, wie wir bereits erwähnt haben, hauptsächlich durch eine *Blindbremse* der Gattung *Chrysops* geschieht, kann auch durch den Stich von verschiedenen *Dermacentor*-Arten, wie von *D. andersoni*, *D. occidentalis*, *D. variabilis*, und auch von *Haemaphysalis cinnabarina* übertragen werden.

Zeckenparalyse oder Zeckenlähmung. Diese Krankheit, die der Kinderlähmung ähnlich ist, aber nach ihrer Heilung keinerlei Funktionsstörungen hinterläßt, wird in bestimmten Ländern durch den Stich von verschiedenen Schildzecken verursacht, nämlich von: *Ixodes holocyclus*, *I. pilosus*, *I. ricinus*, *I. rubicundus*, *Haemaphysalis cinnabarina* und *Dermacentor andersoni*. Die Zeckenparalyse tritt allerdings nur dann auf, wenn sich die Zecken am Kopf oder in der Nähe der Wirbelsäule festgesetzt haben und hier stechen. Durch den Stich einer einzigen Zecke kann dann der Tod herbeigeführt werden.

Taiga-Gehirnentzündung. Die Krankheit, die man auch *Frühjahrsencephalitis* oder *Russische Waldencephalitis* nennt, beobachtet man in Ostsibirien, wo sie durch *Ixodes persulcatus*, *Dermacentor silvarum* und *Haemaphysalis concinna* übertragen wird. Die Übertragung findet wahrscheinlich durch den Stich statt.

Wir fügen hinzu, daß der Pestbacillus, *Pasteurella pestis*, bei den Larven und Nymphen von *Dermacentor silvarum* anzutreffen ist. Er kann 2—10 Tage bei den Larven und 2—6 Tage bei den Nymphen dieser Zecke leben. Man hat aber den Bacillus nicht bei den Geschlechtstieren gefunden, die sich aus den infizierten Larven und Nymphen entwickelten.

2. Lederzecken (Argasidae).

Morphologie. Die *Argasiden, Lauf-, Wanzen-* oder *Lederzecken* sind im nüchternen Zustand flachgedrückt wie die Bettwanzen, sie sind aber mehr oder weniger kugelförmig, wenn sie vollgesogen sind. Bestimmte Arten erreichen eine Länge von 15 mm. Die Lederzecken unterscheiden sich im geschlechtsreifen Zustande von den Schildzecken durch ihren *ventralen* Rüssel (Rostrum), ihre *zylindrischen Palpen*, das *Fehlen des*

Rückenschildes und das *Fehlen der Haftlappen* (*Pulvillum*) an den Beinen. Jedoch besitzen die sechsbeinigen Larven der Lederzecken ebenfalls ein endständiges Rostrum und rudimentäre Haftlappen. Trotzdem kann man sie leicht von den Larven der Schildzecken unterscheiden, da sie nicht wie diese einen Rückenschild haben. Außerdem ist bei den Argasiden der Geschlechtsdimorphismus sehr gering.

Biologie. Die Argasiden führen im allgemeinen eine nächtliche Lebensweise. Man findet sie in großen Mengen in Hühnerställen, hölzernen Bettgestellen, Mauerritzen, Kuh- und Schweineställen,

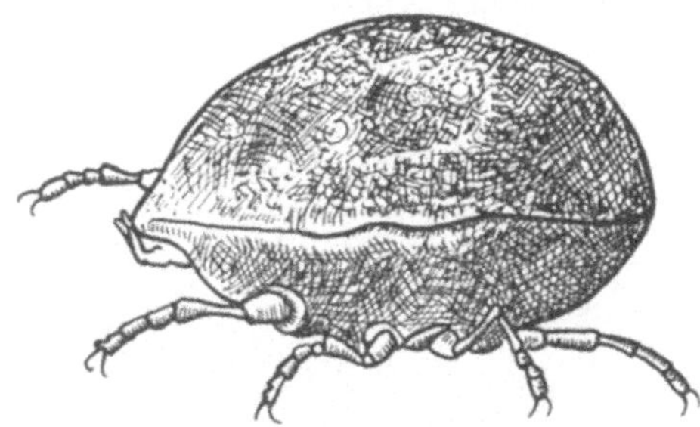

Abb. 76. *Vollgesogenes Weibchen von Argas brumpti* von der Seite in 3facher Vergrößerung. Beachte die *scharfe Trennung* von Rücken- und Bauchseite.

im Sande in der Nähe von Brunnen, wo sich Karawanen lagern, unter Matten und Teppichen in den Hütten der Eingeborenen usw. Die Lederzecken befallen Vögel und Säugetiere.

Die begatteten Weibchen legen größere und weniger zahlreiche Eier als die Schildzecken, die Höchstzahl beträgt 150. Im Gegensatz zu den Schildzecken sterben die Weibchen der Lederzecken nicht nach der Eiablage, sondern besitzen, nachdem sie sich vollgesogen haben, die Fähigkeit, erneut Eier abzulegen. Außer den Larven von *Ornithodorus moubata* und *O. savignyi*, die erst als Nymphen zum erstenmal Blut saugen, bleiben die *sechsbeinigen Larven* der übrigen Lederzecken einige Minuten

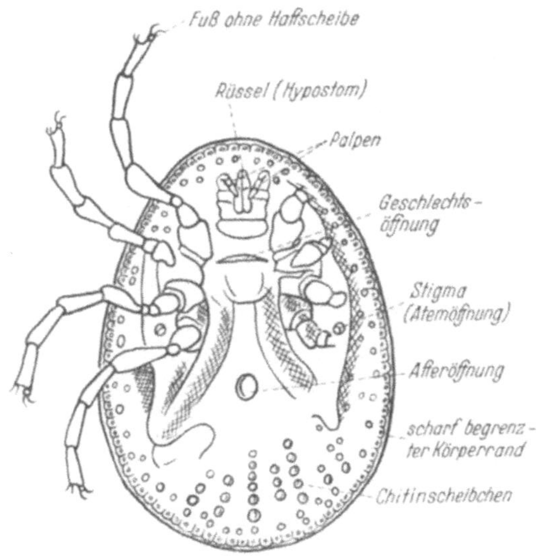

Abb. 77. *Persische Zecke* („*Wanze*") (*Argas persicus*). Weibchen von der Bauchseite.

bis zu einigen Tagen an ihrem Wirt haften. Die *achtbeinigen Nymphen*, die aus ihnen schlüpfen, saugen sich ebenfalls voll und häuten sich abermals, ehe sie geschlechtsreif werden.

Einteilung. Zwei Gattungen sind zu erwähnen. Die Gattung *Argas* ist durch einen deutlich ausgebildeten, dünnen Körperrand, durch eine *scharfe Trennung der ventralen und dorsalen Seite* und durch das Fehlen der Augen gekennzeichnet (Abb. 76 u. 77).

Die Gattung *Ornithodorus* weist folgende Merkmale auf: ein rundlicher, dicker Körperrand, *keine scharfe Trennung zwischen der dorsalen und ventralen Seite* und in den meisten Fällen das Vorhandensein von Augen (Abb. 78 u. 79).

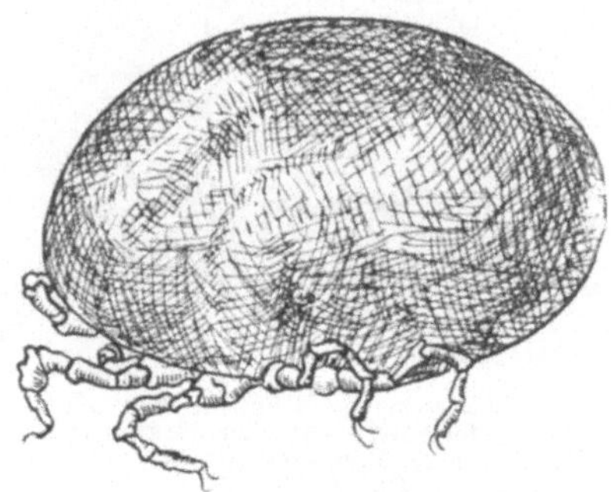

Abb. 78. *Vollgesogenes Weibchen von Ornithodorus moubata* von der Seite in 3 facher Vergrößerung. Beachte das *Fehlen einer Grenze* zwischen Rücken- und Bauchseite.

Pathogene Bedeutung. Der Stich der Lederzecken kann örtliche Verletzungen und in bestimmten Fällen sogar allgemeine Intoxikationserscheinungen bewirken. Letztere sind jedoch immer nur von kurzer Dauer.

Die Gattung *Argas* überträgt keinerlei Infektionskrankheiten auf den Menschen, aber die Gattung *Ornithodorus* ist Überträger bestimmter Arten von *Rückfallfiebern*.

Zecken-Rückfallfieber. Man spricht von Zecken-Rückfallfiebern zur Unterscheidung von dem durch Läuse übertragenen Rückfallfieber.

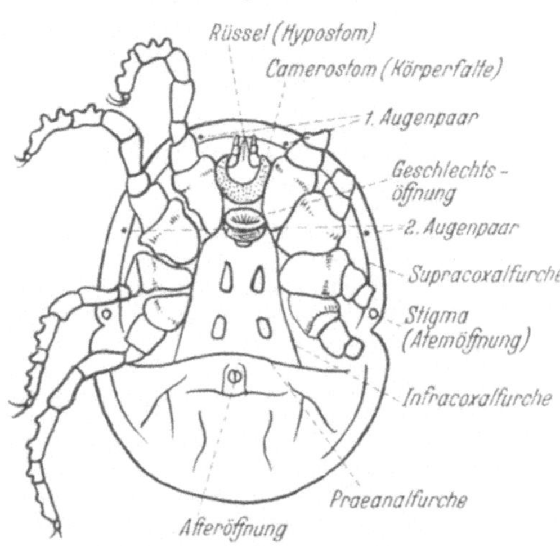

Abb. 79. *Weibchen der Lederzecke Ornithodorus savignyi* von der Bauchseite.

Die Zecken-Rückfallfieber werden durch den *Stich* oder durch die *Coxalflüssigkeit* übertragen, aber nicht — im Gegensatz zum Läuse-Rückfallfieber — durch zerquetschte Zecken.

Das *Afrikanische* oder *Äthiopische Rückfallfieber* oder *Zeckenfieber* wird durch *Spirochaeta duttoni* verursacht und von *O. moubata, O. savignyi* und *O. erraticus* übertragen (Abb. 197).

Das *Südamerikanische Rückfallfieber*, dessen Erreger *Spirochaeta venezuelensis* (= *S. neotropicalis*) ist, wird von *Ornithodorus venezuelensis* (= *O. rudis*) und *O. talaje* übertragen.

Das *Spanische* und *Nordafrikanische Rückfallfieber*, dessen Erreger *Spirochaeta hispanica* ist, wird von *Ornithodorus erraticus* (= *O. marocanus*) übertragen.

Das *Sporadische Rückfallfieber der Vereinigten Staaten* oder *Nordamerikanische Rückfallfieber* wird durch *Spirochaeta turicatae* verursacht und von *Ornithodorus turicata* übertragen.

Das *Rückfallfieber Zentralasiens* (sog. „*Miana*") wird durch *Spirochaeta persica* erregt und von *Ornithodorus tholozani* (= *O. papillipes*) übertragen.

3. Rote Laufmilben (Thrombidiidae).

Morphologie. Die *sechsbeinigen Larven von Roten Laufmilben* (*Trombidien*) können am Menschen parasitieren. Es sind dies kleine, zur Familie der *Trombidiidae* gehörende Milben. Die geschlechtsreifen Tiere haben eine Länge von ungefähr 2 mm, eine lebhaft rote Färbung und leben im allgemeinen nicht parasitisch. Im Gegensatz dazu sind eben die Larven Parasiten der Wirbeltiere und Arthropoden.

Die Larven sind sehr klein, nicht länger als 400 μ und haben eine gewisse Ähnlichkeit mit den sechsbeinigen Larven der Schildzecken.

Biologie. In bestimmten Gegenden trifft man die Larven der Roten Laufmilben während des Sommers und Herbstes in großen Mengen an. Im Volksmund heißen sie *Herbstgrasmilben*. Sie be-

Abb. 80. *Larve der Herbstgrasmilbe* (*Trombicula autumnalis*). In 125facher Vergrößerung. (Nach M. ANDRÉ.)

fallen gewöhnlich kleine Säugetiere, stechen aber auch den Menschen, besonders Kinder, indem sie an den Beinen emporklettern und sich in der Nähe von Sockenhaltern, Strumpfbändern, Gürteln oder ähnlichen ihnen den Weg versperrenden Hindernissen anhäufen.

Pathogene Bedeutung. Die Larven der Roten Laufmilben unserer Gegenden, von denen eine der wichtigsten Arten die *Herbstgrasmilbe* (*Trombicula autumnalis*) (Abb. 80) ist, rufen verschiedene Beschwerden hervor: lebhaftes Jucken (*Ernte-* oder *Trugkrätze*, *Pseudoscabies*), von rötlichen und violetten Aureolen umgebene Bläschen, bisweilen Fieber und ein ausgedehntes Erythem, das unter dem Namen *Herbsterythem*, *Trombiculosis* oder *Stachelbeerkrankheit* bekannt ist.

Bestimmte exotische Arten haben dieselbe Lebensweise und übertragen eine ernste Fieberkrankheit auf den Menschen, das *japanische Flußfieber* oder die *Tsutsugamushikrankheit*. Die Krankheit wird durch

Rickettsia orientalis (= *R. nipponica*) verursacht und durch die roten Larven der *Tsutsugamushi-* oder *Kedanimilbe* (*Trombicula akamushi* und *T. delhiensis*) übertragen (Abb. 81).

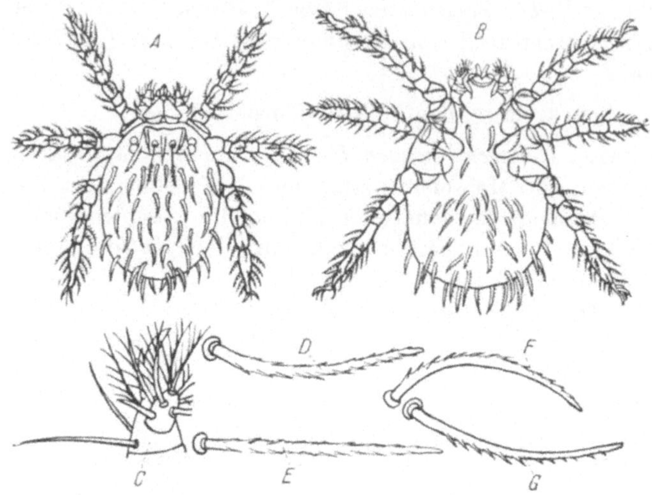

Abb. 81. *Larven der Tsutsugamushi- oder Kedanimilbe* (*Trombicula akamushi*). *A* Rückenseite, *B* Bauchseite, *C* Palpus, *D*, *E*, *F*, *G* verschiedene Körperhaare. *A* und *B* in 60facher Vergrößerung. (Nach NAGAYO, MITAMURA u. TAMIJA.)

VII. Hautmilben: Krätzmilben (Sarcoptidae) und Haarbalgmilben (Demodicidae).

Im Gegensatz zu den vorhergehenden sind diese Milben, die in der Haut leben, immer mikroskopisch klein. Hierher gehören die *Krätzmilben* und die *Haarbalgmilben*. Bei den Haustieren bezeichnet man die Hautmilben als *Räudemilben*.

Sammeln. Man sammelt die Krätzmilben, indem man einen Krätzegang öffnet und mit einer Nadelspitze das darin liegende weiße Pünktchen ergreift. Dieses Pünktchen ist nämlich ein Milbenweibchen.

Die Haarbalgmilben sitzen an der Basis der Haarbalgdrüsen der Nasenflügel als sog. Mitesser. Man drückt sie mit den Fingern heraus.

Untersuchung. Man bettet die Krätzmilben in einen Tropfen Lactophenol oder Glycerin zwischen Objektträger und Deckgläschen ein.

Bei den Haarbalgmilben behandelt man den weißen, aus den Haarbalgdrüsen herausgedrückten Mitesser mit Äther, Toluol oder Paraffinöl, worin man ihn einbetten kann, indem man das Präparat sorgfältig umrandet.

1. Krätzmilbe (Acarus siro).

Morphologie. Die *Krätzmilbe* (*Acarus siro* [= *Sarcoptes scabiei*]) ist eine mikroskopisch kleine Milbe. Der Körper ist leicht oval und hat ein Integument, das, abgesehen von bestimmten Stellen, mit parallelen Falten versehen ist. Das rötliche Männchen (Abb. 82) ist 200—235 μ lang und 145—190 μ breit, das perlgraue oder rötliche Weibchen (Abb. 83) besitzt eine Länge von 330—400 μ und eine Breite von 250—350 μ. Das Männchen trägt an allen Füßen Haftscheiben, außer an den vorletzten, die mit einem Haar enden. Beim Weibchen finden sich an den beiden ersten Beinpaaren Haftscheiben, an den beiden letzten Haare. Der After liegt am hinteren Ende der dorsalen Seite.

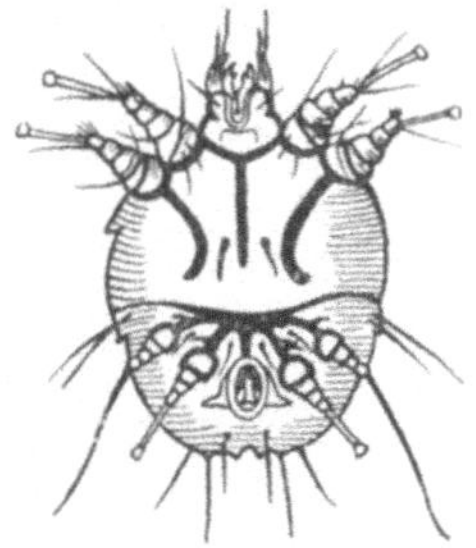

Abb. 82. *Männchen der Krätzmilbe (Acarus siro)* von der Bauchseite gesehen in 125facher Vergrößerung.

Biologie. Das eierlegende Weibchen hält sich am Ende des Ganges auf, den es in die dünnen Stellen der Epidermis gebohrt hat, das Männchen lebt entweder auch im Gang oder häufiger noch außerhalb unter Epidermisschuppen, wo es als bräunlicher Punkt erscheint.

Die Eier, die das Weibchen beim Einbohren in den Gang ablegt, sind 150 μ lang und 100 μ breit. Die zuerst gelegten und daher am weitesten entwickelten Eier befinden sich am Eingang des Ganges (Abb. 84). Aus dem Ei schlüpft eine *sechsbeinige Larve*, die sich in eine *achtbeinige Nymphe* verwandelt, aus der bald das *geschlechtsreife Männchen* oder *Weibchen* hervorgeht. Die Begattung findet statt, und das begattete Weibchen wird größer und schreitet zur Eiablage. Es bohrt nun einen neuen Gang zum Zweck der Eiablage, den sog. *Muttergang* oder *Tokostom*.

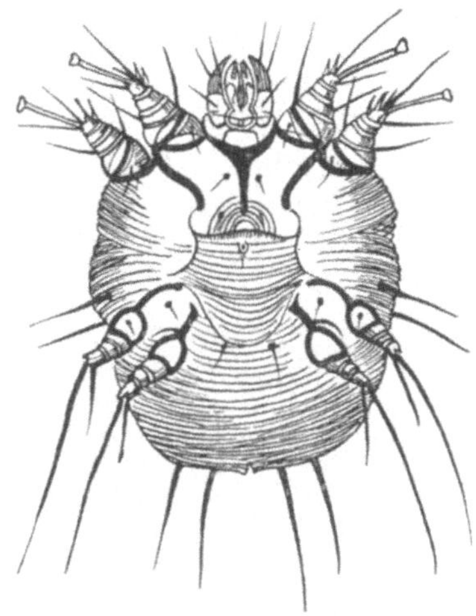

Abb. 83. *Weibchen der Krätzmilbe (Acarus siro)* von der Bauchseite gesehen in 125facher Vergrößerung.

Pathogene Bedeutung. Die Krätzmilbe ist der Erreger der menschlichen *Krätze (Scabies)*, deren objektive Kennzeichen die *Bohrgänge* und die *kleinen perlenartigen Bläschen* sind, die an den Stellen liegen, wo die Weibchen sich einbohren. Diese Stellen befinden sich häufig an der dorsalen Handfläche zwischen den Fingeransätzen und fast ausnahmslos an den vorderen Achselfalten, an Nabel, Penis und Mammae. In Deutschland hatte die Krätze nach dem zweiten Weltkrieg stark zugenommen. Der Befall belief sich bei Schulkindern in verschiedenen Gegenden auf über 50%!

Zahlreiche Unterarten der Krätzmilbe verursachen *Räude* bei verschiedenen Säugetieren, doch können bestimmte Unterarten auch auf den Menschen übergehen, eine gewisse Zeit dort leben und eine schnell wieder schwindende *Pseudokrätze* oder *Fremdräude* hervorrufen. In diesen Fällen beobachtet man fast immer das *Fehlen der Bohrgänge.* Eine solche auf den Menschen übergegangene Räude, die normalerweise für Säugetiere charakteristisch ist, verursacht sehr verschiedenartige juckende Hautausschläge, die aber leicht einer Behandlung weichen, wenn sie nicht sogar spontan heilen.

2. Haarbalgmilbe (Demodex folliculorum).

Morphologie. Die *Haarbalgmilbe (Demodex folliculorum)* ist ebenfalls eine sehr kleine Milbe von länglicher Gestalt mit quer-

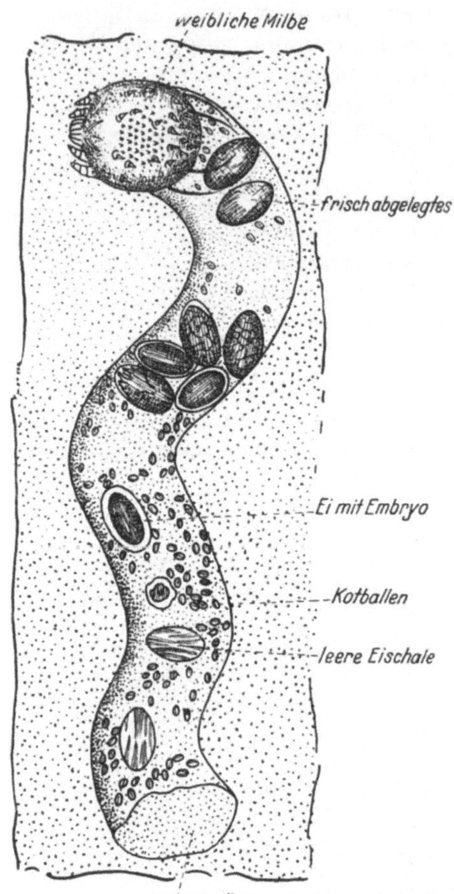

Abb. 84. *Krätzmilbe (Acarus siro).* Milbengang in der Haut. Halbschematisch. (Nach RAILLIET.)

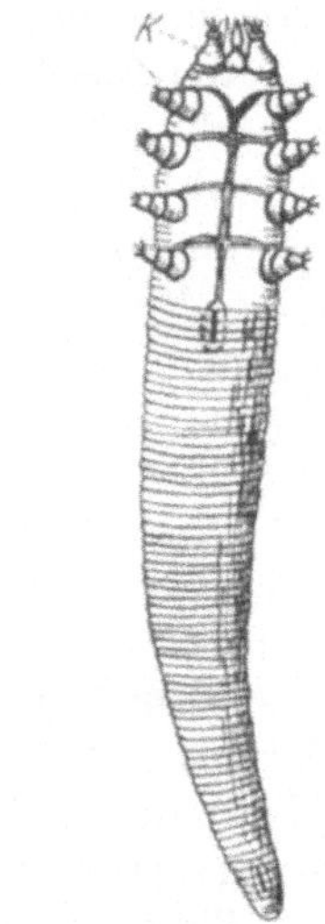

Abb. 85. *Haarbalgmilbe (Demodex folliculorum)* in 200facher Vergrößerung. *K* Kiefertaster.

gestreiftem Abdomen. Das Männchen ist 300 μ lang und 40 μ breit, das Weibchen 380 μ lang und 45 μ breit (Abb. 85).

Biologie. Man findet diese Milben bei Personen aller Altersstufen in den Talgdrüsen des Gesichtes und in den sog. Mitessern der Nasenflügel, des Kinnes, der Lippen, der Wangen und der Stirn. Sie halten sich auch in den Haarfollikeln auf, und zwar den Kopf nach unten gerichtet (Abb. 86). In einem einzigen Follikel zählt man oft eine große Anzahl dieser Milben.

Die Eier sind 60—80 μ lang und 40—50 μ breit. Aus ihnen schlüpfen Larven aus, die anfänglich keine, dann 6 Beine haben, sich in achtbeinige Nymphen und endlich in geschlechtsreife Tiere verwandeln.

Pathogene Bedeutung. Diese Parasiten scheinen ungefährlich zu sein, obgleich einige Autoren ihnen eine Bedeutung für die Ätiologie verschiedener Epitheliome der Brust und des Gesichtes („*Mitesser*“) und auch bei der Übertragung der Lepra zwischen Familienmitgliedern beimessen.

Dritter Abschnitt.

Fadenwürmer (Nematodes).

Die **Fadenwürmer (Nematodes)** gehören zu den *Nemathelminthes* oder *Rundwürmern* und sind zylindrische, von einer Keratincuticula umgebene, nicht segmentierte Würmer ohne gegliederte Extremitäten. Ein durchgehender Darmkanal ist vorhanden. Die Tiere sind getrennt geschlechtlich.

Sammeln. Um bei Sektionen kleine, im Menschen parasitierende Fadenwürmer, z. B. Hakenwürmer, zu sammeln, bringt man den Darminhalt in große Gefäße, verdünnt ihn mit physiologischer Kochsalzlösung und läßt ihn sich einige Augenblicke absetzen. Hierauf dekantiert man die Flüssigkeit, in der die leichtesten Bestandteile suspendiert sind. Dieses Verfahren wiederholt man mehrfach und läßt jedesmal etwa 5 Minuten lang den Bodensatz sich setzen. Man hört hiermit erst auf, wenn die Flüssigkeit nicht mehr trübe ist. Auf diese Weise kann man alle Fadenwürmer in etwa 20 Minuten sammeln. Da die Würmer oft durch den Darminhalt verunreinigt sind, reinigt man sie,

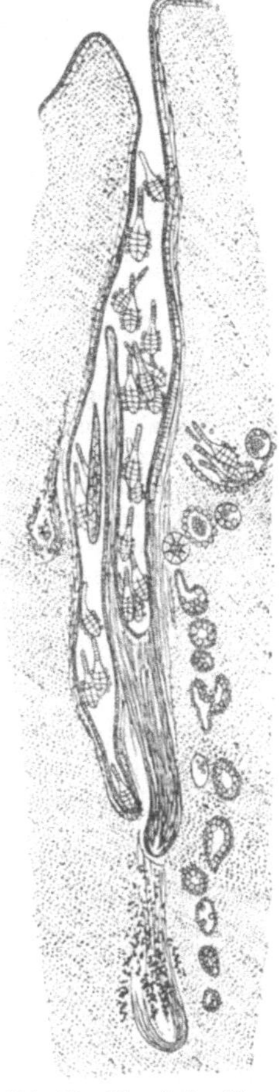

Abb. 86. *Haarbalgmilben (Demodex) in einem Haarbalg eines Hundes.* Die Milben haben das Ende des Follikels erreicht. (Nach NEUMANN.)

indem man sie in kleine, zu einem Drittel mit physiologischer Kochsalzlösung gefüllte Röhrchen bringt, den Daumen auf die mit einem Gummistopfen verschlossene Öffnung des Röhrchens hält und kräftig schüttelt.

Für die Anreicherung von kleinen, auch von mikroskopisch kleinen Nematoden und Nematodenlarven hat sich eine dem *Flotationsverfahren* ähnliche *Anreicherungsmethode von* BOECKER bewährt.

Die Methode beruht im Prinzip darauf, daß die Nematoden (im Gegensatz zu den Kotteilchen) von lipoiden Flüssigkeiten stärker benetzt werden als von Wasser, sich dadurch offenbar leicht mit einer lipoiden Schicht, z. B. von Amylalkohol, umgeben und dann in der wäßrigen Kotaufschwemmung an die Oberfläche steigen. Der Benetzungseffekt wird verbessert, wenn der die Würmer enthaltende Darminhalt vorher mit Äthylalkohol zu einem großen Teil entwässert wird.

Zuerst verfährt man wie oben im ersten Absatz unter „Sammeln" angegeben, bis die überstehende Flüssigkeit einigermaßen durchsichtig ist. Dann dekantiert man, schüttet zu dem Bodensatz reichlich 96proz. Äthylalkohol, rührt das Gemisch gründlich um und gießt den Alkohol möglichst vollständig ab, nachdem sich erneut ein Bodensatz gebildet hat, der die Würmer und Wurmlarven enthält. Als eigentliches Anreicherungsgefäß wird ein englumiger Standzylinder von 100 ccm Fassungsvermögen und einem Durchmesser von ungefähr 2,5 cm benutzt, der mit etwa 60 ccm Wasser und 5 ccm Amylalkohol gefüllt wird. Zwischen dem Amylalkohol und Wasser bildet sich eine klare Trennungsschicht. In diesen Zylinder gießt man danach ungefähr 30 ccm des nach obiger Vorschrift gewonnenen Bodensatzes, schüttelt gut um und läßt den Zylinder nach öfterem Umrühren seines Inhaltes so lange stehen, bis sich der Amylalkohol wieder vom Wasser getrennt hat und sich die meisten Kotteilchen zu Boden gesenkt haben. Die Würmer und Larven sind dann zum großen Teil an der Trennungsschicht zwischen Wasser und Amylalkohol angereichert. Danach wird die wurmhaltige Schicht mit einer Pipette dem Zylinder entnommen und in ein Untersuchungsgefäß (z. B. eine kleine Petri-Schale) gebracht. Durch Zusatz von Äthylalkohol wird diese abpipettierte Flüssigkeit, die aus Amylalkohol und Wasser besteht, homogen gemacht. In dieser Lösung sinken nun die Würmer zu Boden und können untersucht werden.

Das beste Verfahren, Fadenwürmer zu töten und im ausgestreckten Zustand zu fixieren, ist folgendes: Man erwärmt 70% Alkohol, bis Blasen aufzusteigen beginnen, und bringt die lebenden Würmer hinein. Hierauf konserviert man sie in 90% Alkohol.

Untersuchung. Die großen Fadenwürmer, wie der Spulwurm oder der Medinawurm, können mit bloßem Auge oder der Lupe untersucht werden. Aber die Nematoden sind zum größten Teil klein, und diese bzw. ihre Larven können nur mikroskopisch genauer untersucht werden. Das ist der Fall bei den Madenwürmern, Peitschenwürmern, Hakenwürmern, Zwergfadenwürmern, Trichinen und bestimmten Filarien, insbesondere Mikrofilarien.

Die im Blut vorkommenden *Mikrofilarien* werden nach den oben (S. 38—44) wiedergegebenen Methoden untersucht, insbesondere empfiehlt sich das Herstellen von Dicken Tropfen nach Fülleborn: Nach Entfernung des Hämoglobins mit destilliertem Wasser läßt man das Präparat trocknen, fixiert dann 10 Minuten mit 100proz. Alkohol, läßt wieder trocknen und färbt mit Boehmerschem Hämatoxylin. Danach differenziert man evtl. in 0,2proz. Salzsäurelösung, spült mit destilliertem Wasser ab und legt den Objektträger 5 Minuten lang in Leitungswasser. Daraufhin läßt man das Präparat trocknen und untersucht es zunächst mit schwacher Vergrößerung und dann mit Ölimmersion.

Entsprechend dem verschiedenen Turnus der einzelnen Mikrofilarienarten erfolgt die Blutentnahme zweckmäßig mittags uud mitternachts.

Die beste Methode zum Einbetten der Fadenwürmer ist folgende: Man bringt die in Alkohol konservierten Tiere in eine Mischung, die zu gleichen Teilen aus 70% Alkohol, Glycerin und Wasser besteht. Diese Mischung setzt man mit den Würmern so lange in ein Dampfbad, bis am Grunde des Röhrchens beinahe nur das reine Glycerin übrigbleibt. Dann bettet man das Material zwischen Objektträger und Deckgläschen ein und umrandet das Präparat sorgfältig, damit das Glycerin nicht verdunstet; dieses ist die einzige Schwierigkeit bei dem Verfahren. Um die stets schwierige Umrandung zu vermeiden, kann man die Nematoden in *Glyceringelatine* einbetten (1 Gewichtsteil Gelatine, 2 Wasser, 4 Glycerin). Diese Mischung bietet den Vorteil, daß sie fest wird.

Morphologie. Äußerlich bietet ein Fadenwurm das Aussehen von einem wurmförmigen, langen, zylindrischen, festen und elastischen Organismus, meistens von weißlicher Farbe. Die Größe ist außerordentlich verschieden. Es gibt Fadenwürmer, die über 1 m, andere, die kaum 1 mm lang sind. Auch das Verhältnis der Körperlänge zum Querschnitt ist ungemein wechselnd. Das Vorderende des Körpers trägt Lippen oder Papillen, deren Anzahl je nach den Arten verschieden ist, bisweilen ist eine Art Kapsel, die sog. Mundkapsel, vorhanden. Das Hinterende ist bei den Weibchen zugespitzt und meistens gerade, bei den Männchen hingegen von wechselnder Form. Es kann konisch zugespitzt und ventral oder dorsal eingerollt sein, oder es zeigt eine tiichterartige Hautfalte, die sog. Bursa copulatrix oder caudalis. Die Männchen sind im allgemeinen kleiner als die Weibchen und unterscheiden sich noch von den letzteren durch das Vorhandensein von ein oder zwei Spicula, die mehr oder weniger aus der Kloakenöffnung herausragen.

Der Körper der Fadenwürmer hat mehrere Öffnungen. Der am Vorderende zwischen den Lippen oder Papillen gelegene *Mund* führt entweder direkt in die Speiseröhre oder ist von ihr durch eine besondere Erweiterung, die Mundkapsel, getrennt. Ein *Exkretionsporus* befindet sich an der Ventralseite nicht weit vom Vorderende, und endlich finden wir noch einen fast endständigen *After*. Beim Männchen stellt die Afteröffnung eine sog. Kloake dar, d. h. es münden der Darmkanal und die Geschlechtsorgane gemeinsam aus. Beim Weibchen ist die *Vulva* vom After getrennt und befindet sich auf der Ventralseite des Körpers, entweder in der Nähe des Afters oder in der Körpermitte oder auch iu der Nähe des Vorderendes. Ihre Lage wechselt eben bei den verschiedenen Arten und kann an einem beliebigen Punkt der Ventralseite liegen.

Der *Darmtrakt* ist ein einfacher, den ganzen Körper in gerader Linie durchlaufender Kanal. Er zeigt bisweilen Anschwellungen im Bereich der Speiseröhre.

Es ist von Nutzen, wenn man weiß, daß der Pharynx immer die Form eines Y hat. Dadurch kann man die Lage der Lippen und der Zähne oder der sog. Pharyngeal-Schneideplatten genau festlegen. Man trifft die eben erwähnten Organe bei vielen Nematoden. Sie sind entstanden durch Hypertrophie von 1, 2 oder 3 Pharyngealläppchen, deren Form und Lage eben durch die 3 Äste des Y bedingt sind. Man kann

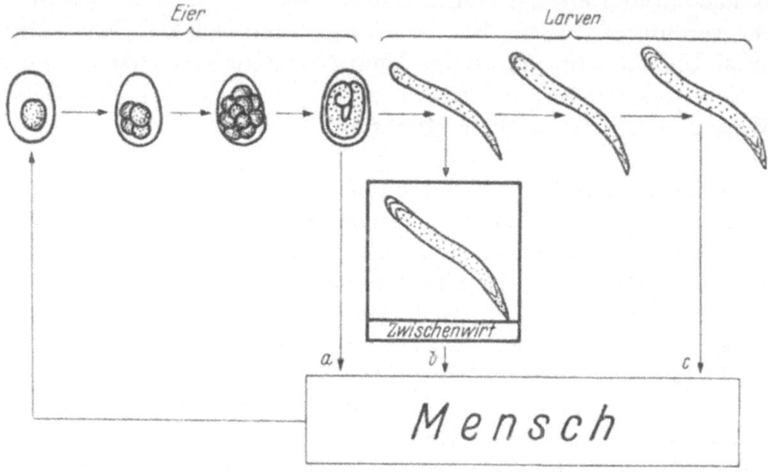

Abb. 87. *Schema der Nematodenentwicklung.* Der Mensch infiziert sich mit Fadenwürmern auf 3 verschiedenen Infektionswegen: *a* mit larvenhaltigen Eiern (*Ascaris, Enterobius, Trichuris*), *b* mittels eines aktiven (*Wuchereria, Loa, Onchocerca*) oder passiven Zwischenwirtes (*Trichinella, Dracunculus*), *c* mit infektionsfähigen Larven (*Strongyloides, Ancylostoma, Necator* [ausnahmsweise *Enterobius*]). (Nach F. SCHMID, verändert.)

hieraus z. B. schließen, daß der Spulwurm, der eine dorsale und zwei seitlich-ventrale Lippen besitzt, keine ventrale Lippe haben kann.

Die *männlichen Geschlechtsorgane* bestehen aus einem röhrenförmigen *Hoden* und einem *Canalis (Vas) deferens*, der in die Kloake ausmündet.

Die *weiblichen*, meist paarigen *Geschlechtsorgane* bestehen aus *zwei* röhrenförmigen *Ovarien*, auf die je ein *Uterus folgt*. Beide Uteri vereinigen sich zu einer einzigen *Vagina*, deren Länge verschieden ist und die in der Vulva ausmündet.

Biologie. Die Biologie der Fadenwürmer ist bei den einzelnen Arten sehr verschieden. Daher werden wir uns bei jeder Art besonders mit ihr beschäftigen.

Vorkommen. Die im Menschen parasitierenden Fadenwürmer werden in dem Darm, der Muskulatur, dem subcutanen Bindegewebe und in den Lymph- oder Blutgefäßen gefunden.

Vermehrung. Die Fadenwürmer sind ovipar oder vivipar, d. h. sie legen Eier ab oder gebären lebendige Junge. Einige Nematoden haben eine direkte Entwicklung und demzufolge nur einen einzigen Wirt, andere durchlaufen einen besonderen Entwicklungscyclus und parasitieren nacheinander in zwei verschiedenen Wirten (Abb. 87). Der Endwirt beherbergt die geschlechtsreifen Fadenwürmer und der Zwischenwirt die Larven.

Es ist zu beachten, daß die parasitischen Fadenwürmer, wie übrigens alle Helminthen, niemals im Körper ihres Wirtes den ganzen Entwicklungscyclus durchlaufen. Das heißt, die geschlechtsreifen Würmer können sich nicht innerhalb ihres Endwirtes vermehren und wieder zum Geschlechtstier entwickeln. Die Würmer verbringen vielmehr immer einen bestimmten Zeitraum ihres Lebens in der Außenwelt oder im Zwischenwirt.

Einteilung. Die wichtigsten im Menschen parasitierenden Fadenwürmer können in folgende Familien eingeordnet werden:

		Familie		
Entwicklung ohne Zwischenwirt (außer bei der Trichine)	Dicker Körper, 3 Lippen, 2 Spicula beim Männchen	**Ascaridae**		Spulwurm (*Ascaris*)
	3 od. 6 wenig deutl. Lippen, Pharyngealbulbus, 1 Spiculum beim Männchen	**Oxyuridae**		Madenwurm (*Enterobius*)
	Kleine Fadenwürmer, 2 Anschwellungen der Speiseröhre, 2 Spicula beim Männchen	**Rhabditidae**		Zwergfadenwurm (*Strongyloides*)
	Vorderende des Körpers lang u. dünn, Hinterende verdickt	**Trichinellidae**	1 Spiculum ovipar	Peitschenwurm (*Trichuris*)
			2 spitze Anhängsel b. Männchen vivipar	*Trichine* (*Trichinella*)
	Mundkapsel, Bursa copulatrix beim Männchen	**Ancylostomidae**	4 Zähne	Hakenwurm (*Ancylostoma*)
			2 Schneideplatten	Todeswurm (*Necator*)
Entwicklung mit Zwischenwirt	Langer Körper, zwei seitliche, mehr od. weniger deutliche Lippen, vivipar	**Filariidae**	Glatte Cuticula	Malaiische Filarie (*Wuchereria malayi*)
				Haarwurm (*Wuchereria bancrofti*)
			Rauhe Cuticula	*Wanderfilarie* (*Loa*)
			Quergestr. Cuticula	*Filarie* (*Onchocerca*)
	Stark verlängerter Körper, keine Lippen, Männchen viel kleiner als Weibchen, vivipar	**Philometridae**		Medinawurm (*Dracunculus*)

I. Spulwurm (Ascaris lumbricoides).

Morphologie. Der *Spulwurm* (*Ascaris lumbricoides*) (Abb. 88 u. 89),
die einzige den Mediziner interessierende Art der Gattung *Ascaris*, ist
ein großer Fadenwurm. Das Männchen ist 15—17 cm lang und 3,2 bis
4 mm breit, das Weibchen besitzt eine Länge von 20—25 cm und eine
Breite von 5—6 mm. Das Männchen ist also kleiner als das Weibchen
und unterscheidet sich von letzterem außerdem durch das krummstab-
förmige, ventral eingerollte Hinterende. An diesem Ende kann man mit

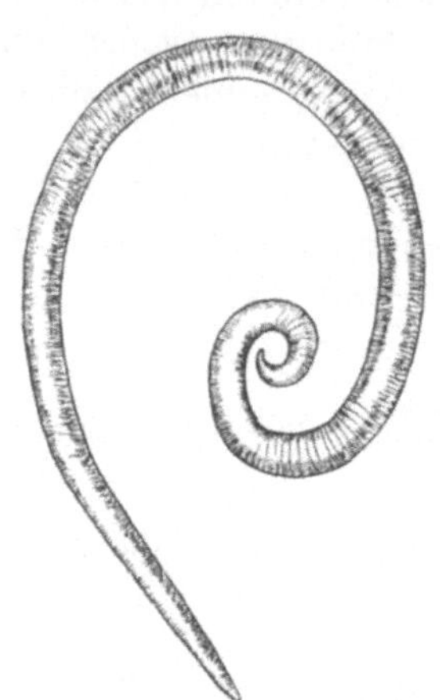
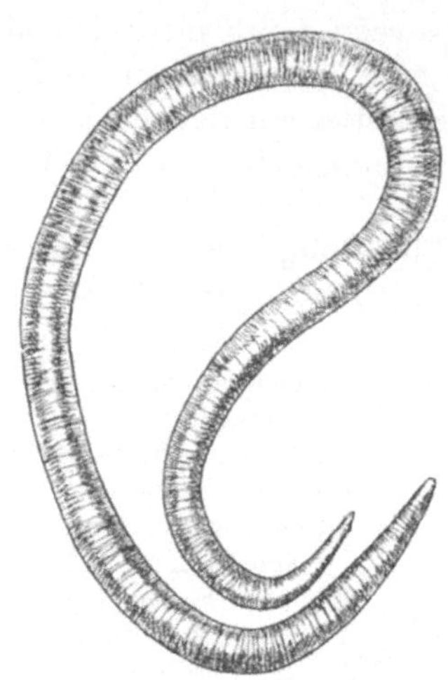

Abb. 88. *Spulwurm* (*Ascaris lumbricoides*),   Abb. 89.   *Spulwurm* (*Ascaris lumbricoides*),
Männchen, verkleinert.   Weibchen, verkleinert.

bloßem Auge und noch besser mit der Lupe zwei kleine bräunliche
Spicula erkennen, wenn sie ausgestülpt sind.

Der Körper ist weiß oder rötlich, dehnbar und besitzt am Vorderende rings um den Mund kleine Ausweitungen oder Lippen, von denen
die eine dorsal, die beiden anderen seitlich-ventral liegen.

Biologie. Der geschlechtsreife Spulwurm lebt im Dünndarm und
kann von dort in verschiedene Organe eindringen. Seine Entwicklung
findet ohne Zwischenwirt statt. Das Weibchen ist ovipar, die Eier
(Abb. 1, 5 u. 90a, b) sind 50—75 μ lang und 40—60 μ breit und besitzen
eine dicke, mit kleinen Buckeln versehene Schale. Sie sind im Augenblick der Eiablage noch ungefurcht, werden mit dem Kot ausgeschieden
und gelangen ins Freie. Dort geht der Furchungsprozeß vonstatten, und
es entsteht die Larve im Ei. Die Entwicklungsdauer ist je nach den
klimatischen Verhältnissen sehr verschieden. *Die Infektion erfolgt mit
dem die Larve enthaltenden Ei.* Wenn das Ei mit Trinkwasser oder verunreinigter pflanzlicher Nahrung in den Dünndarm des Menschen ge-

langt, schlüpft die Larve aus dem Ei. Ist die *Larve* (Abb. 90c) *einmal frei, so dringt sie in die Wand des Darmkanals ein und wandert auf dem Blutweg*[1] *in die Leber und die Lunge* (Generalisations- oder Wanderungs- stadium). In letzterer verursacht sie mehr oder weniger ernste Schädi- gungen (*flüchtige eosinophile Lungeninfiltrate, bei Massenbefall Broncho- pneumonie*), wandert hierauf in die Luftröhre, den Rachen und endlich wieder in den Darmkanal. Im Darm häutet sie sich mehrmals und wird geschlechtsreif (Organmanifestationsstadium). Eine Autoinfektion ist nicht möglich, da das Ei im Augenblick der Ablage ungefurcht ist und erst infektionsfähig wird, wenn die Larve vollkommen entwickelt ist.

Pathogene Bedeutung[2]. Die Anwesenheit von geschlechtsreifen Spul- würmern im Darm verursacht sehr verschiedene Erscheinungen, die man in den meisten Fällen bei Helminthosen beobachtet und die sich ent-

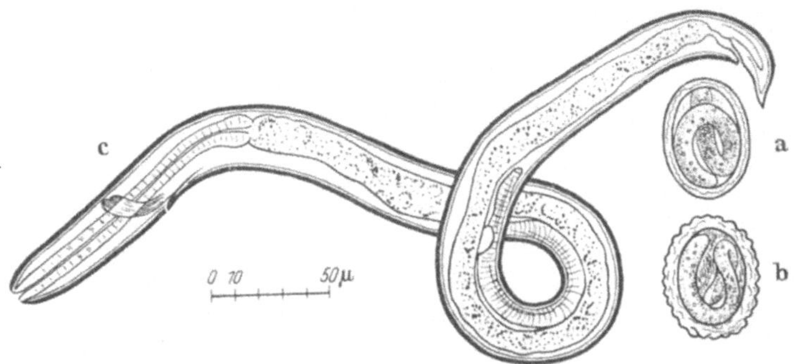

Abb. 90. *Entwicklungsstadien vom Spulwurm* (*Ascaris lumbricoides*). a) und b) Ei mit Larve, c) Larve aus der Luftröhre einer Ratte, die 8 Tage nach der Fütterung mit larvenhaltigen Eiern getötet wurde. Die Figuren a), b) und c) sind in demselben Maßstab gezeichnet.

weder in Magen-Darm-Störungen oder in nervösen Erscheinungen äußern. Kommt es zu Massenbefall, so können die Spulwürmer rein mechanisch Darmverschluß herbeiführen. Sie können auch den Darm verlassen und in den Magen, die Speiseröhre, den Schlund, die Nasengänge, die Atmungs- wege, die Gallengänge, den Gehörgang (Tuba Eustachii), den Tränen- kanal einwandern, ja sogar die Darmwand durchbohren und nach Bil- dung eines sog. Wurmabscesses durch die Bauchwand nach draußen gelangen. Besonders in Kriegs- und Nachkriegszeiten ist die Spulwurm- infektion weit verbreitet. Auf die durch die Larven hervorgerufenen flüchtigen eosinophilen Lungeninfiltrate und Bronchopneumonien ist bereits oben hingewiesen worden.

---

[1] Die Larven können dabei auch in die Placenta und von dort in den Embryo wandern, so daß der Neugeborene bereits mit einer Spulwurminfektion zur Welt kommen kann.

[2] Vgl. A. ERHARDT u. R. WIGAND: Die Askaridiasis. Merkbl. f. med. Para- sitol. H 2. Stuttgart 1948.

9*

II. Madenwurm (Enterobius vermicularis).

Morphologie. Die *Oxyuren, Spring-, Kinder-, Maden-* oder *Afterwürmer* [*Enterobius* (= *Oxyuris*) *vermicularis*] sind kleine Nematoden, die man aber mit bloßem Auge noch gut erkennen kann. Das Männchen (Abb. 91b) hat eine Länge von 3—5 mm und eine Breite von 200 μ. Das Hinterende ist ventral eingerollt und ziemlich stumpf (Abb. 91c). Das Weibchen (Abb. 91a) ist merklich größer, 9—12 mm lang und $^1/_2$ mm breit. Der Körper endet mit einem sehr dünnen Schwanz, der den Parasiten die Bezeichnung „*Oxyuren*" oder „*Pfriemenschwänze*" eingetragen hat.

Biologie. Die Madenwürmer beiderlei Geschlechts verbringen den ersten Teil ihres Lebens im Lumen des letzten Teiles des Dünndarms und wandern dann in den Dickdarm, den Blinddarm und den Wurmfortsatz. Die Entwicklung ist direkt. Die legereifen Weibchen begeben sich in das Rectum und bleiben in der Nähe der Afteröffnung. Von hier aus kann ein Teil der Oxyuren mit der Stuhlentleerung passiv aus dem Darm befördert werden.

Zur Eiablage aber kriechen die trächtigen Weibchen meistens aktiv aus der Afteröffnung hinaus, besonders nach Beginn der Bettruhe, und legen die Eier in den Analfalten ab, so daß die Eier nur sehr selten mit den Exkrementen in Berührung kommen. Letzteres ist der Grund, daß man die *Oxyureneier nur ausnahmsweise bei Stuhluntersuchungen* antrifft. Demzufolge bietet die Anreicherung selbst der größten Stuhlproben keine Aussicht, Oxyureneier exakt nachzuweisen (S. 23). Auch ist es unmöglich, auf Grund bei Stuhluntersuchungen gefundener Eier oder Würmer die Zahl der im Darm vorhandenen Oxyuren auch nur ungefähr abzuschätzen. Die Eier (Abb. 5 u. 92) haben eine Länge von 50—60 μ und eine Breite von 30—32 μ. Sämtliche Eier (etwa 12000) werden durch heftige peristaltische Bewegung des Uterus in einigen Minuten aus der Geschlechtsöffnung herausgepreßt, woraufhin das Weibchen bald abstirbt und damit die Infektion zu erlöschen beginnt, falls keine Reinfektion stattfindet. Die Lebensdauer der Weibchen beträgt 37—101 Tage.

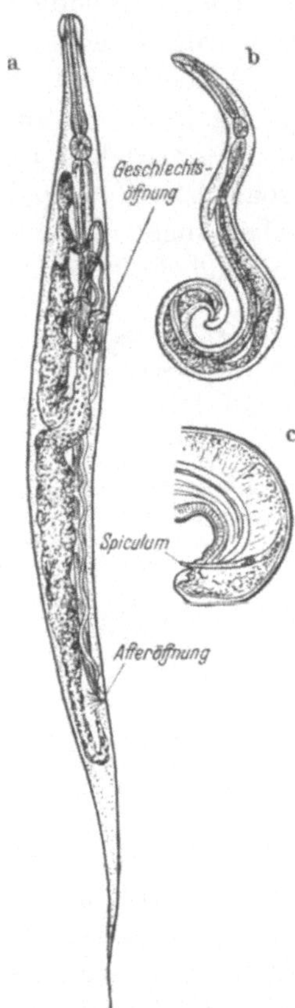

Abb. 91. *Madenwurm (Enterobius vermicularis).* a) Weibchen, b) Männchen, beide in zehnfacher Vergrößerung. c) eingerolltes Hinterende des Männchens mit Spiculum. (Nach LEUCKART.)

Im Augenblick der Ablage enthalten die Eier einen Embryo auf dem sog. Kaulquappenstadium. Bei genügender Feuchtigkeit und einer Temperatur von 30—36°C entwickelt sich dieser Embryo innerhalb der Eischale schnell (in etwa 6 Stunden) zu einer nematodenförmigen Wurmlarve (Abb. 92). Erst auf diesem Stadium sind die Eier infektionsfähig. Am Abend in den Analfalten des Wirtes abgelegte Eier können schon am nächsten Morgen infektiös sein. Daher ist auch *Autoinfektion möglich* und kommt auch außerordentlich häufig vor, besonders bei Kin-

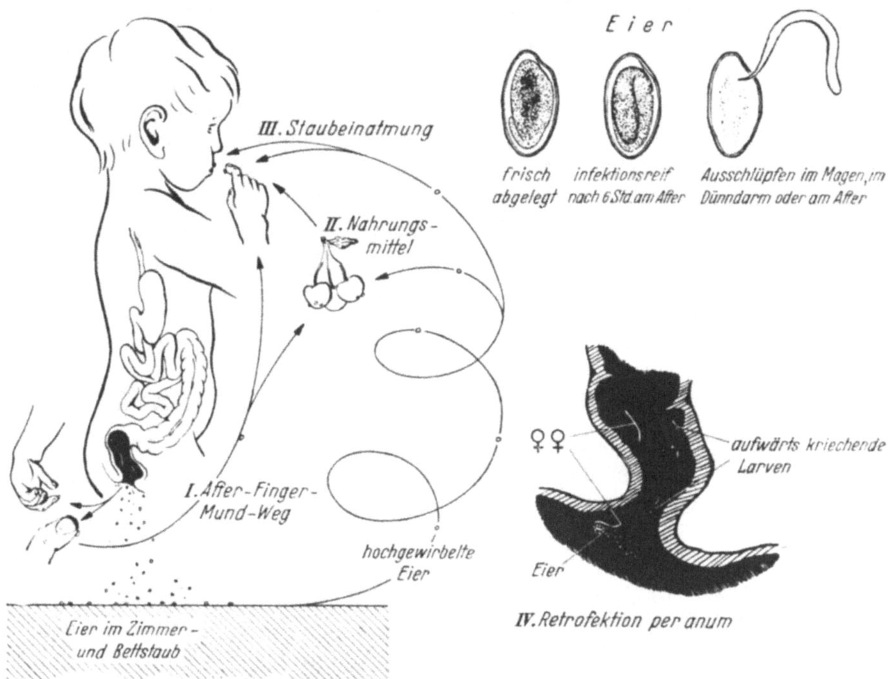

Abb. 92. Schematische Darstellung der verschiedenen Infektionswege des Madenwurms (*Enterobius vermicularis*). (Nach VOGEL aus SCHÜFFNER und BOOL, verändert.)

dern. Denn diese bringen häufig, nachdem sie sich am After gekratzt haben, ihre Hände an den Mund und verschlucken auf diese Weise beständig infektionsfähige Eier, bisweilen sogar ganze eiertragende Weibchen *(After-Finger-Mund-Weg)*. Auch finden sich Oxyureneier zahlreich im Staub von Zimmern, in denen Oxyurenträger verkehren. Diese Eier können durch Mund und Nase *inhaliert* werden und so zur Infektion führen[1]. Ein weiterer wichtiger Übertragungsweg ist der durch *Kontakt-*

---

[1] Inhalieren Patienten kurz vor dem Exitus Eier, so findet man dieselben bei der Sektion in der Lunge. Aus solchen Befunden zu schließen, daß auch geschlechtsreife Oxyuren in der Lunge vorkommen könnten (wie es kürzlich behauptet wurde), ist völlig abwegig.

und *Schmutzinfektion*, z. B. durch infizierte Nahrungsmittel. Schließlich ist es in Ausnahmefällen auch möglich, daß am After aus den Eiern die Larven schlüpfen und retrograd in den Darm kriechen. Es kann dann zur „*Retrofektion*" kommen (Abb. 92).

Wenn die Eier in den Magen oder Dünndarm kommen, schlüpfen die Larven aus, dringen wahrscheinlich für einige Zeit in die Darmschleimhaut ein und verwandeln sich nach mehreren Häutungen in geschlechtsreife Tiere.

Pathogene Bedeutung[1]. Die Madenwürmer, die besonders häufig bei Kindern vorkommen, sind die Ursache eines oft heftigen *Juckens in der Aftergegend*, welches meist abends beim Schlafengehen auftritt. Das Jucken kann von Schmerzen und Stuhlzwang begleitet sein. Man beobachtet oft nervöse Erscheinungen und geschlechtliche Störungen. Die Madenwürmer können sich weit von ihrem normalen Aufenthaltsort entfernen, tun es aber seltener als die Spulwürmer. *Die Madenwürmer sind diejenigen Nematoden, die man am häufigsten im Wurmfortsatz findet.* Ebenso wie in und nach dem ersten Weltkrieg wurde auch im zweiten und in der Nachkriegszeit eine starke Zunahme der Oxyuriasis in Deutschland festgestellt.

III. Zwergfadenwurm (Strongyloides stercoralis).

Morphologie. Der Erreger der Darm-Anguillulosis, der *Zwergfadenwurm*, *Kotälchen* oder *Darmälchen* (*Strongyloides stercoralis*), ist ein sehr kleiner Fadenwurm, dem bloßen Auge unsichtbar und besonders bemerkenswert, weil er einen Generationswechsel besitzt. Es bestehen nämlich zwei Generationen, die miteinander abwechseln, wie wir später sehen werden. Die eine Generation lebt parasitisch, die andere frei.

Die *parasitische, intestinale, filariforme* oder *strongyloide Generation* (Abb. 93) besteht nur aus Weibchen. Diese sind 2,2 mm lang und 34 μ breit. Die Vulva liegt im hinteren Drittel des Körpers, und der Uterus enthält 5—9 ellipsoide Eier von 50—58 μ Länge und 30—34 μ Breite.

Die *frei lebende, stercorale* oder *rhabditiforme Generation* besteht aus beiden Geschlechtern. Das Männchen ist 0,7 mm lang und 36 μ breit, sein Schwanz ist fadenförmig gebogen, und es besitzt zwei 30 μ lange, gekrümmte Spicula. Das Weibchen ist 1 mm lang und 50 μ breit. Die Vulva liegt etwas hinter der Körpermitte. Die ellipsoiden, von einer zarten Hülle umgebenen Eier haben eine Länge von 70 μ und eine Breite von 45 μ.

Biologie. Das parthenogenetische Weibchen der parasitischen Generation lebt in der Wand des Dünndarmes und legt seine Eier in den

---

[1] Vgl. A. ERHARDT u. R. WIGAND: Die Oxyuriasis. Merkbl. f. med. Parasitol. H. 3. Stuttgart 1949.

Drüsen oder in dem Darmepithel ab. Am häufigsten werden die Eier aber im Darmlumen abgelegt, und die dort ausgeschlüpften Larven werden mit dem Kot ausgeschieden. Diese *rhabditiformen Larven* sind im allgemeinen 200—300 μ lang und 14—16 μ breit und zeigen eine Anlage von Geschlechtsorganen. Sie können sich entweder direkt oder indirekt entwickeln (vgl. oben S.5).

Bei der *direkten Entwicklung* entstehen aus den rhabditiformen Larven *strongyloide* oder *filariforme*, infektionsfähige *Larven*. Wenn diese in den Darmkanal des Menschen gelangen, können sie sich in *parthenogenetische Weibchen* verwandeln, die wir oben gleich zuerst besprochen haben.

Bei der *indirekten Entwicklung* häuten sich die rhabditiformen Larven, wachsen heran und ergeben frei lebende *Männchen* und *Weibchen*, die sich paaren. Die begatteten Weibchen legen Eier, aus denen *zum*

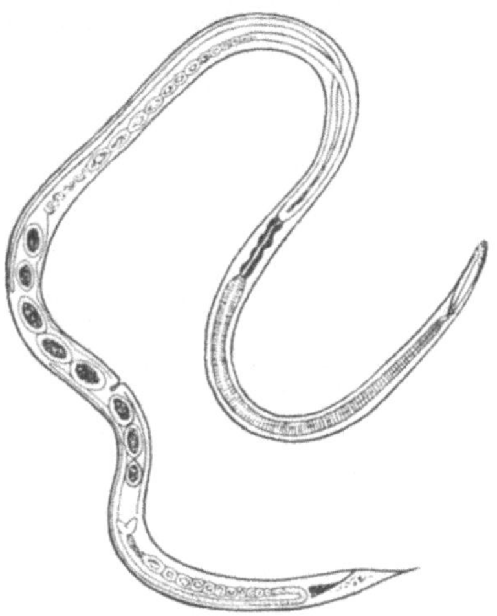

Abb. 93. *Zwergfadenwurm* (*Strongyloides stercoralis*), parthenogenetisches Weibchen in 72facher Vergrößerung. (Nach Looss.)

zweitenmal rhabditiforme Larven hervorgehen. Diese häuten sich wiederum und ergeben *strongyloide* oder *filariforme*, infektionsfähige *Larven*, die *parthenogenetische Weibchen* ergeben, wenn sie in den Darmkanal gelangen.

Sowohl bei der direkten als auch bei der indirekten Entwicklung dringen die filariformen Larven entweder *durch die Haut* in den Wirt ein oder indem sie die Schleimhaut des Mundes, der Speiseröhre oder des Magens durchbohren, wenn sie verschluckt werden. Diese Larven gelangen auf dem Blutweg oder, indem sie durch die Gewebe wandern, bis zu den Lungen, wo sie sich nur einige Stunden aufhalten. Hierauf befallen sie die Luftröhre, gelangen in den Darm und werden dort in 10—15 Tagen geschlechtsreif.

Pathogene Bedeutung[1]. Die Krankheitserscheinungen, die durch diesen Fadenwurm bewirkt werden, sind noch wenig bekannt. Das Eindringen der filariformen Larven durch die Haut erzeugt eine mehr oder weniger starke Reizung, die von verschiedenartigen Erscheinungen begleitet ist. Andererseits kann ein starker Befall mit diesen Parasiten in der Dünndarmwand Schädigungen hervorrufen, die sich in Diarrhöe äußern. Der Zwergfadenwurm kommt vor allem in warmen Ländern

---

[1] Vgl. R. Wigand: Anguillulasis. Z. klin. Med. **128**, 308—323 (1935).

vor, ist aber auch vereinzelt bei Bergarbeitern im Ruhrkohlengebiet und bei Italienern, Kroaten, Ukrainern, Polen und Belgiern nachgewiesen[1].

IV. Peitschenwurm (Trichuris trichiura).

Morphologie. Der *Peitschenwurm* [*Trichuris* (= *Trichocephalus*) *trichiura* (= *T. dispar*)] ist mit dem bloßen Auge sichtbar. Das Männchen (Abb. 94 c) ist 3,5—4,5 cm lang und allerhöchstens 1 mm breit, das Weibchen (Abb. 94 b) hat ziemlich die gleiche Größe, kann aber eine Länge von 5 cm erreichen. Dieser Fadenwurm kann mit keinem anderen verwechselt werden. Sein Körper besteht bei beiden Geschlechtern aus zwei sehr verschiedenen Teilen; die beiden vorderen Drittel des Körpers sind lang und fadenförmig, während das hintere Drittel verdickt ist und einen Durchmesser von 1 mm hat. In diesem hinteren Abschnitt befinden sich die Organe. Das verdickte Ende ist beim Weibchen gebogen, beim Männchen dorsalwärts eingerollt.

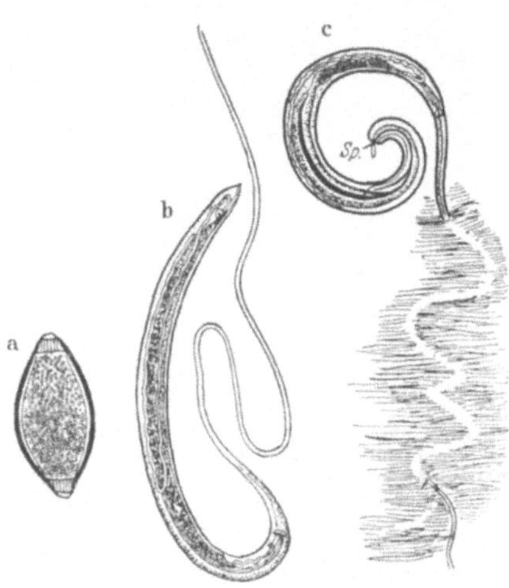

Abb. 94. *Peitschenwurm* (*Trichuris trichiura*). a) Ei, b) Weibchen, c) Männchen, mit dem Vorderleib in die Darmschleimhaut eingegraben. *Sp.* Spiculum. b) und c) in 3facher Vergrößerung. (Nach LEUCKART.)

Biologie. Dieser Parasit findet sich im allgemeinen im Blinddarm und im Wurmfortsatz, seltener im Dickdarm und nur ausnahmsweise im Dünndarm[2].

Die Entwicklung des Peitschenwurms erfolgt wie beim Spulwurm ohne Zwischenwirt. Das im Augenblick der Ablage ungefurchte Ei ist 50—55 μ lang und 22—25 μ breit (Abb. 1, 5 u. 94a). Es entwickelt sich auf die gleiche Weise wie das des Spulwurms im Freien, aber bei einem wesentlich höheren Feuchtigkeitsgehalt, und wird erst infektionsfähig, wenn es die Larve enthält. Jedoch macht die Larve, nachdem sie im Darmkanal des Menschen ausgeschlüpft ist, keine Wanderungen wie der Spulwurm. Sie gelangt direkt in den Darm, wo sie nach mehreren Häutungen zum geschlechtsreifen Peitschenwurm wird.

---

[1] Vgl. HOMPESCH, zit. S. 144.

[2] Bei Patienten, die an Hyperemesis leiden, können im Dünndarm abgelegte Trichuriseier natürlich erbrochen und dann im Sputum festgestellt werden. Aus solchen Befunden zu schließen, daß Peitschenwürmer auch in der Lunge vorkämen (wie es kürzlich behauptet wurde), ist völlig abwegig.

Pathogene Bedeutung. In den meisten Fällen wird die Anwesenheit des Peitschenwurms nicht bemerkt. Manchmal beobachtet man Darmschädigungen oder nervöse Störungen, seltener eine perniziöse Anämie. Man findet diesen Nematoden auch im Wurmfortsatz, aber seine pathogene Bedeutung scheint viel geringer zu sein als diejenige der Oxyuren.

V. Trichine (Trichinella spiralis).

Morphologie. Die *Trichine (Trichinella spiralis)* ist ein sehr kleiner, mit dem bloßen Auge kaum sichtbarer Fadenwurm. Das Männchen ist etwa 1,5 mm lang und 40 μ breit und besitzt zwei besondere caudale

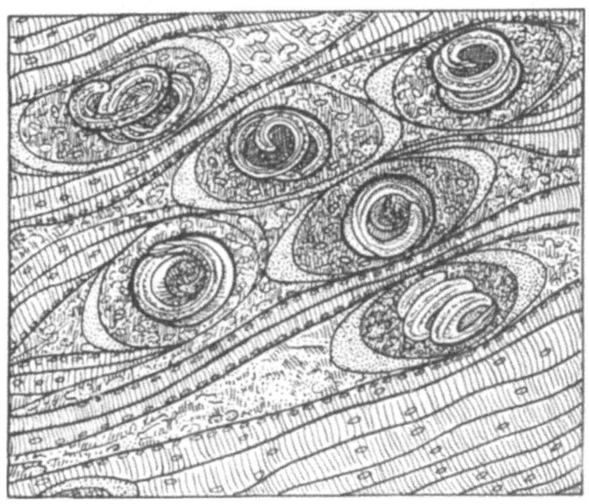

Abb. 95. *Larven von Trichinella spiralis in der Muskulatur, sog. Muskeltrichinen*

Anhänge. Das Weibchen hat eine Länge von 3—4 mm und eine Breite von 60 μ. Die Vulva liegt im ersten Fünftel des Körpers.

Biologie. Die geschlechtsreifen *Darmtrichinen* leben im Dünndarm von Mensch, Haus- und Wildschwein, Fuchs, Dachs, Nerz und Ratte. Die begatteten Weibchen wandern in die Darmwand, bisweilen in das Mesenterium und die Mesenteriallymphdrüsen (1. Stadium oder Inkubationsstadium). Die Weibchen sind *vivipar* und gebären 100 μ lange und 6 μ breite *Jungtrichinen* in der Submucosa. Die Jungtrichinen wandern am häufigsten in die Lymphwege und gelangen durch den Ductus thoracicus in die rechte Herzhälfte; von dort aus kommen sie mit dem kleinen Blutkreislauf in die linke Herzkammer und können von hier aus mit dem Blutstrom des großen Körperkreislaufes überallhin gebracht werden. Sie setzen sich aber fast immer nur in der quergestreiften Muskulatur außer der des Herzens fest (2. Stadium oder Einwanderungsstadium). Dort kapseln sie sich ein. Die vollständig verkapselten *Muskeltrichinen* haben die Form einer kleinen 400 μ langen und 250 μ breiten Citrone (Abb. 95). Ihre Längsachse liegt in der Richtung der Muskelfasern. In der Kapsel befindet sich eine, selten mehrere, spiralförmig zusammengerollte Muskeltrichine. Diese können 10—30 Jahre in den verkalkten Kapseln leben (3. Stadium oder Ruhestadium), niemals aber in dem sie beherbergenden Wirt geschlechtsreif werden. Es ist vielmehr notwendig, daß sie zu diesem Zweck einen neuen Wirt aufsuchen. Nach der herkömmlichen Ansicht infizieren sich Ratten, indem sie sich gegenseitig, und Schweine, indem sie infizierte Ratten oder Abfälle von trichinösem Schweinefleisch fressen. Nach den Untersuchungen von SCHOOP[1] sind jedoch *Fuchs* und *Dachs* die eigentlichen Träger der Parasiten, wenigstens in Deutschland. Von ihnen infizieren sich Schwarzwild und Hausschwein unmittelbar oder mittelbar. Ein weiteres Reservoir stellen ferner die Pelztiere (Nerz, Silber-, Blau- und Platinfuchs) und Ratten in den Pelztierfarmen dar (vgl. O. WAGNER[2]). Der Mensch schließlich zieht sich die Trichinose zu, indem er rohes oder ungenügend gekochtes trichinöses Schweinefleisch genießt.

Pathogene Bedeutung[3]. Die Trichinose ist eine schwere Erkrankung, wenn ein Massenbefall vorliegt. Das klinische Bild ist auf besondere Gifte zurückzuführen, die teils aus Stoffwechselprodukten der Parasiten und teils aus beim Zerfall der Körpermuskulatur gebildeten Substanzen bestehen. Es ist die einzige Wurmkrankheit mit einer kontinuierlichen Fieberkurve. Im ersten Stadium (Inkubationsstadium, Dauer etwa 8 bis 12 Tage) beobachtet man einen mehr oder weniger heftigen Darmkatarrh; im zweiten (Einwanderungsstadium, Dauer 2—8 Wochen) Muskelschmerzen und Muskelsteifigkeit, Lid- und Gesichtsödem, hohe Eosinophilie, Kreislaufstörungen und Stoffwechselstörungen im Blutzuckerhaushalt; im dritten (Ruhestadium, Dauer 10—30 Jahre bzw. lebenslang) endlich Anämie, Kachexie, Ödeme, rheumatische Beschwerden und Frieselausschläge (Miliaria cristallina).

Die Trichinose ist in Frankreich sehr selten, war aber in Deutschland früher recht verbreitet. So wurden im Altreich z. B. 1860—1880 8491 Trichinoseerkrankungen mit 513 Todesfällen (6,04 %), von 1881—1898 6329 Erkrankungen mit 318 Todesfällen (5,02 %) und 1910—1914 184 Erkrankungen mit 10 Todesfällen (5,43 %) festgestellt. Seit Einführung

---

[1] SCHOOP: Z. Fleisch- u. Milchhyg. **51**, 315 (1940/41).

[2] WAGNER, O: Fortschritte der Trichinoseforschung in epidemiologischer und diagnostischer Hinsicht. Hoppe-Seylers Z. **274**, 116—128 (1942).

[3] PARRISIUS, W.: Die Behandlung der Trichinose. Ther. Gegenw. **1943**, H. 3. Vgl. W. PARRISIUS, G. LAMPEL, W. RÖMER u. L. HÖMINGHAUS: Dtsch. Mil.arzt **7**, 198—209 (1942).

der obligatorischen Trichinenschau[1] (in Preußen seit 1877) ist die Zahl
der trichinösen Schweine in Deutschland auf etwa ein Zehntel zurückgegangen. Aber während und nach dem 1. Weltkriege wurde die Trichinose in Deutschland wieder häufiger beobachtet, so wurden in den
Jahren 1915—1919 366 Erkrankungen mit 32 Todesfällen (8,74%) festgestellt. Im Frühjahr 1930 trat in Stuttgart eine größere Epidemie
auf, und zwar durch den Genuß von Eisbärschinken. Im 2. Weltkrieg
waren wieder beim deutschen Militär Trichinoseepidemien zu verzeich-
nen, so z. B. 1939/40 in Polen (37 Erkrankungen, kein Todesfall bei
einer Epidemie) und 1940 in Norwegen (617 Erkrankungen, 1 Todesfall bei einer Epidemie). Ferner brach in einem deutschen Kriegs-
gefangenenlager in Nordirland im Mai 1945 eine Epidemie aus, die
709 Personen befiel, von denen 88 im Krankenhaus behandelt werden
mußten. Von einer möglichen Ausnahme abgesehen, traten keine Todesfälle auf[2].

In den Vereinigten Staaten und in Mexiko ist ein hoher Prozentsatz
der Schweine infiziert. Daher ist es in diesen Ländern ratsam, nur
genügend gekochtes Schweinefleisch zu genießen.

VI. Hakenwurm (Ancylostoma duodenale).

Morphologie. Der *Hakenwurm* oder *Grubenwurm* (*Ancylostoma
duodenale*) ist klein, zylinderförmig, rötlichweiß und am vorderen Körperende leicht verjüngt. Das Männchen (Abb. 96) ist 8—11 mm, das
Weibchen (Abb. 97) 10—18 mm lang. Beide Geschlechter besitzen eine
schräg dorsalwärts geöffnete *Mundkapsel*, die mit *zwei Paar* ventralen *Zähnen* (Abb. 98) und einem Paar von kleinen dorsalen Spitzen versehen ist. Das Männchen hat außerdem am hinteren Körperende eine
glockenförmige Ausweitung der Cuticula, die *Bursa copulatrix* oder *caudalis.* Sie wird von starren Rippen gestützt. Die dorsale Rippe ist in
zwei dreifingerige Äste geteilt. Zwei lange dünne Spicula sind vorhanden. Das hintere Körperende des Weibchens ist abgestumpft und
endet mit einer sehr kleinen stumpfen Spitze oder Spina. Die Vulva
liegt an der Grenze zwischen dem mittleren und hinteren Drittel des
Körpers.

---

[1] Für die *behelfsmäßige Trichinenschau* genügt es, 25 Proben aus der Zungen-,
Kehlkopf-, Zwischenrippen- und Zwerchfellmuskulatur (*Zwerchfellpfeiler* am
Übergang in den sehnigen Teil des Zwerchfelles [„Nierenzapfen"], Rippenteil
des Zwerchfelles) des Schweines unter 2 Objektträgern zu zerquetschen und diese
Präparate bei schwacher, etwa 60facher Vergrößerung auf Trichinen zu untersuchen (Abb. 95). Vgl. B. LACHENSCHMIED: Leitfaden der Trichinenschau. Stuttgart 1950.

[2] DAY, C. L., E. A. WOOD u. W. F. LANE: J. Royal Army Med. Corps **86**, 58—63
(1946).

Biologie. Männchen und Weibchen der Hakenwürmer leben in ziemlich gleicher Zahl im Dünndarm des Menschen, besonders im Zwölffingerdarm, wo sie sich von der Darmschleimhaut durch Blutsaugen ernähren. In ihren Mundwerkzeugen steht ihnen eine hirudinähnliche, gerinnungshemmende Substanz zur Verfügung.

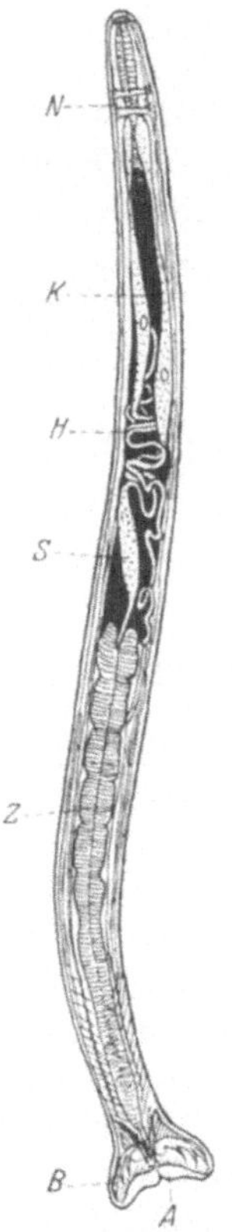

Die begatteten Weibchen legen annähernd ovale, dünnschalige Eier ab. Diese sind im Durchschnitt 60 μ lang und 40 μ breit und enthalten im Augenblick der Ablage 2 oder 4, selten 8 Furchungszellen (Abb. 5). Ins Freie gelangt, entwickeln sich die Eier weiter und ergeben nach Verlauf von 24 Stunden *rhabditiforme Larven* (Abb. 99), die im Freien ausschlüpfen, im Gegensatz zu denjenigen von Spulwürmern, Madenwürmern und Peitschenwürmern. Denn die Larven der letzteren schlüpfen erst, wenn die larvenhaltigen Eier in den Darmkanal ihres Wirtes gelangen. Die rhabditiformen Larven häuten sich und ergeben *strongyloide* oder *filariforme Larven*, die sich ihrerseits häuten. Bei dieser zweiten Häutung wird die alte Cuticula aber nur abgehoben, nicht abgeworfen, sie bleibt als Cyste oder Scheide erhalten. Man spricht daher von *encystierten* oder *gescheideten filariformen Larven* (Abb. 100). Letztere allein sind infektionsfähig und dringen am häufigsten *durch die Haut*[1], seltener durch den Mund ein, wandern durch die Lungen und gelangen in den Darmkanal des Menschen, wo sie sich nach mehreren Häutungen in männliche oder weibliche geschlechtsreife Hakenwürmer verwandeln.

Abb. 96. *Männchen vom Hakenwurm* (*Ancylostoma duodenale*). *N* Nervenring, *K* Kopfdrüsen, *H* Hoden, *S* Samenblase, *Z* Zementdrüse, *B* Bursa copulatrix, *A* After. In 10facher Vergrößerung. (Nach Looss.)

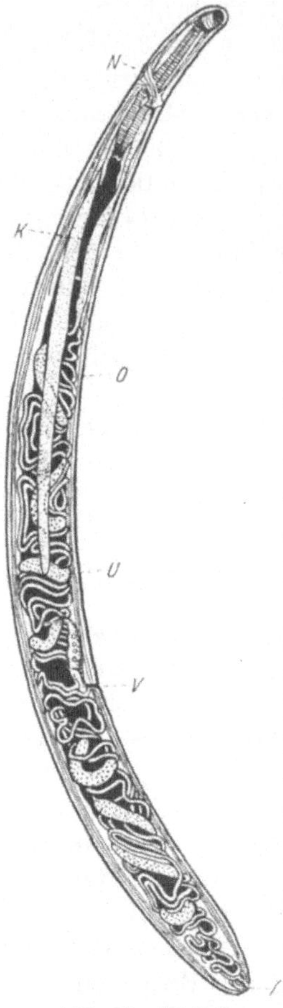

Abb. 97. *Weibchen vom Hakenwurm* (*Ancylostoma duodenale*). *N* Nervenring, *K* Kopfdrüsen, *O* Ovar, *U* Uterus, *V* Vulva, *A* After. In 10facher Vergrößerung. (Nach Looss.)

---

[1] Über *Hautmaulwurf* s. S. 103, Anmerkung.

Die einfachste Methode zur *Aufzucht der Larven* von *Ancylostoma*, *Necator* und *Strongyloides* ist die *Kot-Kohle-Kultur*. Man legt eine der-

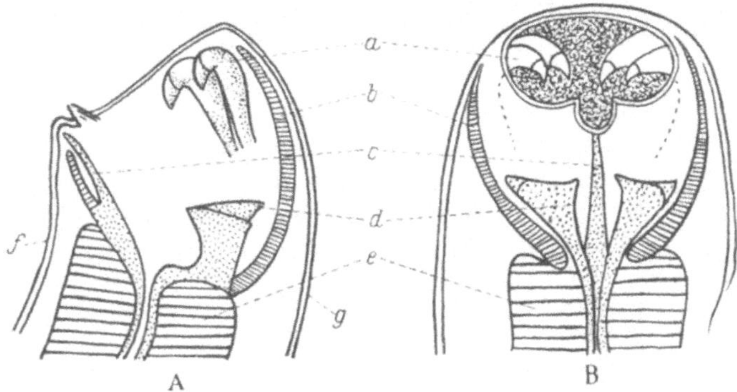

Abb. 98. *Mundkapsel vom Hakenwurm (Ancylostoma duodenale)*. A) Seitenansicht, B) Rücken-
ansicht. *a* Haken oder Zähne an der Ventralseite, *b* harter Rand der Mundkapsel, *c* stilettartiger
Griff am dorsalen Pharynxrand, *d* seitlich-ventrale Pharyngealplatten, *e* Pharynx, *f* Rückenseite,
g Bauchseite.

artige Kultur an, indem man den eier- bzw. larvenhaltigen Kot unter Hinzufügen von Wasser gründlich mit Tierkohle (z. B. Carbo medicinalis Merck)
verrührt, diesen Tierkohle-Kot-Brei in dicker Schicht
in PETRI-Schalen bringt und bei genügender Feuchtigkeit im Thermostaten 5—6 Tage lang bei einer Temperatur von 25—30 °C hält.

FÜLLEBORN[1] hat einen besonderen Züchtungsapparat hergestellt, die sog. Trichterkultur, der von
ERHARDT[2] modifiziert wurde und in Abb. 101 wiedergegeben ist. Durch diesen Züchtungsapparat werden
Laboratoriumsinfektionen vermieden. Die Einzelheiten des Apparates sind aus der Abb. 101 zu ersehen.
Der eierhaltige Kohle-Kot-Brei wird auf sterilem Sand
ausgebreitet. Der Sand wird vorher in ein geschwärztes
trichterförmiges Drahtgewebe gebracht, das seiner-
seits auf einem Glastrichter liegt. Man bringt den ganzen Züchtungsapparat in einen Thermostaten von
25—30 °C. Nach 5—6 Tagen treten die ersten invasionsfähigen Larven auf, jedoch bleiben dieselben
mindestens mehrere Monate am Leben. Will man die

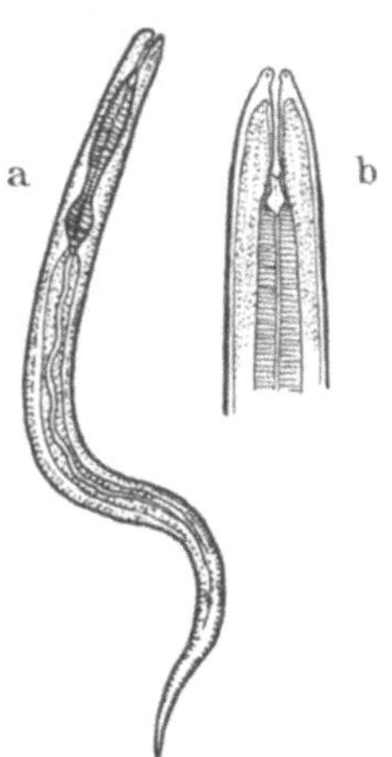

Abb. 99. *Hakenwurm
(Ancylostoma duode-
nale)*. a) junge rhab-
ditiforme Larve in
150facher Vergröße-
rung, b) Vorderende,
das die abgehobene
Haut zeigt, die die
Larve umgibt. In
350facher Vergröße-
rung. (Nach LOOSS.)

Larven gewinnen, so nimmt man den Züchtungsapparat aus dem
Thermostaten heraus, gießt in den Blechtrichter so viel heißes Wasser,
bis es aus dem 10 mm großen Loch (auf der rechten Seite der Abb. 101)

[1] FÜLLEBORN: Arch. Schiffs- u. Tropenhyg. **28**, 144—165 (1924).
[2] ERHARDT, A.: Arch. Schiffs- u. Tropenhyg. **42**, 108—117 (1938).

hinauszulaufen beginnt. Die nun aufsteigenden Wasserdämpfe schlagen sich auf dem Drahtgewebe nieder und locken die invasionsfähigen Larven an, die sich zu Hunderten als sog. „Zöpfchen" auf dem Gewebe ansammeln. Man entnimmt nun die Larven in großer Anzahl, indem man die „Zöpfchen" mit einer Platinöse abhebt oder indem man auf die Kultur bzw. die Gaze eine etwas angefeuchtete PETRI-Schale umgekehrt hinauflegt, in der sich die Larven sammeln.

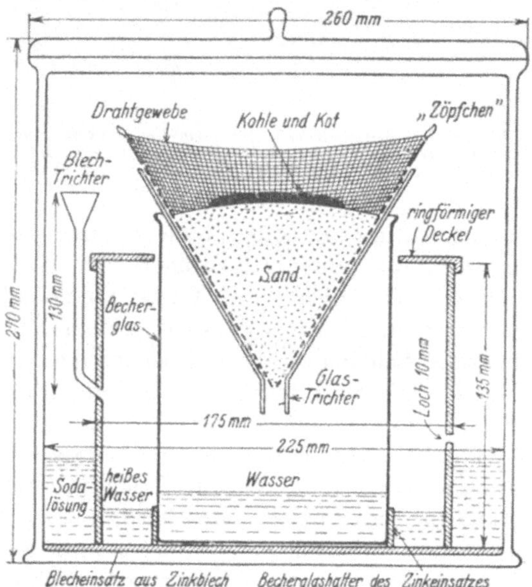

Abb. 100. *Encystierte filariforme, infektionsfähige Larve vom Hakenwurm (Ancylostoma duodenale).* Diese Larve kann in der freien Natur keine Nahrung mehr aufnehmen. Beachte die charakteristische alte Cuticula des vorhergehenden Larvenstadiums, die als „Scheide" (*Sch*) bezeichnet wird. In 150facher Vergrößerung. (Nach Looss.)

Abb. 101. *Züchtungsapparat für Larven von Ancylostoma, Necator und Strongyloides.* Gießt man in den Blechtrichter heißes Wasser, so wandern die invasionsfähigen Larven aus dem Kot-Kohle-Brei in die äußersten Spitzen des Drahtgewebes, wo sich die aufsteigenden Wasserdämpfe niedergeschlagen haben, und sammeln sich hier in sog. „Zöpfchen", die aus Hunderten von Larven bestehen können. Die Sodalösung verhindert ein Entweichen der Larven. (Nach ERHARDT unter Zugrundelegung der Trichterkultur von FÜLLEBORN.)

Pathogene Bedeutung. Der Hakenwurm ist in allen Kontinenten verbreitet, kommt aber besonders häufig in den Tropen vor. Denn für sein Auftreten ist eine mittlere Tagestemperatur von durchschnittlich etwa 25—30°C nötig, die verbunden ist mit großer relativer Luftfeuchtigkeit (Jahresniederschlag von mindestens 400 mm). Die Zahl der Hakenwurmträger wird auf 500—600 Millionen geschätzt. Die Zahl der klinischen Hakenwurmerkrankungen ist aber wesentlich geringer. Denn bis zu 500 Würmer in einer Person gelten im allgemeinen bei günstigen äußeren Verhältnissen als harmlos. Findet der Hakenwurm sich aber in sehr großer Zahl im menschlichen Darm (5000—6000 Exemplare), so kann er eine schwere Erkrankung, die zum Tode führen kann, hervorrufen, bekannt unter den Namen: *Ancylostomiasis, Hakenwurmkrankheit, tropische Anämie, ägyptische Chlorose, Gruben- oder Tunnelkrankheit* und in Ostafrika „*Safura*" (O. FISCHER).

Zur Bekämpfung und Verhütung der Hakenwurmkrankheit in warmen Ländern ist nicht nur eine halbjährlich zu wiederholende therapeutische *Massenbehandlung* der gesamten Bevölkerung eines bestimmten Bezirkes notwendig, sondern wegen des percutanen Infektionsweges ist auch eine regelmäßig durchgeführte, dauernd kontrollierte Bodenassanierung nötig, die sog. *Terrainprophylaxe*. Die Massenbehandlung hat dann die besten Aussichten auf Erfolg, wenn der Boden frei von Hakenwurmlarven ist.

Die *Terrainprophylaxe* bedient sich der *Sieb-Trichter-Methode* von BAERMANN zum Nachweis von Larvenherden im Boden.

Die Bodenproben (20 ccm) werden mit ganz wenig sterilem Wasser angefeuchtet und in zylindrische Drahtsiebe von einem Durchmesser von 14 cm und einer Randhöhe von 7,5 cm getan. Diese Siebe, deren Maschenweite 1 mm beträgt, werden in große Glastrichter gesetzt. Der obere Durchmesser der letzteren beträgt etwa 20 bis 25 cm. An dem dünnen Auslaufende befindet sich ein kurzer Gummischlauch, der mit einer Klemme versehen ist. Der Trichter wird an einem Stativ angebracht. Das Schlauchende ragt in ein darunterstehendes Reagensglas hinein.

Sobald die mit der Bodenprobe gefüllten Siebe in die Trichter gesetzt sind, werden letztere mit sterilem Wasser von 45° C so hoch angefüllt, bis der Wasserspiegel etwa 2—4 cm hoch über dem Boden des Siebes steht. Die Larven wandern alsbald aus dem Sieb aus und sinken zu Boden, so daß das Schlauchende des Trichters gegebenenfalls in Massen Nematodenlarven enthält. 24 Stunden nach Beginn des Versuches öffnet man die Schlauchklemme und fängt so die Larven im Reagensglas auf. Die Larven können in der Zählkammer von ZSCHUCKE (S. 17 ff.) quantitativ bestimmt werden.

Derartige Maßnahmen sind besonders durch die internationale Gesundheitsabteilung der ROCKEFELLER-Stiftung in vorbildlicher Weise ausgearbeitet und durchgeführt worden[1].

In der gemäßigten Zone beobachtet man die Ancylostomiasis nur als Berufskrankheit, so besonders bei Bergleuten, bei Tunnel- und Ziegelarbeitern usw. So trat bei dem Bau des St. Gotthard-Tunnels in den Jahren 1879/80 eine schwere Epidemie auf. In Deutschland ist die Ancylostomiasis verschiedentlich nachgewiesen worden, so bei Brüx, Würzburg, Köln, Aachen und im Ruhrkohlengebiet. Im letzteren wurden im Jahre 1902 nicht weniger als 17 161 Bergleute als Wurmträger (9,09% der Belegschaft) festgestellt, davon waren 1872 an der Ancylo-

---

[1] Vgl. A. C. CHANDLER: Amer. J. trop. Med. **15**, 357—370 (1935) und K. CHANG u. Co-Workers: Studies on Hookworm Disease in Szechwan province, West China. Am. J. of Hyg. Monograph. Ser. Nr. 19. Baltimore 1949.

stomiasis ernstlich erkrankt. Im Jahre 1903 begann ein energischer Abwehrkampf gegen die Krankheit in diesem Gebiet mit dem Erfolg, daß vom Jahre 1912 an kein einziger Fall von Ancylostoma-*Erkrankung*

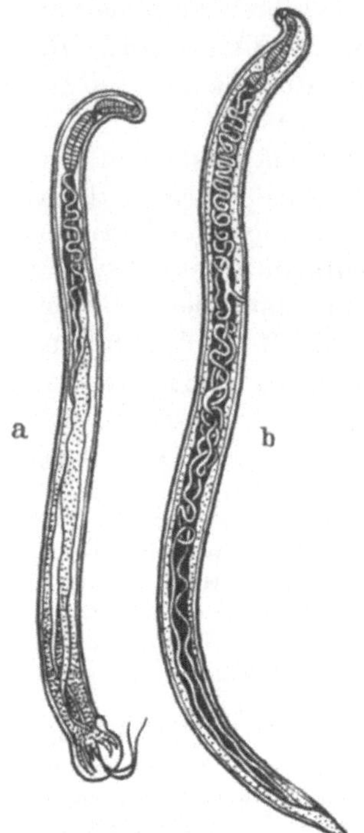

und vom Jahre 1935 an bis zum Jahre 1938 auch kein „*gesunder*" *Wurmträger* mehr festgestellt werden konnte. Während des 2. Weltkrieges hatte jedoch die Hakenwurmkrankheit in den deutschen Bergwerken wieder an Bedeutung gewonnen durch Einsatz ausländischer Arbeiter, die zum Teil infiziert waren, wie z. B. Italiener. Jedoch dürften vereinzelte Infektionen, wenn man die vorbildlichen hygienischen Verhältnisse unter Tage in Betracht zieht, keinerlei Gefahr für eine weitere Ausbreitung in sich bergen. Ferner waren zu dieser Zeit in Deutschland Freiwillige anderer Nationalität, z. B. Turkestaner und Armenier, und Kriegsgefangene, z. B. Neger, mit Hakenwürmern infiziert[1].

VII. Todeswurm[2] (Necator americanus).

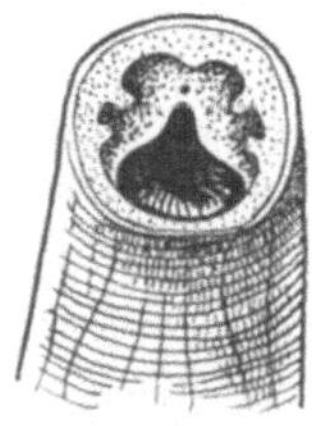

Abb. 103. *Kopf vom Todeswurm (Necator americanus).* (Nach Looss.)

Morphologie. Auf den ersten Blick ähnelt der *Todeswurm* (*Necator americanus*) (Abb. 102) stark dem Hakenwurm. Er unterscheidet sich jedoch von ihm durch folgende Merkmale: *Necator* ist etwas *dünner* und *kürzer* als *Ancylostoma*, statt der

Abb. 102. *Todeswurm (Necator americanus).* a) Männchen mit den ausgestülpten Spicula, b) Weibchen. In 6facher Vergrößerung. (Nach Placentia.)

Zähne hat die Mundkapsel *zwei Schneideplatten* (Abb. 103). Die beiden Äste der dorsalen Rippe an der Bursa copulatrix sind nur *zweifingerig*. Das Weibchen besitzt keine stachelförmige Spitze oder Spina am Hinterende, und die Vulva liegt vor der Mitte des Körpers.

---

[1] Vgl. u. a. W. Heine: Epidemiologie und Bekämpfung der Ancylostomiasis in der Welt. Erg. Hyg. **21**, 157—268 (1938). — H. Hompesch: Über die Verbreitung von menschlichen Eingeweidewürmern in verschiedenen europäischen Ländern. Zbl. Bakter. I Orig. **150**, 208—215 (1943). — A. Erhardt: Vergleichende Untersuchungen über den Helminthenbefall von Deutschen, Turkestanern und Armeniern auf dem Balkan. Z. f. hyg. Zool. **39** H. 2 (1951). — M. Eisentraut: Wurmbefall bei Kriegsgefangenen verschiedener Nationalität. Öff. Gesdh.dienst **1943**, H. 19/20, S. 240 bis 241. — Maßnahmen gegen die Wurmkrankheit im Bergbau. Flugblatt der Ruhr-Knappschaft. Bochum 1939.

[2] Die Bezeichnung „Hakenwurm der Neuen Welt" ist für *Necator* noch weniger charakteristisch als für *Ancylostoma* der Name „Hakenwurm der Alten Welt".

Biologie. Der Todeswurm lebt an denselben Stellen des Darmes wie der Hakenwurm und entwickelt sich in gleicher Weise. Die Eier sind etwas länglicher (Abb. 5) als die von *Ancylostoma*. Praktisch sind aber die Eier der beiden Arten nicht zu unterscheiden.

Pathogene Bedeutung. Der Todeswurm ist in allen tropischen Ländern der Alten und Neuen Welt verbreitet. Seine pathogene Bedeutung ist die gleiche wie die des Hakenwurms, aber man findet ihn in Europa nicht in den Bergwerken.

VIII. Haarwurm (Wuchereria bancrofti).

Morphologie. Der *Haarwurm, Blutfadenwurm* oder die *Bancroft-Filarie* (*Wuchereria bancrofti*) (Abb. 104) ist ein fadenförmiger, milchweißer,

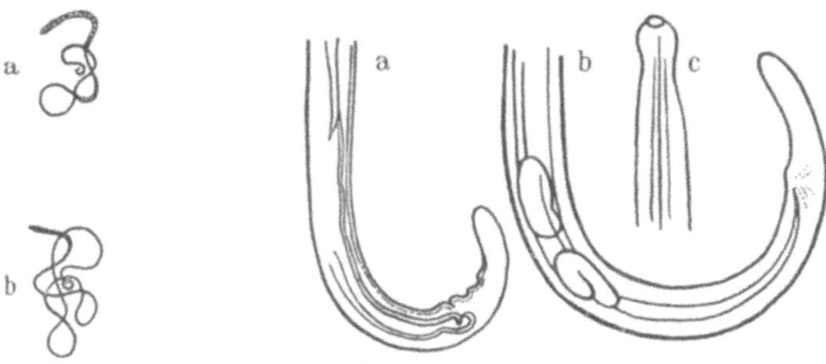

Abb. 104. *Haarwurm (Wuchereria bancrofti).* a) Männchen, b) Weibchen in natürlicher Größe. (Nach MANSON.)

Abb. 105. *Haarwurm (Wuchereria bancrofti).* a) Hinterende des Männchens, b) Hinterende des Weibchens, c) Kopf und Halsteil des Weibchens. In 80facher Vergrößerung. (Nach MANSON.)

durchsichtiger Wurm mit glattem Integument. Das Männchen ist ungefähr 4 cm lang und 100 μ breit. Sein Hinterende (Abb. 105a) zeigt die Neigung, sich einzurollen, und hat zwei dünne ungleiche Spicula. Das Weibchen (Abb. 105b) hat eine Länge von 8—10 cm und eine Breite von ungefähr 300 μ. Die Vulva ist annähernd 1 mm vom Vorderende des Körpers entfernt (Abb. 105c).

Biologie. Die geschlechtsreifen Filarien leben im Lymphsystem des Menschen, in der Nähe der Lymphdrüsen, die sie bisweilen bewohnen, aber nicht durchbrechen können. Hier sterben sie meistens, indem sie verkalken. Männchen und Weibchen sind im allgemeinen nebeneinander knäuelartig zusammengerollt und hindern den Lymphabfluß.

Die Weibchen sind *vivipar*, und die Larven (Abb. 106), die sie gebären und die *Mikrofilarien* genannt werden, haben eine Länge von 300 μ und eine Breite von 8 μ. Sie sind *von einer Scheide umgeben* und gehen aus der Lymphe in die Blutbahn über, wo sie sich sehr lange aufhalten können. Es ist ein seltsames, bisher noch unerforschtes Phänomen, daß die Mikrofilarien dieser Art in allen Ländern, wo ihre Überträger nachts stechen, wie z. B. die *Stechmücke Culex fatigans*, nur während der Nacht im peripheren Blut zu finden sind. Hierauf ist die alte Bezeichnung *Microfilaria nocturna* zurückzuführen. Dieser *nächtliche Turnus* begünstigt in der Tat die Weiterentwicklung der Parasiten, die in den Mücken vor sich geht. Wenn eine solche Mücke nachts einen Menschen sticht, der Mikrofilarien der Bancroft-Filarie beherbergt, so saugt die Mücke eine gewisse Anzahl Mikrofilarien auf. Die Mikrofilarien verlieren ihre Scheide, durchbohren die Darmwand

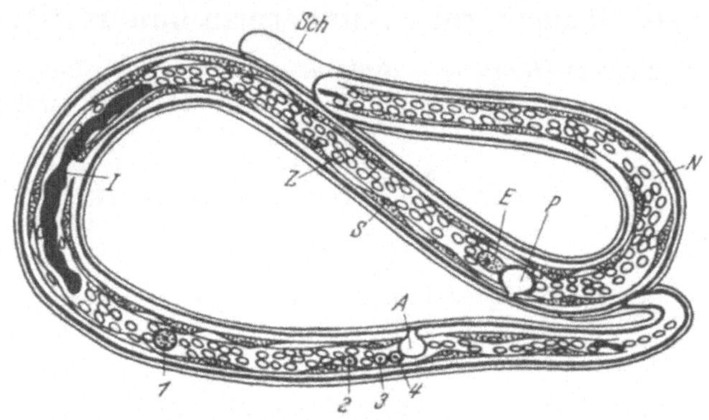

Abb. 106 *Organisationsschema der Larve (Mikrofilarie) vom Haarwurm (Wuchereria bancrofti)*. Vitalfärbung. *Sch* Scheide. *N* Nervenring. *P* Exkretionsporus mit Exkretionsbläschen, das unmittelbar an die *rundliche* Exkretionszelle (*E*) angrenzt. *S* Subcuticularzellen. *Z* Körperzellen bzw. deren Kerne, die kleiner sind als die der *Wanderfilarie (Loa loa)*. Die äußerste Schwanzspitze des *Haarwurms* ist kernfrei. *I* stark entwickelter, leicht färbbarer Innenkörper. *1, 2, 3, 4* kleine Genitalzellen mit schwach entwickeltem Kern. *A* Analbläschen mit Porus. In 1000facher Vergrößerung. (Nach FÜLLEBORN.)

des Insektes, wandern in die Leibeshöhle und von dort in die Thoraxmuskulatur, wo sie sich weiter entwickeln.

Dieser Turnus der Mikrofilarien fehlt in den Ländern, wo zwei Überträger vorhanden sind, von denen der eine am Tage sticht, wie *Aëdes (Stegomyia) scutellaris pseudoscutellaris*, der andere eine nächtliche Lebensweise hat, wie *Culex fatigans*.

Nach einem Zeitraum, der je nach der Temperatur und der Art der infizierten Stechmücke verschieden ist, verwandeln sich die Mikrofilarien über das sog. „Wurststadium" in 1,7 mm lange und 30 μ breite *Jugendstadien*. Diese verlassen sofort die Muskeln, erreichen die Leibeshöhle und setzen sich in der Rüsselscheide (Labium) der Mücke fest. Wenn eine in dieser Weise infizierte Mücke einen Menschen sticht, platzt die mit Jugendstadien gefüllte Rüsselscheide, und die Filarien *dringen aktiv durch die Haut ein*. Hierauf begeben sie sich in die Lymphgefäße, wo sie zu geschlechtsreifen Männchen und Weibchen heranwachsen.

Pathogene Bedeutung. Die *Filariasis*, die durch den Haarwurm hervorgerufen wird, ist eine in den Tropen aller Kontinente verbreitete Krankheit. In Europa kennt man nur drei mit Sicherheit festgestellte autochthone Fälle. Die Erscheinungen der Filariasis sind sehr verschieden. Es sind dies varicenartige Erweiterungen der peripheren und tiefer liegenden Lymphbahnen, Lymphdrüsengeschwülste, sog. Lymphscrotum, mit Fieber einhergehende Entzündungen der Lymphdrüsen und der Lymphgefäße und Abscesse. Das Platzen der Varicen in den verschiedenen Organen kann Chylurie, Hämatochylurie, chylöse Diarrhöe und Ascites, Chylothorax und Hydrocele mit chylösem Inhalt hervorrufen.

Es ist ferner bewiesen, daß die Bancroft-Filarie wahrscheinlich im Zusammenspiel mit Bakterien einer der Erreger der *Elephantiasis* ist, die schon die alten arabischen Ärzte beschrieben haben.

IX. Malaiische Filarie (Wuchereria malayi).

Morphologie. Die Geschlechtstiere der *Malaiischen Filarie* (*Wuchereria malayi*) sind identisch mit denen des Haarwurmes (*W. bancrofti*).

Biologie. Die Biologie beider Wuchereriaarten ist dieselbe, aber die Morphologie der Mikrofilarien ist etwas verschieden.

Die Malaiische Mikrofilarie *besitzt eine Scheide*, ist 234—240 μ lang, 3,4—3,8 μ breit und wird besonders nachts im peripheren Blut angetroffen.

Die als Überträger dienenden *Stechmücken* gehören den Gattungen *Taeniorhynchus* (*Mansonioides*) und *Anopheles* an:

Pathogene Bedeutung. Diese Filarie, die auf dem Malaiischen Archipel, in Britisch- und Niederländisch-Indien, in Indochina und in Südchina verbreitet ist, verursacht keine Schädigung der Lymphgefäße, aber eine typische, fast immer auf die unteren Gliedmaßen beschränkte *Elephantiasis*.

X. Wanderfilarie (Loa loa).

Morphologie. Die *Wanderfilarie* oder *Augenwurm* (*Loa loa*) hat einen ziemlich durchsichtigen milchweißen Körper, und das dicke und ungeringelte Integument ist mit kleinen Höckern übersät. Das Männchen ist 3 cm lang und 350 μ breit, das Weibchen hat eine Länge von 5,5 cm und eine Breite von 425 μ. Diese Filarie ist also verhältnismäßig breiter als die Bancroft-Filarie. Die Vulva liegt 2,5 mm von dem Vorderende entfernt.

Biologie. Die Wanderfilarie befindet sich in geschlechtsreifem Zustande hauptsächlich in dem subcutanen Bindegewebe; sie ist wanderlustig und ändert ihren Aufenthaltsort im Wirt beständig.

Das Weibchen ist *vivipar*. Die Larven oder *Mikrofilarien* (Abb. 107) sind in ihren Größenverhältnissen denjenigen des Haarwurms gleich und ebenfalls *mit einer Scheide* versehen. Sie gelangen aber erst nach Jahren in die Blutbahn. Jedoch verläuft bei dieser Art der Turnus umgekehrt wie bei dem Haarwurm, denn man beobachtet die Mikrofilarien nur am Tage im peripheren Blut. Sie wurden daher früher mit dem Namen *Microfilaria diurna* bezeichnet. Die Mikrofilarien entwickeln sich wie die der vorhergehenden Art, haben jedoch andere Überträger, nämlich *Blindbremsen* der Gattung *Chrysops*, sog. *Mangrovefliegen*, die am Tage stechen. Zwei Arten können die Mikrofilarien von *Loa loa* beherbergen, *C. silaceus* und *C. dimidiatus*. Die Mikrofilarien wandern ebenfalls in die Rüsselscheide. Sie verlassen dieselbe im Augenblick des Stiches und dringen schnell in die Haut ein.

Pathogene Bedeutung. Die Wanderfilarie wird nur in Afrika beobachtet. Die geschlechtsreifen Tiere wandern unter der Haut und verursachen flüchtige, häufig juckende Schwellungen, die man *Calabar-* oder *Kamerunschwellungen* nennt. Man findet sie häufig unter dem Augenlid oder der Bindehaut, aber die hervorgerufenen Schädigungen sind immer gutartig.

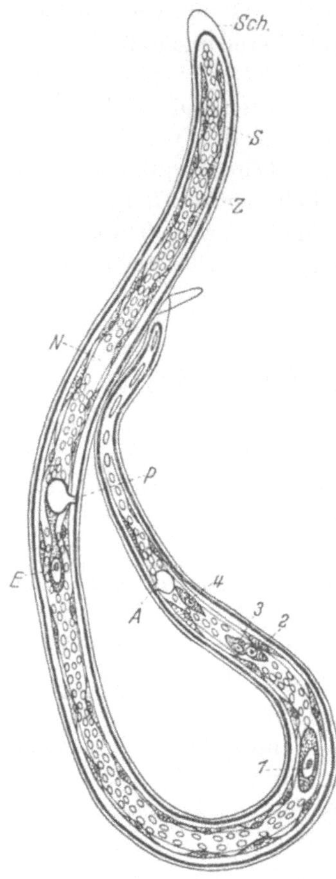

Abb. 107 *Organisationsschema der Larve (Mikrofilarie) der Wanderfilarie (Loa loa).* Vitalfärbung. *Sch* Scheide. *S* Subcuticularzellen. *Z* Körperzellen bzw. deren Kerne, die größer sind als die des *Haarwurmes (Wuchereria bancrofti)*. Die äußerste Schwanzspitze der Wanderfilarie enthält Kerne. *N* Nervenring. *P* Exkretionsporus mit Exkretionsbläschen, das vom Kern (*E*) der *langgestreckten* Exkretionszelle verhältnismäßig weit entfernt ist. Der Innenkörper ist schwach entwickelt und schwer färbbar. *1, 2, 3, 4* voluminöse Genitalzellen mit großem deutlichem Kern und Kernkörperchen (Nucleolus) und stark gefärbtem Protoplasma. *A* Analbläschen mit Porus. In 1000facher Vergrößerung. (Nach Fülleborn.)

XI. Afrikanische Filarie (Onchocerca volvulus).

Morphologie. Die *Afrikanische Filarie* oder *Knäuelfilarie (Onchocerca volvulus)* hat einen milchweißen, ziemlich durchsichtigen und leicht quergestreiften Körper. Das Männchen hat einen spiralig eingerollten Schwanz und ist 3 cm lang und 130 μ breit. Das Weibchen erreicht eine Länge von 50 cm und eine Breite von ungefähr 360 μ. Die Vulva liegt 850 μ vom Vorderende entfernt.

Biologie. Man findet Männchen und Weibchen in subcutanen Bindegewebsknoten, sog. *Wurmknoten* (Abb. 108), die erbsen- bis taubeneigroß sind und im allgemeinen an den Körperstellen angetroffen werden, die gut mit Lymphe versorgt sind.

Das *vivipare* Weibchen bringt in den Knoten die Larven oder *Mikrofilarien* zur Welt, *denen die Scheide fehlt* (Abb. 109). Die Größenverhältnisse sind die gleichen wie bei den vorhergehenden Mikrofilarien. Dieselben verlassen bald die Knoten und halten sich dann in der Lederhaut (Corium) auf (Abb. 110), von wo sie von einem stechenden Insekt, der *Kribbelmücke Simulium damnosum,* aufgesogen werden. Nachdem die Mikrofilarien sich in den Muskeln des Thorax entwickelt haben, wandern sie in die Unterlippe (Labium) und verlassen dieselbe im Augenblick des Stiches, indem sie dann den häutigen Teil der Unterlippe durchbrechen.

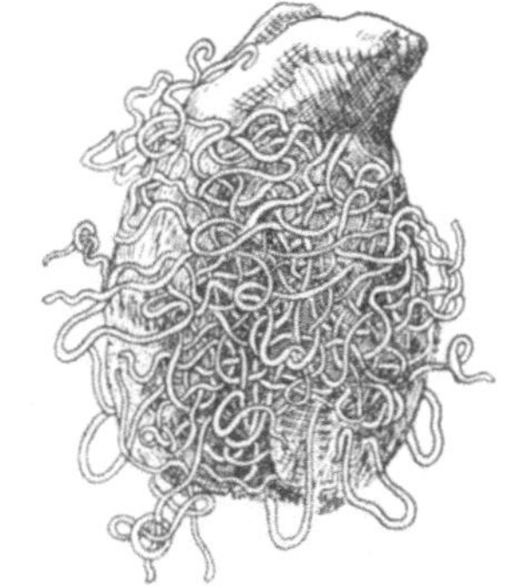

Abb. 108. *In der Mitte aufgeschnittener Wurmknoten mit Afrikanischen Filarien (Onchocerca volvulus).* In 2facher Vergrößerung.

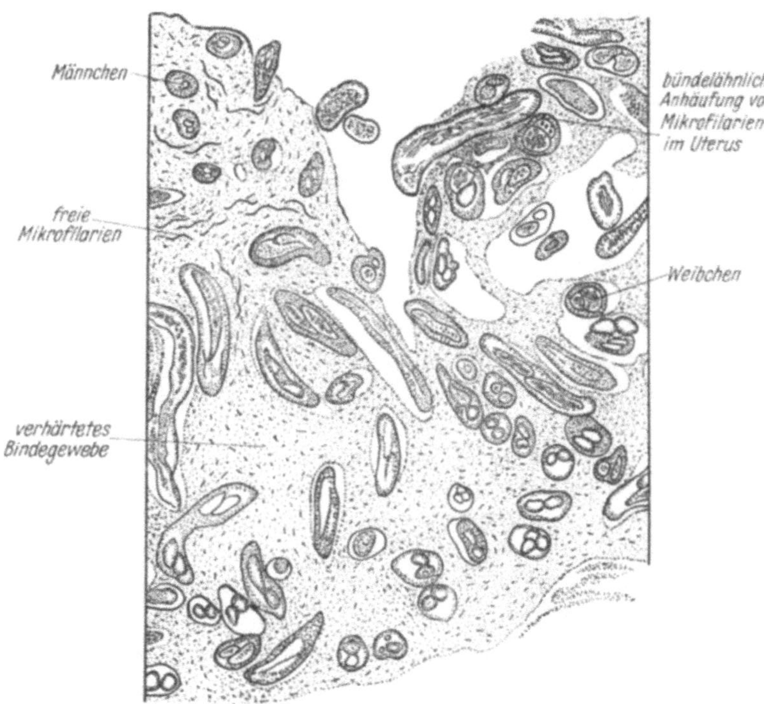

Abb. 109. *Schnitt durch einen Wurmknoten, hervorgerufen durch die Afrikanische Filarie (Onchocerca volvulus).* Beachte die Mikrofilarien, die in dem Bindegewebsknoten umherwandern.

Pathogene Bedeutung. Die *Afrikanische Filarie* ist, wie ihr Name besagt, ein afrikanischer Fadenwurm. Außer den Wurmknoten, von denen wir bereits gesprochen haben, sind für die *Afrikanische Onchocercose* bisweilen verschiedenartige Hautverletzungen charakteristisch, deren Natur als Filariasis noch umstritten ist. Häufig kommt es auch zu Schädigungen des Auges. Außerdem soll diese Filarie nach einigen Forschern eine im allgemeinen auf das Scrotum beschränkte *Elephantiasis* verursachen.

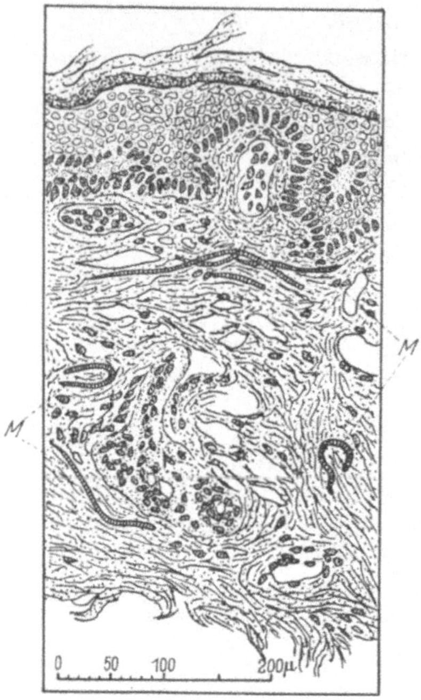

Abb. 110. *Afrikanische Filarie (Onchocerca volvulus)*. Schnitt durch die Haut eines Wurmknotenträgers. Man sieht in der Lederhaut (Corium) zahlreiche Mikrofilarien (*M*) ohne Scheide. Beachte, daß die Epidermis vollkommen normal ist und keinerlei Verletzungen aufweist.

XII. Amerikanische Filarie (Onchocerca caecutiens).

Morphologie. Die *Amerikanische* oder *blind machende Filarie (Onchocerca caecutiens)*, so benannt wegen der durch sie verursachten Augenverletzungen, hat eine große Ähnlichkeit mit der vorhergehenden Art. Sie unterscheidet sich von ihr fast nur durch die Größe, die Verteilung der Papillen beim Männchen und die größere Länge der Spicula.

Biologie. Die Amerikanische Filarie lebt in harten, subcutanen Knoten, deren Größe zwischen derjenigen einer Erbse und einer Bohne schwankt. Die Wurmknoten liegen in der Sehnenhaut, im Muskelgewebe und im Periost des Schädels. Jeder einzelne Knoten enthält 4—5 Männchen und 1—3 Weibchen.

Das *vivipare* Weibchen setzt 250 μ lange und 8—10 μ breite Larven oder *Mikrofilarien* ab, *denen die Scheide fehlt* und die sich in der Lederhaut (Corium) aufhalten. Von dort aus gelangen sie im Augenblick des Stiches auf ihre Überträger, *Kribbelmücken* der Gattung *Simulium*, nämlich: *S. avidum*, *S. ochraceum* und *S. mooseri*.

Pathogene Bedeutung. Die *Amerikanische Onchocercose* wird in Guatemala beobachtet. Dort trägt sie den Namen *Küstenerysipel*. In Mexiko, wo sie ebenfalls vorkommt, nennt man sie *Moradokrankheit*. Die verursachten Schäden bestehen in chronischen Schwellungen der Haut und des Gesichts und sehr häufig in Augenerkrankungen, die bisweilen zu völliger Erblindung führen können.

XIII. Medinawurm (Dracunculus medinensis).

Morphologie. Der *Medinawurm* oder *Guineawurm* (*Dracunculus medinensis*) ist ein großer Fadenwurm. Das noch wenig bekannte Männchen ist kaum 4 cm lang, aber das Weibchen (Abb. 111a) kann eine Länge von 90 cm und sogar von 1 m erreichen, bei einer Breite von 1,7 mm. Eine weibliche Geschlechtsöffnung scheint nicht vorhanden zu sein.

Biologie. Das Weibchen des Medinawurms lebt im subcutanen Bindegewebe des Menschen. Der Kopf des Weibchens ist in der Mitte eines durch den Wurm verursachten Hautgeschwürs sichtbar. Das Weibchen ist *vivipar*, und die abgesetzten *Larven* sind 500—750 μ lang und 15—25 μ breit (Abb. 111c). Die Larven werden durch Ruptur der Cuticula und des Uterus in der Nähe des Wurmkopfes frei, wenn der Wurm in Berührung mit Wasser kommt. Das geschieht z. B., wenn ein Wurmträger badet oder einen Fluß durchwatet. Im Wasser werden die Larven von kleinen Krebschen, und zwar von sog. *Hüpferlingen* (*Cyclopiden*) (Abb. 224A), besonders von *Cyclops coronatus*, gefressen. Sie gelangen darauf in die Leibeshöhle des Zwischenwirtes, den ihre Anwesenheit wenig zu belästigen scheint. Die Larven werden nach mehreren Häutungen in 1 Monat infektionsfähig und erreichen dann eine Länge von ungefähr 1 mm. In bestimmten Brunnen Indiens, die sowohl zum Trinken als auch zum Waschen benutzt werden, sind die Hüpferlinge bis zu 40% natürlich infiziert.

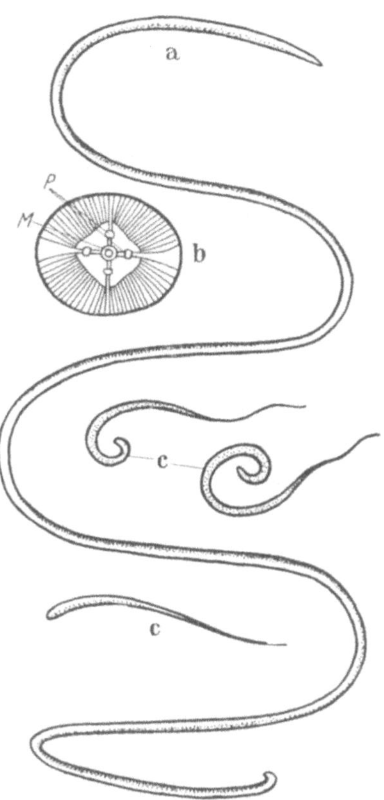

Abb. 111. *Medinawurm* (*Dracunculus medinensis*). a) Weibchen auf die Hälfte verkleinert. b) Vorderende von vorn, *M* Mund, *P* Papillen. c) Larven stark vergrößert. (Nach BASTIAN und LEUCKART.)

Indem man mit dem Trinkwasser parasitierte Hüpferlinge verschluckt, infiziert man sich mit dem Medinawurm.

Pathogene Bedeutung. Die durch den Medinawurm hervorgerufene Erkrankung, die sog. *Drakonkulose* oder *Drakontiasis*, kommt in den tropischen Gebieten der Alten Welt vor und ist wahrscheinlich erst nach Amerika eingeführt worden, wo sie heute noch anzutreffen ist.

Im infizierten Menschen entwickelt sich aus der Larve nach 9 bis 12 Monaten das geschlechtsreife Weibchen und wird dann als gewundener Faden unter der Haut sichtbar. Hier verursacht es mehr oder weniger heftiges Jucken und ein Hautgeschwür. Bisweilen findet sich nur ein einziger Medinawurm bei einem Individuum, öfter aber sind es mehrere Exemplare. Der Parasit hält sich vorzugsweise in den unteren Gliedmaßen auf.

Vierter Abschnitt.

Bandwürmer (Cestodes).

Die **Bandwürmer (Cestodes)** gehören zu den *Plathelminthes* oder *Plattwürmern*. Der Körper ist in zahlreiche Glieder zerlegt. Ein Darmkanal fehlt. Die Bandwürmer besitzen Saugnäpfe und bisweilen ein mit Haken versehenes Rostellum. Sie sind Hermaphroditen.

Sammeln. Die großen Bandwürmer können mit Leichtigkeit im Darm gefunden werden. Um bei Abtreibungskuren den ganzen Bandwurm mit Kopf zu erhalten, erfolgt die Stuhlentleerung am besten in eine zur Hälfte mit körperwarmem Wasser gefüllte Bettschüssel. Schwieriger ist das Auffinden bei den kleineren Arten. Zu diesem Zweck schneidet man den aufgeschnittenen Darm in 10 cm lange Stückchen, die man in einer mit lauwarmem Wasser angefüllten Schale mit schwarzem Grunde hin und her bewegt. Man wäscht die Darmstückchen so mehrmals aus, erkennt mit der einfachen Lupe oder dem Binokular die Bandwürmer in der Schale und sammelt sie mit Hilfe einer Nadel oder einer Pinzette.

Untersuchung. Die Untersuchung des Kopfes und der Haken kann sofort in Lactophenol nach AMANN vorgenommen werden. Um den Bau des Uterus zu erkennen, hellt man die reifen Bandwurmglieder in Glycerin oder Essigsäure auf. Wenn es nicht notwendig erscheint, die histologische Struktur dieser Würmer zu untersuchen, so ist es am ratsamsten, sie in warmem Wasser in ausgestrecktem Zustande sterben zu lassen und sie dann zwischen 2 Objektträgern oder Glasplatten in 5proz. Formol zu fixieren. Hierauf kann man die einzelnen Teile der Bandwurmkette wie ganze Trematoden einbetten. Es empfiehlt sich jedoch, die Glieder mit Alauncarmin oder Boraxcarmin nach der üblichen Methode zu färben.

Bei der Untersuchung der Finnen muß man zuerst die Umstülpung des Kopfes vornehmen (vgl. S. 56) und für denselben dann das gleiche Verfahren anwenden wie bei der Untersuchung des Scolex der geschlechtsreifen Bandwürmer. Die Struktur der Blasenwand kann untersucht werden, indem man Teile der Wand leicht zusammendrückt und fixiert. Letzteres ist aber nicht notwendig.

Morphologie. Der Körper des Bandwurms ist außerordentlich lang und ähnelt einem Bande. Am Vorderende ist er dünn und wird zum Hinterende immer breiter.

Man unterscheidet bei dem Bandwurm folgende Teile: 1. den *Kopf* oder *Scolex*, eine kleine Verdickung mit Saugnäpfen oder Sauggruben und im allgemeinen auch mit Haken, die an einem vorstreckbaren Organ, dem *Rostellum*, sitzen; 2. einen dünnen, nichtsegmentierten *Hals*, der den Scolex mit der Bandwurmkette verbindet; 3. die *Band-*

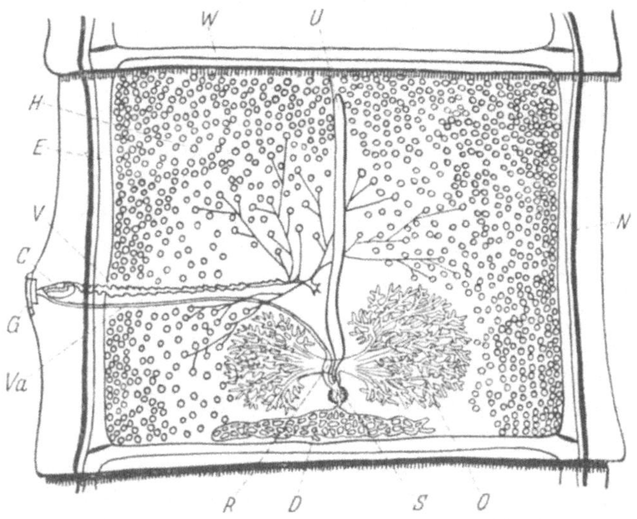

Abb. 112. *Anatomie eines Gliedes* (*Proglottis*) *vom Rinderbandwurm* (*Taenia saginata*). *U* Uterus. *W* Exkretionskanal (Quercommissur). *E* Exkretionskanal (Längskanal). *H* Hodenbläschen. *V* Samengang (Vas deferens). *C* Cirrusbeutel, der den Cirrus oder Penis enthält. *G* Geschlechtsöffnung. *Va* Vagina mit Receptaculum seminis *R. D* Dotterstock. *S* Schalendrüse oder MEHLIScher Körper (Ootyp). *O* Ovarium. *N* Seitennerv. (Nach SOMMER.)

wurmkette oder *Strobyla*. Diese besteht aus einer Reihe von Gliedern, den *Proglottiden*, die um so größer werden, je weiter sie vom Scolex entfernt sind.

Die einzigen an der Oberfläche des Körpers sichtbaren Öffnungen sind die Genitalöffnungen, die entweder an den Längsseiten oder auf der Ventralseite der Glieder liegen.

Der *Exkretionsapparat* (Abb. 112) besteht aus vier longitudinalen, nämlich zwei breiten ventralen und zwei engen dorsalen Kanälen, die bisweilen durch Queranastomosen verbunden sind. In diese Exkretionskanäle münden wiederum kleine Kanälchen, die ihrerseits mit je einer Terminal- oder Trichterzelle beginnen, die blind geschlossen ist und eine Wimperflamme enthält. Die Terminalzellen sind in dem Gewebe des Wurmes verstreut. Die longitudinalen Kanäle münden am Hinterende des Körpers in der Endproglottis mit einer einzigen Öffnung, dem *Foramen caudale*, aus, das sich bei jeder Loslösung eines Gliedes neu bildet.

Die *männlichen Geschlechtsorgane* bestehen aus sehr *zahlreichen Hodenbläschen*, kleinen kugelförmigen Organen im Parenchym an der dorsalen Seite des Wurmes. Von den Hodenbläschen gehen Kanälchen aus, die in den Canalis (Vas) deferens oder Spermioduct münden. Letzterer schließt mit dem *Cirrusbeutel* ab, aus dem das Begattungsorgan, *Cirrus* oder *Penis*, hervortreten kann.

Die *weiblichen Geschlechtsorgane* umfassen folgende Teile: 1. ein oder mehrere *Ovarien* oder *Keimstöcke*; 2. einen *Oviduct*; dieser nimmt einerseits die an diesem Abschnitt zum Receptaculum seminis erweiterte *Vagina*, andererseits den *Dottergang* auf, der ihm das Produkt der *Dotterstöcke* zuführt; 3. die *Schalendrüse* oder MEHLISsche *Drüse*; 4. den *Uterus*; er besteht aus einem Schlauch, der entweder blind geschlossen ist oder eine Öffnung zur Eiablage besitzt. Die Anhäufung der Eier weitet den Uterus aus, und es kommt dann zur Bildung von Seitenästen, die bei bestimmten Gattungen zu selbständigen Organen werden und in diesen Fällen *Eier aufnehmende Paruterinorgane* oder *Parenchymkapseln* bilden.

Biologie. Die Biologie der Bandwürmer ist ebenso vielseitig wie die der Trematoden. Denn die Bandwürmer durchlaufen ebenfalls einen Entwicklungscyclus, wobei sie sich in mehreren Wirten entwickeln. Es kommt also zum Wirtswechsel.

Vorkommen. Die Bandwürmer können sowohl im *geschlechtsreifen* Zustand als auch im *Finnenstadium* Parasiten des Menschen sein. Der Mensch kann für sie also *Endwirt* und *Zwischenwirt* sein.

Der geschlechtsreife Bandwurm lebt im Dünndarm, an dessen Wände er sich vermittels seiner Saugnäpfe festheftet. In lebendigem Zustand wird er im Darm nicht durch die Verdauungsfermente aufgelöst, was übrigens auch bei allen anderen lebenden Parasiten niemals der Fall ist.

Im Finnenstadium sitzen die Bandwürmer in den verschiedensten Organen: in dem subcutanen Bindegewebe, den Muskeln, der Leber, der Lunge, dem Gehirn usw.

Vermehrung. Die typische Entwicklung eines Bandwurmes ist folgende:

Das mit ein, zwei oder drei Hüllen versehene *Ei* (Abb. 113a) enthält einen vollständig ausgebildeten Embryo, nämlich die beschalte Oncosphaera, sobald es ins Freie gelangt[1]. Nur bei dem *Breiten Bandwurm*

---

[1] Die beschalte Oncosphaera *allein* wird gewöhnlich bei den Gattungen *Taenia* und *Echinccoccus* fälschlicherweise als „Bandwurmei“ bezeichnet. Die Embryonalschale mit Oncosphaera nennt man in diesem Fall aber richtig *Embryophore*.

(*Diphyllobothrium latum*) ist dies, wie wir später sehen werden, nicht der Fall. Der Embryo bleibt bis zu dem Zeitpunkt, wo er von einem passenden Zwischenwirt aufgenommen wird, unverändert.

Die *Sechshakenlarve* (Abb. 113b) oder *Oncosphaera* trägt diesen Namen, weil sie mit *sechs Haken* versehen ist. Sie schlüpft aus dem Ei bzw. der Embryophore, wenn diese in den Magen eines Wirtes gelangen, der für ihre weitere Entwicklung in Frage kommt, und die Verdauungsfermente die Schalen des Eies bzw. der Embryophore mehr oder weniger aufgelöst haben. Der Durchmesser der Sechshakenlarve beträgt nur 20 μ. Mit Hilfe ihrer Haken durchbohrt sie die Darmwand und gelangt durch das Blut- oder Lymphgefäßsystem oder aber auch direkt durch das Parenchym an eine Stelle im Körper ihres Wirtes,

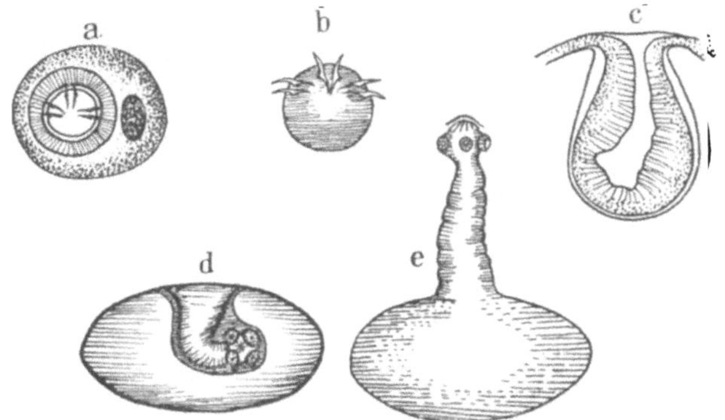

Abb. 113. *Schweinebandwurm* (*Taenia solium*). a) Ei, das die Embryophore (= beschalte Oncosphaera oder Sechshakenlarve) enthält. b) freie Oncosphaera oder Sechshakenlarve. c) eingestülpte Finnenwand, an deren Grunde sich der Kopf oder Scolex des zukünftigen Bandwurmes bildet. d) Finne oder Cysticercus mit eingestülptem Kopf und Hals des Bandwurmes. e) Finne oder Cysticercus mit ausgestülptem Kopf, Hals und ersten Proglottiden des Bandwurmes.

wo sie sich weiterentwickeln kann. Nun verliert sie ihre Haken, wächst heran und erreicht ein Larvenstadium, das je nach der Art des Bandwurmes ein sehr verschiedenes Aussehen hat und im allgemeinen als Finne (im weiteren Sinne) bezeichnet wird (Abb. 113c).

Dieses *Finnenstadium* trägt je nach seinem Bau verschiedene Namen: Die *Finne* oder der *Blasenwurm* oder *Cysticercus* (Abb. 113d) besteht aus einer Blase, die mit einer Flüssigkeit angefüllt ist und nur einen einzigen Kopf enthält. Der *Coenurus* ist eine umfangreichere Blase und erzeugt direkt aus einer Keimmembran zahlreiche Köpfe. Die *Hydatide* oder der *Echinococcus* besteht aus einer noch größeren Blase mit sehr zahlreichen Köpfen. Diese entstehen im Innern von Brutkapseln, die selber aus der Keimmembran hervorgegangen sind. Das meist geschwänzte *Cysticercoid* besitzt nur eine rudimentäre Blase und besteht fast nur aus einem eingestülpten Bandwurmkopf. Endlich gibt es bei dem Breiten Bandwurm zwei aufeinanderfolgende Finnenformen. Die erste heißt *Procercoid* oder *Vorfinne*, die zweite *Plerocercoid* oder *Voll-finne* (Abb. 114).

Die Finnenstadien können längere oder kürzere Zeit bei ihrem Zwischenwirt leben, sich aber, von Ausnahmen abgesehen (s. u.), nie-

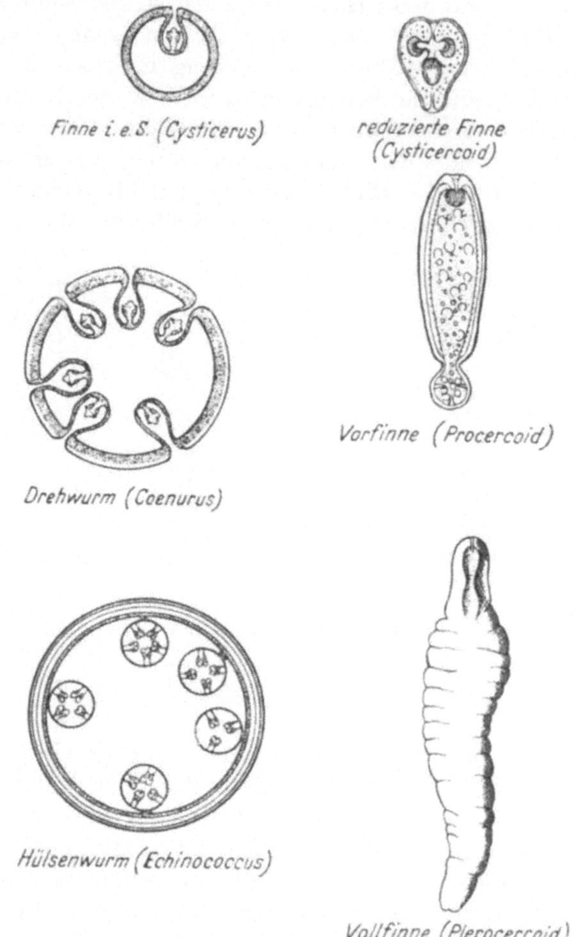

Abb. 114. *Finnenformen.* Schemata in verschiedenen Vergrößerungen.

mals bei ihm in geschlechtsreife Tiere verwandeln. Zu diesem Zweck muß die Finne im weiteren Sinne mit ihrem Wirt oder mit einem Teil desselben unbedingt von dem Endwirt verschluckt werden. Dann erst zerreißt die Blase — bzw. was ihr entspricht — oder löst sich auf, und jeder in der Finne enthaltene Kopf verwandelt sich in einen geschlechts-reifen Bandwurm. Es bildet sich zunächst am Halse ein erstes Glied, dann zwischen Hals und erstem Glied ein zweites, und so geht es weiter, bis im Verlaufe einiger Monate mehrere hundert Glieder oder Proglottiden entstehen (Abb. 113e).

Die meisten Bandwürmer entwickeln sich auf diese Weise. Jedoch bilden einige eine Ausnahme von der Regel. Es gibt z. B. Arten wie der *Zwergbandwurm (Hymenolepis nana)*, deren Zwischenwirt zugleich den Endwirt darstellt, wo also ein Wirt gleichzeitig die Finne und den geschlechtsreifen Bandwurm beherbergt. Andere wie der *Breite Bandwurm (Diphyllobothrium latum)* haben zwei Finnenformen, von denen jede in einem verschiedenen Zwischenwirt lebt. Wir finden also hier wie auch bei verschiedenen Trematoden nicht einen einzigen, sondern *zwei Zwischenwirte.*

Einteilung. Die wichtigsten im Menschen parasitierenden Bandwürmer gehören zwei großen Gruppen an, die folgende Familien enthalten:

		Familie			Art
Vier Saugnäpfe, laterale Genital-öffnungen	Genitalöffnungen abwechselnd an der einen oder anderen Seite, Uterusschläuche zusammen-hängend	Taeniidae	Sehr große mehrere Meter lange Würmer mit zahlreichen Gliedern	Mit Ro-stellum u. Hakenkr.	*Schweineband-wurm (Taenia solium)*
				Ohne Ro-stellum u. ohne Ha-kenkranz	*Rinderband-wurm (Taenia saginata)*
			Sehr kleine, nur einige Millimeter lange Würmer mit drei Gliedern		*Hundewurm (Echinococcus granulosus)*
Cyclo-phyllidea	Genitalöffnungen nur an einer Seite, Uterus-schläuche zusammen-hängend	Hymenolepididae			*Zwergband-wurm (Hyme-nolepis nana)*
	Zwei Genitalöffnungen an jedem Glied, Uterus-schläuche in Parenchym-kapseln zerfallend	Dilepididae			*Gurkenkern-bandwurm (Dipylidium caninum)*
Zwei Sauggruben, mediane, ventrale Genitalöffnungen, **Pseudophyllidea**		Diphyllobothriidae			*Fischband-wurm (Di-phyllobo-thrium latum)*

I. Schweinebandwurm (Taenia solium).

Morphologie. Der *Schweinebandwurm* oder *Bewaffnete* oder *Dünne Bandwurm (Taenia solium)* ist eine der beiden großen Taenien, die als Parasiten des Menschen vorkommen. Er besitzt eine Länge von 2—3, bisweilen von 8 m. Der Scolex (Abb. 115) ist *kugelig*, hin und wieder viereckig, und hat einen Durchmesser von 1 mm. Er ist mit einem kurzen *Rostellum* und einem doppelten Kranz von 25—50 *Haken* versehen. Die Haken des einen Kranzes sind 160—180 μ, diejenigen des anderen 110—140 μ lang. Die 4 Saugnäpfe sind *rund* und treten deutlich hervor. Der Hals ist kurz und dünn. Die ersten Glieder sind viel breiter als lang, die mittleren ebenso lang wie breit und die letzten ungefähr doppelt so lang als breit. Die Genitalöffnungen liegen *ziemlich regelmäßig rechts und links alternierend* am Seitenrand. Bei reifen Gliedern kann man durch Aufhellen in Glycerin oder Essigsäure den Uterus sichtbar machen. Er weist 7—10 *dicke verästelte* Seitenzweige auf (Abb. 116 a).

Die reifen Glieder lösen sich *in kleinen Gruppen* zu 5 oder 6 Stück ab und gelangen *ohne Wissen des Kranken mit dem Stuhl ins Freie.*

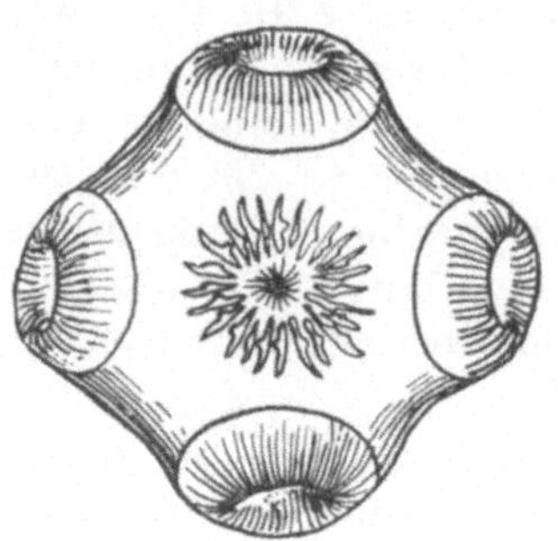

Abb. 115. *Kopf oder Scolex vom Schweinebandwurm (Taenia solium).* Beachte den Hakenkranz und die 4 Saugnäpfe.

Biologie. Der Schweinebandwurm lebt meistens allein im ersten Teil des Dünndarmes. Es können jedoch auch mehrere Exemplare bei einem Wirt vorkommen. Er ist Kosmopolit, *in Deutschland und Frankreich jedoch jetzt selten.* Besonders infolge der Durchführung der Fleischbeschau ist die Zahl der Fälle in Deutschland ganz erheblich zurückgegangen.

Die *Eier* werden nicht im Darm abgelegt, da der Uterus vollständig blind geschlossen ist. Die Eier gelangen erst ins Freie durch Auflösung der mit dem Stuhl abgestoßenen Glieder. Der Durchmesser der Eier oder richtiger der Embryophoren beträgt 31—36 μ.

Die *Finne* ist ein Cysticercus, der *Cysticercus cellulosae* (Abb. 117) genannt wird. Der Zwischenwirt ist das *Schwein,* ausnahmsweise der *Mensch,* der daher diesen Bandwurm *als Finne und als geschlechtsreifen Wurm* beherbergen kann. Die Finne entwickelt sich gewöhnlich in den Muskeln des Schweines[1]. Sie hat die

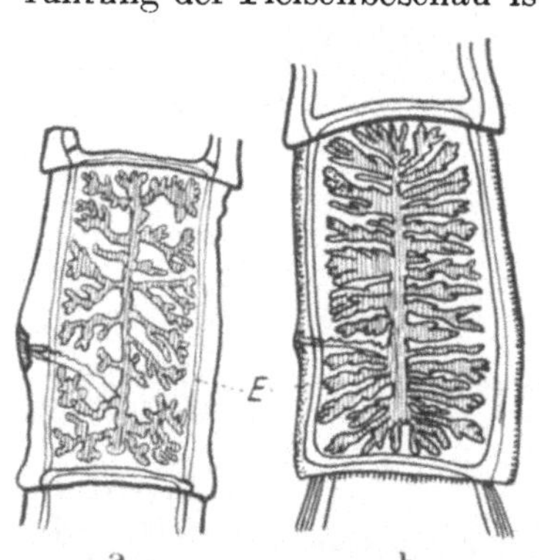

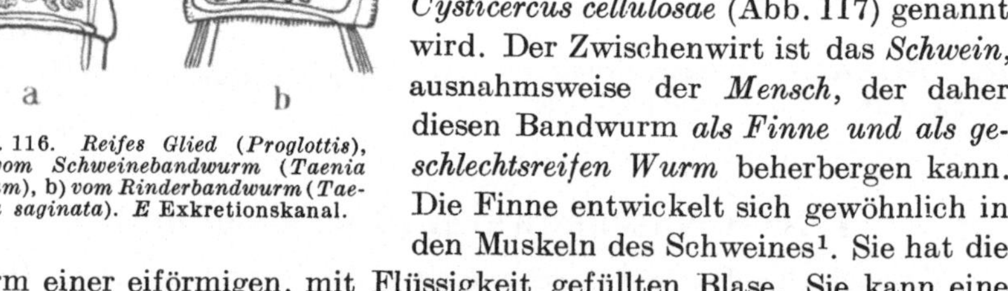

Abb. 116. *Reifes Glied (Proglottis),* a) *vom Schweinebandwurm (Taenia solium),* b) *vom Rinderbandwurm (Taenia saginata).* E Exkretionskanal.

Form einer eiförmigen, mit Flüssigkeit gefüllten Blase. Sie kann eine Länge von 15 mm und eine Breite von 7—8 mm erreichen und enthält einen eingestülpten Scolex. Dieser besitzt wie das geschlechtsreife Tier ein Rostellum und einen doppelten Hakenkranz.

---

[1] Lieblingsstellen: Bauchmuskeln, Zwerchfell, Hinterschenkel- und Lendenmuskeln, ferner Kehlkopf, Zunge und Kaumuskeln.

Durch den Genuß von ungenügend gekochtem Schweinefleisch, in dem sich lebende Finnen befinden, infiziert sich der Mensch mit dem Bandwurm, der im Darm geschlechtsreif wird.

Durch Verschlucken von Bandwurmeiern, die an unsauberen Händen von Bandwurmträgern oder an roh genossenem Gemüse haften oder die auch im Trinkwasser vorhanden sind, oder die durch einen Brechakt des Bandwurmträgers in die Mundhöhle gelangen (Autoinfektion), kommt es zur Infektion des Menschen mit den Bandwurmfinnen.

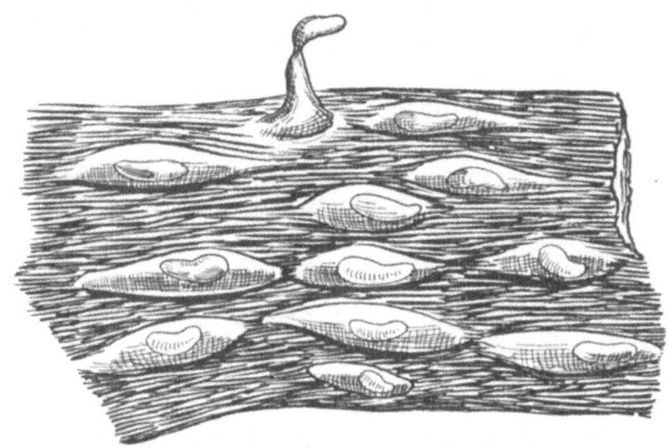

Abb. 117. *Cysticercus cellulosae* [*Finne vom Schweinebandwurm (Taenia solium)*] in einem Muskelstück vom Schwein. Um ¹/₄ größer als in der Natur.

Pathogene Bedeutung. Da der Mensch den Schweinebandwurm als Finne und als geschlechtsreifen Bandwurm beherbergen kann, verursacht er in ihm zwei ganz verschiedene Erkrankungen oder *Helminthosen*. Die eine entsteht durch die Anwesenheit des geschlechtsreifen Bandwurms im Darm und heißt *Taeniose*, die andere wird durch das Vorhandensein der Finne in verschiedenen Organen hervorgerufen und trägt den Namen *Cysticercose*.

Taeniose. Das Vorhandensein des geschlechtsreifen Bandwurms im Darm verursacht keine tödliche Erkrankung, kann aber bei nervösen oder schwächlichen Personen und bei Kindern sehr verschiedenartige, bisweilen beunruhigende Merkmale hervorrufen.

Die Magen-Darm-Schädigungen äußern sich durch Heißhunger, häufiger noch durch Appetitlosigkeit, ein Gefühl der Schwere in der Magengrube und meist durch unbestimmbare Schmerzen in den Gedärmen. Auch beobachtet man Übelkeit, Aufstoßen, Erbrechen von Nahrung oder Schleim, Durchfall oder Stuhlverstopfung, bisweilen ruhrartige Störungen und sogar scheinbare Leberkoliken.

Am beunruhigendsten, besonders bei Kindern, sind die Symptome nervöser Erkrankungen. Es können epileptiforme, hysteriforme und

veitstanzähnliche Erscheinungen auftreten, von Kopfschmerzen begleitete
Krämpfe, die eine Meningitis, ja sogar psychische Störungen vortäuschen.

Alle diese Erscheinungen hören plötzlich auf, wenn der Wurm abgetrieben ist.

Cysticercose. Die Cysticercose ist eine Erkrankung, die durch
das Vorhandensein der Finne des Schweinebandwurms im menschlichen
Organismus verursacht wird. Der Mensch infiziert sich entweder durch
Verschlucken von Bandwurmeiern, die die Oncosphaera enthalten, oder,
wenn er bereits Bandwurmträger ist, durch *Autoinfektion* dadurch, daß
einige Glieder infolge heftiger antiperistaltischer Bewegungen in den
Magen oder Mund gelangen.

Sind die Finnen in geringer Anzahl vorhanden, so finden sie sich
vor allem im Auge und in den dazugehörigen Teilen. Dies gilt für 46%
aller Fälle. Zu 40% findet man sie dann im Nervensystem[1], zu 6% in der
Haut und im Bindegewebe, zu 3% in den Muskeln und noch seltener
in anderen Organen. Handelt es sich jedoch um eine starke Infektion,
so trifft man die Finnen überall an.

Infolge des verschiedenen eben erwähnten Vorkommens der Finnen
ist es leicht verständlich, daß die Symptome der Cysticercose bis ins
Unendliche variieren.

II. Rinderbandwurm (Taenia saginata).

Morphologie. Der *Rinderbandwurm* oder *Unbewaffnete* oder *Feiste
Bandwurm (Taenia saginata)* (Abb. 118) ist die zweite große Tänie des
Menschen. Aber was die Häufigkeit seines Vorkommens anbetrifft, so
steht er an erster Stelle. Er ist 4—10 m lang. Der Scolex ist *birnenförmig*
und hat einen Durchmesser von 1—2 mm. *Rostellum und Haken fehlen.*
Die 4 Saugnäpfe sind *elliptisch.* Der längliche Hals ist meist halb
so breit wie der Kopf (Abb. 119). Die ersten Glieder sind kurz und
bleiben einen großen Teil der Kette hindurch breiter als lang. Die reifen
Proglottiden sind länger als breit. Ihre Länge beträgt 16—20 mm, ihre
Breite 5—7 mm. Die seitenständigen Genitalöffnungen *wechseln rechts
und links unregelmäßig ab.* Die 15—30 Verästelungen des Uterus, die
nach Behandlung mit Essigsäure oder Glycerin sichtbar werden, sind
eng und *dichotom verzweigt* (Abb. 116 b).

Die reifen Glieder lösen sich *einzeln* ab, können kriechende Bewegungen ausführen und verlassen, *unabhängig von der Stuhlentleerung,* den
Darm aktiv durch die Afteröffnung. Der Kranke findet die Proglottiden
in seinen Kleidern oder in seinem Bett. *Es kann ihm nicht entgehen,
daß er einen Bandwurm beherbergt.*

---

[1] Vgl. A. Asenjo u. E. Bustamente: Die neurochirurgische Behandlung der
Cysticercose. Dtsch. med. Wschr. **75**, 1180—1183 (1950).

Biologie. Der Rinderbandwurm lebt wie der vorhergehende meistens allein im Dünndarm. Er ist Kosmopolit und die *in Deutschland und Frankreich am häufigsten vorkommende Tänie*.

Die *Eier* oder richtiger Embryophoren werden nicht im Darm abgelegt. Sie sind noch ausgesprochener eiförmig und weniger undurch-

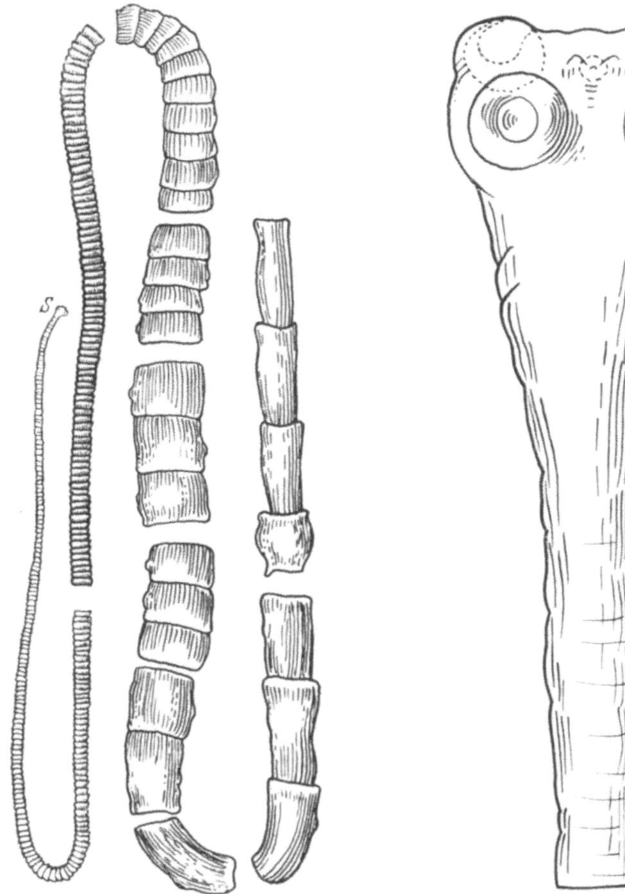

Abb. 118. *Teile einer Bandwurmkette [Scolex (S) und Proglottiden] vom Rinderbandwurm (Taenia saginata).* Natürliche Größe. (Nach LEUCKART.)

Abb. 119. *Kopf (Scolex) und Halsteil vom Rinderbandwurm (Taenia saginata).* Beachte das Fehlen eines Hakenkranzes. In 20facher Vergrößerung.

sichtig als diejenigen des Schweinebandwurms. Ihre Länge beträgt 30—40 μ, ihre Breite 20—30 μ.

Die *Finne* ist ein Cysticercus, der *Cysticercus bovis* (= *C. inermis*) genannt wird. Der Zwischenwirt ist das *Rind* oder in bestimmten Ländern andere Boviden, wie das *Zebu* oder der *Büffel*. Vorzugsweise sitzen die Finnen im fettigen Bindegewebe, welches die quergestreifte Muskulatur des Herzens umgibt, ferner im Kaumuskel, Schlund, Zwerchfellpfeiler und Zungenmuskel. Es ist sehr schwierig, die Finnen zu finden, einerseits ihrer geringen Anzahl wegen, andererseits infolge ihrer Ähnlichkeit mit den Fettkügelchen, in die sie eingebettet sind. Die vollkommen entwickelte *Rinderfinne* ist *unbewaffnet* und etwas kleiner als die Schweinefinne, die, wie wir gesehen haben, mit Haken versehen ist.

Durch den Genuß von rohem oder noch ungarem Rindfleisch, in dem sich lebende Finnen befinden, infiziert sich der Mensch mit dem Rinderbandwurm.

Hauptunterschiede zwischen dem Schweinebandwurm (Taenia solium) und dem Rinderbandwurm (Taenia saginata).

Arten:	*Schweinebandwurm* (Taenia solium)	*Rinderbandwurm* (Taenia saginata)
Scolex:	Kugelig, weniger als 1 mm breit, kurzes Rostellum mit einem doppelten Hakenkranz. Runde Saugnäpfe.	Viereckig, 1,9—2 mm breit. Kein Rostellum, kein Hakenkranz. Elliptische Saugnäpfe.
Gesamtlänge:	2—8 m. Weniger lang als *T. saginata.*	4—12 m. Länger als *T. solium.*
Zahl der Glieder:	700—1000.	1200—2000.
Genitalöffnungen:	Ziemlich regelmäßig rechts und links abwechselnd.	Sehr unregelmäßig rechts und links abwechselnd.
Reife Glieder:	10—12 mm lang. Uterus mit wenigen (5—10), dicken Seitenzweigen, die im allgemeinen verästelt sind.	15—20 mm lang. Uterus mit zahlreichen (15—30), dünnen, dichotom verzweigten Seitenästen.
Ausgestoßene Glieder:	In kleinen Ketten mit den Exkrementen.	Einzeln, unabhängig von der Stuhlentleerung.
Eier:	Kugelförmig, 31—36 μ im Durchmesser.	Eiförmig, 30—40 μ × 20—30 μ.
Finne:	*Cysticercus cellulosae.* Leicht zu entdecken, daher *T. solium* selten beim Menschen.	*Cysticercus bovis.* Sehr schwer zu entdecken, daher *T. saginata* häufig beim Menschen.
Zwischenwirte:	Das *Schwein* und einige andere Säugetiere, manchmal der *Mensch.*	Das *Rind* und andere Boviden.
Invasionsmodus:	Durch Genuß von infiziertem, ungarem *Schweine*fleisch.	Durch Genuß von infiziertem, ungarem *Rind*fleisch.
Häufigkeit in Frankreich[1]:	Sehr selten, 1 % aller Invasionen mit großen Tänien.	Sehr häufig, 99 % aller Invasionen mit großen Tänien.

---

[1] Auch in Deutschland ist der Rinderbandwurm wesentlich häufiger als der Schweinebandwurm.

Pathogene Bedeutung. Der geschlechtsreife Rinderbandwurm verursacht, wenn er im Darm des Menschen vorhanden ist, eine *Taeniose*, deren Symptome die gleichen sind wie die vom geschlechtsreifen Schweinebandwurm hervorgerufenen, und die wir dort bereits besprochen haben.

Die vorstehende Tabelle gibt die Hauptunterschiede der beiden großen Taenien des Menschen (Schweine- und Rinderbandwurm) wieder.

III. Hundewurm (Echinococcus granulosus).

Der *Hundewurm* (*Echinococcus granulosus*) ist im geschlechtsreifen Stadium nicht Parasit des Menschen, sondern lebt im Darm des Hundes[1]. Wir erwähnen aber den Hunde(band)wurm, weil der Mensch, wie übrigens viele Tiere, seine Finnen, die sog. *Hülsenwürmer, Hydatiden* oder *Echinokokkenblasen*, beherbergen kann. Die Finnen bewirken eine Erkrankung beim Menschen, die unter dem Namen *cystische Echinokokkenkrankheit* bekannt ist.

Morphologie. So groß die beiden Bandwürmer sind, von denen wir soeben gesprochen haben, so klein ist der Hundewurm (Abb. 120). Seine Länge schwankt zwi-

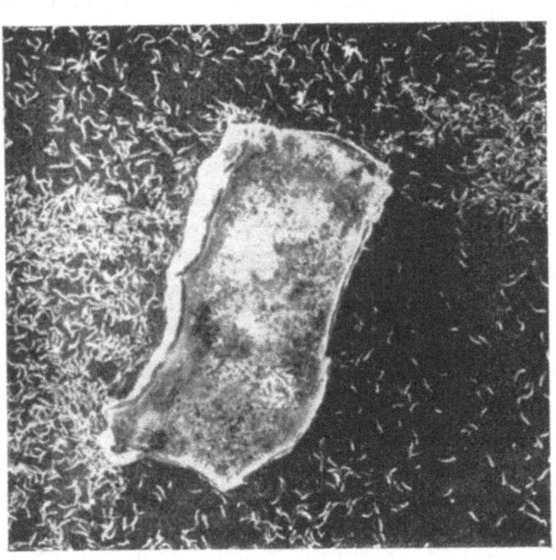

Abb. 120. *Stück eines Hundedarmes mit zahlreichen Hundewürmern (Echinococcus granulosus).* ²/₃ natürlicher Größe. (Nach KOEGEL aus SZIDAT u. WIGAND.)

schen 3 und 6 mm. Der Scolex ist mit einem vorstülpbaren Rostellum und einem doppelten Hakenkranz versehen. Die Länge der Haken schwankt zwischen 20 und 40 μ. Der Hals ist kurz, und die Kette besteht nur aus 3—4 Gliedern, von denen das jeweils letzte zur Reife gelangt. Es ist ungefähr 2 mm lang und 0,6 mm breit. Die Genitalöffnungen liegen *abwechselnd* auf der linken und rechten Seite (Abb. 121).

---

[1] Im Darm der Katze kommt der Hundewurm nur ganz ausnahmsweise vor. Demzufolge kommt die Katze als Infektionsquelle für die Echinokokkenkrankheit praktisch nicht in Frage. [Vgl. A. ERHARDT: Arch. d. Ver. d. Freunde d. Naturg. i. Mecklbg. N. F. **15**, 13—17 (1940) u. F. LÖRINCZ: Zbl. Bakter. I Orig. **129**, 1—11 (1933).]

Biologie. Man findet diesen kleinen Hundebandwurm immer sehr zahlreich im Darm infizierter Hunde. Da sein Scolex zwischen den Darmzotten haftet, sieht man nur die beiden letzten Proglottiden daraus hervorragen. Er ist ein kosmopolitischer Parasit.

Das *Ei* (Embryophore) ist 32—36 μ lang, 21—30 μ breit und von annähernd eiförmiger Gestalt. Als Zwischenwirte kommen in Frage: der *Mensch*, zahlreiche Säugetiere, besonders das *Rind*, das *Schaf* und das *Schwein*. Wird das Ei von einem solchen Zwischenwirt verschluckt, so löst sich die Schale im Magen auf, und die *Sechshaken-larve* schlüpft aus. Sie durchbohrt die Magen- oder Dünndarmwand und gelangt in die Lymph- oder Blutbahn. Der Durchmesser der Oncosphaera beträgt 20—25 μ, aber sie kann sich derartig strecken, daß sie überall dort hindurchkommt, wo noch ein rotes Blutkörperchen hindurchgehen kann. Viele Sechshakenlarven gelangen in die Pfortader und kommen so in die Leber, wo sie sich festsetzen. Eine bestimmte Anzahl passiert aber die Capillaren der Leber und gelangt mit dem Blutstrom in die rechte Herzkammer. Von dort kommen die Sechshakenlarven in den Lungenkreislauf und setzen sich in der Lunge fest. Andere endlich passieren auch die Lungencapillaren, gelangen in die linke Herzkammer und dadurch in den großen Körperkreislauf. Auf diese Art und Weise können sie an sehr verschiedene Körperstellen gelangen und sich überall festsetzen.

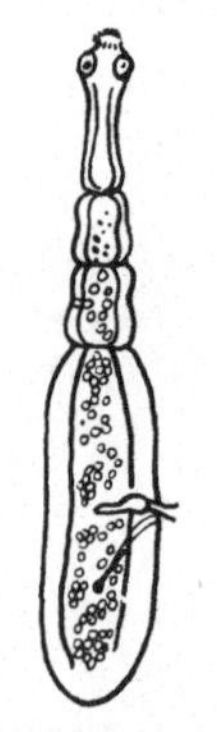

Abb. 121. *Hundewurm (Echinococcus granulosus).* (Vergrößert.)

An ihrem Bestimmungsort angelangt, verwandelt sich die Sechshakenlarve in eine *Finne*, die *Hydatide, Echinococcus, Echinokokkenblase, Hülsenwurm* oder *Blasenwurm* genannt wird. Sie ist mit einer Flüssigkeit angefüllt, wächst langsam heran und erreicht in einigen Monaten oder Jahren bisweilen eine beträchtliche Größe, z. B. die Kopfgröße eines erwachsenen Menschen. Es ist seltsam, daß einer der kleinsten bekannten Bandwürmer eine Finne besitzt, die an Größe die Finnen fast aller anderen Bandwurmarten übertrifft. Der Unterschied zwischen einer Hydatide (Echinococcus) und einem Cysticercus beruht darauf, daß erstere eine beträchtliche Anzahl von Scolices hervorbringt, während der Cysticercus niemals mehr als einen Kopf enthält (vgl. Abb. 114).

Die Hydatiden werden vom Hunde und von einigen anderen Raubtieren beim Fraß von Eingeweiden infizierter herbivorer Haustiere verschluckt. Aus den Hydatiden entwickeln sich immer in sehr großer Anzahl die Hundewürmer, denn jeder in der Echinokokkenblase enthaltene Scolex verwandelt sich in einen geschlechtsreifen Bandwurm.

Bau der Echinokokkenblase (*Echinococcus unilocularis* oder *polymorphus*). Die zur vollen Entwicklung gelangte Hydatide oder Echinokokkenblase oder Mutterblase besteht aus 6 Teilen (Abb. 122), die folgende Bezeichnungen haben:

1. eine *äußere* geschichtete, milchweiße *Cuticula*;
2. eine mit Kalkkörperchen und Kernen versehene *innere Keimschicht*;
3. die *Hydatidenflüssigkeit*, die klar wie Quellwasser ist;

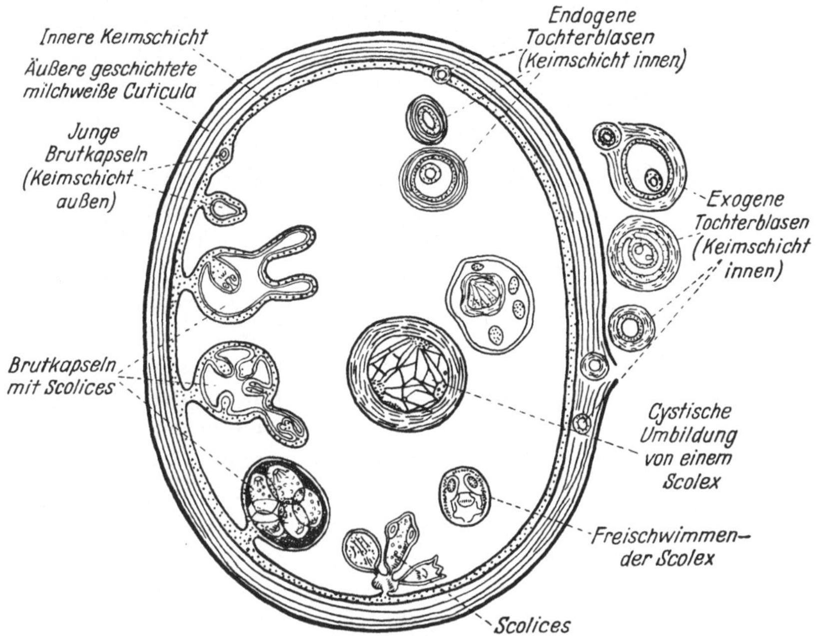

Abb 122. *Echinokokkenblase oder Hydatide* (*Echinococcus hominis* oder *hydatidosus*) aus dem Finnenbalg (Cystenmembran) herauspräpariert. Schema. (Nach R. BLANCHARD.)

4. die *Brutkapseln*, die aus der Keimschicht entstehen, und die ihrerseits durch Knospung im Durchschnitt 10—30 Scolices oder Bandwurmköpfe in ihrem Innenraum erzeugen. Die Brutkapseln sind mit bloßem Auge erkennbar, und ihr Durchmesser schwankt zwischen 258 μ und 300 μ. Entleert man den Inhalt einer Mutterblase, die man in diesem Fall als *Echinococcus cysticus fertilis* oder *veterinorum* bezeichnet, in ein Glas, so fallen die Brutkapseln auf den Grund und bilden einen sandähnlichen Satz, den sog. *Hydatidensand*;

5. die meist eingestülpten *Scolices* (Abb. 123) erscheinen als eiförmige Masse mit einem in ihrer Mitte gelegenen Kranz von 30—40 lichtbrechenden Haken. Diese Haken sind kleiner als beim geschlechtsreifen Hundewurm;

11a

6. die *Tochterblasen*, die sich nach den alten Autoren folgendermaßen bilden: Kleine Keimschichtinseln können zwischen den Schichten der äußeren Cuticula eingeschlossen sein. Aus diesen Inselchen bilden sich Blasen von demselben Bau wie die Mutterblase. Je nachdem diese Tochterblasen in das Innere der großen Mutterblase oder nach außen durchbrechen, hat man *endogene* oder *exogene* Tochterblasen (*Echinococcus hydatidosus endogenus* oder *exogenus*) vor sich. Letztere liegen dann zwischen der Mutterblase und der vom Wirt gebildeten bindegewebigen Cystenmembran.

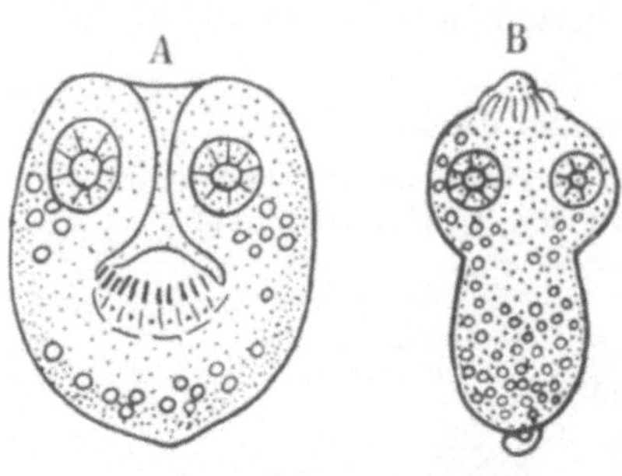

Abb. 123. *Kopf oder Scolex vom Hundewurm* (*Echinococcus granulosus*). A) eingestülpt, B) ausgestülpt. Stark vergrößert.

Außerdem können bestimmte Scolices durch regressive Blasenmetamorphose sich in Tochterblasen mit einer geschichteten Cuticula verwandeln (Abb. 122). Nach gewissen Autoren ist diese cystische Umbildung der normale Entstehungsmodus der endogenen Tochterblasen. Ferner können aus Tochterblasen auch *Enkelblasen* entstehen.

Bestimmte Hydatiden entwickeln sich weiter und können sogar einen beträchtlichen Umfang erreichen, ohne daß sich ein Scolex bildet. Sie bleiben steril, und man nennt sie *Acephalocysten* oder *Echinococcus cysticus sterilis*.

Die soeben beschriebenen Teile werden von der Finne gebildet. Außerdem ist die Echinokokkenblase im Wirt aber noch von einer mehr oder weniger dicken, geschichteten und mit Kernen ver-

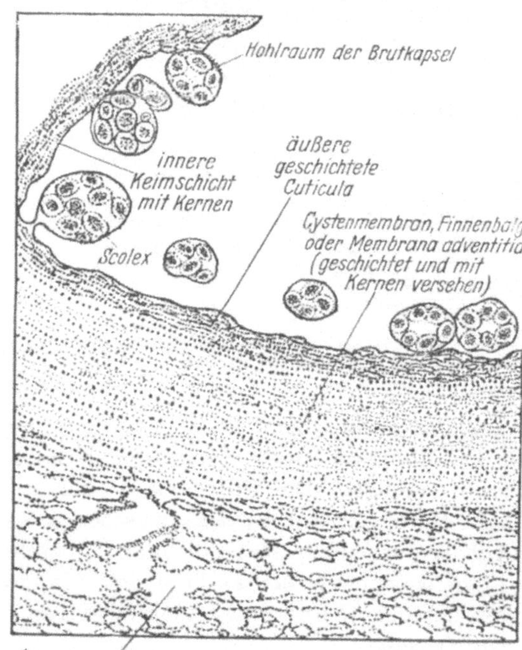

Abb. 124. *Schnitt durch die Lunge eines Schafes mit einer Echinokokkencyste*. Innerhalb des Finnenbalges befindet sich die Echinokokkenblase, Hydatide oder Mutterblase (Echinococcus cysticus fertilis oder veterinorum), die auch als *Hülsenwurm* bezeichnet wird und das *Finnenstadium des Hundewurmes* (*Echinococcus granulosus*) darstellt.

sehenen fibrösen Kapsel, der sog. Cystenmembran, umgeben. Diese Cystenmembran wird vom infizierten Organ gebildet, das die Fähigkeit zur Kapselbildung besitzt. Die Cystenmembran trägt die Bezeichnung *Finnenbalg* oder *Membrana adventitia*. Sie wird also vom Wirt gebildet und gehört nicht zum Parasiten. Die Hydatide und der sie umgebende Finnenbalg werden zusammen als *Echinokokkencyste* bezeichnet (Abb. 124).

Pathogene Bedeutung[1]. Die Bildung einer Echinokokkencyste im menschlichen Organismus ist die Ursache der Erkrankung, die man gewöhnlich als *Echinokokkose* oder *cystische Echinokokkenkrankheit* bezeichnet.

Man findet die Echinokokkencysten etwa zu 65% aller Fälle in der Leber und zu 10% in der Lunge. Viel seltener treten sie in anderen Organen auf. Die *primären Echinokokkencysten* kommen beim Menschen im allgemeinen einzeln vor. Die Infektion findet in diesem Falle durch Aufnahme der Oncosphaera per os statt.

Die Symptome schwanken je nach dem Sitz des Parasiten beträchtlich.

Die Echinokokkose ist eine kosmopolitische Krankheit, jedoch werden bestimmte Gegenden stärker von ihr heimgesucht als andere, so kommt sie in Deutschland besonders häufig in Mecklenburg und Pommern vor. Stark verbreitet ist sie ferner in Island, Argentinien, Uruguay und Australien.

Die *sekundäre Echinokokkose* ist eine Erkrankung, die durch sog. *Keimaussaat* hervorgerufen wird. Diese Keimaussaat kommt dadurch zustande, daß im Organismus durch spontane, traumatische oder operative Öffnung primärer Echinokokkencysten die Scolices frei werden. *Diese Scolices können sich durch regressive Blasenmetamorphose in vermehrungsfähige Mutterblasen* mit Brutkapseln und Scolices *verwandeln.*

Man bezeichnet als *alveoläre Echinokokkenkrankheit* einen Wurmtumor, der gewöhnlich in der Leber sitzt. Er besteht aus einer bindegewebigen Grundsubstanz, die von vielen kleinen Bläschen durchfurcht ist. Letztere enthalten gelatinöse Füllmasse. Man hat lange Zeit behauptet, daß diese Krankheit von der Finne eines sehr nahe verwandten, aber doch artlich verschiedenen Hundewurmes (*Echinococcus alveolaris* oder *multilocularis*) hervorgerufen würde. Die meisten Autoren vertreten aber heute die Ansicht, daß die verschiedenen Formen der Echinokokkenkrankheiten von einem einzigen Erreger (*Echinococcus granulosus*) verursacht werden.

---

[1] Vgl. G. HOSEMANN, E. SCHWARZ, J. C. LEHMANN u. A. POSSELT: Die Echinokokkenkrankheit. Neue Dtsch.Chir. **40** (1928).

IV. Zwergbandwurm (Hymenolepis nana).

Morphologie. Der *Zwergbandwurm* (*Hymenolepis nana*) ist sehr klein, wie es sein Name bereits andeutet. Er ist 10—25 mm lang und 0,55 bis 0,70 mm breit. Der Scolex (Abb. 125) besitzt ein kurzes, einziehbares Rostellum mit einem einfachen Hakenkranz. Die Haken sind 14 bis 18 μ lang. Der Hals hat eine ziemliche Länge. Die ersten Glieder sind sehr kurz und nehmen allmählich an Länge und Breite zu. Die Genitalöffnungen münden alle an derselben Seite des Wurmes, randständig in jedem Glied, sie sind also *unilateral* (Abb. 126).

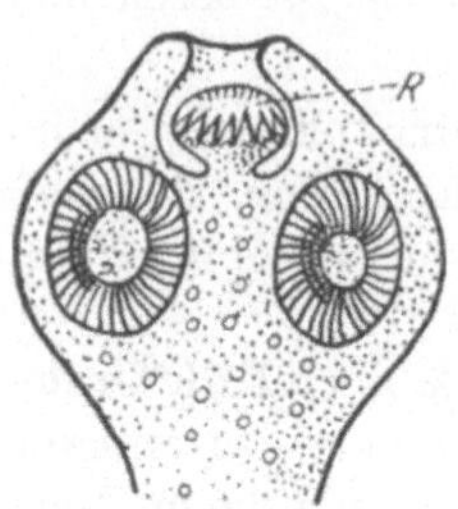

Abb. 125. *Kopf oder Scolex vom Zwergbandwurm* (*Hymenolepis nana*) mit eingezogenem Rostellum (*R*). (Nach R. BLANCHARD.)

Biologie. Der Zwergbandwurm lebt normalerweise in dem letzten Teil des Ileum des Menschen, und man findet die geschlechtsreifen Würmer dort meistens in großer Zahl. Der Zwergbandwurm ist besonders ein Parasit der Kinder.

Die *Eier* sind elliptisch mit einer äußeren 40—50 μ langen Hülle (Eischale) und einer länglichen inneren Hülle (Embryonalschale), die 29—30 μ lang ist und an jedem Ende eine deutliche Verdickung trägt (Abb. 5). Die abgestoßenen Glieder werden im Darm zum Teil verdaut, und die Eier gelangen dadurch in das Darmlumen. *Man kann demnach die frei gewordenen Eier im Stuhl der Kranken finden.*

Die *Finne* (Abb. 127) ist ein *Cysticercoid* und lebt innerhalb der

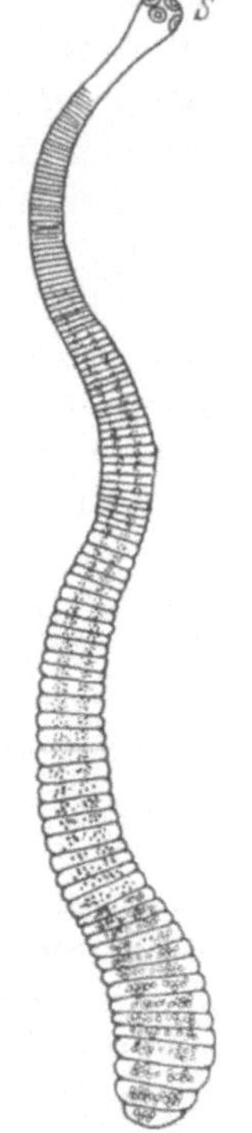

Abb. 126. *Zwergbandwurm* (*Hymenolepis nana*). *S* Scolex oder Kopf. In 12facher Vergrößerung. (Nach LEUCKART.)

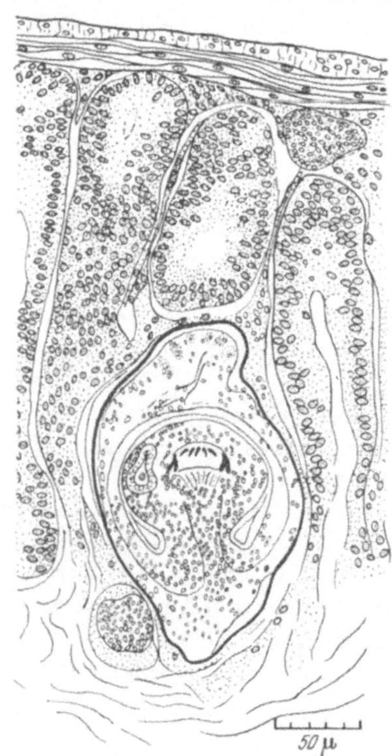

Abb. 127. *Cysticercoid* (*Finne*) *vom Zwergbandwurm* (*Hymenolepis*) in einer Darmzotte.

Zotten des Dünndarmes des *Menschen*, der für den ersten Teil des Entwicklungscyclus als Zwischenwirt dient. Der Mensch wird später auch Endwirt, wenn die 5—6 Tage alten, reifen Cysticercoide die Darmzotten durchbrechen und im Darmlumen zu geschlechtsreifen Bandwürmern heranwachsen. Aus diesem Grunde kann *Autoinfektion* stattfinden, woraus sich die Fälle von außerordentlich starkem Massenbefall erklären. Die Autoinfektion entsteht, wenn der Mensch seine mit Bandwurmeiern verunreinigte Hand an den Mund führt und die Eier verschluckt, die dann die Cysticercoide ergeben. Den gleichen Infektionsweg haben wir bereits bei den Oxyuren besprochen.

Experimentell hat man festgestellt, daß sich die Cysticercoide des Zwergbandwurms auch bei zwei *Mehlkäferarten* entwickeln, nämlich bei *Tenebrio molitor* und *T. obscurus*. Bei diesen Zwischenwirten erreichen die Cysticercoide einen größeren Umfang als in den Darmzotten des Menschen.

Pathogene Bedeutung[1]. Wenn die Zwergbandwürmer im menschlichen Darm sehr zahlreich vorhanden sind, was besonders in warmen Ländern der Fall ist, beobachtet man alle Erscheinungen der Helminthose.

V. Gurkenkernbandwurm (Dipylidium caninum).

Morphologie. Der *Gurkenkernbandwurm (Dipylidium caninum)* ist 15—40 cm lang und höchstens 2—3 mm breit. Der Scolex (Abb. 128 u. 129) ist klein. Er besitzt ein Rostellum, das mit 4 Hakenkränzen versehen ist. Die Haken sind rosendornenförmig und je nach dem Kranz, zu dem sie gehören, 5—15 μ lang. Der Hals ist kurz und dünn. Die anfänglich sehr kurzen Glieder sind später trapezförmig und am Ende länger als breit. Die reifen Proglottiden gleichen Gurkenkernen. Auf diese Ähnlichkeit ist der Name des Bandwurms zurückzuführen. Die Genitalöffnungen sind *bilateral,* es befinden sich also zwei an jedem Glied (Abb. 130), und zwar je eine in der Mitte des rechten und linken Seitenrandes.

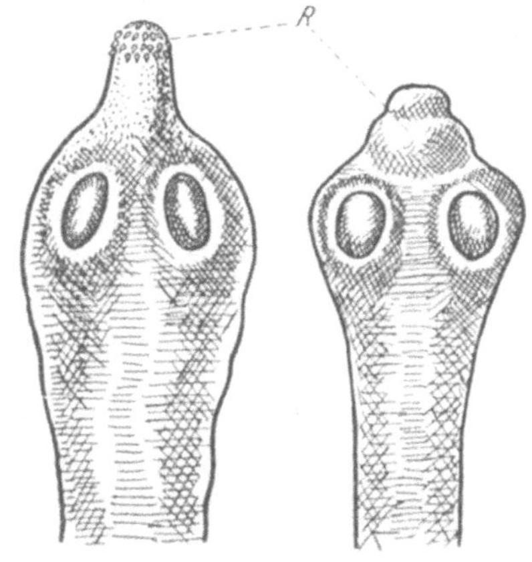

Abb. 128. *Kopf vom Gurkenkernbandwurm (Dipylidium caninum) mit ausgestülptem Rostellum (R).* In 50facher Vergrößerung.

Abb. 129. *Kopf vom Gurkenkernbandwurm (Dipylidium caninum) mit eingezogenem Rostellum (R).* In 50facher Vergrößerung.

---

[1] Vgl. L. WOLFF u. W. TEUSCH: Über den Befall von Rußlandheimkehrern mit Hymenolepis nana. Med. Klin. **45**, 1313—1316 (1950).

Biologie. Der Gurkenkernbandwurm ist ein häufiger Parasit des Dünndarms von Katzen und Hunden. Gelegentlich findet man ihn auch bei Kindern.

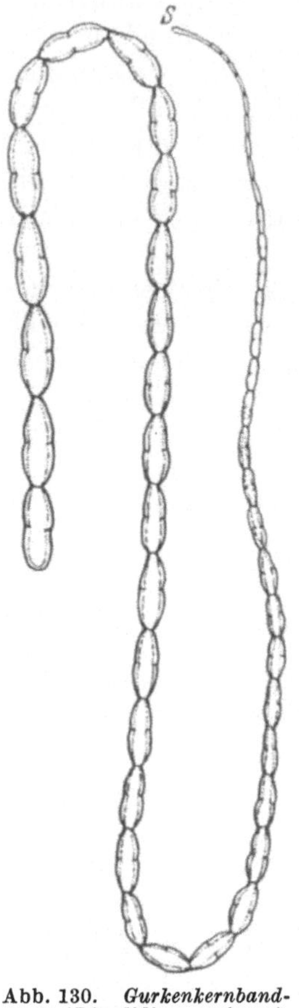

Die mehr oder weniger kugelförmigen *Eier* liegen eingeschlossen in Parenchymkapseln und haben einen Durchmesser von 35—40 μ.

Die *Finne* ist ein *Cysticercoid* (Abb. 131) und lebt in der Leibeshöhle einiger Insekten. Die Zwischenwirte sind, nach der Häufigkeit geordnet, folgende: der *Hundefloh* [*Ctenocephalides* (= *Ctenocephalus*) *canis*], der *Menschenfloh* (*Pulex irritans*) und der *Hundehaarling* (*Trichodectes canis*), der fälschlicherweise oft *Hundelaus* genannt wird. Ist der Zwischenwirt ein Floh, so kann die Infektion dieses Insektes nie im geschlechtsreifen Stadium stattfinden. Denn der geschlechtsreife Floh ist unfähig, das Ei eines Gurkenkernbandwurmes zu verschlucken, da der Eidurchmesser größer ist als der Durchmesser des Flohrüssels. Aus diesem Grunde muß es die Floh-*Larve* sein, die die Eier des Wurmes verschluckt, da sie sich von festen Nahrungsteilchen ernährt. Die Sechshakenlarve bleibt in der Larve und der Puppe des Flohes unverändert und entwickelt sich erst beim geschlechtsreifen Floh zur Finne.

Kinder infizieren sich, indem sie zufälligerweise infektionsfähige Flöhe verschlucken, die in Speisen gefallen sind.

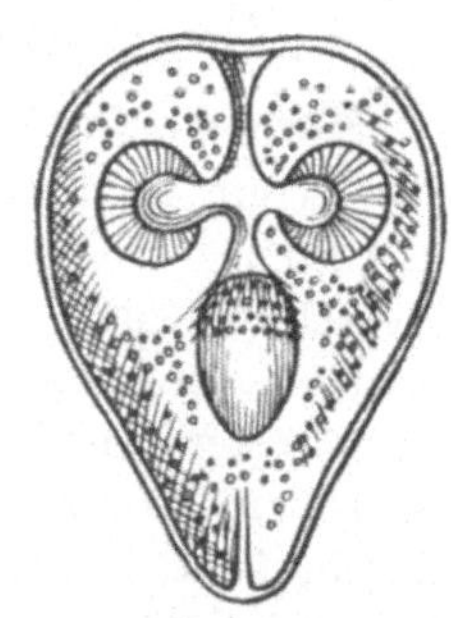

Abb. 130. *Gurkenkernbandwurm* (*Dipylidium caninum*). *S* Scolex oder Kopf. Natürliche Größe.

Abb. 131. *Reifes Cysticercoid* (*Finne*) *vom Gurkenkernbandwurm* (*Dipylidium caninum*), sog. *Cryptocystis.* In 60 facher Vergrößerung. (Nach VILLOT.)

Pathogene Bedeutung. Die Anwesenheit des Gurkenkernbandwurmes im Darm eines Kindes kann die gewöhnlichen Symptome der Helminthose hervorbringen.

VI. Fischbandwurm (Diphyllobothrium latum).

Morphologie. Der *Breite Bandwurm* oder *Fischbandwurm* (*Diphyllobothrium latum*) ist ebenso lang, ja sogar länger als die beiden großen Tänien des Menschen (Abb. 132). Er ist im Durchschnitt 2—8, wird aber auch 10—12 m lang und besteht aus 3000—4000 Gliedern. Seine Farbe ist rötlichgrau. Der Scolex (Abb. 133) hat eine Länge von 1—5 mm und

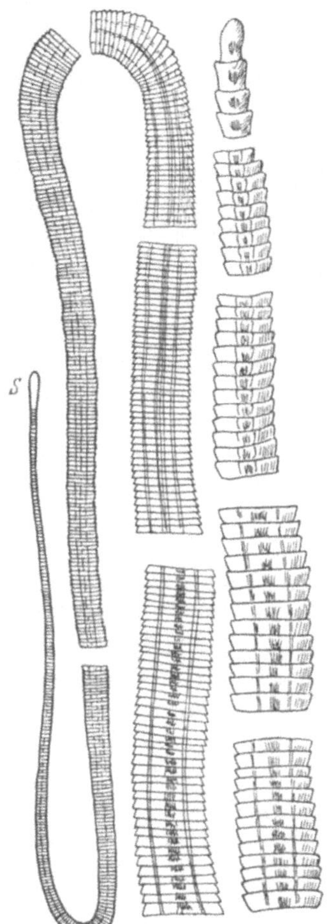

weist zwei längliche Spalten auf, die sog. *Sauggruben*, von denen die eine ventral, die andere dorsal liegt. Die Drehung des Halses läßt sie lateral erscheinen. Die ersten Glieder sind nicht deutlich abgetrennt, die folgenden treten schärfer hervor und sind breiter als lang. In der hinteren Hälfte der Kette erlangen die Proglottiden die Geschlechtsreife und zeigen im Mittelpunkt einen schwarzen,

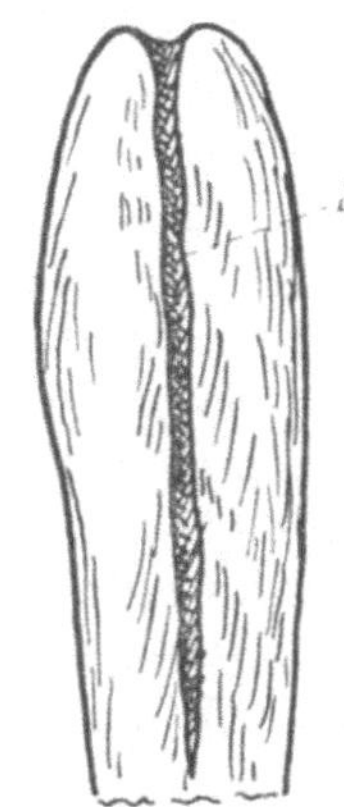

Abb. 133. *Kopf oder Scolex vom Fischbandwurm (Diphyllobothrium latum).* *S* Sauggrube.

Abb. 132. *Teile einer Bandwurmkette [Scolex (S) und Proglottiden] vom Fischbandwurm (Diphyllobothrium latum). Natürliche Größe.* (Nach LEUCKART.)

Abb. 134. *Ventralseite (sog. weibliche Seite) eines reifen Gliedes (Proglottis) vom Fischbandwurm (Diphyllobothrium latum). D Dotterstöcke. V Samengang (Vas deferens). C Cirrusbeutel, der den Cirrus oder Penis enthält. Va Vagina. U Uterus. O Ovar oder Keimstock. S Schalendrüse oder MEHLISscher Körper (Ootyp).* (Nach SOMMER u. LANDOIS.)

gelappten Flecken, der durch die Anhäufung der Eier im Uterus entstanden ist. Die Genitalöffnungen, die Ausmündungsstelle des Vas deferens und der Vagina, liegen *median auf der Bauchseite.* Etwas tiefer darunter befindet sich die Uterusöffnung, die der Eiablage dient (Abb. 134). Denn im Gegensatz zu den anderen Bandwürmern werden die Eier des Breiten Bandwurms *in den Darm abgelegt,* und *man kann sie daher bei der Stuhluntersuchung finden,* ebenso wie die des Zwergbandwurmes. Wenn die Eier abgelegt sind, degenerieren die Proglottiden, werden kleiner, und ihre Überreste werden mit dem Kot abgestoßen.

Biologie. Der Breite Bandwurm lebt im Dünndarm des Menschen, des Hundes und der Katze. Ein Mensch kann mehrere, ja sogar sehr zahlreiche Fischbandwürmer beherbergen. Dieser Bandwurm wird nur in den Gegenden gefunden, wo Fische, in denen seine Finne lebt, reichlich vorhanden sind, d. h. in der Nähe großer Seen. Für Europa sind die hauptsächlichsten Verbreitungsherde die Baltischen Küstenländer (Ostpreußen), die Schweizer und italienischen Seen und das Donaudelta. In Mitteleuropa kam der Fischbandwurm besonders häufig bei den Anwohnern des Kurischen Haffs vor. Hier waren vor dem 2. Weltkrieg durchschnittlich 5—20% der Bevölkerung infiziert. Den prozentual höchsten Wurmbefall fanden Dembowski und Szidat[1] in dem Fischerdorf Pillkoppen auf der Kurischen Nehrung mit 44,3% Bandwurmträgern. Außer in Ostpreußen kam der Breite Bandwurm in Deutschland früher nur noch am Starnberger See endemisch vor. In Asien findet man den Parasiten in Turkestan, Sibirien, Japan und Palästina. In Afrika kommt er in Uganda, am N'gami-See und in Madagaskar vor; in Nordamerika wird er in Minnesota angetroffen.

Das *Ei* ähnelt demjenigen des Leberegels, es ist ellipsenförmig mit einem Deckel versehen, 70 μ lang und 45 μ breit (Abb. 5 und 135, 1). Es entwickelt sich im Wasser. Hier bildet sich in der Eihülle langsam die *Sechshakenlarve* (Abb. 135, 2). Aus dem Ei schlüpft eine Wimperlarve, *Coracidium* genannt (Abb. 135, 3). Diese Wimperlarve schwimmt einige Tage im Wasser umher und muß dann nacheinander *zwei Zwischenwirte* passieren, ehe sie zu ihrem Endwirt gelangt. Die freien Wimperlarven werden von kleinen Krebschen, sog. *Copepoden* oder *Hüpferlingen*, gefressen, unter anderen von *Cyclops strenuus* (Abb. 135, 4) und *Diaptomus gracilis* (Abb. 224 B). Die aus der Wimperhülle schlüpfende Sechshakenlarve dringt nun in die Leibeshöhle der Hüpferlinge ein und verwandelt sich in ein *Procercoid* (Abb. 135, 5, 6, 7). Letzteres ist das erste Finnenstadium (*Vorfinne*) des Breiten Bandwurms. Das herangewachsene Procercoid ist 500 μ lang. Wenn die Procercoide mitsamt ihrem Wirt von jungen Fischen verschluckt werden, durchbohren sie die Darmwand der letzteren und encystieren sich in verschiedenen Organen. Hier entwickeln sie sich zu *Plerocercoiden*. Diese stellen das zweite Finnenstadium (*Vollfinne*) des Breiten Bandwurms dar. Die Plerocercoide werden in den Eingeweiden und Muskeln bestimmter Fische angetroffen, besonders in solchen aus der Familie der Salmoniden: *Lachs, Forelle, Blaufelchen, Maräne, Äsche* (Abb. 225), aber auch in

---

[1] Dembowski, H., u. L. Szidat: Veröff. Volksgesdh.-Dienst **50**, H. 5 (1938).

solchen aus anderen Familien: *Hecht, Quappe* (Abb. 135, 8), *Fluß-barsch, Kaulbarsch.* Die Fische werden als Hilfs- oder Transport-wirte bezeichnet. Das Plerocercoid kann man leicht mit bloßem Auge erkennen. Es kann eine Länge von 1—2 cm und eine Breite von 2—3 mm erreichen (Abb. 135, 9). Das Plerocercoid ist infektions-fähig.

Der Mensch infiziert sich mit dem Breiten Bandwurm, indem er ungenügend gekochten Fisch ge-nießt, der die lebenden Plerocer-coide enthält. In Ostpreußen fand die Infektion besonders durch den Genuß von Fischsalaten und Quappenlebern und im Baltikum durch den Genuß von Hecht-rogen, sog. Hechtkaviar, statt.

Wir erwähnen noch, daß die *jungen* Plerocercoide, solange sie noch im Gewebe des Fisches wandern, sich auch dann weiter entwickeln, wenn sie mit ihrem Hilfswirt von einem anderen Fisch gefressen werden. Dieses Phäno-men trägt den Namen *Refixation, Wiederfestsetzung* oder *Wieder-verkapselung.* Der zweite Fisch wird als *Wartewirt* oder *Stapel-wirt* bezeichnet.

Pathogene Bedeutung. Der Breite Bandwurm bewirkt die verschiedenen Erscheinungen der Helminthose. In bestimmten Gegenden, besonders im Küsten-gebiet der Ostsee, ist er häufig die Ursache einer ernsten Anämie, die unter dem Namen *Band-wurmanämie* bekannt ist. Sie trägt alle Symptome der klassischen

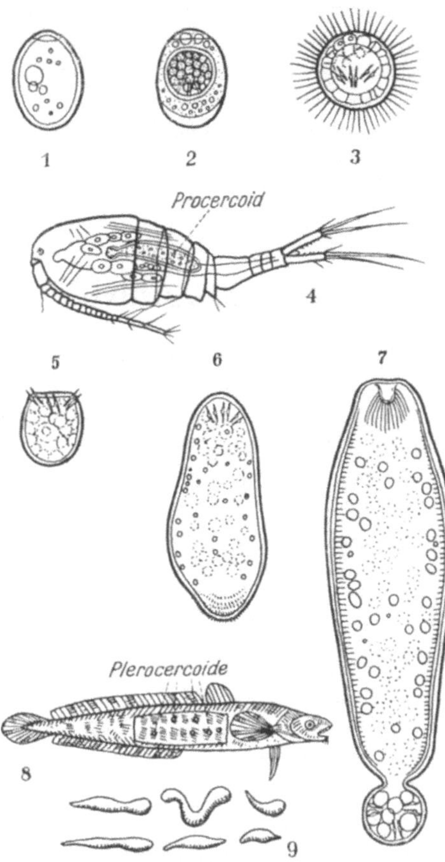

Abb. 135. *Entwicklungscyclus vom Fischband-wurm (Diphyllobothrium latum).* 1) Das mit einem Deckel versehene, im menschlichen Darm ab-gelegte Ei besitzt noch keinen Embryo bzw. Larve. 2) Nach 3—4 Wochen entwickelt sich im Freien innerhalb der Eischale eine be-wimperte Sechshakenlarve oder Oncosphaera. 3) Diese Wimperlarve schlüpft im Wasser aus dem Ei und schwimmt als *Coracidium* frei umher. Sie stirbt jedoch im Wasser nach einigen Stunden, falls sie nicht in einen *Hüpferling*, z. B. *Cyclops strenuus* (4), eindringt, wo sie sich weiter entwickelt. 5) In der Leibeshöhle des Hüpfer-lings (Copepoden) verliert das Coracidium sein Wimperkleid und wächst heran (6). Nach 20 Tagen erreicht es seine größte Länge und wird als *Procercoid* oder *Vorfinne* bezeichnet (7). Wenn die Procercoide zusammen mit den Hüpferlingen, in denen sie parasitieren, von einem Fisch (8) gefressen werden, wachsen sie in einigen Wochen in dem Fisch zu *Plero-cercoiden* oder *Vollfinnen* heran (9). Mensch, Hund und Katze infizieren sich durch den Genuß derartig befallener, nicht richtig zu-bereiteter Fische. — Die einzelnen Zeichnungen sind in sehr verschiedenen Vergrößerungen wiedergegeben.

perniziösen Anämie. Die Ätiologie dieser Anämie ist noch viel umstritten. Man schreibt sie der schlechten Konstitution des Kranken, der Unterernährung oder auch dem Fehlen bestimmter Vitamine zu. Es wird behauptet, daß der Genuß der rohen Leber bestimmter Fische eine zuverlässige prophylaktische Wirkung ausübt.

Fünfter Abschnitt.

Saugwürmer (Trematodes).

Die **Saugwürmer (Trematodes)** gehören zu den *Plathelminthes* oder *Plattwürmern*. Der Körper ist unsegmentiert. Die Saugwürmer besitzen Saugnäpfe und einen Darmkanal ohne Afteröffnung. Im allgemeinen sind sie Hermaphroditen.

Sammeln. Um die Saugwürmer, die in den Gallengängen leben und als *Leberegel* bezeichnet werden, zu sammeln, schneidet man die Leber in kleine Scheiben. Diese quetscht man mit den Fingern zusammen und drückt auf diese Weise die Parasiten heraus. Auch die Gallenblase muß geöffnet werden, weil sie oft Leberegel enthält. Die im Darmkanal lebenden großen *Darmegel* sind leicht zu sammeln. Handelt es sich aber um sehr kleine Arten, so muß man den Darm in Stückchen schneiden und diese heftig in physiologischer Kochsalzlösung hin und her schütteln. Die meisten Würmer lösen sich dabei ab und fallen in die Flüssigkeit. Man kann sie dann nach dem Verfahren von BOECKER (S. 125) anreichern. Die Lungen untersucht man auf Cysten vom *Lungenegel* und die Blutgefäße, besonders die großen Bauchvenen, auf geschlechtsreife *Pärchenegel* oder *Bilharzien.*

Um die *Cercarien* zu sammeln, bringt man die den Saugwürmern als Zwischenwirte dienenden *Schnecken* in ein sehr feinmaschiges Netz, das in ein mit Wasser gefülltes, konisch zugespitztes Glas oder einfach in ein Gefäß getaucht wird. Die Cercarien bestimmter Arten sinken auf den Grund, während die Cercarien der Bilharzien, die leichter sind als das Wasser, an die Oberfläche steigen.

Untersuchung. Die Untersuchung ist sehr einfach. Wenn die Saugwürmer klein sind, legt man sie, so wie sie aus den Organen genommen sind, zwischen Objektträger und Deckgläschen; sind sie groß, zwischen zwei Objektträger. Die gewöhnlich abgeflachte Körperform der Würmer erleichtert die Untersuchung bedeutend. Will man die Präparate aufbewahren, so fixiert man die Saugwürmer, die man zuvor zwischen Objektträger und Deckgläschen leicht zusammengedrückt hat, in Formol. Hierauf entwässert man sie in Alkohol, führt sie durch Xylol und bettet in Canadabalsam ein.

Die Cercarien untersucht man am besten lebendfrisch zwischen Objektträger und Deckgläschen.

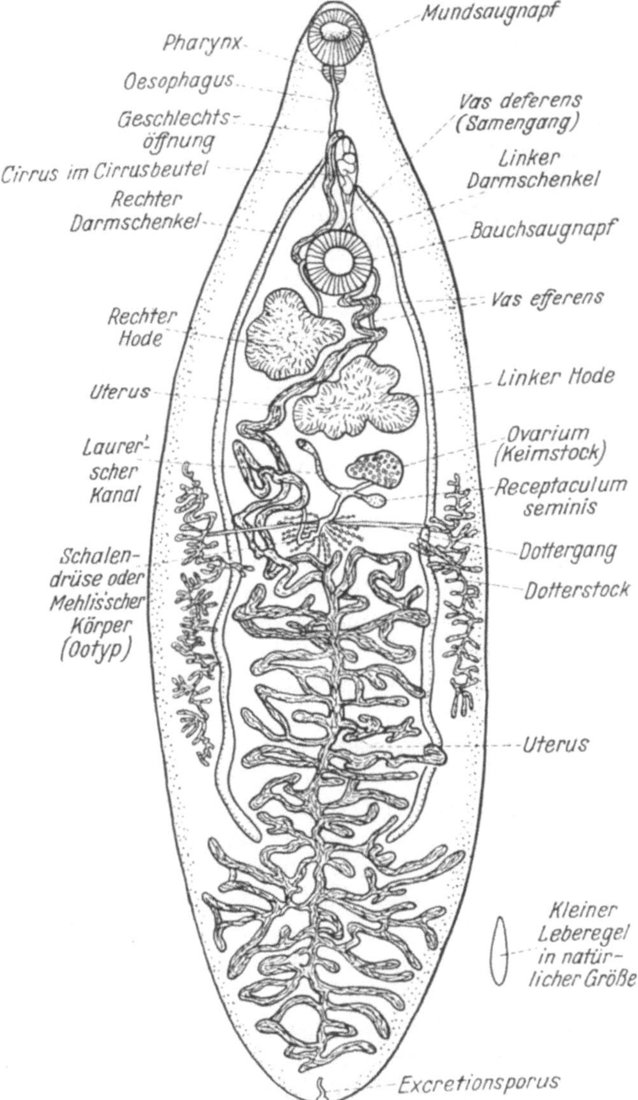

Abb. 136. *Kleiner Leberegel (Dicrocoelium dendriticum)*. In 20facher Vergrößerung.

Morphologie. Äußerlich ist der Körper der Saugwürmer mehr oder weniger abgeplattet, blattförmig, entweder glatt oder mit kleinen Stacheln besetzt. Er besitzt Saugnäpfe und mehrere Öffnungen (Abb. 136).

Bei den medizinisch interessanten Saugwürmern findet man zwei Saugnäpfe: der eine, am Vorderende des Körpers befindliche, enthält den Mund, es ist der *Mundsaugnapf*, der andere liegt ventral, mehr oder weniger vom ersten entfernt und heißt *Bauchsaugnapf*. Letzterer ist ein Organ zum Festhalten ohne Öffnung. In der Nähe dieses zweiten Saugnapfes, davor, dahinter oder seitlich, befindet sich die Genitalöffnung und am Hinterende des Körpers die Exkretionsöffnung.

Der *Darmkanal* besteht aus einem muskulösen, bulbusartigen Pharynx und einer kurzen Speiseröhre, von der zwei einfache oder verzweigte, blind endende Darmschenkel ausgehen. Bei den Pärchenegeln oder Bilharzien vereinigen sich die beiden Darmschenkel kurz vor dem Ende und bilden dann einen einzigen blindgeschlossenen Gang.

Das *Exkretionssystem* beginnt mit kleinen Terminal- oder Trichterzellen, die blind geschlossen sind und je eine Wimperflamme enthalten. Die Terminalzellen setzen sich als feine Röhrchen fort. Diese münden in zwei longitudinale Kanäle, die sich in der Nähe des Hinterendes zu einer gemeinsamen Sammelröhre vereinigen. Letztere erweitert sich bisweilen zu einer Exkretionsblase und mündet mit dem Exkretionsporus aus.

Die *männlichen Geschlechtsorgane* bestehen aus *zwei* umfangreichen, kugelförmigen, gelappten oder verästelten *Hoden*. Jeder von ihnen ist mit einem Vas oder Canalis efferens versehen. Die beiden Kanäle vereinigen sich zu einem gemeinsamen Kanal, dem Vas deferens. Letzteres kann von einem Beutel umgeben sein, dem *Cirrusbeutel*, der das Begattungsorgan, den *Cirrus* oder *Penis*, enthält. Der Cirrusbeutel ist jedoch nicht immer vorhanden.

Die *weiblichen Geschlechtsorgane* umfassen ein *Ovarium* (*Keimstock*), das im allgemeinen klein ist und aus dem ein kurzer Keimleiter oder *Oviduct* entspringt. Bevor der Oviduct in den Uterus übergeht, nimmt er die beiden *Dottergänge* auf, durch die dem Ei das Produkt der *Dotterstöcke* zugeführt wird. Der Anfangsteil des Uterus (Ootyp) ist von zahlreichen Drüsenzellen umgeben, die in ihrer Gesamtheit *Schalendrüse* oder MEHLISsche *Drüse* (*Körper*) genannt werden. Man nahm früher an, daß durch deren Funktion die Schale des Eies ausgeschieden würde. Es ist aber neuerdings die Herkunft des Schalenmaterials aus den Dotterzellen erwiesen (BRAUN). Später wird der *Uterus* mehr oder weniger gewunden und kann verschieden viel Eier enthalten. Endlich verbindet ein Kanal, dessen Funktionen rätselhaft sind, der LAURERsche *Kanal*, den Oviduct mit der dorsalen Seite des Wurmes.

Biologie. Es ist nützlich, die Biologie und besonders die komplizierte Entwicklung der Saugwürmer zu kennen, denn sie zeigt uns die Infektionswege und weist uns daher auf die zu ergreifenden prophylaktischen Maßnahmen hin, um eine solche Infektion zu vermeiden.

Vorkommen. Die als Parasiten des Menschen in Betracht kommenden Saugwürmer finden sich in verschiedenen Organen: in dem Darm, der Leber, der Bauchspeicheldrüse, der Lunge, dem Gehirn und den Blutgefäßen. Durch ihre Saugnäpfe haften sie mehr oder weniger fest am Organ. Manche scheinen ziemlich leicht ihren Standort zu wechseln, andere bleiben lange an derselben Stelle und bewirken dort sehr klar erkennbare Schädigungen. Es ist wahrscheinlich, daß alle diese Würmer Blutsauger sind.

Vermehrung. Alle Saugwürmer, die Parasiten des Menschen sind, entwickeln sich mit Generations- und Wirtswechsel nach dem gleichen Schema mit geringen Unterschieden, die wir zum Schluß besprechen. Wir wählen hier als Beispiel die wohlbekannte Entwicklung des *Großen Leberegels* (*Fasciola hepatica*) (Abb. 144).

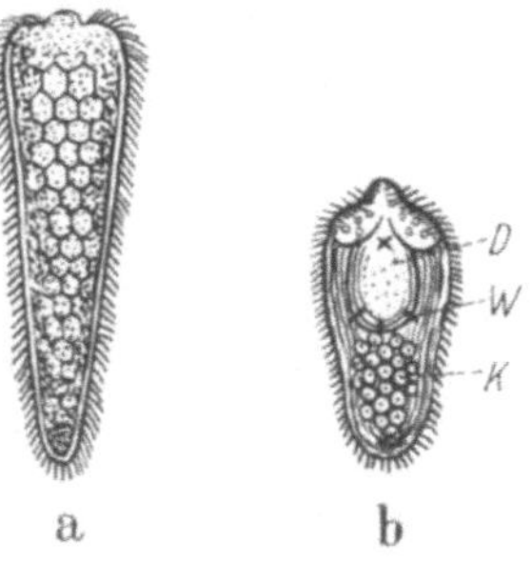

Abb. 137. *Wimperlarve oder Miracidium vom Großen Leberegel (Fasciola hepatica)*. a) ausgestreckt, b) kontrahiert. *D* Darmanlage, *W* Wimperflamme (Exkretionsorgan), *K* Keimballen. (Nach LEUCKART.)

Das mit einem Deckel versehene *Ei* (Abb. 1 u. 6) ist im Augenblick der Ablage gefurcht, gelangt ins Freie und muß ins Wasser kommen, um seine Entwicklung fortzusetzen. Eine Wimperlarve oder Miracidium entwickelt sich im Ei und schlüpft nach einem sehr verschiedenen Zeitraum aus.

Das im Wasser frei gewordene *Miracidium* (Abb. 137) schwimmt vermöge seiner Wimpern umher und sucht bestimmte Süßwasserschnecken auf, nämlich *kleine Schlammschnecken* oder *Limnaeen*[1]. Es dringt ins Atemloch der Schnecke ein, verliert seine Wimpern und verwandelt sich in einen unregelmäßig geformten Keimschlauch, der Sporocyste genannt wird und die erste Generation verkörpert.

Die *Sporocyste* (Abb. 138) ist von verschiedener Form und enthält in ihrem Innern mehr oder minder große Keimballen. Ein Darmkanal fehlt. Aus den Keimballen bilden sich bald Organismen mit einem einfachen, nicht verzweigten Darmkanal. Sie heißen Redien oder Stablarven und stellen die zweite Generation dar.

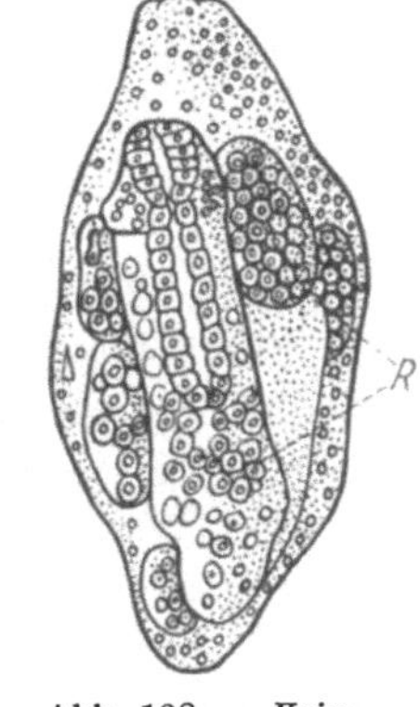

Abb. 138. *Keimschlauch oder Sporocyste vom Großen Leberegel (Fasciola hepatica)* mit Redien (*R*). (Nach LEUCKART.)

Die *Redien* (Abb. 139) verlassen die Sporocyste und dringen in die sog. Leber der Schnecke ein. Dort vergrößern sie sich bedeutend und ergeben je nach den klimatischen Verhältnissen entweder wieder Redien, die sog. *Tochterredien*, oder Cercarien, die auch Schwanz-

---

[1] Vgl. O. MATTES: Z. Parasitenkde **14**, 320—363 (1949).

larven genannt werden. Die Tochterredien stellen die dritte Generation dar, während die Cercarien die Larven der Geschlechtsgeneration sind.

Die *Cercarien* (Abb. 140) unterscheiden sich von den Redien durch einen gegabelten Darm, zwei Saugnäpfe und einen Ruderschwanz. Sie sind etwa 300 μ lang und 230 μ breit. Diese Organismen, die winzigen Kaulquappen ähneln, verlassen ihren Wirt und schwimmen aktiv im Wasser umher, worin sie aber nur kurze Zeit leben.

Die Weiterentwicklung der frei lebenden Cercarien, deren Gestalt übrigens sehr verschieden ist, verläuft je nach den Saugwurmarten, zu denen sie gehören, auf drei verschiedene Weisen (Abb. 141):

1. Die Cercarien schwimmen einige Zeit frei umher und dringen dann unter Verlust ihres Schwanzes *aktiv durch die Haut* in ihren Endwirt ein. Dies ist bei den Cercarien der *Pärchenegel* oder *Bilharzien* (*Schistosoma*) der Fall[1].

2. Die Cercarien encystieren sich entweder im Wasser oder an Wasserpflanzen und werden so zu *Metacercarien*. Hierauf gelangen sie *passiv durch den Mund* in ihren Endwirt, wenn dieser infiziertes Wasser oder infizierte Pflanzenkost genießt. So verhalten sich die Cercarien vom *Darmegel* (*Fasciolopsis*) und vom *Großen Leberegel*

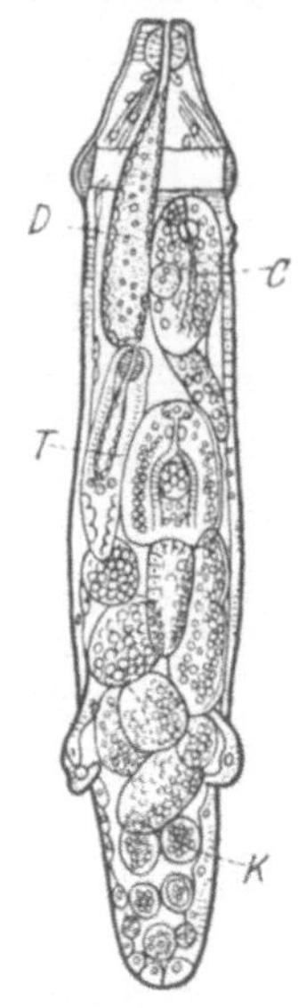

Abb. 139. *Stablarve oder Redie vom Großen Leberegel* (*Fasciola hepatica*) mit Tochterredien (*T*) und Schwanzlarven oder Cercarien (*C*). *D* Darm, *K* Keimballen. (Nach THOMAS.)

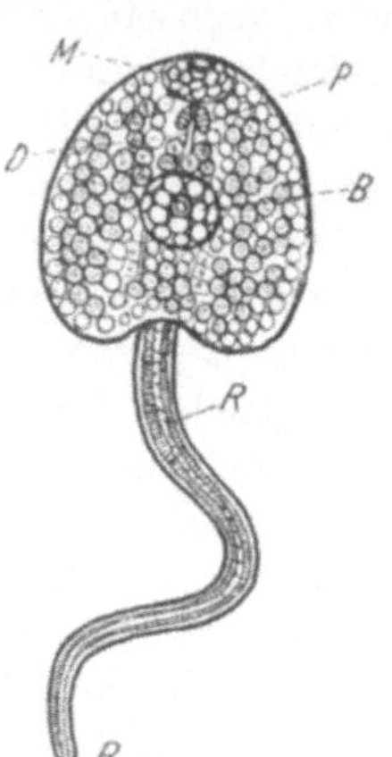

Abb. 140. *Schwanzlarve oder Cercarie vom Großen Leberegel* (*Fasciola hepatica*). Der Darm (*D*) ist durch die großen Hautdrüsen (Cystogenzellen) größtenteils verdeckt und daher nur zum Teil sichtbar. *M* Mundsaugnapf, *P* Pharynx, *B* Bauchsaugnapf, *R* Ruderschwanz. (Nach THOMAS.)

---

[1] Durch das Eindringen der Cercarien in die Haut kann eine *Cercariendermatitis* oder *Schwimmerkrätze* hervorgerufen werden. Nahe verwandt mit den Bilharzien ist *Trichobilharzia ocellata*, deren Geschlechtstiere in den Bauchvenen von *Enten* vorkommen. Die Art ist über Europa verbreitet. Als Zwischenwirt dient die *Große Schlamm-* oder *Spitzhornschnecke* (*Limnaea stagnalis*), aus der die *Gabelschwanzcercarien* (*Cercaria ocellata*) schlüpfen. Diese Cercarien sind in der Lage, auch in die Haut von badenden Menschen einzudringen und hier die *Cercariendermatitis der Schwimmer* zu verursachen. *Cercaria ocellata* und verwandte Formen sind u. a. in verschiedenen norddeutschen Seen festgestellt worden. (Vgl. L. SZIDAT u. R. WIGAND: Leitfaden der einheimischen Wurmkrankheiten des Menschen, S. 72—76. Leipzig 1934, u. L. SZIDAT: Was ist *Cercaria ocellata La Valette?* [Dtsch. tropenmed. Z. **46**, 481—497 u. 509—524 (1942)].)

(*Fasciola*). In diese Gruppe gehört auch der *Kleine Leberegel* (*Dicrocoelium*).

3. Die Cercarien encystieren sich wie die vorhergehenden und werden zu Metacercarien. Aber diese Encystierung geht in einem *zweiten Zwischenwirt*, dem sog. *Hilfs-* oder *Transportwirt*, vor sich, meistens einem *Fisch*, bisweilen einem *Süßwasserkrebs*. Durch den Genuß von infizierten Organen dieser Tiere infiziert sich der Endwirt. Auch in diesem Falle gelangen also die Metacercarien *passiv durch den Mund* in den Men-

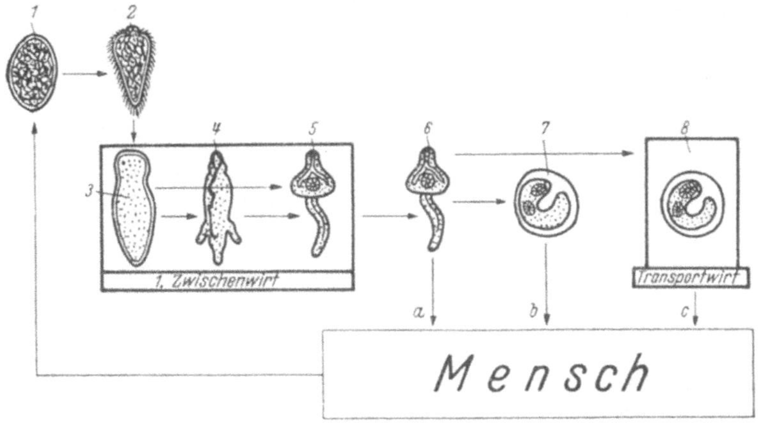

Abb. 141. *Schema der Trematodenentwicklung. 1* Ei, *2* Wimperlarve oder Miracidium, *3* Keimschlauch oder Sporocyste, *4* Stablarve oder Redie (kann fortfallen), *5* Schwanzlarve oder Cercarie im 1. Zwischenwirt, *6* frei schwimmende Cercarie, *7* an Wasserpflanzen usw. encystierte Metacercarie, *8* in einem Transportwirt encystierte Metacercarie. — Der Mensch infiziert sich mit Saugwürmern auf 3 verschiedenen Infektionswegen: a) mit frei schwimmenden Cercarien (*6*) (*Schistosoma*, *Trichobilharzia*), b) mit an Wasserpflanzen usw. encystierten Metacercarien (*7*) (*Fasciolopsis*, *Fasciola*) bzw. mit verschleimten Cercarien (*Dicrocoelium*), c) durch den Genuß von mit Metacercarien infizierten Transportwirten (*8*) (*Opisthorchis*, *Paragonimus*). (Nach F. Schmid, verändert.)

schen. Dies ist der Fall bei dem *Chinesischen* und dem *Katzenleberegel* (*Oposthorchis sinensis* und *O. tenuicollis*) und bei dem *Lungenegel* (*Paragonimus*).

Was wird aus den Cercarien oder Metacercarien, die auf dem einen oder dem anderen Wege in den menschlichen Organismus eingedrungen sind?

Sie gelangen allmählich in das Organ, das für jede Art das gegebene ist, wachsen hier heran, bekommen den Geschlechtsapparat und verwandeln sich in einigen Wochen oder Monaten in geschlechtsreife Saugwürmer mit der Fähigkeit zur Eiablage.

Einteilung. Die Saugwürmer, die hauptsächlich als Parasiten des Menschen in Betracht kommen, sind *Distomeen*, d. h. Trematoden mit je einem Mund- und Bauchsaugnapf. Sie werden in eine bestimmte Anzahl Familien eingeteilt, deren Merkmale wir hier anführen.

Herm-aphro-diten	Genital-öffnung *vor* dem Bauch-saugnapf	Hoden u. Ovarium stark verästelt	**Fasciolidae**	*Darmegel (Fasciolopsis)* / *Großer Leberegel (Fasciola)*
		Hoden *vor* dem Ovarium	**Dicrocoelii-dae**	*Kleiner Leberegel (Dicrocoelium)*
		Hoden *hinter* dem Ovarium	**Opisthorchi-dae**	*Katzenleberegel (Opisthorchis tenuicollis)* / *Chinesischer Leberegel (Opisthorchis sinensis)*
	Genitalöffnung *hinter* dem Bauchsaugnapf		**Troglotremi-dae**	*Lungenegel (Paragonimus)*
Getrenntgeschlechtlich			**Schistosomi-dae**	*Pärchenegel (Schistosoma)*

I. Darmegel (Fasciolopsis buski).

Morphologie. Der *Darmegel (Fasciolopsis buski)* (Abb. 142) ist ein großer, 3—7 cm langer und 14—15 mm breiter Egel. Der Mundsaugnapf ist halb so groß wie der Bauchsaugnapf. Der Körper ist dick, grau und seitwärts pigmentiert, wo die Dotterstöcke liegen. Die Darmschenkel verlaufen wellenförmig, sind aber nicht verästelt wie bei dem Großen Leberegel (*Fasciola*), dagegen sind es die Hoden und das Ovarium. Der Uterus liegt im Vorderteil des Körpers.

Biologie. Im Fernen Osten kommt der Darmegel sehr häufig im Dünndarm von Mensch und Schwein vor. Manchmal findet man ihn auch im Magen.

Das dunkle, gedeckelte Ei ist 125 μ lang und 75 μ breit. Es entwickelt sich im Wasser, und das daraus hervorgehende Miracidium dringt in den Körper von *Tellerschnecken* der Gattungen *Planorbis* (*P. coenosus*) (vgl. auch Abb. 231), *Segmentina* (*S. hemisphaerula*) usw. ein. Dort wird es zur Sporocyste, die nur eine Redie erzeugt. Diese wandert in die Leber der Schnecke und erzeugt entweder Tochterredien oder Cercarien. Die ins Freie gelangten Cercarien encystieren sich an Wasserpflanzen und werden zu infektionsfähigen Metacercarien, die man in großer Menge an den Blättern und Früchten der *Wassernuß* (*Trapa natans*) (Abb. 143) findet. Der Mensch infiziert sich *per os* durch Genuß von infizierten Pflanzen.

Pathogene Bedeutung. Der Darmegel ist in Indien, Siam, Indochina, China und dem Malaiischen Archipel verbreitet. Er verursacht beim

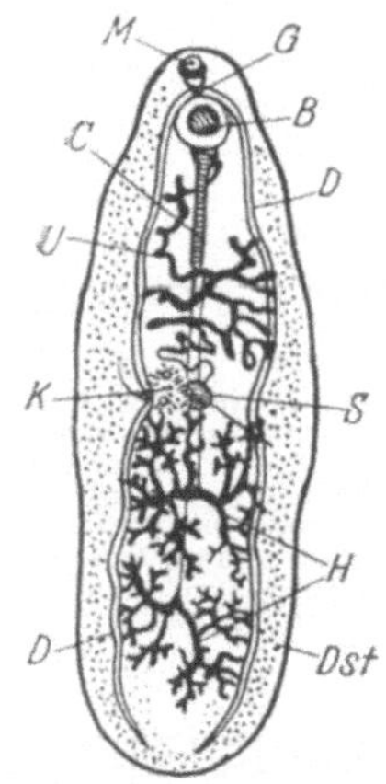

Abb. 142. *Darmegel (Fasciolopsis buski)*. *M* Mundsaugnapf, *G* Geschlechtsöffnung (Genitalporus), *B* Bauchsaugnapf, *C* Cirrusbeutel, *D* Darmschenkel, *U* Uterus, *K* Keimstock oder Ovar, *S* Schalendrüse oder MEHLISscher Körper, *H* Hoden, *Dst* Dotterstock. (Nach ODHNER.)

Menschen die *Darmdistomatose*, deren Merkmale folgende sind: im ersten
Stadium Anämie und Asthenien, im zweiten langwierige Diarrhöe, im
dritten endlich ausgedehnte Ödeme und Ascites. Wenn es zu Massen-

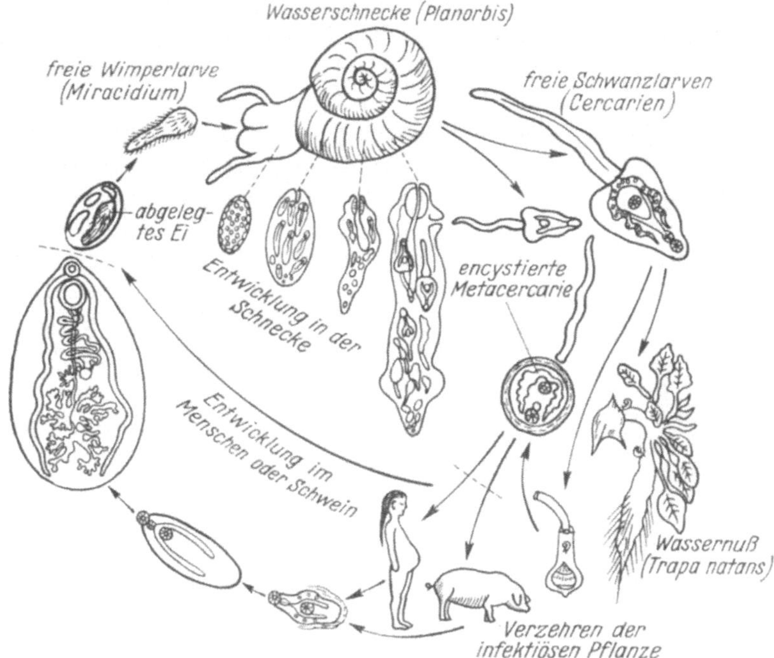

Abb. 143. *Entwicklungsschema des Darmegels (Fasciolopsis buski)*. Rechts sieht man die Über-
trägerin, die *Wassernuß (Trapa natans)*, auf der sich die infektionsfähigen, encystierten Metacercarien befinden. (Nach E. C. FAUST, etwas verändert.)

befall kommt (mehrere 1000 Exemplare), tritt eine schwere, bisweilen
tödliche Enteritis auf.

II. Großer Leberegel (Fasciola hepatica).

Der *Große Leberegel (Fasciola hepatica)* ist ein *verhältnismäßig seltener
Parasit des Menschen*. Dagegen ist er in unseren Gegenden beim Schaf,
beim Rind und anderen Pflanzenfressern sehr verbreitet. So gingen z. B.
in Bayern im Jahre 1925 durch den Großen Leberegel zugrunde:
60000 Schafe, 18000 Rinder und 3000 Ziegen, was etwa einem Schaden
von 10 Millionen DM entspricht. Wir erwähnen ihn hier hauptsächlich
als heimisches Beispiel, da fast alle pathogenen Egel des Menschen
exotische Arten sind.

Morphologie. Der Große Leberegel ist 2—3 cm lang, abgeplattet,
blattförmig und vorn breiter als hinten. Das Vorderende verschmälert

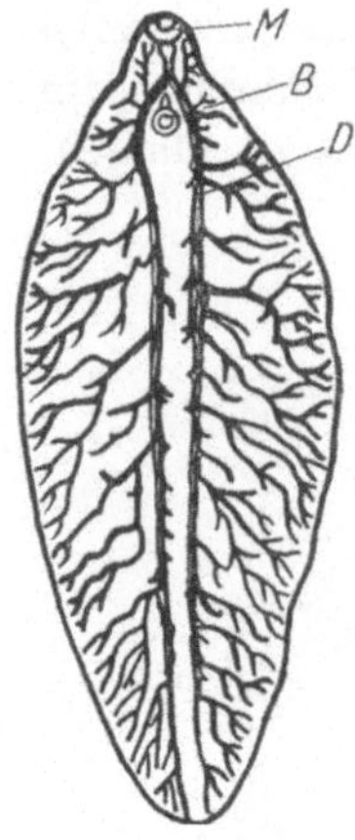

Abb. 144. *Großer Leberegel (Fasciola hepatica).* *M* Mundsaugnapf, *B* Bauchsaugnapf, *D* Darmschenkel mit Blindsäcken. In 2facher Vergrößerung. (Nach LEUCKART.)

sich plötzlich zu einer konischen Spitze, die den Mundsaugnapf trägt. Der größere Bauchsaugnapf liegt 2—3 mm hinter dem ersteren (Abb. 144).

Biologie. Der Große Leberegel lebt hauptsächlich in den Gallengängen und nährt sich von Blut. Er legt große, längliche Eier. Diese sind von bräunlicher Farbe, gedeckelt, 140 μ lang, 80 μ breit (Abb. 1 u. 6) und werden mit den Exkrementen befallener Tiere abgestoßen. In unseren Gegenden ist der Zwischenwirt eine *kleine Schlammschnecke (Limnaea truncatula)* (Abb. 229). Die Cercarien encystieren sich im Wasser oder an Wasserpflanzen. Die Infektion findet durch die encystierten Metacercarien mit dem Trinkwasser oder mit überschwemmt gewesener Pflanzennahrung (z. B. Sauerampfer, Fallobst usw.) statt. (Vgl. S. 177—179.)

Pathogene Bedeutung. Der Große Leberegel kommt für die Pathologie des Menschen kaum in

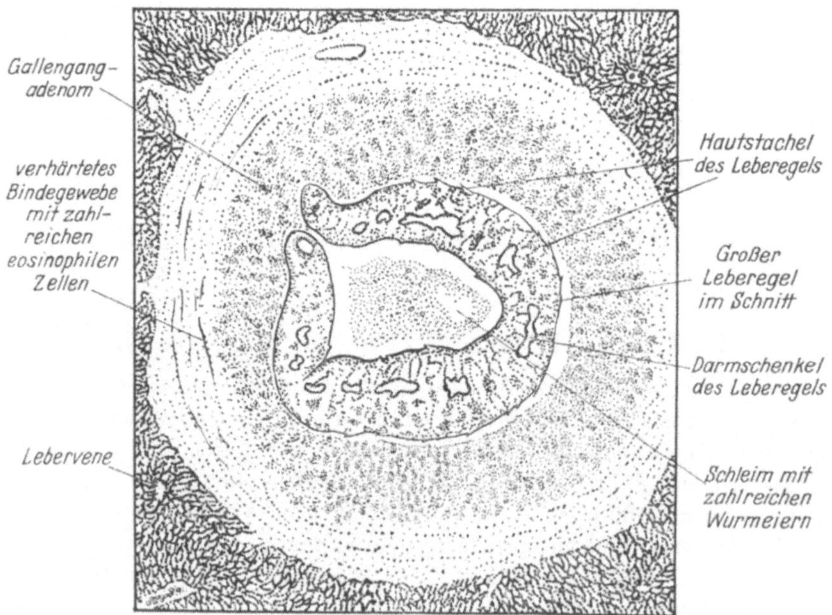

Abb. 145. *Gallengangadenom, hervorgerufen durch den Großen Leberegel (Fasciola hepatica).* Schnitt durch die Leber eines Schafes. Im Lumen des Gallenganges befindet sich ein Großer Leberegel (im Schnitt).

Betracht[1]. Die im Stuhl gefundenen Eier dieses Egels stammen meistens nicht von im Menschen lebenden Parasiten her, sondern von Egeln, die mit infizierter Rinder- oder Schafsleber[2] genossen worden sind (Abb. 145).

III. Kleiner Leberegel (Dicrocoelium dendriticum).

Der *Kleine Leberegel* oder *Lanzettegel* [*Dicrocoelium dendriticum* (= *D. lanceatum*)] (Abb. 136) kommt wie der vorhergehende in unserer Gegend sehr häufig bei Pflanzenfressern vor, als *Parasit des Menschen* dagegen nur *ganz ausnahmsweise*. Wir erwähnen ihn hier nur, weil man ihn sich leicht verschaffen und seinen Bau bequem untersuchen kann, da er durchsichtig ist.

Morphologie. Der Körper ist lanzettenförmig, 5—12 mm lang und 1,5—2,5 mm breit. Der Mundsaugnapf ist etwas kleiner als der Bauchsaugnapf. In der Durchsicht erkennt man alle Organe. Die Hoden liegen vor dem Ovarium, und der Uterus ist mit beinahe schwarzen Eiern angefüllt. Die Geschlechtsöffnung liegt vor dem Bauchsaugnapf.

Biologie. Der Kleine Leberegel lebt allein oder zusammen mit dem Großen Leberegel in den Gallengängen des Schafes und anderer Pflanzenfresser. Die Eier sind klein, auf der einen Seite flachgedrückt, nur 38—45 μ lang und 22—30 μ breit (Abb. 6). Sie enthalten im Augenblick der Ablage bereits ein Miracidium und werden von ihren Zwischenwirten verschluckt. Letztere sind auf der Erde lebende, kalkliebende Lungenschnecken der Gattungen *Helicella* (*Heideschnirkelschnecke*) (Abb. 146a, b und 228a, b, c) und *Zebrina* (*Turmschnecke*) (Abb. 146c u. 228d, e). Im Darm dieser Schnecken schlüpft aus dem Ei das Miracidium, setzt sich am Epithel der Mitteldarmdrüse fest und wächst zur Sporocyste I. Ordnung (Muttersporocyste) heran. Diese erzeugen in ihrem Innern zahlreiche Sporocysten II. Ordnung, in welchen die Cercarien entstehen. Es gibt also keine Rediengeneration. Die Cercarien wandern in die Atemhöhle der Schnecke und sammeln sich hier in großer Menge an, bis zu 6000 Exemplaren. Hunderte von Cercarien hüllen sich dann mit ihrem eigenen Sekret und dem der Schnecke ein und bilden so eine kugelige Sammelcyste oder Pseudocyste. Derartige gruppenweise

---

[1] Vgl. H. Moormann: Die Leberegelkrankheit (Fasciolosis) beim Menschen. Med. Klin. **45**, 4—8 (1950); H. I. Ehlers u. H. Knüttgen: Ein Fall von Distomatosis hepatica bei einem 8$^{1}/_{2}$jährigen Mädchen. Z. Tropenmed. u. Parasitol. **1**, 364—378 (1949); W. Minning u. H. Vogel: Immunbiologische und epidemiologische Untersuchungen bei 3 Fällen von menschlicher Fasciolose. Z. Tropenmed. u. Parasitol. **1**, 532—553 (1950).

[2] Wenn die Lebern unserer Haustiere nicht zu stark infiziert sind, kann man die Leberegel aus den Gallengängen herauswaschen und die so gereinigte Leber zur Nahrung verwenden. Eine Infektion des Menschen durch die Leberegel*eier* ist ausgeschlossen.

miteinander verklebende Schleimkugeln stößt die Schnecke aus. Diese *Schleimballen* haften an Pflanzen fest und werden von Schafen oder

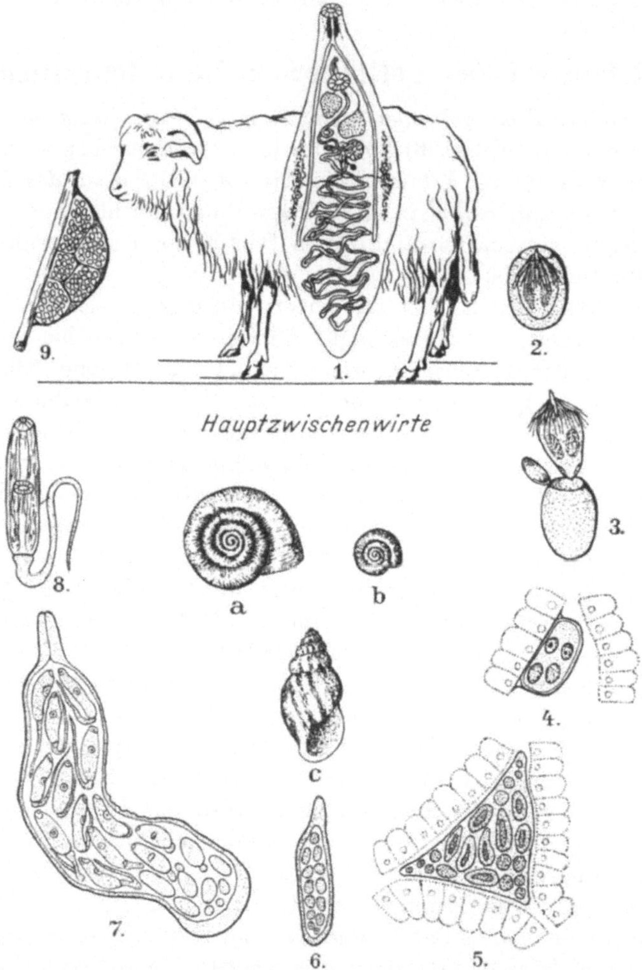

Abb. 146. *Schematische Darstellung des Entwicklungsganges des Kleinen Leberegels (Dicrocoelium dendriticum)*. 1. Geschlechtsreifer Egel, 2. Miracidium innerhalb der Eikapsel, 3. im Darm der Schnecke ausschlüpfendes Miracidium, 4. Miracidium kurz nach der Festsetzung im Zwischengewebe der Mitteldarmdrüse der Schnecke, 5. heranwachsende Sporocyste I. Ordnung mit Keimballen und ganz jungen Sporocysten II. Ordnung, 6. junge Sporocyste II. Ordnung, 7. erwachsene Sporocyste II. Ordnung mit Cercarien, 8. Cercarie, 9. kugelige Sammelcysten oder Pseudocysten, gruppenweise zu einem Schleimballen vereinigt, an einer Pflanze. a) *Helicella ericetorum*, b) *Helicella candidula*, c) *Zebrina detrita*. Einzelfiguren in verschieden starker Vergrößerung. (Nach MATTES verändert.)

anderen Pflanzenfressern gefressen, die sich auf diese Weise infizieren. Erst in der Leber des Endwirtes werfen die Cercarien Bohrstachel und Schwanz ab und werden so zu Metacercarien. Der Mensch infiziert sich ebenfalls *per os*. Die Cercarie ist schon lange unter dem Namen *Cercaria vitrina* bekannt, der Entwicklungscyclus[1] ist aber erst sehr viel später aufgedeckt (Abb. 146).

Pathogene Bedeutung[2]. Die Bedeutung des Kleinen Leberegels ist für die Pathologie des Menschen sehr gering. Die im Stuhl gefundenen Eier rühren meistens von Parasiten her, die, wie es beim Großen Leberegel der Fall ist, mit infizierter Schafsleber verschluckt worden sind.

IV. Chinesischer Leberegel (Opisthorchis sinensis).

Morphologie. Der *Chinesische Leberegel [Opisthorchis (= Clonorchis) sinensis]* (Abb. 147 a u. b) hat ziemlich dieselbe Gestalt wie der Kleine Leberegel, ist aber ein wenig größer. Er ist 10—20 mm lang und 2—4 mm breit. Der Mundsaugnapf ist größer als der Bauchsaugnapf. Der Körper ist fast durchsichtig, und man kann erkennen, daß die Hoden hinter den weiblichen Geschlechtsorganen liegen und *verästelt* sind. Bei dieser Art liegt der bräunliche Uterus ziemlich in der Mitte des Körpers und dehnt sich nicht bis zum Hinterende aus, wo sich die Hoden befinden. Die Genitalöffnung liegt vor dem Bauchsaugnapf.

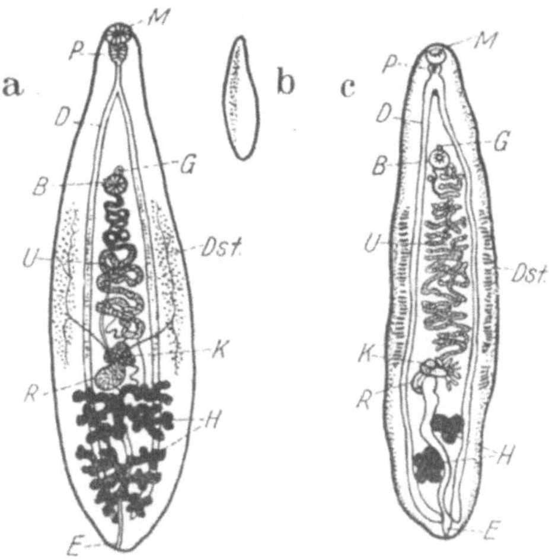

Biologie. Der Chinesische Leberegel lebt in den Gallengängen des Menschen und einiger Säugetiere im Fernen Osten. Bei Massenbefall kann die Infektion sich auf die Bauchspeicheldrüse, seltener auf den Zwölffingerdarm erstrecken.

Abb. 147 a u. b. *Chinesischer Leberegel [Opisthorchis (= Clonorchis) sinensis]*. a) in 4facher Vergrößerung, b) in natürlicher Größe, c) *Katzenleberegel (Opisthorchis tenuicollis = O. felineus)* in 4facher Vergrößerung. *M* Mundsaugnapf, *P* Pharynx, *D* Darmschenkel, *B* Bauchsaugnapf, *G* Geschlechtsöffnung (Genitalporus), *U* Uterus, *Dst* Dotterstock, *K* Keimstock oder Ovar, *R* Receptaculum seminis, *H* Hoden, *E* Exkretionsporus. (Nach MANSON.)

Das längliche, mit vorspringendem Deckel versehene Ei hat am entgegengesetzten Pol einen kleinen Fortsatz. Es ist 26—30 μ lang und 15—17 μ breit (Abb. 6). Seine Entwicklung geht im Wasser vor sich wie bei den meisten Saugwürmern

---

[1] Vgl. O. MATTES: S.ber. Ges. Naturw. Marburg **72**, H. 2 (1937); — W. NEUHAUS: Z. Parasitenkde **10**, 476—512 (1938).

[2] Vgl. G. SCHEID, H. MENDHEIM u. R. AMENDA: Die Lanzettegelinfektion (Dicrocoeliasis) beim Menschen nebst Mitteilung eines neuen Falles. Z. Tropenmed. u. Parasitol. **2**, 142—150 (1950).

(Abb. 148). Der Chinesische Leberegel hat *zwei aufeinanderfolgende Zwischenwirte*. Der erste ist eine kleine, mit einem Deckel versehene *Wasserschnecke*, nämlich die *Japanische Sumpfdeckelschnecke (Bithynia striatula japonica)* (Abb. 232), der zweite ein *Fisch*. Die Fische, die die Fähigkeit besitzen, die Metacercarien des Chinesischen Leberegels zu beherbergen, sind sehr zahlreich und gehören fast alle zur Familie der

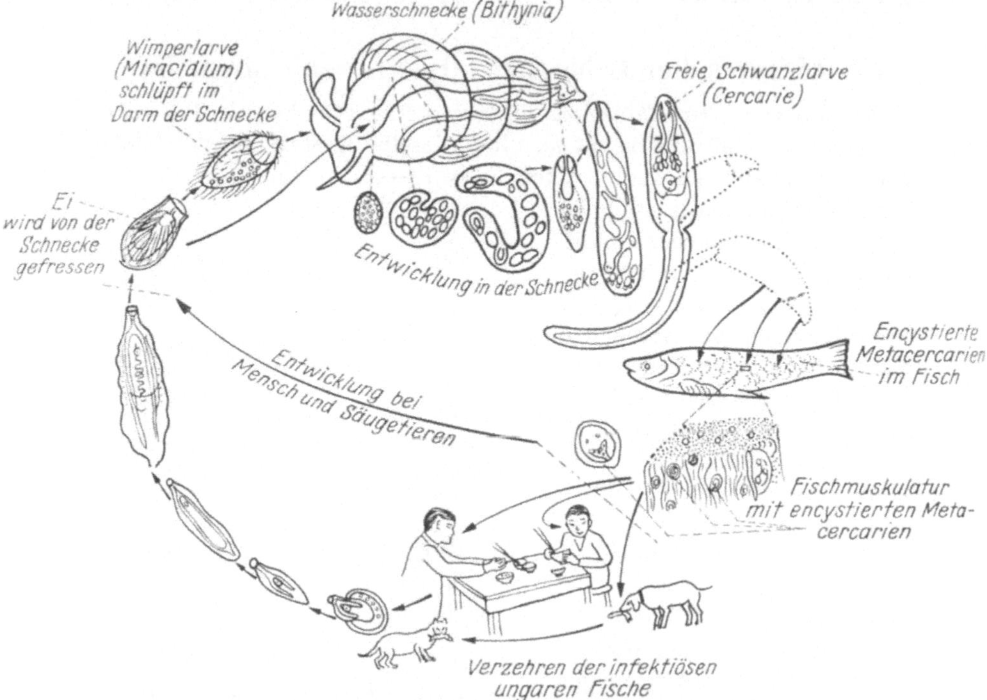

Abb. 148. *Entwicklungsschema des Chinesischen Leberegels [Opisthorchis (= Clonorchis) sinensis].* Rechts sieht man den zweiten Zwischenwirt, einen Fisch, der die infektionsfähigen encystierten Metacercarien beherbergt. (Nach E. C. FAUST, etwas verändert.)

Karpfen oder *Cypriniden* (Abb. 226). Der gewöhnliche *Goldfisch (Carassius auratus)* ist einer dieser Zwischenwirte.

Die Cercarien, die die Schnecke verlassen, encystieren sich in den Muskeln und besonders unter den Schuppen der Fische und werden als encystierte Metacercarien infektionsfähig.

Die Infektion des Menschen findet *per os* statt, wenn er parasitierte Fische in rohem oder schwach gekochtem Zustande genießt.

Pathogene Bedeutung[1]. Der Chinesische Leberegel ist in China, Indochina, Japan und Tonkin sehr verbreitet. Er verursacht eine ernste

---

[1] Vgl. J. H. F. OTTO: Über den Chinesischen Leberegel Opisthorchis sinensis. Arch. Schiffs- u. Tropenhyg. **41**, 481—505 u. 552—565 (1937).

Leberdistomatose oder *Opisthorchiasis* (*Clonorchiasis*) mit Magen-Darm-schädigungen, Anämie, Ikterus, blutiger Diarrhöe, Nasenbluten, Ascites und Ödemen der unteren Gliedmaßen (Abb. 149). Die Krankheit kann sich langsam entwickeln. Bei Massenbefall sterben die Kranken an Kachexie.

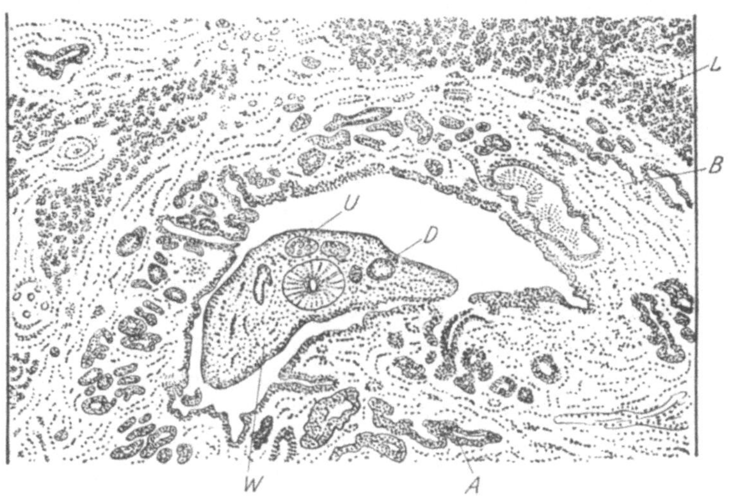

Abb. 149. *Durch den Chinesischen Leberegel [Opisthorchis (= Clonorchis) sinensis] hervorgerufene Schädigungen in der menschlichen Leber.* Schnittpräparat. *L* Lebergewebe, *B* verhärtetes Binde-gewebe, *U* angeschnittener Uterus des Leberegels, angefüllt mit Eiern, *D* angeschnittener Darm-schenkel des Parasiten, *W* Wurm im Schnitt, *A* Gallengangadenom.

V. Katzenleberegel (Opisthorchis tenuicollis).

Morphologie. Der *Katzenleberegel* [*Opisthorchis tenuicollis*[1] (= *O. felineus*)] (Abb. 147c) hat einen sehr durchsichtigen, lanzettenförmigen, rötlichen Körper und ist 7—12 mm lang und 2—2,5 mm breit. Die Hoden liegen hinter den weiblichen Geschlechtsorganen und sind nicht verästelt wie bei dem Chinesischen Leberegel, sondern *gelappt*.

Biologie. Der Katzenleberegel lebt in den Gallengängen der Leber und bisweilen in den Kanälchen der Bauchspeicheldrüse des Menschen, der Katze und des Hundes in Europa und Asien. Er kommt jedoch nicht in Ostsibirien östlich vom Irtysch vor.

Das längliche Ei ist gedeckelt und am entgegengesetzten Ende mit einem kleinen Fortsatz versehen. Es ist 26—30 μ lang und 11—15 μ breit und entwickelt sich wie bei den vorhergehenden Arten im Wasser. Wie der Chinesische Leberegel, so hat auch der Katzenleberegel *zwei aufeinanderfolgende Zwischenwirte*. Der erste ist ebenfalls eine kleine,

---

[1] Vgl. A. ERHARDT: Systematik und geographische Verbreitung der Gattung *Opisthorchis* R. Blanchard 1895, sowie Beiträge zur Chemotherapie und Pathologie der Opisthorchiasis. Z. Parasitenkde **8**, 188—225 (1935).

mit einem Deckel versehene *Wasserschnecke*, die *Sumpfdeckelschnecke Bithynia leachi*, der zweite ein *Fisch*. Die als Wirte für die Metacercarien vom Katzenleberegel in Betracht kommenden Fische gehören ebenfalls zur Familie der *Karpfen* oder *Cypriniden*, es sind besonders der *Aland* oder *Tapar* [*Idus jeses* = (*I. melanotus*)], der *Plötz* (*Leuciscus rutilus*), die *Schleie* (*Tinca vulgaris*), der *Brachsen* (*Abramis brama*), die *Barbe* (*Barbus fluviatilis*) und der *Karpfen* (*Cyprinus carpio*). (Vgl. H. VOGEL[1].)

Die Infektion findet *per os* beim Genuß von parasitierten Fischen, in Ostpreußen besonders von Fischsalat statt.

Pathogene Bedeutung. Man findet den Katzenleberegel in Ostpreußen, Schweden, Holland, Frankreich, Italien, Rußland, Sibirien und Tonkin. In Ostpreußen kam der Katzenleberegel vor allem im Gebiet des Memeldeltas vor. Im Durchschnitt war hier die Bevölkerung zu 5,6% infiziert. Der höchste Befall war für das Dorf Skirwieth mit 18,2% *Opisthorchis*-Trägern nachgewiesen (DEMBOWSKI und SZIDAT: a. a. O.). Die Stärke der Infektion betrug beim Menschen in Ostpreußen höchstens mehrere 1000 Würmer, während in Sibirien in einer Leiche über 25000 Exemplare gefunden wurden. In dem Dorfe Karkeln am Ostufer des Kurischen Haffs sind 87,8% der Katzen infiziert. Über die Hälfte dieser infizierten Katzen beherbergt mehr als 100 Würmer, der Höchstbefall beträgt rund 1000 Katzenleberegel je Katze[2].

Der Katzenleberegel verursacht wie der Chinesische Leberegel eine *Leberdistomatose* oder *Opisthorchiasis*.

VI. Lungenegel (Paragonimus ringeri).

Morphologie. Der *Lungenegel* (*Paragonimus ringeri*) (Abb. 150) ist dicker als die vorhergehenden Arten und hat die Form und Größe einer Kaffeebohne von bräunlichroter Farbe. Er ist 8—16 mm lang, 4—8 mm breit und 3—4 mm dick. Die beiden Saugnäpfe sind annähernd gleich groß. Die Hoden liegen hinter den weiblichen Geschlechtsorganen. Die Geschlechtsöffnung befindet sich hinter dem Bauchsaugnapf.

Biologie. Im Fernen Osten trifft man diesen Egel bisweilen sehr zahlreich in der Lunge des Menschen an. Die eiförmigen, gedeckelten und bräunlichroten Eier sind 85—100 μ lang und 50—67 μ breit (Abb. 6).

Die Eier werden mit dem Auswurf des Kranken ausgeschieden oder mit seinem Stuhl, wenn er die vorher in die Mundhöhle gelangten Eier verschluckt. In beiden Fällen sind sie entwicklungsfähig, wenn sie ins Wasser kommen. Der Lungenegel entwickelt sich ebenfalls bei *zwei*

---

[1] VOGEL, H.: Der Entwicklungszyklus von Opisthorchis felineus (Riv.). Zoologica **33**, H. 86 (1934).

[2] Vgl. A. ERHARDT: Die Verbreitung von *Opisthorchis felineus* (Riv.) und anderen Katzenhelminthen in Ostpreußen. Z. Parasitenkde **7**, 121—124 (1934).

Zwischenwirten, zuerst in einer mit einem Deckel versehenen Süßwasserschnecke, einer sog. *Kronenschnecke* der Gattung *Melania* (Abb. 234),
dann bei verschiedenen Krebsen,
und zwar entweder bei *Süßwasserkrabben* der Gattungen *Potamon,
Sesarma* (Abb. 227) und *Eriocheir*
(*Wollhandkrabbe*) oder beim *Japanischen Flußkrebs* [*Astacus* (*Cambaroides*) *japonicus*]. Bei diesen
Krebsen encystieren sich die Cercarien in der Rumpfmuskulatur,
nur selten in der Leber oder an den
Füßen. Die Metacercarien werden
erst 42—54 Tage nach ihrer Encystierung infektionsfähig.

Der Mensch infiziert sich *per
os*, indem er die Krebse, von
denen wir soeben gesprochen
haben, in rohem oder wenig gekochtem Zustande genießt. Tierversuche haben ergeben, daß die

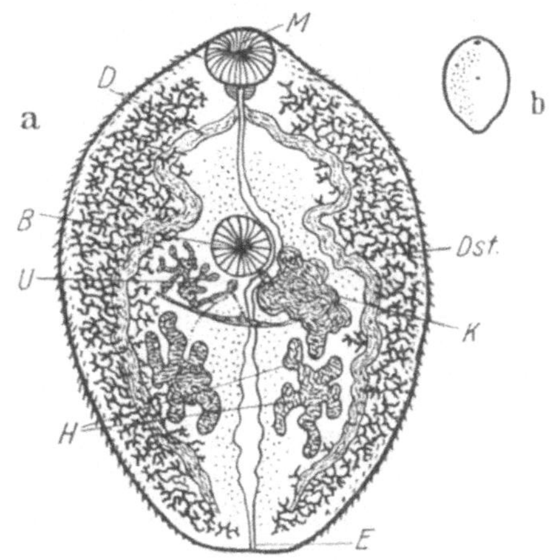

Abb. 150. *Lungenegel* (*Paragonimus ringeri*). a) in
5facher Vergrößerung, b) in natürlicher Größe.
M Mundsaugnapf, *D* Darmschenkel, *B* Bauchsaugnapf, *U* Uterus, *Dst* Dotterstock, *K* Keimstock oder Ovar, *H* Hoden, *E* Exkretionsporus.
(Nach MANSON.)

verschluckten Metacercarien ihre Cyste verlassen, die Wand des Darmkanals durchbohren und von der Bauchhöhle durch das Zwerchfell in
die Brusthöhle gelangen, wo sie sich eine bestimmte Zeit hindurch

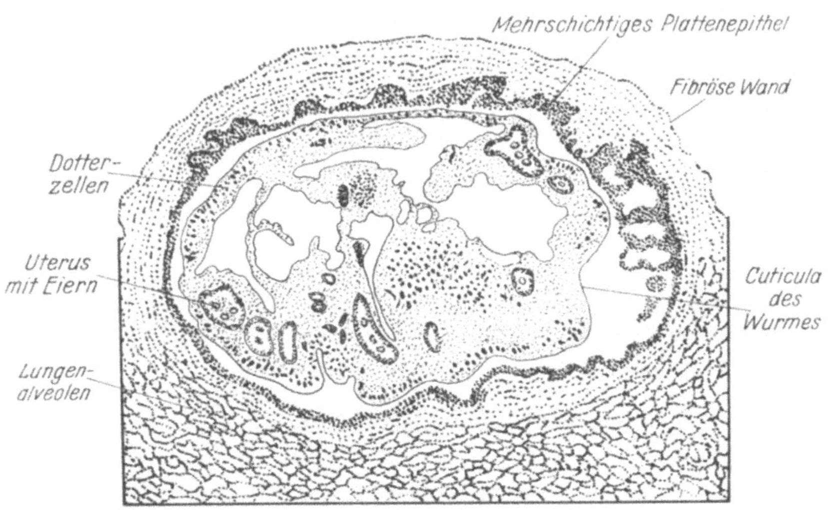

Abb. 151. *Schnitt durch eine Cyste vom Lungenegel* (*Paragonimus*). In der Mitte der Cyste befindet
sich der Parasit, der durch seine Gegenwart die Bildung des mehrschichtigen Plattenepithels
hervorgerufen hat.

aufhalten. Hierauf passieren sie die Pleura und setzen sich paarweise in den Bronchiolen der Lunge fest. Jene hypertrophieren, und die Parasiten verursachen so die Cystenbildung (Abb. 151).

Pathogene Bedeutung. Der Lungenegel ist der Erreger der *Lungendistomatose* oder *-paragonimiasis*, die auch *parasitäre Hämoptysis* oder *Bluthusten* genannt wird. Diese Krankheit ist in China, Korea, Formosa, auf den Philippinen, in Indochina und Japan weit verbreitet.

Die Krankheit äußert sich anfänglich durch Husten, blutigen Auswurf und bisweilen durch Blutspucken. Später wird der Husten chronisch und ist morgens beim Aufstehen besonders heftig; nach den Hustenanfällen zeigt sich *rostbrauner Auswurf* ähnlich wie bei einer Lungenentzündung. In diesem Stadium wird das Blutspucken häufiger und tritt bisweilen so heftig auf, daß es das Leben des Kranken bedroht.

Eine schwere Komplikation dieser Krankheit ist die *cerebrale Distomatose* oder *Paragonimiasis*. Sie entsteht durch die Anwesenheit des Lungenegels im Gehirn. Es treten dann epileptiforme Anfälle auf, wie man sie bei verschiedenen parasitären Erkrankungen beobachtet.

VII. Pärchenegel (Schistosoma).

Die *Pärchenegel, Adernegel* oder *Bilharzien* sind Trematoden der Gattung *Schistosoma* oder *Bilharzia*. Bei dieser Gattung sind die Geschlechter getrennt. Die beiden Darmschenkel vereinigen sich hinten zu einem unpaaren blindgeschlossenen Gang. Der LAURERsche Kanal ist beim Weibchen nicht vorhanden. Die Eier besitzen keinen Deckel und werden abgelegt, bevor das Miracidium ausgebildet ist. Die Bildung des letzteren erfolgt erst nach 3—4 Tagen während der Wanderung des Eies durch das Gewebe.

Die geschlechtsreifen Bilharzien leben in den Blutgefäßen (Abb. 155, 1).

Bei ihrer Passage durch die verschiedenen Gewebe verursachen die Eier mannigfache Schädigungen.

Drei wichtige Arten von Pärchenegeln sind Parasiten des Menschen:

Schistosoma haematobium verursacht die *Blasen- oder Urogenitalbilharziose.*

Schistosoma mansoni ist der Erreger der *Darmbilharziose.*

Schistosoma japonicum bildet die Ursache der *Gefäß- oder chinesisch-japanischen Bilharziose oder Katayamakrankheit.*

1. Blasenpärchenegel (Schistosoma haematobium).

Morphologie. Das Männchen ist weiß, 10—15 mm lang und 1 mm breit. Der Körper ist abgeplattet wie bei den Leberegeln, erscheint aber infolge der Einrollung seiner Seitenränder zylinderförmig. Die eingerollten Körperränder bilden so einen Kanal, den *Canalis gynaeco-*

phorus, in dem das Weibchen liegt. Beim Männchen finden sich 4 bis 5 große Hoden, und die beiden Darmschenkel vereinigen sich sehr weit hinten (Abb. 152).

Das Weibchen ist zylinderförmig und länger als das Männchen. Es ist 15—20 mm lang und verbreitert sich regelmäßig von vorn nach hinten, so daß es vorn 100 μ und hinten 200 μ breit ist. Durch den schwarz gefärbten, in der Durchsicht leicht erkennbaren Darm erhält es eine dunkle Färbung. Das Ovarium befindet sich in der hinteren

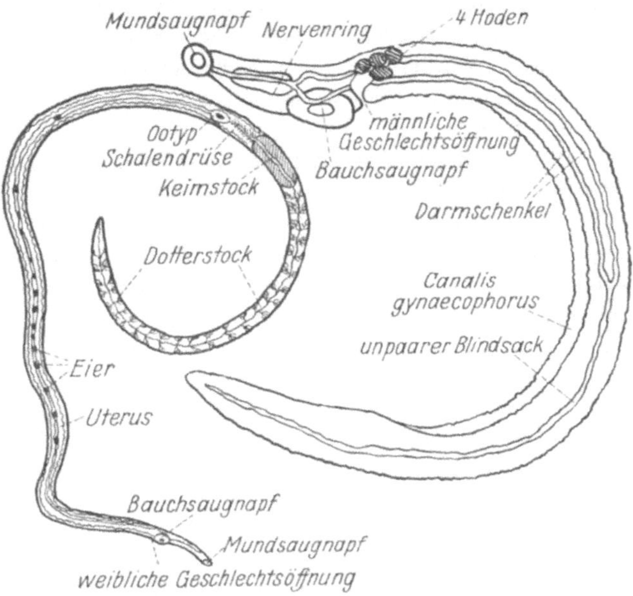

Abb. 152. *Blasenpärchenegel* (*Schistosoma haematobium*). Links Weibchen, rechts Männchen. In 22facher Vergrößerung. (Nach MANSON-BAHR u. FAIRLEY.)

Hälfte, die Dottersäcke liegen im letzten Viertel des Körpers. Der Uterus enthält normalerweise *mehrere unreife Eier* gleichzeitig (Abb. 152).

Biologie. Die *Blasenpärchenegel* leben gewöhnlich im Venensystem des Menschen, besonders im Blut der Pfortader und ihrer Verästelungen. Man findet sie dort im allgemeinen paarweise vereint (Abb. 155, 3), aber nach der Begattung verlassen die Weibchen die Männchen. Letztere bleiben gewöhnlich in den großen Gefäßen, die Weibchen aber wandern in die kleineren Gefäße der Harnblase und Harnwege, wo sie ihre Eier ablegen.

Das besonders charakteristische Ei (Abb. 6) ist mit einem *end-ständigen Stachel* versehen. Es ist 150 μ lang, 60 μ breit und enthält im Augenblick der Ablage noch kein Miracidium.

Die Eier durchbrechen die *Capillaren der Blase*, gelangen in das Lumen des Organs und werden mit dem Urin des Kranken ins Freie befördert. Ihre Weiterentwicklung findet im Süßwasser bei einer Wassertemperatur von über 20°C statt, jedoch haben sie nur *einen einzigen Zwischenwirt*, und zwar eine *Lungenschnecke*, die meistens zur Gattung *Bullinus* (= *Bulinus*), bisweilen zu den Gattungen *Physopsis* und *Planorbis* gehört. *Bullinus* (= *Bulinus*) *contortus* (= *B. truncatus*) (Abb. 230) ist einer der gewöhnlichsten Zwischenwirte. Wenn das *Miracidium* eine solche Schnecke getroffen hat, dringt es in ihr Integument ein, verwandelt sich in eine *Sporocyste* und erzeugt durch innere Knospung *Tochtersporocysten*. Diese wandern in die Hepatopankreasschläuche, sog. Leber, der Schnecke. Dort verlängern sich die Tochtersporocysten, befallen die ganze Drüse vollständig und erzeugen zahlreiche *Cercarien*, die die Tochtersporocysten durchbrechen und ins Wasser ausschwärmen[1].

In der Entwicklung der Pärchenegel gibt es keine Rediengeneration.

Die Cercarien aller Pärchenegel sind Furcocercarien, d. h. sie besitzen einen Gabelschwanz. Außerdem ist als besonderes Merkmal das *Fehlen des Pharynx* und *das Vorhandensein einer Reihe kleiner Bohrstacheln* am Vorderteil des Körpers zu erwähnen. Die Bohrstacheln ermöglichen das Durchbohren des Integumentes des Menschen.

Denn die Cercarien der Pärchenegel dringen aus dem Wasser *durch die Haut* in unseren Körper ein.

Auch durch den Genuß von verseuchtem *Trinkwasser* ist eine Infektion möglich. In diesem Falle bohren sich die Cercarien durch die Mund- oder Speiseröhrenschleimhaut in den Körper ein.

Die frei schwimmenden Cercarien sind 500 μ lang. Sobald sie in Berührung mit der Haut kommen, verlieren sie ihren Schwanz und dringen im Laufe von 10 Minuten in die Haut ein. Hierauf gelangen sie in die Venen, wo sie in etwa 2—3 Monaten geschlechtsreif werden.

Eine Infektion per os ist möglich, aber in diesem Fall müssen, wie erwähnt, die Cercarien die Mundschleimhaut durchbohren und sich dann genau so benehmen, als wären sie durch die Haut eingedrungen.

Pathogene Bedeutung. Der Blasenpärchenegel verursacht die *Blasen- oder Urogenitalbilharziose*, die auch unter dem Namen *ägyptische Hämaturie, Hämaturie vom Kap der Guten Hoffnung, Bilharzia-Hämaturie* und *Schistosomiasis* bekannt ist. Die Krankheit ist in Südafrika, in dem gesamten tropischen Teil dieses Kontinents und in bestimmten Punkten Nordafrikas (Marokko, Tunis, Ägypten) und Ostasien verbreitet. Man findet sie sogar an einigen Stellen Südeuropas, z. B. in Portugal.

---

[1] Es ist interessant, daß alle Cercarien, die aus ein und demselben Ei hervorgehen, demselben Geschlecht angehören. [Vgl. H. VOGEL: Zb. Bakter. I Orig. **148**, 29—35 (1941).]

Wenn die Eier in den Geweben der Harnblase vorhanden sind, so rufen sie Entzündungen hervor, die entweder in Geschwüre oder Hyperplasien (Wucherungen) übergehen (Abb. 153).

Die Hauptsymptome der Krankheit sind *Blutharnen* und *Schmerzen.* Beim Blutharnen kommt es zum häufigen Wasserlassen. Das Blut findet sich in der Endportion des ausgeschiedenen Urins. Die Blutmenge schwankt dabei zwischen einigen Tropfen und einigen Kubikzentimetern. Diese Blutungen verstärken sich bei Ermüdung oder nach dem Genuß von Speisen, die die Blase reizen. Meist leidet der Kranke während des Harnens an einem Gefühl des Brennens und der Schwere in der Gegend des Schambeins und Dammes.

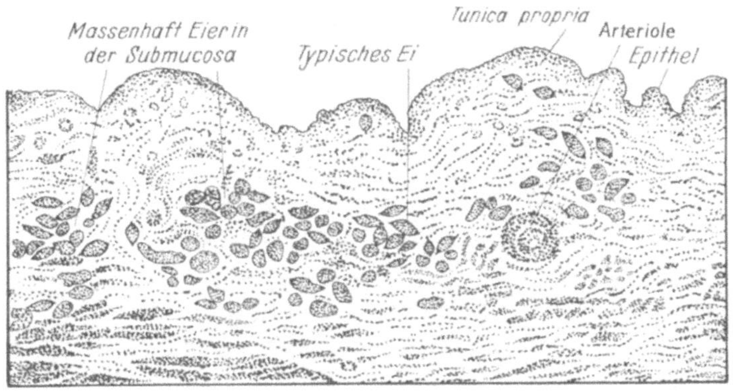

Abb. 153. *Schnitt durch eine Harnblase mit Eiern vom Blasenpärchenegel (Schistosoma haematobium).*

Komplikationen können von seiten der Blase und der Nieren entstehen. In bestimmten Gegenden ist häufig anormalerweise das Rectum an der Erkrankung beteiligt[1].

2. Darmpärchenegel (Schistosoma mansoni).

Morphologie. Der *Darmpärchenegel* ist von gleicher Größe wie der vorhergehende und unterscheidet sich von ihm nur durch einige Merkmale, die man aber mit bloßem Auge nicht erkennen kann. Statt 4 oder 5 Hoden besitzt das Männchen deren 8, und die Darmschenkel ergeben nach ihrer Vereinigung einen einheitlichen Blinddarm, der länger ist als beim Blasenpärchenegel. Das Weibchen besitzt in den beiden hinteren Dritteln des Körpers Dotterstöcke. Der Uterus ist verhältnismäßig kurz und enthält immer nur *ein einziges Ei* (Abb. 154).

---

[1] A. C. Fischer hat im Rectum afrikanischer Eingeborener Eier gefunden, die denjenigen von *S. haematobium* ähneln. Er hält die geschlechtsreifen Tiere für eine besondere Art: *S. intercalatum,* die als Zwischenwirt *Physopsis africana* besitzt.

Biologie. Diese Art lebt wie die vorhergehende im geschlechtsreifen Stadium in der Pfortader und ihren Verästelungen, und die beiden Geschlechter sind dort im allgemeinen paarig vereint anzutreffen (Abb. 155, 3). Die begatteten Weibchen wandern nicht in die Blase, sondern in die Leber und die *kleinen Gefäße, die vom Dickdarm abgehen,* und legen dort ihre Eier ab. Im Augenblick der Ablage ist das Ei halb so groß wie im Stadium der Reife.

In den Eiern (Abb. 155, 2) bildet sich das Miracidium erst 4 Tage nach der Ablage während der Wanderung in den Gefäßen oder Geweben. Die Eier sind eiförmig, 112—162 μ lang und 60—70 μ breit und besitzen

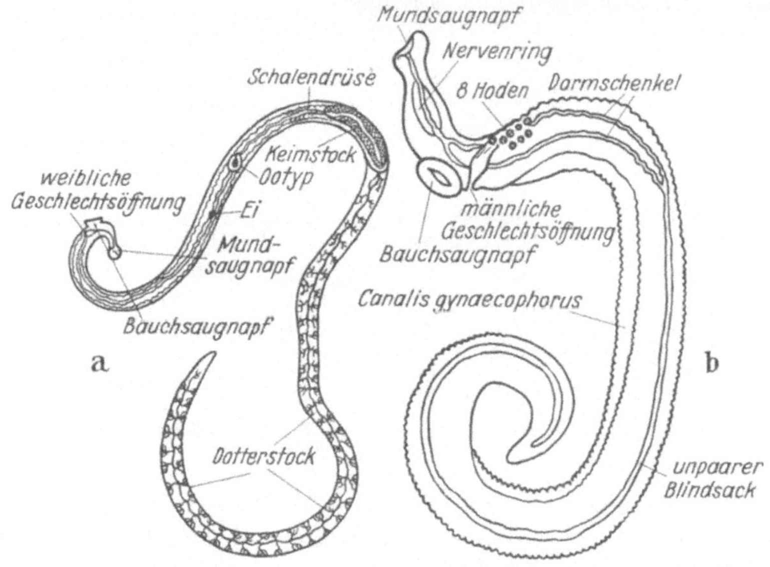

Abb. 154. *Darmpärchenegel (Schistosoma mansoni).* a) Weibchen, b) Männchen. In 22facher Vergrößerung. (Nach MANSON-BAHR u. FAIRLY.)

einen umfangreichen *seitenständigen Stachel,* der eine Länge von 20 μ erreichen kann (Abb. 6). Die Cercarien haben ebenfalls einen Gabelschwanz (Abb. 156).

Nur die ein Miracidium enthaltenden Eier durchbohren die Wände des Dickdarmes und werden mit dem Stuhl, worin sie leicht zu finden sind, ausgeschieden.

Die weitere Entwicklung ist derjenigen vom Blasenpärchenegel fast völlig gleich. Nur die Zwischenwirte sind verschieden. Am häufigsten sind es *Tellerschnecken* der Gattung *Planorbis: P. boissyi* (Abb. 231) in Ägypten, *P. pfeifferi* in Südafrika, *P. olivaceus* und *P. centimetralis* in Brasilien, *P.* (= *Australorbis*) *guadelupensis* (= *P. glabratus*), *P. antiguensis* und *P. cultratus* in Venezuela und auf den Antillen. Wir fügen dieser Aufzählung noch *Physopsis africana* hinzu, die vielleicht die Miracidien von *S. mansoni* in Südafrika beherbergt.

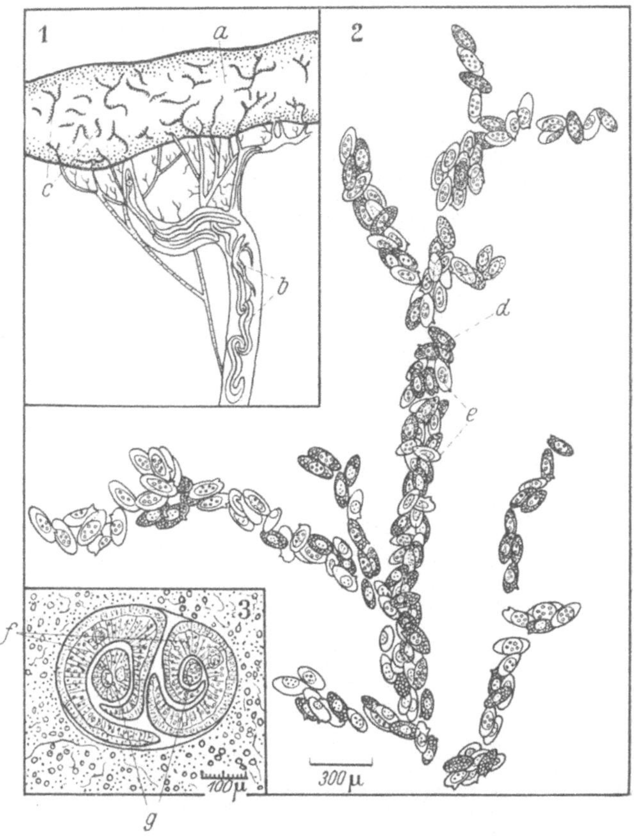

Abb. 155. *Darmpärchenegel (Schistosoma mansoni)*. 1) Ein Stück eines Darmes (*a*) einer experimentell infizierten Maus, *b* geschlechtsreife Pärchenegel in einer sich verzweigenden Darmvene, *c* mit Eiern angefüllte (obliterierte) Capillaren. 2) Capillaren der vorhergehenden Figur vollgepfropft mit Eiern, bei stärkerer Vergrößerung, *d* soeben abgelegte Eier, *e* reife Eier mit Miracidien. 3) Schnitt durch ein Stück einer Leber mit 2 Paar Bilharzien, *f* Männchen, *g* Weibchen

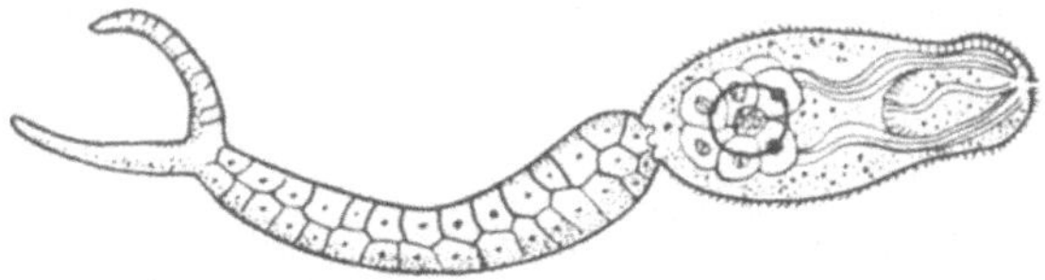

Abb. 156. *Gabelschwanzlarve (Cercarie) vom Darmpärchenegel (Schistosoma mansoni)*. In 150facher Vergrößerung. (Nach A. LUTZ.)

Die frei schwimmenden Cercarien dieses Pärchenegels dringen ebenfalls *durch die Haut* in den Körper (vgl. S. 192).

13*

Pathogene Bedeutung. Der Darmpärchenegel ist der Erreger der *Darmbilharziose*, einer an verschiedenen Stellen Afrikas verbreiteten Krankheit. Man findet sie besonders in Ägypten, im Süden und Osten

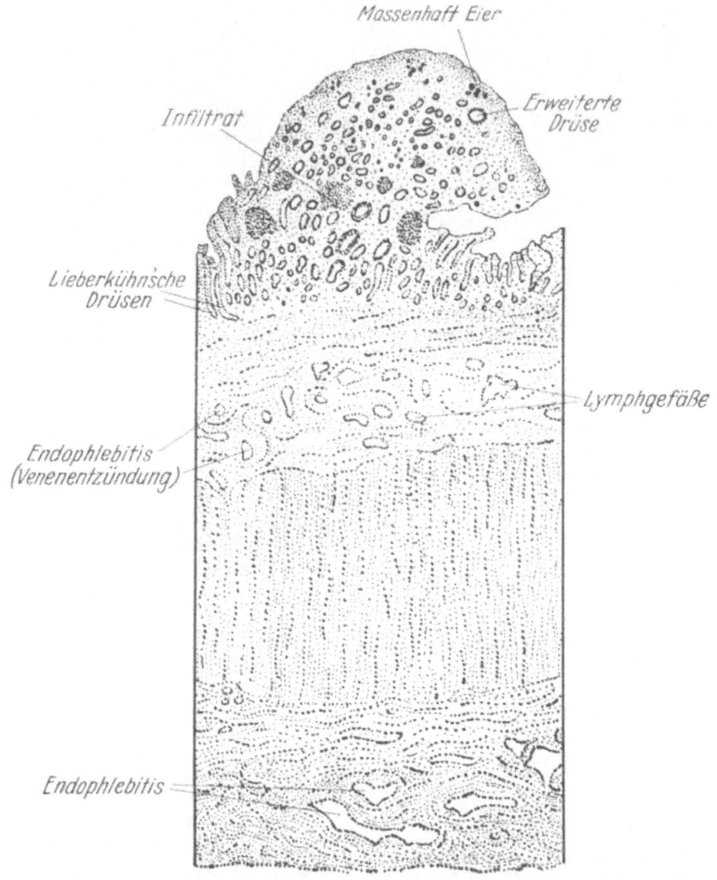

Abb. 157. *Schnitt durch einen Polypen des Rectums, hervorgerufen durch den Darmpärchenegel (Schistosoma mansoni).*

des afrikanischen Kontinents. *Nur diese Art kommt auch in Amerika vor, aber nicht in Asien.*

Wenn sich die Eier in der Wand des Dickdarms ansammeln, rufen sie Geschwüre der Schleimhaut hervor, bisweilen lebhaft rot gefärbte, leicht blutende polypenartige Wucherungen (Abb. 157).

Bei schweren Fällen, die übrigens nur selten sind, tritt chronische Diarrhöe mit Stuhlzwang, zahlreichen und blutigen Entleerungen und Fieber auf.

Die zuweilen vom Kreislauf in die Leber geführten Eier bewirken dort schwere Veränderungen. Lungenschädigungen sind seltener.

Die *ägyptische Splenomegalie* (Milzvergrößerung) kommt im Nildelta häufig vor, ist sehr gefährlich und wird diesem Pärchenegel zugeschrieben.

3. Japanischer Pärchenegel (Schistosoma japonicum).

Morphologie. Der *Japanische Pärchenegel* ist etwas kleiner als die beiden vorhergehenden. Das Männchen ist 9—12 mm lang und 0,5 bis 1 mm breit. Es hat 6—8 Hodenlappen.

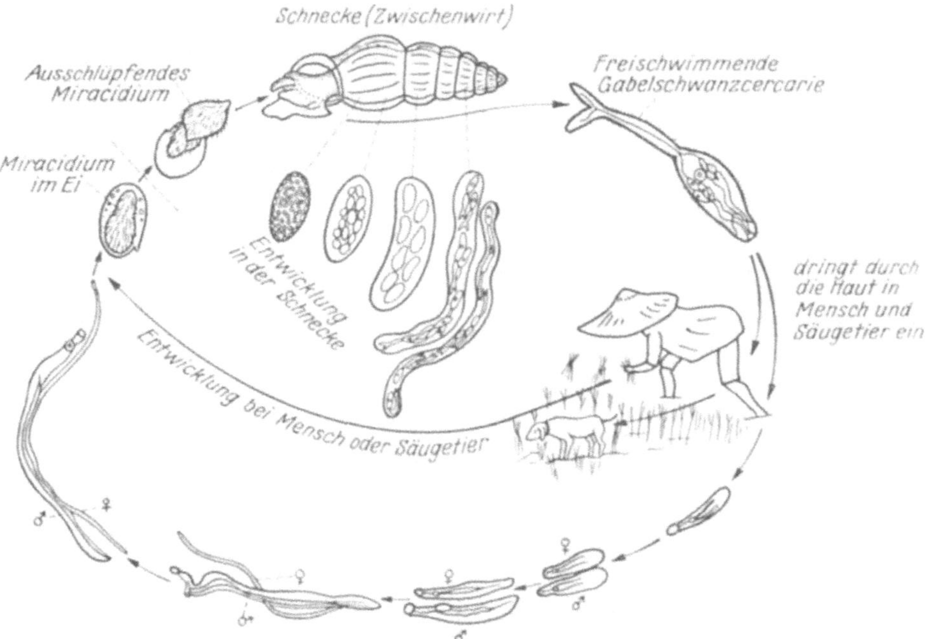

Abb. 158. *Entwicklungsschema des Japanischen Pärchenegels* (*Schistosoma japonicum*). Die infektionsfähigen freien Gabelschwanzlarven (Cercarien) schwimmen im Wasser und sind besonders häufig im Wasser der Reisfelder anzutreffen. (Nach E. C. FAUST, etwas verändert.)

Das Weibchen ist 12—15 mm lang und 0,3 mm breit. Der Uterus enthält *mehrere hundert Eier*, die gleichzeitig abgelegt werden.

Biologie. Der Japanische Pärchenegel lebt im Venensystem und den Lungenarterien des Menschen und verschiedener Tiere.

Die Eier sind 60—75 μ lang und 45—55 μ breit und mit einem kleinen, stumpfen Stachel versehen, der meistens nicht bemerkt wird (Abb. 6). Man unterscheidet sie leicht von den Eiern der anderen

Übersicht über die Entwicklung

Ord-nungen	Im Menschen		Im Freien	Im 1. Zwischenwirt
Nematoden	*Ascaris, Trichuris, Enterobius*	geschlechts-reif	**Eier → larvenhaltige infektiöse Eier**	→
	Ancylo-stoma, Necator	geschlechts-reif	**Eier → rhabditiforme Larven → filariforme Larven → infektiöse „encystierte" filari-forme Larven**	→
	Strongy-loides	Partheno-genetische Weibchen und Eier	**Rhabditiforme Larven → infektiöse filari-forme Larven** **oder: Rhabditiforme Larven → Männchen und Weibchen → Eier → rhabditiforme Lar-ven → infektiöse filariforme Larven**	→ →
	Dracun-culus	geschlechts-reif	**Freie Larven**	Larven in Cyclops
	Wuche-reria, Loa, Onchocerca	geschlechts-reif und Mikrofilarien	→	Jugendstadien in blut-saugenden Insekten
	Trichinella	geschlechts-reif u. Muskel-trichinen	→	→
Cestoden	*Hymeno-lepis*	Cysticercoid, geschlechts-reif, Eier	**Eier**	→
	Taenia saginata	geschlechts-reif	**Proglottiden → Eier**	Finnen beim Rind
	Taenia solium	geschlechts-reif	**Proglottiden → Eier**	Finnen bei Schwein und Mensch
	Taenia solium	Finne	**Proglottiden → Eier**	Finnen bei Schwein und Mensch
	Echino-coccus	Finnen und Tochter-finnen	**Proglottiden → Eier**	Finnen und Tochter-finnen (Echinokokken) bei Mensch, Schaf und Rind
	Diphyllo-bothrium	geschlechts-reif	**Eier → Wimperlarven (Coracidien)**	Vorfinne (Procercoid) bei Cyclops usw.

[1] Aus den Eiern am After gelegentlich ausschlüpfende Larven von *Enterobius* Autoinfektion („Retrofektion") führen.

der wichtigsten parasitischen Würmer. (Fortsetzung nächste Seite.)

Im Freien	Im 2. Zwischenwirt	Invasionsmodus beim Menschen
→	→	Passive Aufnahme von infektionsfähigen Eiern mit verunreinigter Nahrung **durch den Mund**[1]
→	→	Aktive Einbohrung von infektionsfähigen Larven **durch die Haut**
→	→	Aktive Einbohrung von infektionsfähigen Larven **durch die Haut**
→	→	
→	→	Passive Aufnahme von larvenhaltigen Krebschen mit verunreinigtem Wasser **durch den Mund**
→	→	Übertragung von Jugendstadien auf die Haut durch Insekten, aktive Einbohrung **durch die Haut**
→	→	Passive Aufnahme von Muskeltrichinen mit trichinösem Fleisch **durch den Mund**
→	→	Passive Aufnahme von Eiern mit verunreinigter Nahrung **durch den Mund**
→	→	Passive Aufnahme von Finnen mit rohem finnigen Rindfleisch **durch den Mund**
→	→	Passive Aufnahme von Finnen mit rohem finnigen Schweinefleisch **durch den Mund**
→	→	Passive Aufnahme von Eiern mit verunreinigter Nahrung **durch den Mund oder durch Autoinfektion (Brechakt)**
→	→	Passive Aufnahme von Eiern mit verunreinigter Nahrung **durch den Mund**
→	Vollfinne (Plerocercoid) bei Fischen	Passive Aufnahme von Finnen mit rohen, infizierten Fischen (Fischsalat) **durch den Mund**

können ausnahmsweise retrograd in den After zurückkriechen und so zur analen

Übersicht über die Entwicklung

Ordnungen	Im Menschen		Im Freien	Im 1. Zwischenwirt
Trematoden	*Schistosoma*	} geschlechtsreif	Eier → Miracidien	Sporocysten → Tochtersporocysten → Cercarien bei Schnecken
	Fasciolopsis, Fasciola	} geschlechtsreif	Eier → Miracidien	Sporocysten → Redien → Cercarien *oder:* Sporocysten → Redien → Tochterredien → Cercarien bei Schnecken
	Opisthorchis, Paragonimus	} geschlechtsreif	Eier → Miracidium innerhalb des Eies	Sporocysten → Redien → Cercarien bei Schnecken

Pärchenegel. Das Ei wird in 4—5 Tagen in den Gefäßen oder den Geweben reif, doppelt so groß als im Augenblick der Ablage und enthält dann das Miracidium.

Die Eiablage geschieht in den Blutgefäßen, und viele Eier bleiben in Organen oder Geweben liegen, wo sie dem Untergang verfallen sind. Nur für diejenigen, die die Darmwand erreichen, besteht die Möglichkeit, ins Freie zu gelangen und ihre Entwicklung fortzusetzen (Abb. 158). Letztere vollzieht sich im Süßwasser, und die verschiedenen Stadien sind die gleichen wie bei den anderen Pärchenegeln. Bei dieser Art sind die Zwischenwirte kleine gedeckelte *Schnecken* der Gattung *Oncomelania* (Abb. 233), die in Japan, auf Formosa und in bestimmten chinesischen Provinzen verbreitet sind. In Betracht kommen: *O. nosophora, O. formosana, O. hupensis* usw.

Die frei schwimmenden Cercarien dieser Art dringen, wie es bei den vorhergehenden Arten der Fall war, durch die *Haut* in den Körper ihres Wirtes ein (vgl. S. 192).

Pathogene Bedeutung. Die Anhäufung von Eiern dieses Parasiten in den Geweben verursacht eine Erkrankung, die unter folgenden Namen bekannt ist: *Gefäßbilharziose, hepatolienale Bilharziose, chinesisch-japanische Bilharziose* oder *Katayamakrankheit*. Die letztere Bezeichnung hat sie erhalten nach dem Namen einer japanischen Ortschaft, wo sie besonders heftig auftritt. Die Krankheit wird durch eine von starker Eosinophilie begleitete fieberhafte Anfangsperiode gekennzeichnet. Weitere Symptome sind Hypertrophie der Leber und Milz, ruhrartige Erscheinungen, Abmagerung und Anämie.

der wichtigsten parasitischen Würmer. (Fortsetzung.)

Im Freien	Im 2. Zwischenwirt	Invasionsmodus beim Menschen
Frei schwimmende Gabelschwanz-Cercarien	→	Aktive Einbohrung von Cercarien **durch die Haut**
Frei schwimmende Cercarien → encystierte Metacercarien im Wasser oder an Wasserpflanzen	→	Passive Aufnahme von Metacercarien mit verunreinigter Nahrung **durch den Mund**
Frei schwimmende Cercarien	Encystierte Metacercarien bei Fischen oder Krebsen	Passive Aufnahme von Metacercarien mit infizierten rohen Fischen oder Krebsen **durch den Mund**

Sechster Abschnitt.

Wimperinfusorien (Ciliata), Geißeltierchen (Flagellata).

Die **Wimperinfusorien (Ciliata)** sind *Protozoa* oder *Urtierchen*, die als charakteristisches Merkmal eine mehr oder minder große Anzahl *Wimpern* oder *Cilien* auf der Körperoberfläche tragen. Außerdem sind sie durch die besondere Struktur ihrer beiden Kerne gekennzeichnet. Man unterscheidet einen Makronucleus oder vegetativen Kern (Stoffwechselkern) und einen Mikronucleus oder Geschlechtskern.

Je nach der Anordnung der Wimpern auf der Oberfläche des Körpers teilt man die Wimperinfusorien in 4 Ordnungen ein, von denen nur die *Heterotrichen* unsere Aufmerksamkeit verdienen, denn zu ihnen gehört das einzige Infusor, das ein echter Parasit des Menschen ist, nämlich *Balantidium coli*, der Erreger der Balantidienruhr.

Die **Geißeltierchen (Flagellata** oder **Mastigophora)** sind *Protozoen*, die mit einer oder mehreren *Geißeln* oder *Flagellen*, bisweilen auch mit einer undulierenden Membran versehen sind, die ihnen als Fortbewegungsorgane dienen. Sie besitzen nur einen Kern, Chromatinkörperchen und manchmal stützende Elemente, sog. Achsenfäden.

Vom rein medizinischen Standpunkt aus teilen wir die Geißeltierchen in zwei Gruppen ein:

1. *Darmflagellaten* mit den Gattungen: *Trichomonas, Chilomastix* und *Giardia* (= *Lamblia*).

2. *Blut- und intracelluläre Flagellaten* mit den Gattungen: *Trypanosoma* und *Leishmania*.

I. Der Erreger der Balantidienruhr (Balantidium coli).

Untersuchung. Die Untersuchungsmethoden für die im Darm parasitierenden Infusorien sind im zweiten Abschnitt des Allgemeinen Teiles, der der Koprologie gewidmet ist, angegeben (S. 29—35).

Morphologie. *Balantidium coli* (Abb. 159 a) ist ein annähernd eiförmiges Infusorium, 30—200 μ lang und 20—70 μ breit. Die den Körper umgebende Pellicula ist längsgestreift. Die schlagenden Wimpern sitzen an den Streifen. Am Vorderteil des Körpers befindet sich eine Spalte, die sich in einer trichterförmigen Vertiefung oder Infundibulum fortsetzt. Man nennt dies Organell das *Mundfeld* oder *Peristom*, das von

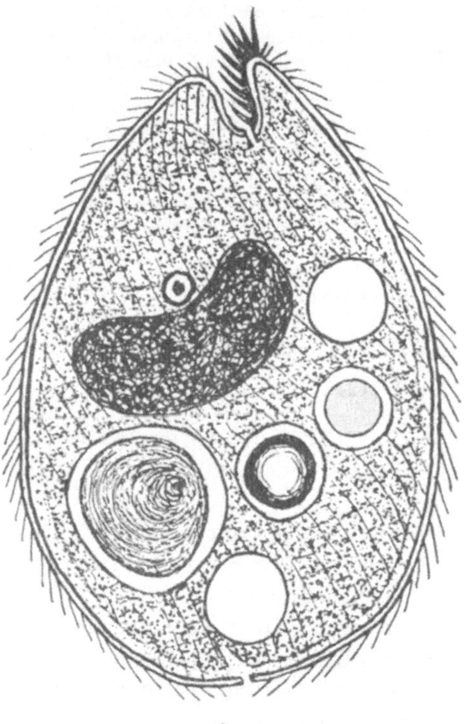
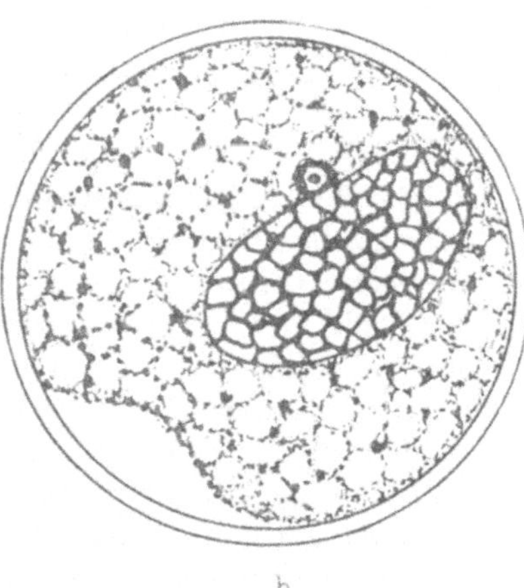

Abb. 159. *Balantidium coli.* a) frei schwimmendes Exemplar, b) Cyste. In 1000facher Vergrößerung. (Nach STEMPELL.)

starken adoralen Wimpern umgeben ist. Am Grunde des Peristoms liegt der *Zellmund* oder das *Cytostom*. Ein Darmkanal ist nicht vorhanden, und die in das Endoplasma eingeführten Nahrungspartikelchen werden nach der Verdauung durch einen am Hinterende gelegenen *Zellafter* oder *Cytopyge* ausgeschieden. Vorhanden sind zwei *contractile Vakuolen*, ein ei- oder sackförmiger *Makronucleus* und ein *Mikronucleus*, der in einer ventralen Vertiefung des Makronucleus liegt. Außerdem findet man im Endoplasma Fremdkörper, besonders Stärkekörnchen, bisweilen auch Blutkörperchen.

Biologie. Diese Infusorien finden sich als Parasiten im Dickdarm des *Schweines*, ihres normalen Wirtes, aber auch im Dickdarm des Menschen und einiger Affen. Sie sind Kosmopoliten.

Balantidium coli vermehrt sich durch Querteilung. Unter besonderen Umständen beobachtet man die *Kopulation*, d. h. die vollständige Verschmelzung zweier Individuen (Abb. 160). Unter bestimmten Einflüssen encystieren sich die Infusorien. Der Durchmesser der Cysten beträgt

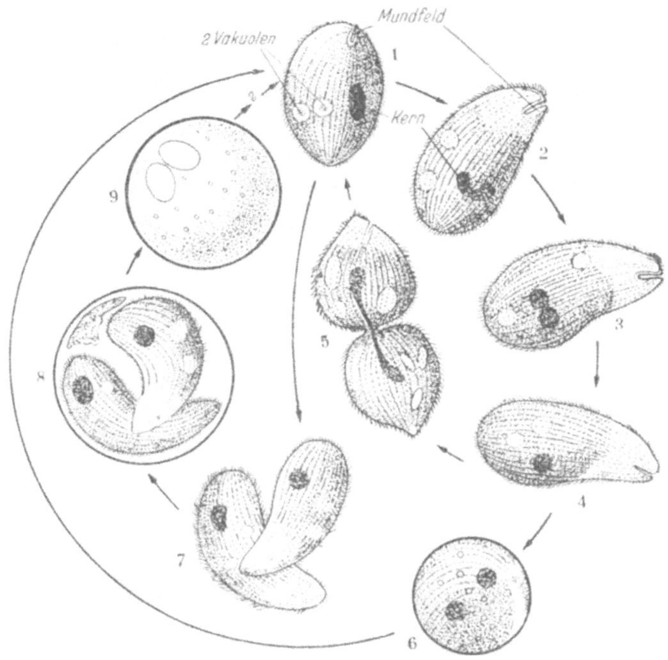

Abb. 160. *Fortpflanzung von Balantidium coli*: 1—5) ungeschlechtliche Vermehrung durch Querteilung, 6) encystiertes Individuum, 7) beginnende Kopulation zweier Balantidien, 8) die Tiere umgeben sich mit einer Cyste, 9) vollständige Verschmelzung beider Tiere (Kopulation) innerhalb der Cyste. Der weitere Verlauf der Entwicklung (?) muß noch geklärt werden.

50—30 μ. Sie sind sehr lange Zeit hindurch lebensfähig und sichern die Verbreitung des Parasiten (Abb. 159 b).

Der Mensch infiziert sich, indem er mit Balantidiumcysten verunreinigte Nahrung genießt.

Pathogene Bedeutung. *Balantidium coli* ist der Erreger einer *Darmentzündung*, die manchmal in *Balantidienruhr* übergeht. Diese Ruhr ist chronisch und kann jahrelang dauern. Die Balantidien dringen in die Wand des Dickdarms ein, entfernen sich oft weit von den erzeugten Geschwüren und gelangen sogar bis in die Lymph- und Blutgefäße.

II. Darmflagellaten (Trichomonas, Chilomastix, Giardia).

Untersuchung. Die Darmflagellaten können in frischem Zustande oder als feucht fixierte Ausstriche untersucht werden. Die Nachweismethoden für die Parasiten sind im zweiten Abschnitt des Allgemeinen Teiles S. 29—35 angegeben.

Morphologie. Der Körper der Darmflagellaten ist im allgemeinen von einer dünnen plasmatischen Hautschicht, dem *Periplast*, begrenzt und zeigt oft vorn eine Vertiefung, *Zellmund* oder *Cytostom* genannt, durch welche feste Nahrungsteilchen in den Körper eindringen. Die Darmflagellaten sind mit Geißeln versehen, deren Zahl verschieden ist, und besitzen zuweilen eine undulierende Membran. Ihre Protoplasmamasse enthält einen Kern und mehrere Chromatinkörperchen: den *Parabasalkörper*, *Blepharoplast*, *Kinetonucleus*, bisweilen auch einen *Achsenstab*.

Biologie. Man findet die Darmflagellaten im allgemeinen im Dickdarm des Menschen, nur die Lamblien kommen im Dünndarm vor.

Die Darmflagellaten vermehren sich gewöhnlich durch Längsteilung und besitzen unter bestimmten Bedingungen die Fähigkeit der Encystierung. Die Cysten treten manchmal in ungeheurer Menge im Stuhl auf, so schied z. B. ein gar nicht einmal besonders stark infizierter Lamblienträger rund 4 Milliarden Cysten innerhalb von 24 Stunden aus (ERHARDT). *Mit den Cysten infiziert sich der Mensch, wenn er sie mit verunreinigter Nahrung oder Trinkwasser verschluckt.*

Pathogene Bedeutung. Diese Flagellaten werden oft reaktionslos vom Darm vertragen. In bestimmten Fällen jedoch können sie bei Massenvermehrung Enterocolitis und verschiedene andere Darmerscheinungen verursachen.

Von den im Darm angetroffenen Arten nennen wir nur die drei folgenden, bilden aber außerdem noch drei weitere ab (Abb. 161).

Trichomonas intestinalis[1] (Abb. 7, 161) ist 10—15 μ lang und 7 bis 10 μ breit, besitzt 3, 4 oder 5 vordere und 1 hintere Geißel, die am Körper anliegt und mit einer undulierenden Membran versehen ist. Cysten sind unbekannt.

---

[1] *Trichomonas intestinalis* ist ein Sammelname für drei zoologisch verschiedene Darmtrichomonaden (*T. hominis, T. ardindelteili, T. fecalis*), deren Unterscheidung für den Arzt aber überflüssig ist. Eine weitere Art der Gattung ist **Trichomonas vaginalis**. Sie ist 15—35 μ lang und bewohnt die Scheide der Frau, gelegentlich auch die Harnröhre der Frau und des Mannes. Die pathogene Bedeutung ist noch nicht einwandfrei geklärt (vgl. O. JIROVEC, V. BREINDL, K. KUCERA u. V. SEBECK: Zur Kenntnis der Trichomonas vaginalis [Zbl. Bakter. I Orig. **148**, 338—358 (1942)]). Eine dritte Art ist *Trichomonas elongata* (= *T. tenax*), die in der Mundhöhle des Menschen vorkommt.

Chilomastix mesnili (Abb. 7, 8, 161 u. 162) ist im Durchschnitt 14 μ lang und 5—6 μ breit und besitzt nur 3 vordere, sehr dünne Geißeln und eine hintere Schleppgeißel. Die undulierende Membran ist rudimentär.

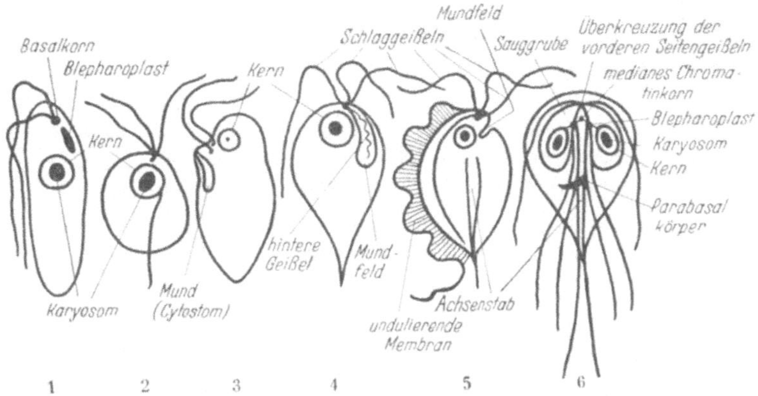

Abb. 161. *Schematische Darstellung verschiedener Darmflagellaten* 1) Bodo, 2) Enteromonas, 3) Embadomonas, 4) Chilomastix, 5) Trichomonas, 6) Giardia (Lamblia).

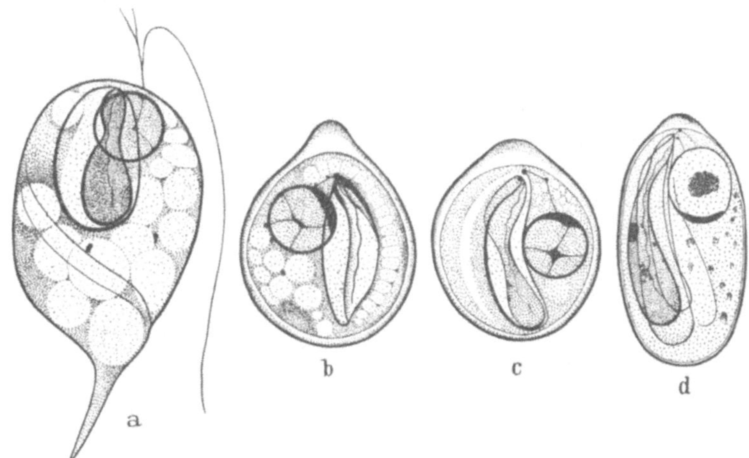

Abb. 162. *Chilomastix mesnili.* a) vegetatives Stadium. b), c), d) birnenförmige Cysten. d) innerhalb der Cyste ein Parasit in Teilung. In 3200facher Vergrößerung. (Nach C. A. KOFOLD u. O. SWEZY aus BRUMPT.)

Giardia (= Lamblia) intestinalis[1] (Abb. 7, 8, 161) ist birnenförmig, nach hinten zu sehr dünn, 10—20 μ lang und 6—10 μ breit. Sie besitzt zwei sehr deutliche Kerne und eine nierenförmige, ventral gelegene Vertiefung, um die herum 6 nach rückwärts gerichtete Geißeln angeordnet sind. Außerdem befindet sich ein Geißelpaar am Hinterende des Körpers.

---

[1] Vgl. H. BÖTTNER: Lambliosis, Biologie und Klinik. Med. Klin. **45**, 1015 bis 1022 (1950).

III. Trypanosomen (Trypanosoma).

Untersuchung. Die Untersuchungstechnik für die Trypanosomen ist im dritten Abschnitt des Allgemeinen Teiles, S. 37—44, geschildert, der die Parasiten des Blutes behandelt.

Morphologie. Die Trypanosomen sind spindelförmige Organismen, an den Enden zugespitzt, im Durchschnitt 20 μ lang und 2—3 μ breit. Sie sind also viel länger als der Durchmesser der roten Blutkörperchen und infolgedessen unter ihnen leicht zu erkennen. Durch Färbung kann man im Inneren des Körpers zwei Chromatinkörperchen feststellen, einen großen, meist zentral gelegenen *Kern* und einen kleinen, meist am Hinterende gelegenen *Blepharoplasten* oder *Geißelkern*. Vom Ble-

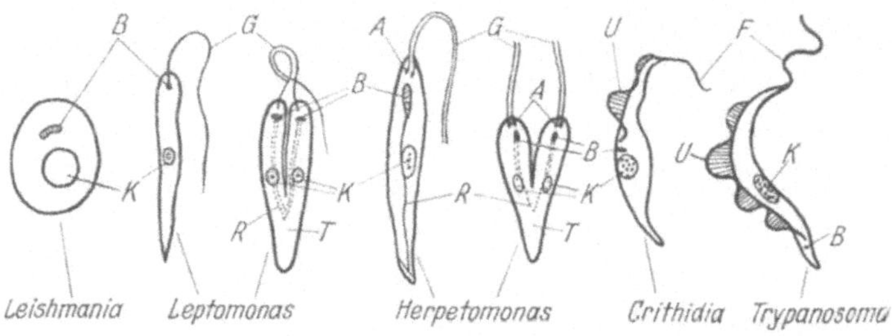

Abb. 163. *Schematische Wiedergabe von verschiedenen Trypanosomengattungen.* *A* Basalkörner, *B* Blepharoplast, *F* freies Geißelende, *G* Geißel oder Flagellum, *K* Kern, *R* Rhizostyl oder Achsenfaden, *T* Tier in Teilung begriffen, *U* undulierende Membran.

pharoplasten geht eine *Geißel* aus, die mit dem Körper durch eine *undulierende Membran* verbunden ist. Das Vorderende der Geißel tritt jedoch im allgemeinen frei hervor (Abb. 163), an der Basis befindet sich ein Basalkorn.

Biologie. Die Trypanosomen leben im Blut, im Liquor und bisweilen in verschiedenen Geweben von Wirbeltieren. Im Laufe ihrer Entwicklung wandern sie in den Darmkanal verschiedener blutsaugender Wirbelloser.

Pathogene Bedeutung. Zwei Arten der Trypanosomen, *Trypanosoma gambiense* und *T. rhodesiense*, sind die Erreger der *Schlafkrankheit* in Afrika. Eine dritte, viel weniger wichtige Art, *T. cruzi*, verursacht eine amerikanische Trypanosomiasis (Trypanose), die unter dem Namen *Chagaskrankheit* bekannt ist.

1. Die Erreger der Schlafkrankheit (Trypanosoma gambiense und rhodesiense).

Eine besondere Beschreibung dieser Trypanosomenarten erscheint unnötig, da sie in ihrem Bau mit der oben gegebenen, allgemeinen Charakteristik übereinstimmen. Jedoch erfordert die Differentialdiagnose der einzelnen bei Mensch und Tier vorkommenden Trypanosomenarten ein besonderes Studium.

Man findet *Trypanosoma gambiense* (Abb. 164) im Blut, in der Lymphe und im Liquor cerebrospinalis derjenigen Personen, die von der Schlafkrankheit befallen sind. Dies ist in den meisten Gegenden Afrikas der Fall, wo die Krankheit endemisch ist.

Die Trypanosomen vermehren sich im Blut des Menschen durch Längsteilung und nehmen im Organismus ihrer Überträger, der *Tsetse-fliege Glossina palpalis* (Abb. 46), besondere Formen an, die *Crithidia*

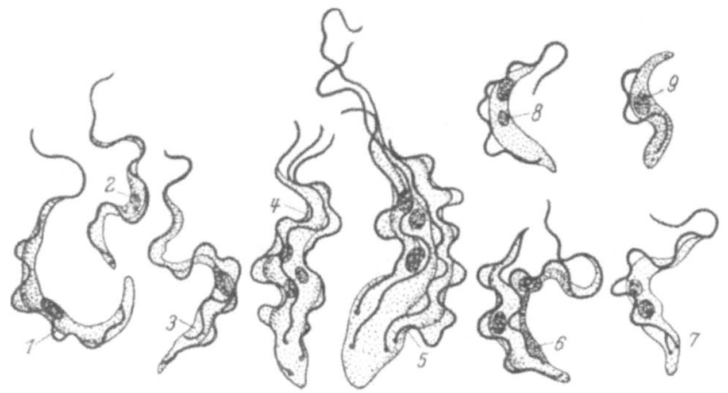

Abb. 164. *Trypanosomen (Trypanosoma gambiense, ein Erreger der Schlafkrankheit) im Blut einer Ratte. 1* und *2* schlanke Formen, *3, 6, 7* und *8* verschiedene Stadien der Zweiteilung, *4* und *5* Stadien der Vielteilung, *9* kurze Form ohne freies Geißelende.

genannt werden (Abb. 163). Diese sind durch einen Blepharoplasten, der *vor* dem zentralen Kern liegt, gekennzeichnet.

Die von einer Tsetsefliege aufgesogenen Trypanosomen setzen sich zuerst in dem hinteren Ende des Mitteldarmes fest, wo eine starke Vermehrung der Trypanosomaform stattfindet. Hierauf erscheinen schlanke Formen, die in den Proventrikel wandern, wo sie sich in Crithidiaformen verwandeln. Diese Crithidiaformen begeben sich in den Rüssel und Speicheldrüsengang, hierauf in die Speicheldrüsen, wo sie sich an den Wänden festsetzen. Sie vermehren sich weiter und ergeben endlich *infektionsfähige metacyclische Trypanosomen* (vgl. Abb. 48).

Durch den Stich einer auf diese Weise infektiös gewordenen Glossina zieht man sich die Schlafkrankheit zu.

Der hauptsächliche Überträger von *T. gambiense* ist *Glossina palpalis* in bewaldeten und feuchten Gegenden. In den trockeneren Savannen des äquatorialen Afrika ist es ohne Zweifel eine verwandte Art, *G. tachinoides*.

Trypanosoma rhodesiense (Abb. 14, 165), das sich von der vorhergehenden Art kaum unterscheidet, wird in Rhodesien und an verschiedenen Stellen Ostafrikas bei Personen, die an Schlafkrankheit leiden, in denselben Organen angetroffen wie *T. gambiense.*

Es vermehrt sich ebenfalls im Blut des Menschen durch Längsteilung und entwickelt sich in gleicher Weise bei seinem Überträger. Aber dieser Überträger gehört anderen Arten an. In den meisten Fällen ist es *Glossina morsitans*, bisweilen *G. swynnertoni*.

Wie im vorhergehenden Falle infiziert sich der Mensch durch den Stich infektiöser Glossinen.

Schlafkrankheit[1]. Die beiden Trypanosomenarten haben die gleiche pathogene Bedeutung, und sowohl die eine als auch die andere Art verursacht im menschlichen Organismus eine gefährliche, ausschließlich afrikanische Krankheit: die *Schlafkrankheit*. Man darf jedoch nicht glauben, daß diese Krankheit gleichmäßig über den ganzen afrikanischen Kontinent verbreitet ist. Es gibt glücklicherweise selbst in der tropischen Zone zahlreiche von ihr verschonte Gegenden. Die am stärksten gefährdeten Gebiete sind das Kongo- und Ugandabecken.

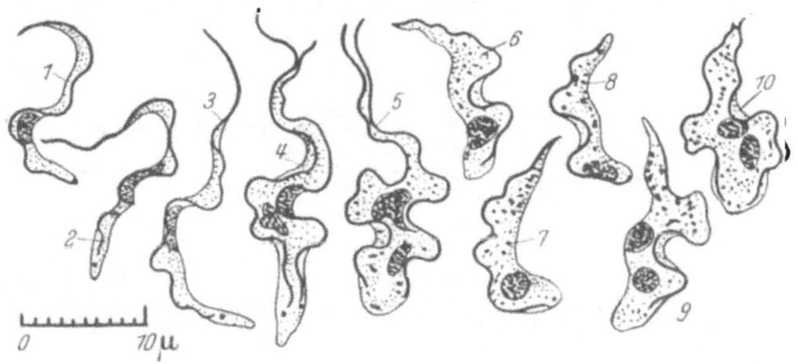

Abb. 165. *Trypanosoma rhodesiense (ein Erreger der Schlafkrankheit).* Diese Trypanosomenart ist sehr vielgestaltig (polymorph). *1—5* schlanke Formen, davon *4* und *5* in Teilung; *6—10* kurze Formen, davon *9* und *10* in Teilung.

Die Schlafkrankheit ist eine chronische Erkrankung. Sie beginnt mit einer Fieberperiode von verschieden langer Dauer, auf die verschiedene nervöse Störungen folgen, die von Entzündungen des Gehirns und seiner Häute herrühren. Man findet die Trypanosomen nur in der ersten Periode im peripheren Blut der Kranken und auch dann nur in geringer Anzahl. Im vorgeschritteneren Stadium sitzen die Parasiten im Nervensystem und im Liquor cerebrospinalis, aus dem man sie nur durch Zentrifugieren anreichern kann.

Die Krankheit entwickelt sich langsam, oft durch Jahre hindurch, und die nichtbehandelten Fälle sind meist tödlich.

Hat die Infektion durch *Trypanosoma rhodesiense* stattgefunden, so schreitet die Krankheit im allgemeinen schneller fort, und man beobachtet plötzliche Todesfälle, deren Ursache wahrscheinlich eine Schädigung der Herzmuskulatur durch dieses Trypanosom ist.

---

[1] Vgl. RONNEFELDT: Epidemiologie der Schlafkrankheit (Tropenhyg. Schriftr. **1942**, H. 3, S. 5—27).

Sowohl die weiße als auch die schwarze Rasse können von dieser Krankheit befallen werden.

Als Parasitenreservoir kommen für die Trypanosomen insbesondere das Schwein, Antilopen und nach den mutigen Selbstversuchen von DENECKE[1] auch Hunde in Frage.

2. Der Erreger der Chagaskrankheit (Trypanosoma cruzi).

Trypanosoma (= *Schizotrypanum*) *cruzi* (Abb. 166) ist von den beiden vorhergehenden Arten morphologisch verschieden. Die Größenverhältnisse sind zwar ziemlich die gleichen, aber der Körper ist gedrungener, die undulierende Membran weniger gefaltet und der Blepharoplast viel umfangreicher.

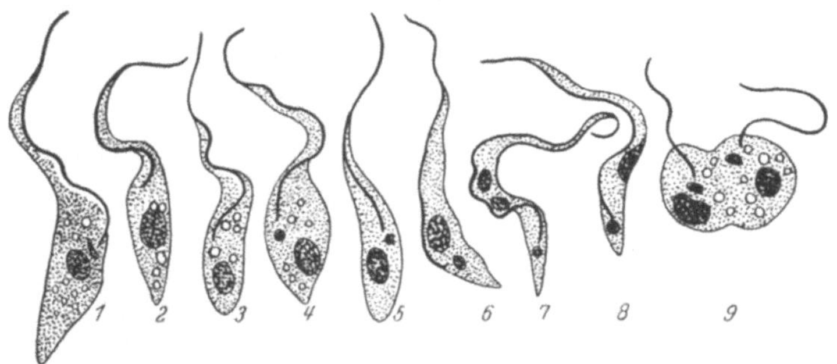

Abb. 166. *Trypanosoma cruzi* (*Erreger der Chagaskrankheit*). Entwicklungsstadien aus der *Wanze* (Überträger). *1—8* Formen aus dem **Enddarm**, die mit dem Wanzenkot ausgeschieden sind. *1 Crithidia*stadium, *2—6* Übergangsformen zwischen dem Crithidiastadium und den metacyclischen Trypanosomen (*8*). *7* anormales Trypanosom mit 2 Kernen. *9* Form aus dem Mitteldarm, die ebenfalls mit dem Wanzenkot ausgeschieden ist. In 1800facher Vergrößerung.

Dieses Trypanosom kommt ferner in verschiedenen Formen vor, je nachdem ob es sich im peripheren Blut oder in den Zellen der Organe aufhält. Es befällt den Menschen und bestimmte Säugetiere, die als Parasitenreservoir dienen.

Die Art vermehrt sich auf ganz besondere Weise (Abb. 167). Bei den Wirbeltieren teilen sich die Trypanosomen nicht im Blut, vielmehr wandern die Trypanosomen des Blutes in die Gewebe, nämlich in die Fasern der Muskeln und in die Herzmuskelfasern, in die Nervenzellen usw. Dort nehmen sie eine besondere, annähernd eiförmige Form ohne Geißel an, die *Leishmania*-Form (Abb. 168). Diese Stadien vermehren sich in den Geweben durch wiederholte Zweiteilung und nehmen dann wieder die Trypanosoma-Form an. Diese Umwandlung findet gleichzeitig bei allen *Leishmania*-Formen statt. Hierauf passieren die Trypanosomen die Gewebe und gelangen schubweise in das Blut.

[1] DENECKE, K.: Menschenpathogene Trypanosomen des Hundes auf Fernando Po. Arch. Hyg. **126**, 38—42 (1941).

Bei ihren wirbellosen Zwischenwirten, großen südamerikanischen *Raub-wanzen*, verwandeln sich die aufgesogenen Trypanosomen zuerst in *Crithi-dia*-Formen und nehmen hierauf im Magen die *Leishmania*-Form an. Die *Leishmania*-Formen vermehren sich, gehen in den Mitteldarm und verwandeln sich wieder in *Crithidia*-Formen, wobei sie sich immer weiter vermeh-

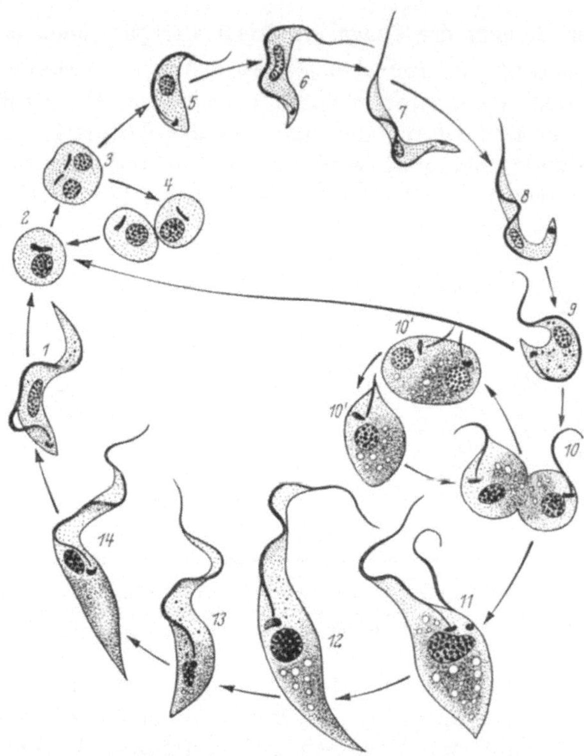

Abb. 167. *Entwicklungskreis von Trypanosoma cruzi, dem Erreger der Chagaskrankheit.* 2 bis *9* Entwicklung bei Mensch und Säugetier, *2* bis *4* Schizogonie in den Organen, *5* bis *9* Umwandlung in erwachsene Trypanosomen (*9*), *10* bis *14* und *1* Entwicklung in der Wanze, *10* Crithidia-Form im Begriff der Teilung im Mitteldarm, *10'* u. *10''* Leishmania-Formen, häufig im Magen anzutreffen, *11* bis *14* fortschreitende Umwandlung der *Crithidia*-Formen in metacyclische Trypanosomen, (*1*) im Enddarm. (Nach BRUMPT.)

ren. Die letzten Formen werden endlich *infektionsfähige metacyclische Try-panosomen*, die den Dickdarm der Überträger in großer Menge bevölkern.

Überträger sind mehrere *Raubwanzen* Südamerikas, besonders *Triatoma megista* (Abb. 68) in Brasilien und *Rhodnius prolixus* (Abb. 69) in Kolumbien und Venezuela. *Besonders der Kot dieser Insekten ist ansteckend.* Wird der Kot auf geritzte oder feuchte Haut oder Schleimhaut abgelegt, so dringen die zahlreich darin enthaltenen infektionsfähigen Trypanosomen aktiv durch die Haut in den Körper ein. Die Infektion durch Stich ist eine Ausnahme.

Chagaskrankheit. Man beobachtet die Erkrankung an einigen Stellen Südamerikas. Ihr Erreger ist *Trypanosoma cruzi*, ihre Überträger sind die obenerwähnten blutsaugenden *Raubwanzen* (Abb. 68 u. 69).

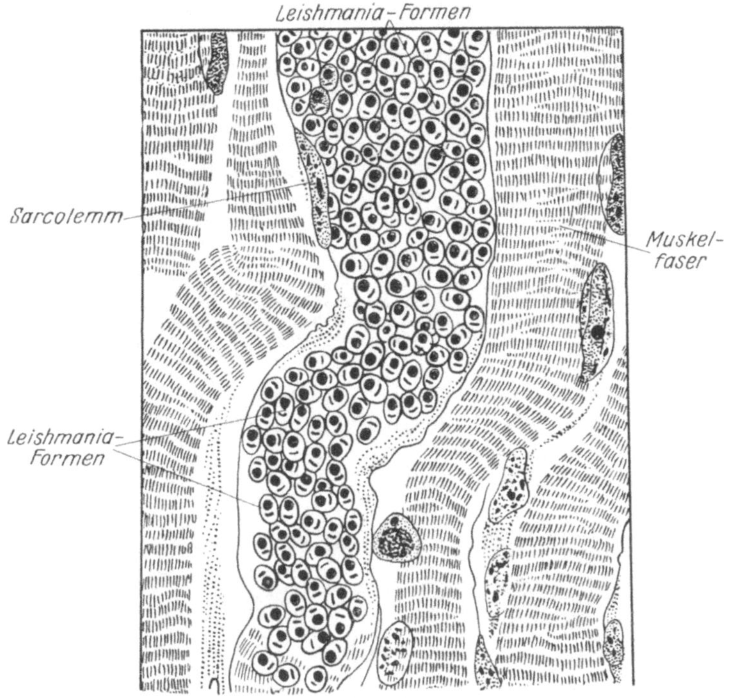

Abb. 168. *Trypanosoma cruzi* (*Erreger der Chagaskrankheit*). Muskel einer Ratte, der mit *Leishmania*-Formen befallen ist. In 1000facher Vergrößerung.

IV. Leishmanien (Leishmania).

Untersuchung. Um die in tiefliegenden Organen sitzenden Leishmanien zu untersuchen, macht man Punktate und Ausstriche von den betreffenden Organen (meist Sternal-, Leber- und Milzpunktionen). Die in der Haut vorkommenden Parasiten findet man in Ausstrichen von den Hautgeschwüren. Handelt es sich um letztere, so wäscht man erst die Wunde, trocknet sie und schabt mit einem Präpariermesser den Rand oder die Mitte der Geschwüre ab, so daß man kein Blut, sondern Bestandteile der entzündeten Gewebe erhält. Die Technik der Färbung ist dieselbe wie bei den Blutausstrichen. Sie ist in dem dritten Abschnitt des Allgemeinen Teils S. 39—42 behandelt.

Morphologie. Die Leishmanien (Abb. 163), die man im menschlichen Organismus findet, sind eiförmig und 2—6 μ lang. Ihr Cytoplasma umschließt einen runden *Kern* und einen stäbchenförmigen *Blepharo-*

plasten, von dem ein *Rhizoplast* ausgeht. Letzterer ist ein geißelähnlicher Strang, der bis zu einem Pol der Körperoberfläche reicht. In Kulturen gezüchtet, ergeben diese Protozoen mit Geißeln versehene, sehr

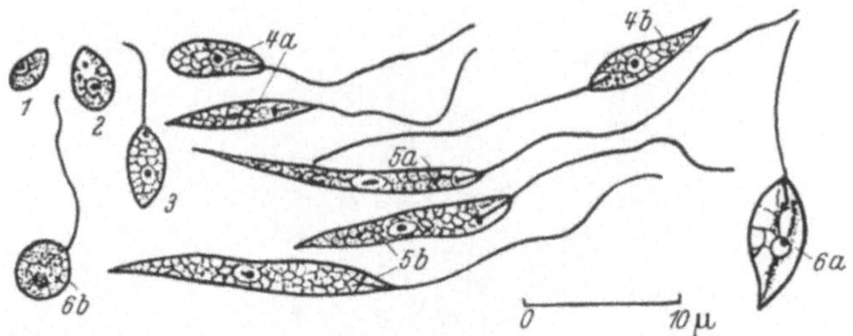

Abb. 169. *Entwicklungskreis von Leishmania donovani (Erreger der Kala-Azar) in der Kultur.* *1* Parasit des Menschen; *2—5b* Formen, die in den ersten 5 Tagen in der Kultur angetroffen werden; die Formen *5b* sind wahrscheinlich infektionsfähig, sie sind die gleichen, die man in den *Phlebotomen (Gnitzen)* findet; *6a* und *6b* sind degenerierte Formen. (Nach CHRISTOPHERS, SHORTT u. BARRAUD.)

bewegliche Formen vom *Leptomonas*-Typ, Formen, die man auch im Darmkanal der Insekten findet, die als Überträger in Frage kommen (Abb. 169).

Biologie. Die Leishmanien (Abb. 170) leben im allgemeinen als Zelleinschlüsse in den Endothelzellen der Capillaren, seltener in den

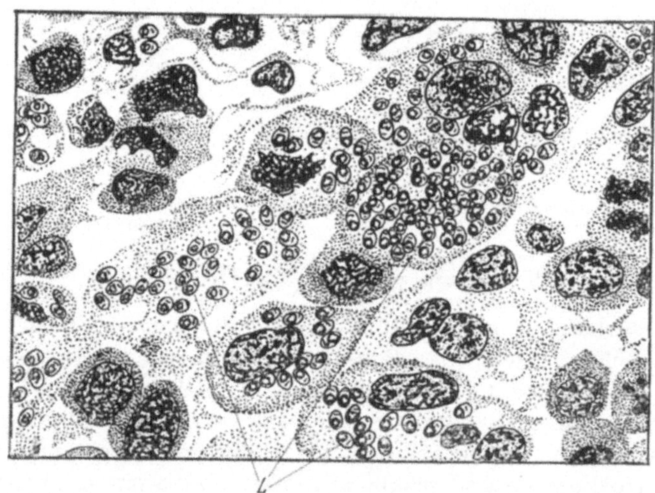

Abb. 170. *Leishmania infantum (Erreger der Kinderleishmaniase).* Schnitt durch die Milz eines Hundes aus Tunis, der spontan an seiner Leishmanieninfektion gestorben war. *L* Leishmanien. In 1500facher Vergrößerung. (Fall von M. LANGERON.)

Leukocyten des peripheren Blutes. Sie vermehren sich durch Teilung im menschlichen Körper. Ihre weitere Entwicklung findet in bestimmten *Gnitzen* oder *Phlebotomen* statt, die in ihrem Darmkanal *Leptomonas*-Formen beherbergen (Abb. 169). *Wird man von einem solchen Insekt gestochen oder zerdrückt man es auf der Haut, so findet die Infektion statt.* Experimentell lassen sich die Leishmanien auf den *Hamster* und das *Marokkanische Eichhörnchen* [*Xerus (Atlantoxerus) getulus*] übertragen.

Pathogene Bedeutung. Die Vermehrung dieser Protozoen im menschlichen Körper verursacht Erkrankungen, die unter dem Namen *Leishmaniasen* bekannt sind. Man teilt diese Erkrankungen in zwei Gruppen ein, nämlich:

1. *Hautleishmaniasen* mit der *Orientbeule* und der *Amerikanischen Schleimhautleishmaniase;*

2. *Eingeweideleishmaniasen* mit der *Kala-Azar* und der *Kinderleishmaniase.*

Orientbeule. Die *Orientbeule* oder auch *Biskra-, Gafsa-, Nil-* oder *Aleppobeule* usw. genannt, ist in warmen und trockenen Gegenden der Alten Welt verbreitet. Den Erreger, *Leishmania tropica*, findet man oft in großen Mengen in den Epithelzellen und den großen mononucleären Leukocyten, ausnahmsweise auch im peripheren Blut. Die Überträger dieser Leishmaniase sind folgende *Gnitzen: Phlebotomus papatasi* (Abb. 37) in Biskra, Syrien und Palästina und *Phlebotomus sergenti* in Bagdad. Die Infektion kann aber auch von Mensch zu Mensch durch direkte Übertragung erfolgen. Als Reservewirte kommen kleine in Erdlöchern lebende *Nagetiere* in Frage.

Amerikanische Hautleishmaniase. Diese Leishmaniase wird auch *Bahiabeule, Baurugeschwür, Espundia, Waldleishmaniase, Schleimhautleishmaniase* usw. genannt. Man findet sie von Mexiko bis zum nördlichen Argentinien. Besonders häufig ist sie in heißen und bewaldeten Gegenden. Der Erreger ist *Leishmania brasiliensis.* Morphologisch ist diese Art der vorhergehenden völlig gleich, aber in den von ihr verursachten Haut- und Schleimhautgeschwüren weniger zahlreich vorhanden als *Leishmania tropica. Leishmania brasiliensis* findet sich spontan auch in einigen Säugetieren. Beim Menschen befällt sie im Gegensatz zu *Leishmania tropica* die Schleimhäute. Aus verschiedenen Beobachtungen ergibt sich, daß *Phlebotomus intermedius* der Überträger ist, aber es ist wahrscheinlich, daß auch andere *Phlebotomus*-Arten diese Krankheit in Gegenden, wo sie herrscht, übertragen können.

Kala-Azar. Die *Tropische Splenomegalie* oder *Kala-Azar*, d. h. schwarze oder tödliche Krankheit, kommt als endemische Erkrankung an verschiedenen Stellen im tropischen Asien, China und im ägyptischen Sudan, vereinzelt schon in Südosteuropa vor. Sie befällt gewöhnlich alle Bewohner eines Hauses oder eines Häuserblockes und tritt im allgemeinen in einer Entfernung von einigen hundert Metern nicht mehr auf. Der Erreger, den man morphologisch nur schwer von den vorhergehenden Arten unterscheiden kann, ist *Leishmania donovani.* Der Parasit ist immer in Zellen eingeschlossen, und zwar in mononucleären

Leukocyten, in Makrophagen des Bindegewebes, in Endothelzellen, selten in polynucleären Leukocyten. Die überall im Organismus vorkommenden Parasiten sind besonders zahlreich in den Endothelzellen der Lymph- und Blutgefäße der Milz, der Leber, des Knochenmarks, der Lungen, der Hoden, der Niere und der Eingeweide. Bei Fieberanfällen findet man die Parasiten in den Leukocyten des peripheren Kreislaufes. Als Reserwirte kommen *Hunde* in Frage, bei denen die Parasiten besonders reichlich in der Haut sitzen.

Eine Sonderform der Kala-Azar in Indien wird als *Hautleishmanoid* bezeichnet. Hierbei bilden sich kleine Knötchen auf der Haut, die zahlreiche Leishmanien enthalten.

Leishmania donovani vermehrt sich im menschlichen Körper durch Zweiteilung oder durch multiple Teilung. Die Weiterentwicklung findet bei verschiedenen *Phlebotomen* statt, insbesondere bei *Phlebotomus argentipes* in Indien, bei *P. chinensis* und verschiedenen Unterarten von *P. sergenti* in China. Die Gnitzen infizieren sich, indem sie Blut von Kala-Azar-Kranken saugen. Besonders gute Infektionsquellen für die Phlebotomen sind offenbar die am Hautleishmanoid leidenden Kranken und die infizierten Hunde.

Auch diese Krankheit zieht sich der Mensch zu, wenn er infektiöse Phlebotomen auf der Haut zerdrückt oder von ihnen gestochen wird.

Kinderleishmaniase. Die Krankheit, die auch *Kinder-Kala-Azar* genannt wird, kommt in Nordafrika und in Südeuropa, besonders in den Mittelmeerländern vor[1]. Sie ist bei Kindern und Hunden sehr häufig. Der *Hund* kann als Parasitenreservoir betrachtet werden. Der Erreger ist *Leishmania infantum*, der morphologisch mit *L. donovani* identisch ist. Der Parasit ist stets eingeschlossen, und zwar manchmal in großer Zahl, in den Zellen des Reticuloendothels oder in mononucleären Leukocyten, aber seltener in polynucleären Leukocyten des peripheren Blutes. Die Vermehrung geschieht durch eine Reihe wiederholter Zweiteilungen im Innern der infizierten Zellen, die über 100 Parasiten beherbergen können (Abb. 170).

Diese Leishmaniase wird wie die vorhergehenden durch *Phlebotomen* übertragen, die überall dort vorkommen, wo man bei Kindern und Hunden Kinder-Kala-Azar beobachtet. Als besonders gefährlicher Überträger gilt *Phlebotomus perniciosus.*

Südamerikanische Kala-Azar. Man hat Fälle dieser Leishmaniase im Norden von Brasilien beobachtet, aber man weiß nicht, ob diese Form von Kala-Azar in Südamerika heimisch ist, oder ob europäische bzw. asiatische Einwanderer sie aus Gegenden mitgebracht haben, wo *Leishmania infantum* bzw. *L. donovani* herrscht.

[1] Vgl. G. Piekarski: Leishmaniosen im Mittelmeerraum. In H. Zeiss: Seuchenatlas. 4.—6. Lfg. VII/5. Gotha 1943.

Man hat den Erreger *Leishmania chagasi* genannt. Den Überträger kennt man nicht, aber man nimmt an, daß bestimmte wild lebende *Nagetiere* als Parasitenreservoir in Betracht kommen können.

Siebenter Abschnitt.

Sporentierchen (Sporozoa), Wurzelfüßler (Rhizopoda).

Die **Sporentierchen (Sporozoa)** sind *Protozoen*, denen differenzierte Bewegungs- und Saugapparate fehlen. Sie vermehren sich im allgemeinen durch Sporen, die der Verbreitung der Art dienen, und sind immer Parasiten der Zellen oder Gewebe. Man teilt die Sporentierchen in mehrere Ordnungen ein, von denen nur zwei, und auch die in sehr verschiedenem Maße, den Arzt interessieren:

1. *Coccidien (Coccidiaria)*, die nur ausnahmsweise Parasiten des Menschen sind;

2. *Hämosporidien (Haemosporidia)*, zu denen die *Malariaerreger* gehören und die daher für die menschliche Pathologie von ganz außerordentlicher Bedeutung sind. Im Anschluß an die Hämosporidien besprechen wir die *Toxoplasmen*, deren systematische Stellung noch zweifelhaft ist.

Die **Wurzelfüßler (Rhizopoda)** sind *Protozoen*, die, soweit sie als Parasiten in Frage kommen, immer aus einer nackten Zelle bestehen. Die Zelle besitzt die Fähigkeit, auf ihrer Oberfläche Protoplasmafortsätze, sog. *Pseudopodien* oder *Scheinfüßchen*, auszustrecken und wieder einzuziehen. Die *Amöben (Amoebina)* sind die einzigen Wurzelfüßler, die als Parasiten des Menschen zu erwähnen sind.

I. Coccidien (Coccidiaria).

Untersuchung. Man kann die Coccidien in befallenen Organen finden, wenn man das Epithel in physiologischer Kochsalzlösung zerzupft. Ferner macht man Organausstriche. Wenn es sich um die Leber handelt, untersucht man vorzugsweise die *Coccidienknoten*. Endlich ergeben gefärbte Schnittpräparate von fixierten Darm- oder Leberstückchen ausgezeichnete Resultate. Die Oocysten dagegen sucht man in den Exkrementen nach dem Verfahren, das im zweiten Abschnitt des Allgemeinen Teils S. 33—37 behandelt ist.

Morphologie. Die Coccidien sind kleine ei- oder kugelförmige Organismen, die mit einem Kern versehen sind. Im jugendlichen Stadium sind sie kaum größer als ein rotes Blutkörperchen, aber sie können eine

Länge von 30—50 μ und eine Breite von 15—30 μ erreichen, wenn sie ihre vollständige Größe erlangt haben.

Biologie. Diese Protozoen treten gewöhnlich als Parasiten der Epithelzellen auf (Abb. 171). Sie vermehren sich auf zweierlei Weisen, nämlich durch ungeschlechtliche Vermehrung oder *Schizogonie* und geschlecht-

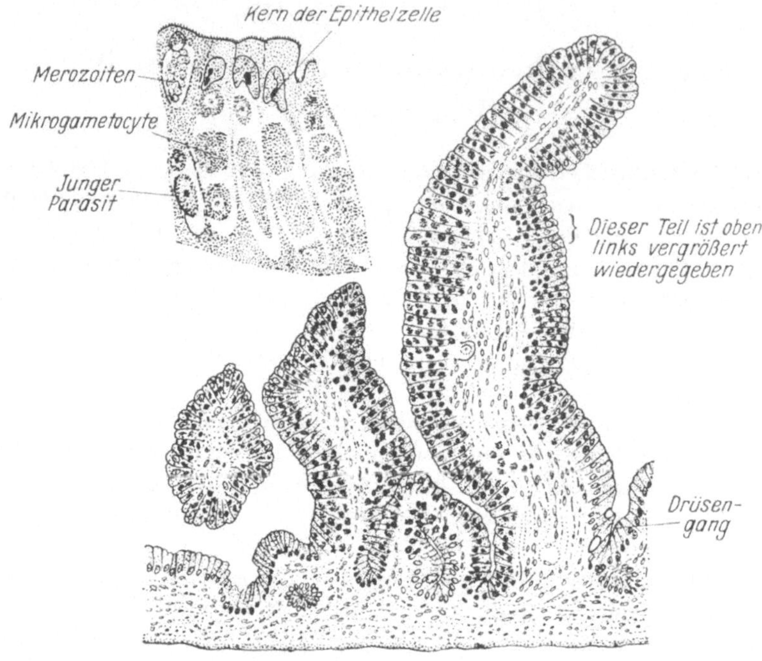

Abb. 171. *Darmcoccidiose eines Kaninchens.* Schnittpräparat, oben links in stärkerer Vergrößerung. Beachte die enorme Hypertrophie der Darmzotten!

liche Fortpflanzung oder *Sporogonie*. Man bezeichnet diesen Vorgang als Generationswechsel.

Die *Schizogonie* ist eine Vermehrungsweise der Coccidien, die eintritt, wenn sie ihr Wachstum beendet haben, d. h. wenn der *Sporozoit* oder *Sichelkeim* zum *Schizonten* herangewachsen ist. Der Kern des Schizonten teilt sich durch multiple Teilung, und jeder Tochterkern umgibt sich mit Protoplasma. Die Organismen, die so entstehen, heißen *Merozoiten* (Abb. 171). Sie werden frei und infizieren neue Epithelzellen. Auf diese Weise vermehrt sich der Parasit bei seinem Wirt. Die Schizogonie kann sich sehr oft wiederholen.

Die *Sporogonie* scheint dann aufzutreten, wenn die Fähigkeit zur Schizogonie bei bestimmten Individuen erschöpft ist. Es bilden sich dann die *Gamonten*: Einerseits entstehen *Mikrogametocyten* (Abb. 171); sie ergeben männliche Gameten oder *Mikrogameten*. Andererseits entstehen *Makrogametocyten*, die zu weiblichen Gameten oder *Makro-gameten* werden. Die Befruchtung, d. h. die Verschmelzung einer Mikrogamete mit einer Makrogamete, findet statt, und es entsteht eine *Zygote* oder *Oocyste*, die sich mit einer Membran umgibt. Der Inhalt der *Oocyste*, der *Sporont*, teilt sich und ergibt die *Sporocysten* oder *Sporen*; in letzteren bilden sich die *Sporozoiten* oder *Sichelkeime* (Abb. 172). Die Oocysten gelangen ins Freie und dienen der Verbreitung des Parasiten außerhalb seines Wirts. *Durch die im Freien vorkommenden reifen (sporulierten) Oocysten der Coccidien wird die Coccidiose auf den Menschen übertragen, wenn er die Oocysten verschluckt*[1]. Die Sporozoiten verlassen dann die Sporen und die Oocyste, dringen in die Epithelzellen ein und ergeben junge Coccidien, die heranwachsen und sich durch Schizogonie vermehren. Somit ist der Entwicklungskreis geschlossen.

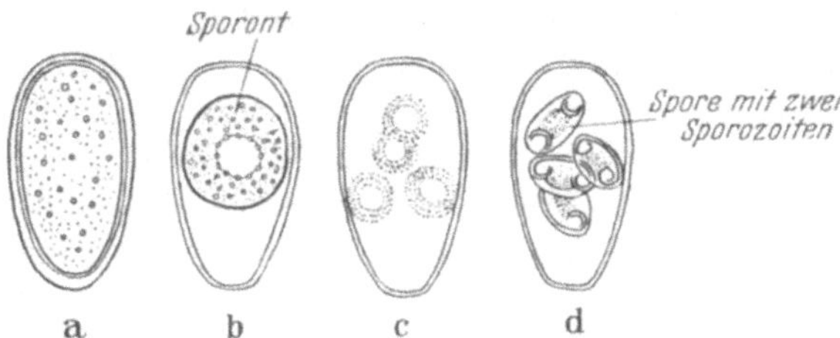

Abb. 172. *Bildung der Sporen in einer Oocyste von Eimeria stiedai.* a—c) unreife Oocysten; d) reife, sporulierte Oocyste mit 4 Sporen, letztere enthalten je 2 Sporozoiten. (Nach R. BLANCHARD.)

Einteilung. Die Coccidien, die Parasiten des Menschen sind, gehören zwei Gattungen an. Es sind dies:

1. die Gattung *Isospora*, bei der sich in der Oocyste *2 Sporen* entwickeln, von denen jede *4 Sporozoiten* enthält;

2. die Gattung *Eimeria* (Abb. 172), bei der sich in der Oocyste *4 Sporen* bilden, deren jede *2 Sporozoiten* enthält.

Pathogene Bedeutung[2]. Die Coccidiose spielt in der Pathologie des Menschen nur eine völlig untergeordnete Rolle und wird meistens nur zufällig bei der Autopsie entdeckt. Es wurden bisher nämlich nur rund 250 Coccidiosefälle beim Menschen festgestellt, und zwar handelte es sich hierbei in den weitaus meisten Fällen um *Isospora*infektionen. Wir erwähnen *Isospora belli*, die die *Darmcoccidiose* verursachen kann, und

---

[1] Es ist aber auch möglich, daß im Freien nach Ausbildung der Sporozoiten die Sporen zu quellen beginnen, die Oocystenmembran schrumpft und schließlich an der an dem einen Pol gelegenen *Mikropyle* platzt und die Sporen dann frei werden. — Die Infektion des Menschen findet in diesen Fällen durch Aufnahme der *reifen Sporen* mit verunreinigter Nahrung statt.

[2] Vgl. A. HERRLICH u. H. LIEBMANN: Zur Kenntnis der menschlichen Coccidien. Z. Hyg. **125**, 331—363 (1943) u. Die menschliche Coccidiose. Z. Hyg. **126**, 220 bis 236 (1944), ferner A. A. LIEBOW usw.: Isospora infections in man. Am. J. Tropic. Med. **28**, 261—273 (1948).

Eimeria stiedai (= *E. stiedae*), gewöhnlich Parasit des Kaninchens
(Abb. 171). Letztere will man in einigen Fällen von *Lebercoccidiose*
(Gallengangcoccidiose) beim Menschen beobachtet haben, jedoch be-
dürfen diese Fälle weiterer Bestätigung.

II. Die Erreger der Malaria (Plasmodium).

Untersuchung. Schon die Untersuchung von frischem Blut eines
Malariakranken ergibt wertvolle Aufklärungen und ermöglicht es, die
Bewegungen von lebenden Malariaerregern, den *Plasmodien* (*Plasmodium*), zu beobachten. Daneben aber ist es ratsam, dünne Blutausstriche zu machen und einen Dicken Tropfen herzustellen nach den
Verfahren, die im dritten Abschnitt des Allgemeinen Teils S. 37—44 angegeben sind. *Die Blutentnahme und Herstellung der Präparate ist stets
vor Beginn der medikamentösen Behandlung durchzuführen.*

Morphologie. Die Plasmodien sind Parasiten der roten Blutkörperchen
und der Leberzellen. Ihr Protoplasma besitzt die Fähigkeit, amöboide
Bewegungen auszuführen. Je nach dem Entwicklungsstadium wechselt
ihre Größe und Form. Der Durchmesser beträgt 3—12 μ. Die Organismen
sammeln in ihrem Protoplasma eine mehr oder weniger große Menge
von schwarzem *Pigment* oder *Hämatin* an, welches aus dem zerstörten
Hämoglobin der parasitierten Blutkörperchen gebildet wird.

Die Färbung nach der oben S. 40—41 geschilderten panoptischen
Methode läßt den Kern deutlich erkennen.

Biologie. Die Biologie der Plasmodien ist heute nahezu vollständig
bekannt. Wir beschäftigen uns zuerst mit ihrem Vorkommen und dann
mit ihren verschiedenartigen Entwicklungsweisen.

Vorkommen. Wie bereits erwähnt, sind die Plasmodien Parasiten
des Leberparenchyms und der roten Blutkörperchen. Sie leben im
Inneren der letzteren, füllen allmählich das ganze Blutkörperchen aus
und zerstören es. Aber sie verbringen nur einen bestimmten Abschnitt
ihres Lebens im Menschen, denn sie sind darin sozusagen gefangen
und würden mit ihrem Wirt zugrunde gehen, wenn sie nicht in einen
Überträger gelangen könnten, der ihre weitere Ausbreitung und damit
die Erhaltung der Art sicherte. Dieser Zwischenwirt[1] oder Überträger
ist immer eine Mücke der Gattung Anopheles (Abb. 18ff.).

Vermehrung. Wie die Coccidien besitzen die Plasmodien zwei
Vermehrungsweisen. Die ungeschlechtliche Vermehrung oder *Schizogonie* vollzieht sich im Leberparenchym und im Blute des Menschen,
die geschlechtliche Fortpflanzung oder *Sporogonie* beginnt im Menschen
und endet in der Mücke *Anopheles* (Abb. 173). Es findet also ein Ge-
nerations- und Wirtswechsel statt.

---

[1] Über die Anwendung der Bezeichnung „Zwischenwirt" vgl. S. 275 Anmerkung.

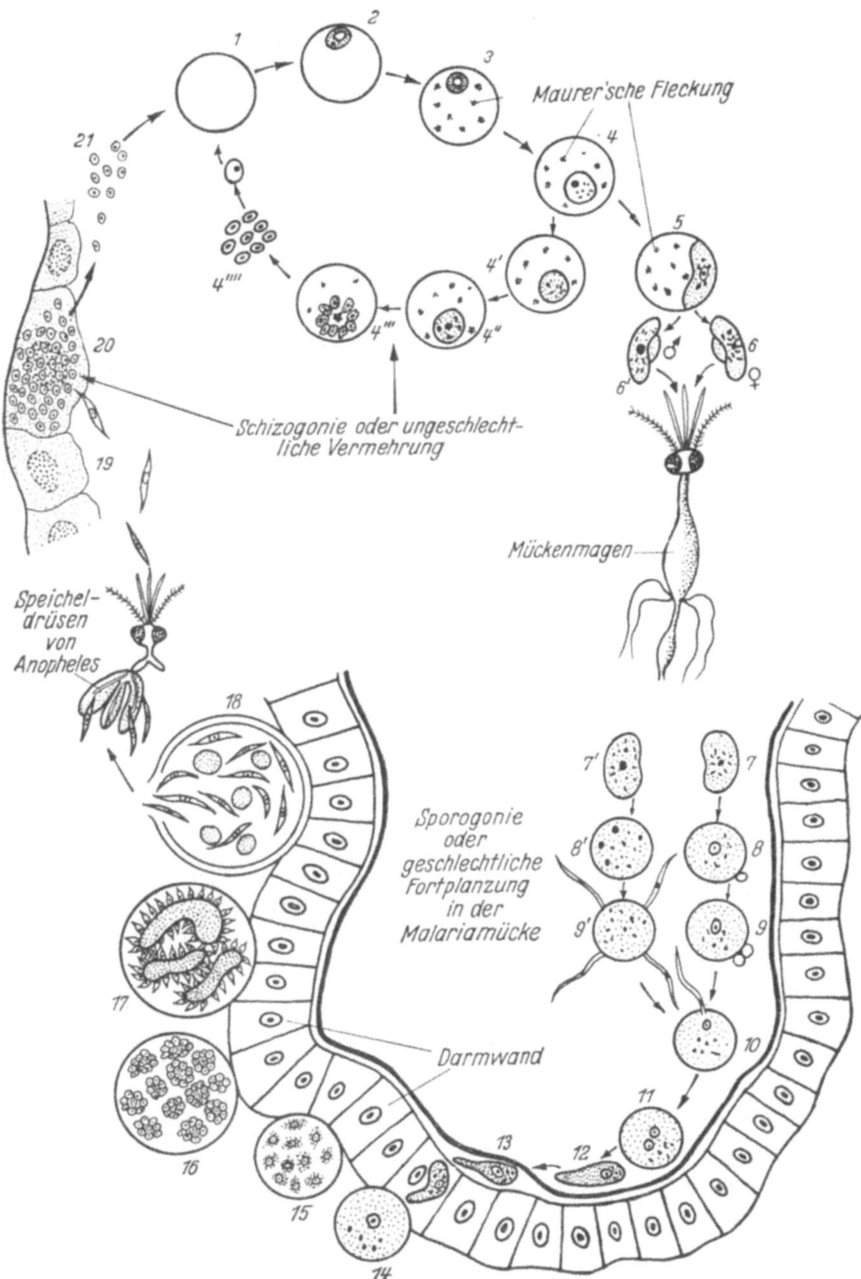

Abb. 173. *Entwicklung von Plasmodium falciparum (Erreger der Tropica). 1—4''''* Schizogonie oder ungeschlechtliche Vermehrung im Blute des Menschen. *5—18* Sporogonie oder geschlechtliche Fortpflanzung, *5—6* im Blute des Menschen, *7—12* im Darmlumen der *Maluriamücke Anopheles*, *13—18* an der Darmwand von *Anopheles*, *19* Sporozoit, der in eine Leberzelle des Menschen eindringt, *20* Leberparenchym, in dem eine Schizogonie stattfindet, *21* Merozoiten, die im Begriffe sind, rote Blutkörperchen zu infizieren. Weitere Erläuterungen siehe Text!

Schizogonie. Das junge Plasmodium (der *Merozoit*), das soeben ein rotes Blutkörperchen infiziert hat (Abb. 173, *2*), enthält einen mit einem zentral gelegenen Binnenkörper (Karyosom, auch Nucleolus genannt) versehenen Kern und wird als *Ring* bezeichnet. Der Parasit wächst heran (*3*), und es tritt in ihm das obenerwähnte Pigment auf (*4, 4'*). In diesem Stadium trägt der Parasit den Namen *halberwachsener Schizont.* Bald teilt sich sein Kern durch multiple Teilung (*4''*). Dieses (*4''*) und das folgende Stadium (*4'''*) nennt man *Teilungsform.* Jeder Tochterkern umgibt sich nun mit Protoplasma und bildet so je einen *Merozoiten* (*4'''*). Beim Fieberanfall werden die Merozoiten frei (*4''''*), gelangen in das Blutplasma, befallen gesunde rote Blutkörperchen (*1*), und der Entwicklungscyclus beginnt von neuem. Das zusammengeballte, gleichzeitig mit den Merozoiten frei gewordene Pigment, der sog. Restkörper, wird mit dem Kreislauf in verschiedene Organe geführt oder durch Leukocyten, die schwarz werden, phagocytiert (Abb. 179).

Den *erwachsenen Schizonten,* der im Begriff ist, auseinanderzufallen, also die reife Teilungsform (*4'''*), bezeichnet man auch als *Morula-, Maulbeeren-, Gänseblümchen-* oder *Margaritenform.*

Sporogonie. In einem gegebenen Augenblick ihrer Entwicklung (meistens nach dem 4. oder 5. Fieberanfall) differenzieren sich bestimmte halberwachsene Plasmodien zu *Geschlechtsformen* oder Gamonten. Die einen *Gamonten oder Gametocyten* sind männlich, und zwar die *Mikrogametocyten* (*6', 7', 8'*). Eine Mikrogametocyte bildet eine kleine Anzahl *Mikrogameten* (*9', 10*), die fälschlicherweise gewöhnlich als Geißeln bezeichnet werden. Die anderen Gamonten, die *Makrogametocyten* (*6, 7, 8*), sind weiblich und verwandeln sich in *Makrogameten* (*9, 10*), die aber erst im Magen von *Anopheles* befruchtet werden.

Die Mikro- und Makrogametocyten finden sich in den roten Blutkörperchen des Menschen und bleiben hier mehrere Wochen am Leben. Sie können sich aber nur im Magen von *Anopheles* weiter zu Gameten entwickeln. Es muß also eine Mücke einen Malariakranken stechen und mit dem Blut die Parasiten einsaugen, damit sich in dem Mückenmagen aus den Gametocyten die *Gameten* entwickeln können. Eingesogene Schizonten jedoch gehen in der Malariamücke zugrunde. Ein Mikrogamet befruchtet nun einen Makrogameten (*10*), der dadurch dem befruchteten Ei der Metazoen entspricht (*11*). Er trägt nun den Namen *Ookinet* oder *Zygote* (*12*). Die Zygote ist beweglich, von „Würmchen"-artiger Gestalt und durchbohrt die Magenwand von *Anopheles* (*13*). Sobald sie an einen günstigen Punkt gelangt ist, rundet sie sich ab und heißt dann *Sporont, Malariacyste* oder *Oocyste* (*14, 15, 16, 17*). Ist die umgebende Temperatur günstig[1]

---

[1] Die Entwicklung der Plasmodien in der Malariamücke erfolgt nur, wenn eine bestimmte Mindesttemperatur vorhanden ist. Die Entwicklungsdauer ist für die verschiedenen Plasmodienarten bei gleicher konstanter Temperatur verschieden

so wächst die Oocyste schnell heran und wird im Durchschnitt 60 μ groß. In ihrem Innern entstehen während dieser Zeit die sog. *Tochtercysten* oder *Sporoblasten*, in welchen sich kleine, bewegliche *Sichelkeime*, die *Sporozoiten*, bilden.

Die Sporozoiten werden, nachdem sie in etwa 14 Tagen herangereift sind, durch Platzen der Oocyste frei und gelangen in die Leibeshöhle (Lakuom) von *Anopheles (18)* und von dort hauptsächlich in die Speicheldrüsen. *Wenn der infektiöse Speichel einer Anopheles beim Stechen in den Menschen dringt, werden die Sporozoiten auf ihn übertragen.*

Sind die Sporozoiten in einen gesunden Menschen gelangt *(19)*, so dringen sie in das Parenchym der Leber ein *(20)* und vermehren sich hier durch Schizogonie (sog. exoerythrocytäre Stadien)[1]. Die hier gebildeten Merozoiten *(21)* begeben sich in die Blutbahn und infizieren die Blutkörperchen *(1)*.

Es gibt demnach zwei verschiedene Schizontenformen. Die einen Schizonten entwickeln sich im Leberparenchym und liefern hier Mero-

---

lang. Die Entwicklung vollzieht sich um so schneller und sicherer, je wärmer es ist. Im günstigsten Falle dauert die Entwicklung bis zu den infektionsfähigen Sporozoiten ungefähr 10 Tage. Weitere Einzelheiten über die *Entwicklungsdauer* zeigt folgende Tabelle:

Konstante Temperatur . . .	16° C	19—20° C	25° C	30° C
Plasmodium falciparum (Erreger der Tropica) . . .	un- möglich	23—20 Tage	14 Tage	10 Tage
Plasmodium vivax (Erreger der Tertiana). . .	38 Tage	17—15 Tage	11—10 Tage	8 Tage
Plasmodium malariae (Erreger der Quartana) . .	?	35—30 Tage	24 Tage	?

Die Lebenstätigkeit und Lebenslänge ist bei den einzelnen *Anopheles*arten verschieden und steht in Beziehung zur Temperatur. Bei höherer Temperatur ist die Aktivität der Mücken im allgemeinen größer und die Lebensdauer kürzer als bei niedriger Temperatur. Die gefährlichsten Malariaüberträger sind demzufolge die Anophelen, deren Leistungs- und Lebensoptimum bei entsprechend langer Lebensdauer bei der Temperatur liegt, bei der sich die Plasmodien am schnellsten entwickeln. Darum liegt das Problem der Assanierung warmer Länder heute nicht mehr in der Bekämpfung und Vernichtung aller Anophelen, sondern nur in der Bekämpfung der gefährlichsten Arten (sog. *Speziesassanierung*). [Vgl. E. RODENWALDT: Arch. Schiffs- u. Trophyg. **28**, 313—334 (1924).]

[1] Im Tierexperiment werden die exoerythrocytären Formen von den Malariaheilmitteln nicht angegriffen (S. 62), so daß der Analogieschluß berechtigt erscheint, daß das Vorkommen dieser Stadien beim Menschen das Versagen der Atebrinprophylaxe hinsichtlich einer Infektionsverhütung und das Auftreten von Rückfällen nach einer erfolgreichen Behandlung erklären könnte. [Vgl. W. KIKUTH u. L. MUDROW: Dtsch. med. Wschr. **67**, 85—90 (1941) u. Erg. Hyg. **24**, 1—86 (1941). — L. MUDROW u. E. REICHENOW: Arch. Protistenkde **97**, 101—170 (1944) u. Z. Tropenmed. u. Parasitol. **1**, 113—152 (1949). — L. MUDROW-REICHENOW u. W. KIKUTH: Dtsch. med. Wschr. **74**, 759—763 (1949)].

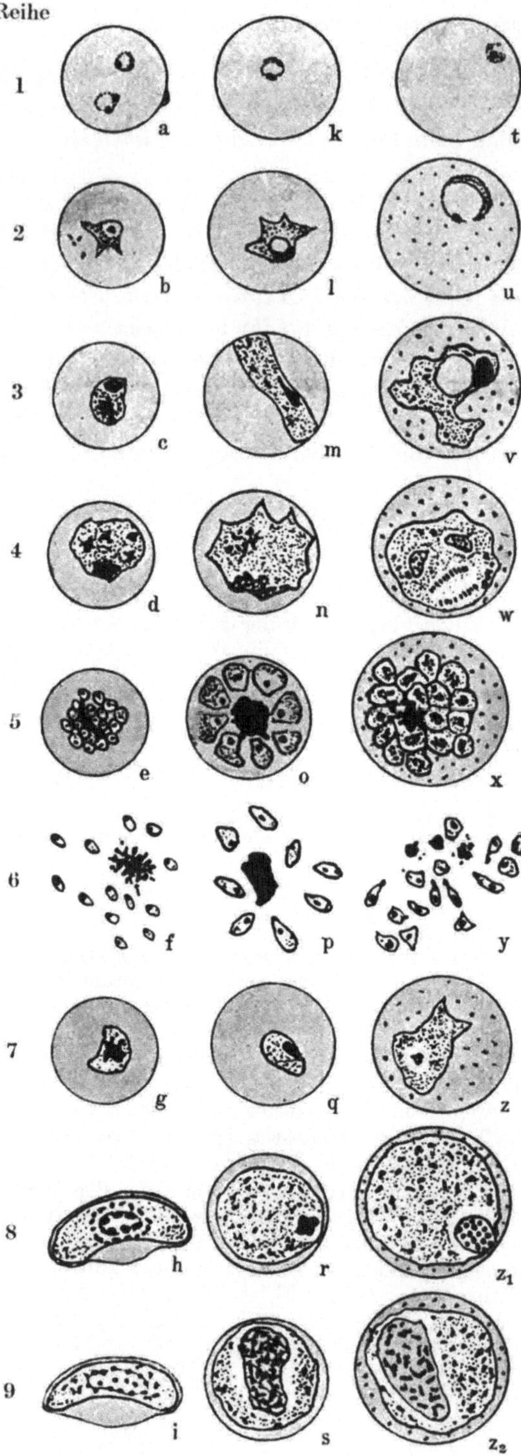

Abb. 174. *Die Malariaparasiten im Blute des Menschen. Linke Spalte (a—i): Plasmodium falciparum (Erreger der Tropica). Mittlere Spalte (k—s): Plasmodium malariae (Erreger der Quartana). Rechte Spalte (t—z₂): Plasmodium vivax (Erreger der Tertiana). Von oben nach unten:* 1. Reihe (a, k, t) und 2. Reihe (b, l, u): Ringe. 3. Reihe (c, m, v): Halberwachsene Schizonten. 4. Reihe (d, n, w) und 5. Reihe (e, o, x): Teilungsformen. 6. Reihe (f, p, y): Freiwerden der Merozoiten. 7. Reihe (g, q, z): Junge Gamonten. 8. Reihe (h, r, z₁): Erwachsene Makrogametocyten. 9. Reihe (i, s, z₂): Erwachsene Mikrogametocyten. *Weitere Erklärungen:* a) Jüngste Ringe. Mehrfach-Infektion. Ein normaler Ring, ein dem Rande des Erythrocyten aufsitzender Ring, ein zweikerniger Ring (Teilung!). b) Etwa 24 Stunden alter Parasit, im Erythrocyten sogenannte MAURERsche Fleckung. c) Etwa 30 Stunden alter Parasit mit Pigmentanhäufung. d) Etwa 40 Stunden alter Parasit, die Kernteilung hat begonnen. e) Schizogonie etwa 48 Stunden alt, die Schizogonie ist im Erythrocyten vollendet. f) Zerfall des Erythrocyten. g) Junger Gamont (5—10 Tage nach Fieberbeginn). h) Erwachsener Makrogametocyt. i) Erwachsener Mikrogametocyt. k) Jüngster Ring. l) Ein etwa 10 Stunden alter Parasit. m) Bandförmiger, etwa 20 Stunden alter Parasit. n) Etwa 50 Stunden alter Parasit. o) Schizogonie vollendet. p) Zerfall des Erythrocyten (nach 72 Stunden). q) Junger Gamont. r) Makrogametocyt. s) Mikrogametocyt. t) Jüngstes Stadium. u) Großer Ring. v) Etwa 20 Stunden alter Parasit. Der Erythrocyt zeigt SCHÜFFNERsche Tüpfelung. w) Etwa 36 Stunden alter Parasit, Beginn der Kernteilungen. x) Schizogonie vollendet. y) Zerfall des Erythrocyten nach 48 Stunden. z) Junger Gamont (etwa 15 Tage nach Fieberbeginn). z₁) Makrogametocyt. z₂) Mikrogametocyt. Die schwache Abblassung des befallenen Erythrocyten ist in den Figuren u—z₂ nicht wiedergegeben. In 2000facher Vergrößerung. (Nach STEMPELL.)

zoiten, die die Blutkörperchen befallen. Aus ihnen entwickeln sich die anderen Schizonten, die ihrerseits ebenfalls in Merozoiten zerfallen[1].

Innerhalb der Malariamücke sterben die Plasmodien nach einigen Wochen oder Monaten ab, was in überwinternden Mücken wohl stets der Fall ist. Die *Plasmodien überwintern* normalerweise also nur im Menschen. Diese überwinternden Plasmodien können dann im Frühling die *Frühjahrsmalaria* hervorrufen, die meist aus Tertianafällen besteht. Diese Frühjahrsfälle haben eine große epidemiologische Bedeutung, weil sie zur Infektion der neuen Anophelengeneration führen.

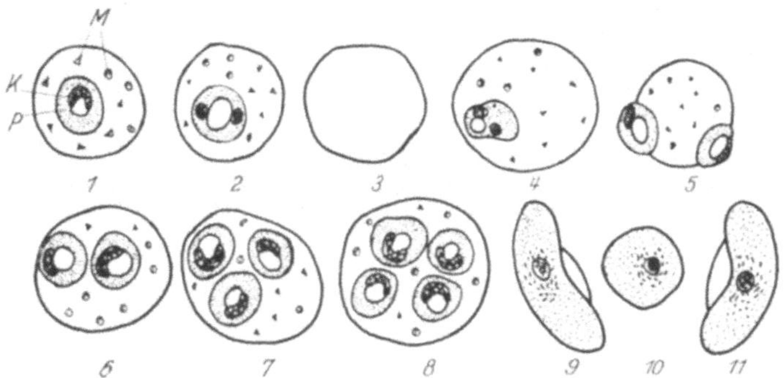

Abb. 175. *Plasmodium falciparum* (*Erreger der Tropica*) *im peripheren Blut. 3* normales rotes Blutkörperchen; *1, 2, 4—8* halberwachsene Schizonten (große Ringe), sogenannte Tropenringe in parasitierten roten Blutkörperchen mit MAURERscher bzw. STEPHENSscher und CHRISTOPHERS-scher Fleckung (*M*), *K* Kern, *P* Protoplasmaring; *9* und *11* Makrogametocyten oder Halbmonde mit Pigment; *10* rundliche Gametocyte.

Einteilung. Die drei wichtigsten Plasmodienarten, die als Malaria-erreger in Betracht kommen, sind sowohl vom morphologischen als auch vom biologischen Standpunkt aus verschieden. Diese drei Arten sind folgende (Abb. 174):

Plasmodium falciparum (= *P. immaculatum* = *Laverania malariae*) (Abb. 175) ist der Erreger des *bösartigen Dreitagefiebers*, der *Tertiana maligna*, des *Sommerherbstfiebers*, der *Perniciosa* und des *Tropenfiebers* (*Tropica*).

Plasmodium vivax (Abb. 176) erregt das *gutartige Dreitagefieber* oder die *Tertiana benigna*, gewöhnlich einfach *Dreitagefieber* oder *Tertiana* genannt.

---

[1] Man bezeichnet den Entwicklungsgang im Menschen auch als endogene Entwicklung und den in der Mücke als exogene. Ferner wird der gesamte Entwicklungscyclus auch in 3 Entwicklungskreise aufgeteilt, nämlich in die *Schizogonie* oder Zerfallsteilung der Agamonten, in die *Gamogonie* (Gametogonie) oder geschlechtliche Fortpflanzung der Gameten und in die *Sporogonie* (Sporulation) oder vegetative Zerfallsteilung der Sporonten. Die Schizogonie stimmt mit der oben gegebenen Darstellung überein, die Gamogonie beginnt mit der Bildung der Gametocyten und endet mit der des Sporonten, und die Sporogonie endlich stellt die Entwicklung der Sporozoiten in der Oocyste dar.

Plasmodium malariae (Abb. 177) verursacht das *Viertagefieber* oder die *Quartana*.

Wir geben in Tabelle (S. 226/227) die Hauptunterschiede der drei wichtigsten Plasmodienarten wieder.

Man hat eine vierte Art beschrieben, nämlich *Plasmodium ovale*. Sie ist selten, aber weit verbreitet. Sie ähnelt sehr *P. vivax*, ist aber von

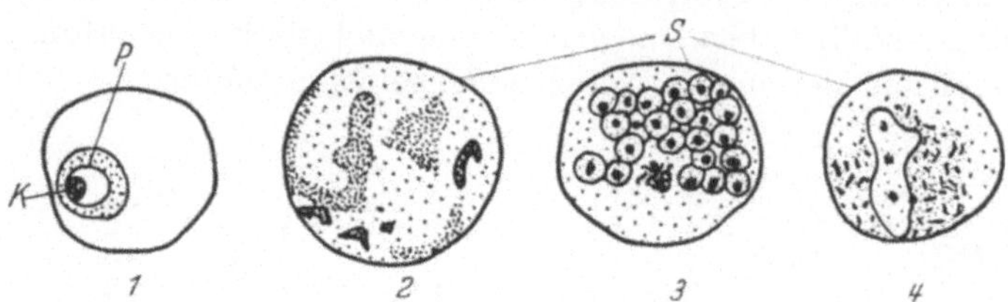

Abb. 176. *Plasmodium vivax* (*Erreger der Tertiana*) *im peripheren Blut. 1* Junger Schizont oder Ring. *2* Halberwachsener Schizont, *3* Morulastadium mit Merozoiten und Pigment (Restkörper), *4* Gametocyte; die roten Blutkörperchen zeigen SCHÜFFNERsche Tüpfelung (*S*). *K* Kern, *P* Protoplasmaring.

geringerer Größe. Die Parasiten sind von ovaler Gestalt und kleiner als ein normales rotes Blutkörperchen. Die infizierten Blutkörperchen sind oval und am Rande gezähnelt[1].

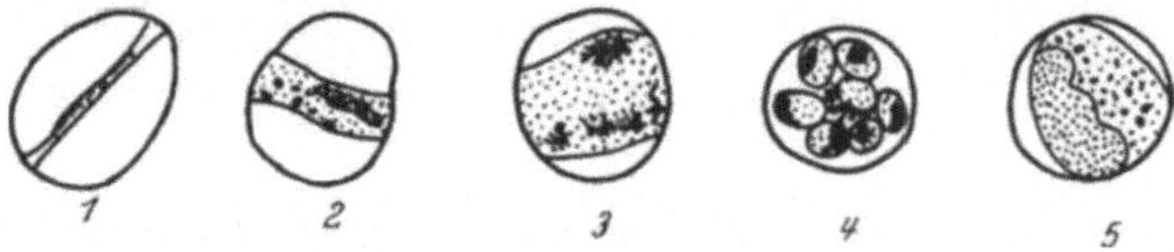

Abb. 177. *Plasmodium malariae* (*Erreger der Quartana*) *im peripheren Blut. 1* und *2* halberwachsene Schizonten (bandförmig), *3* Schizont (Bandform), *4* Merozoiten (Gänseblümchenform), *5* Gametocyte.

Pathogene Bedeutung. Jede der drei Plasmodienarten ruft, wie wir soeben gesehen haben, einen besonderen klinischen Fieberverlauf hervor, aber alle drei sind die Ursache der *Malaria*.

Malaria[2]. Die *Malaria* oder das *Sumpf-* oder *Wechselfieber*, auch *kaltes Fieber* genannt, kommt überall in den Tropen vor. Die Krankheit herrscht dort zu allen Jahreszeiten. Im Frühling und Sommer kommt sie auch in bestimmten Gegenden der gemäßigten Zone vor; so tritt die Malaria z. B. in Mitteleuropa endemisch in der Südsteiermark und

---

[1] Vgl. E. BOCK: Zur Epidemiologie, Klinik und Parasitologie der durch das *Plasmodium ovale* Stephens 1922 hervorgerufenen Malaria. Arch. Schiffs- u. Tropenhyg. **43**, 327—352 (1939).

[2] KIKUTH, W., u. W. MENK: Die Chemotherapíe der Malaria. 2. Aufl. Leipzig 1944. — M. F. BOYD: Malariology. Philadelphia und London. 1949. — M. MAISCH: Was sollte der praktische Arzt von der Malaria wissen? Hippokrates. **21**, 291—295 u. 325—328 (1950).

in Ostfriesland auf[1]. Die Zahl der jährlich mit Malaria Infizierten auf der Erde wurde vor einigen Jahren noch auf 170 Millionen geschätzt. Folgende Erscheinungen kennzeichnen die Malaria: Wechselfieber mit längeren oder kürzeren Pausen, Anämie, Hypertrophie der Milz, bisweilen der Leber und schwarzen Pigmentablagerungen in den inneren Organen und dem Integument. Der Fieberanfall zerfällt meistens in ein Frost-, Hitze- und Schweißstadium.

Es ist hier nicht der Ort für eine genaue Schilderung der Malaria. Wir erwähnen jedoch kurz auf Grund der vorhergehenden parasitologischen Darlegungen ihre Ätiologie und Prophylaxe.

Ätiologie. Die Malariaplasmodien werden unter natürlichen Verhältnissen *nur* durch den Stich infektionsfähiger Mücken der Gattung *Anopheles* übertragen (*Stich*malaria). Künstlich kann jedoch die Krankheit mit dem Blut eines infizierten Menschen auf einen anderen überimpft werden (*Impf*malaria). Auch ist eine congenitale Übertragung der Malaria möglich. Um einen Fieberausbruch zu bewirken, müssen die Parasiten in großer Menge vorhanden sein und sich daher bereits im infizierten Menschen durch Schizogonie vermehrt haben. Erst 8—12 Tage nach dem Stich bricht das Fieber aus. Jedoch kann die *Inkubationszeit* auch ein halbes Jahr und länger dauern (Frühjahrstertiana!). Jede Merulation, d. h. Bildung und Ausschwemmung von Merozoiten in das Blut, bewirkt einen erneuten Fieberanfall, woraus sich der Wechsel von Fieber und normaler Temperatur und die verschiedenen klinischen Formen der Malaria erklären. Denn für jede Plasmodienart ist ja die Dauer der Schizogonie verschieden.

Rückfälle oder *Rezidive* (vgl. S. 10) sind parasitologisch dadurch gekennzeichnet, daß man gleich bei Ausbruch derselben neben anderen Stadien mehr oder weniger zahlreiche Geschlechtsformen findet.

---

[1] Die charakteristische Form der Malaria in Ostfriesland ist eine außerordentlich leicht verlaufende Tertiana. Im Jahre 1910 wurde in Emden eine amtliche Malariastation ins Leben gerufen. In der Zeit von 1910—1914 schwankte die Zahl der Krankheitsfälle in Ostfriesland jährlich zwischen 80 und 124. Während des 1. Weltkrieges folgte ein steiler Anstieg, der im Jahre 1918 seinen Höhepunkt mit 4102 Fällen erreichte, d.h. es hatte durchschnittlich jeder 8. Bewohner des Emdener Bezirks Malaria. 1924 wurden nur noch 104 Fälle nachgewiesen. Das Jahr 1926 brachte eine zweite, kleinere Epidemie mit 571 Fällen. Seit dieser Zeit traten jährlich etwa 80 Fälle im Durchschnitt auf bis zum Jahre 1940. Seit dieser Zeit hat die Malaria dort erheblich abgenommen. Wahrscheinlich wird sie über kurz oder lang von selbst aussterben. Ein weiterer Malariaherd besteht in Schlesien im Kreise Pleß. Vereinzelte autochthone Malariafälle finden sich ferner im Rheintal zwischen Karlsruhe und Worms, in Bayern, in Thüringen und in der Spree-Havel-Niederung. Ferner wurden im Laufe des 2. Weltkrieges und in der Nachkriegszeit zweifellos autochthon entstandene Fälle in sehr vielen Gegenden Deutschlands einwandfrei beobachtet [HORMANN, H.: Z. Tropenmed. u. Parasitol. **1**, 32—91 (1949) u. W. SCHRÖDER: ebendort 488—511]. — Erwähnt sei ausdrücklich, daß in den verschiedensten Teilen Deutschlands ungeheure Mengen von Malariamücken vorkommen, ohne daß dort die Malaria auftritt. Man spricht dann von *Anophelismus ohne Malaria.*

Hauptunterschiede zwischen den 3 wichtigsten Plasmodienarten.

Arten	P. *malariae* (Quartana)	P. *vivax* (Tertiana)	P. *falciparum* (Tropica)
Jugendformen:	Sehr deutliche Umrisse, sehr langsame amöboide Bewegungen, im gefärbten Präparat Siegelringform, $^1/_4$ bis $^1/_3$ Blutkörperchengröße.	Wenig deutliche Umrisse, lebhafte amöboide Bewegungen, im gefärbten Präparat Siegelringform, $^1/_4$ bis $^1/_3$ Blutkörperchengröße.	Klare Umrisse, lebhafte amöboide Bewegungen, im gefärbten Präparat sehr feiner kleiner Ring, $^1/_6$ Blutkörperchengröße.
Halberwachsene Schizonten bzw. Gamonten:	Rundlich, Scheiben- oder Bandform, meist nicht amöboid.	Große pigmentierte Ringe oder amöboide Form, $^1/_3$ Blutkörperchengröße.	Mittelgroße und große Ringe, $^1/_4$ bis $^1/_3$ Blutkörperchengröße, oft mit 2 Kernen.
Teilungsform:	Ungefähr *viereckig*, oft *bandförmig*, mehrkernig, *kleiner* als ein normales rotes Blutkörperchen.	*Kugelförmig*, mehrkernig, *größer* als ein normales rotes Blutkörperchen.	*Kugelförmig*, mehrkernig, Durchmesser *halb so groß* wie der eines roten Blutkörperchens.
Erwachsene Schizonten:	Sehr deutliche Gänseblümchenform *im peripheren Blut*.	Maulbeerenform *im peripheren Blut*.	Morulaform oder unregelmäßige Teilungsform *in den Capillaren der inneren Organe* (fast nur bei Moribunden im peripheren Blut).
Zahl der Merozoiten:	6 bis 12.	15—20.	8—10, bisweilen mehr.
Erwachsene Gametocyten:	*Kugelförmig*, Blutkörperchengröße, kompakt, gedrungen, dunkelblau gefärbt.	*Kugelförmig*, 1,5- bis 2mal Blutkörperchengröße, aufgelockert, hellblau gefärbt.	*Halbmond- oder bananenförmig*. Im Blut selten kugelförmig.

Pigment:	Grobe, unregelmäßige, wenig oder gar nicht bewegliche, im gefärbten Präparat oft goldgelbe Pigmentkörnchen.	Stäbchenförmige, sehr bewegliche Pigmentkörnchen.	Wenig zahlreiche, kleine unregelmäßige und wenig bewegliche Pigmentkörnchen.
Infizierte rote Blutkörperchen (im gefärbten Ausstrich):	*Kleiner* als normale, dunkler, ohne Granula.	*Vergrößert*, von blasser Färbung, SCHÜFFNERsche (rote) Tüpfelung.	*Normal.* STEPHENsche und CHRISTOPHERSsche bzw. MAURERsche (rote) Fleckung.
Entwicklungsdauer der Schizonten:	72 Stunden.	48 Stunden.	24—48 Stunden.
Hauptkennzeichen im gefärbten Blutausstrich:	Deutliche Gänseblümchen- und Bandform.	SCHÜFFNERsche Tüpfelung.	Halbmonde.
Dicke Tropfen-Präparate:	Kleine kompakte Formen mit viel Pigment, selten erhaltene Blutkörperchen.	Ringe, amöboide u. zerrissene Formen. Häufig SCHÜFFNERsche Tüpfelung in erhaltenen Blutkörperchen.	Nur Ringe und Halbmonde. Am Rande häufig MAURERsche Fleckung in erhaltenen Blutkörperchen.
Malariafieber (Wechselfieber):	*Viertagefieber*, Drittetagsfieber, Quartana simplex, Quartana duplicata, Quartana triplicata oder Quotidiana.	Tertiana benigna, gutartiges *Dreitagefieber*, Anderntagsfieber, Marschenfieber, Tertiana simplex, Tertiana duplicata oder Quotidiana.	Quotidiana, Tertiana maligna, bösartiges Dreitagefieber, Sommerherbstfieber, *Tropenfieber*, Gallenfieber und Perniciosa.

15*

Perniziöse Anfälle können sich bei allen Fieberarten, selbst bei gutartiger Malaria, zeigen. Sie sind eine Folge der Anhäufung von Parasiten in den Capillaren lebenswichtiger Organe (Abb. 178 u. 179).

Prophylaxe. Die Maßnahmen der *allgemeinen Prophylaxe* bezwecken die Vernichtung der Plasmodien und ihrer Überträger, der Malariamücken. Dazu ist folgendes notwendig: 1. die Kranken sind durch eine Resochin-, Atebrin- oder Chininbehandlung zu heilen; 2. die Kranken von den Stellen zu entfernen, wo die Malariamücken vorkommen; 3. die ge-

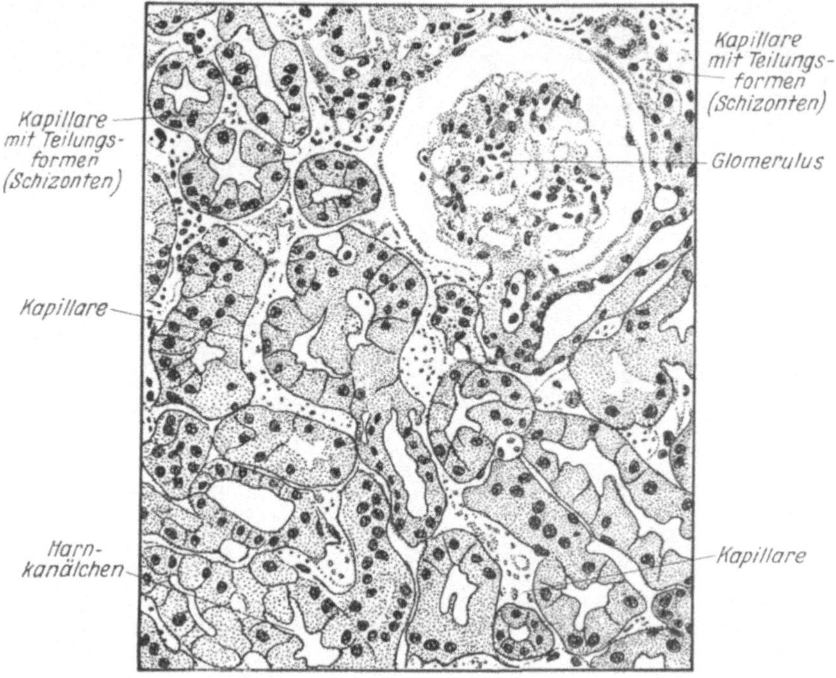

Abb. 178. *Perniciosa* (*Erreger: Plasmodium falciparum*). Schnitt durch die Niere. Die Capillaren sind vollgepfropft mit Teilungsformen (Schizonten) und Pigment führenden Leukocyten.

schlechtsreifen Anophelen und ihre Larven zu vernichten, wobei die modernen Kontaktinsekticide (DDT-Präparate usw.) eine sehr bedeutende Rolle spielen.

Die *individuelle Prophylaxe* sucht den Gesunden vor Ansteckung zu schützen: 1. durch vorbeugende Resochin-, Atebrin- oder Chininbehandlung[1], 2. durch mechanischen Abschluß der Wohnhäuser durch Drahtgaze usw., 3. durch Moskitonetz, Mückenschleier und Handschuhe und

---

[1] Diese sog. klinische Prophylaxe ist in Wirklichkeit eine permanente Therapie, wenigstens bei der Tertiana.

4. durch zweckmäßige Anlage der Häuser möglichst weit entfernt von Mückenbrutplätzen.

Eine jede dieser Maßnahmen, einzeln angewandt, würde theoretisch genügen, um die Malaria verschwinden zu lassen. In der Praxis aber kann nur durch alle diese verschiedenen Maßnahmen zusammen die Malaria erfolgreich bekämpft werden, und auf diese Weise ist tatsächlich in einigen Ländern die Morbidität und Mortalität der Malaria ungeheuer zurückgegangen.

III. Der Erreger der Toxoplasmose (Toxoplasma gondii)[1].

Systematische Stellung. Die Stellung der Toxoplasmen im System der Protozoen ist noch nicht genügend geklärt. Durch serologische Untersuchungen und Infektionsversuche ist es sehr wahrscheinlich gemacht worden, daß es sich bei dieser Gattung nur um eine einzige Art (*Toxoplasma gondii = T. hominis*) handelt, die beim Menschen und bei zahlreichen Wirbeltieren vorkommt.

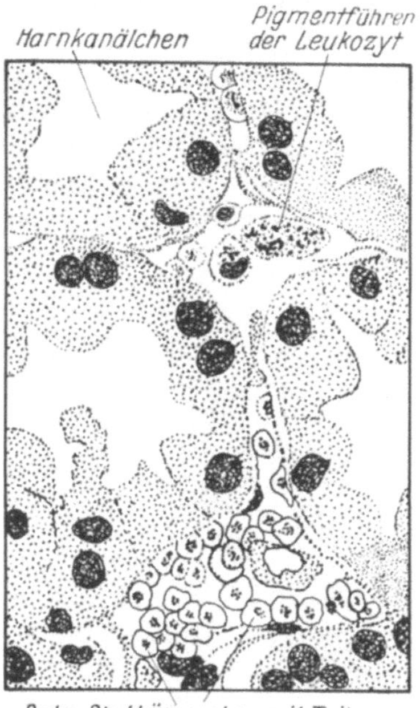

Abb. 179. Derselbe Schnitt wie in Abb. 178, aber bei sehr starker Vergrößerung.

Untersuchung. Der *morphologische* Nachweis erfolgt durch Auffinden der Toxoplasmen im Liquorsediment oder mittels histologischer Organuntersuchung.

Ferner lassen sich die Toxoplasmen durch *serologische* Reaktionen nachweisen, z. B. durch den Serofarbtest nach SABIN und FELDMAN. Dieser Test zeigt in vitro eine Färbbarkeitsänderung des Parasitenprotoplasmas durch Antikörperwirkung an. Das Wesen der Reaktion besteht in der Herabsetzung der Farbstoffdurchlässigkeit der Toxoplasmenoberfläche durch kolloidale Anlagerungen (vgl. WESTPHAL und MÜHLPFORDT).

Es ist auch intraperitoneale Übertragung von Toxoplasmen mit Blut oder Cerebrospinalflüssigkeit auf empfängliche *Laboratoriumstiere*, z. B. auf weiße Mäuse, möglich. Durch Weiterimpfung kommt es bei

---

[1] Vgl. G. PIEKARSKI: Toxoplasma gondii als Parasit des Menschen und der Tiere. (Eine Übersicht.) Z. Parasitk. **14**, 582—625 (1950). (Literaturverzeichnis!)

diesen Passagen zur Anreicherung der Toxoplasmen, so daß der Parasitennachweis dadurch erleichtert wird.

Morphologie. Freiliegende Toxoplasmen sind meistens von bogenförmiger (daher der Name *Toxo*plasma) oder sichelförmiger Gestalt, die beiden Enden sind ungleichmäßig ausgebildet (Abb. 180). Der leicht färbbare Kern liegt oft exzentrisch, dem stumpfen Ende genähert. Die intracellulären Parasiten sind meistens oval. Die Teilung erfolgt in Längsrichtung. Die Toxoplasmen besitzen kein Pigment und keine Geißel. Die Größe der Tiere ist abhängig von der Immunitätslage des Wirtes, so daß die von den verschiedenen Autoren angegebenen Werte erheblich schwanken. Freiliegende Parasiten haben eine Länge von etwa 4—6 μ,

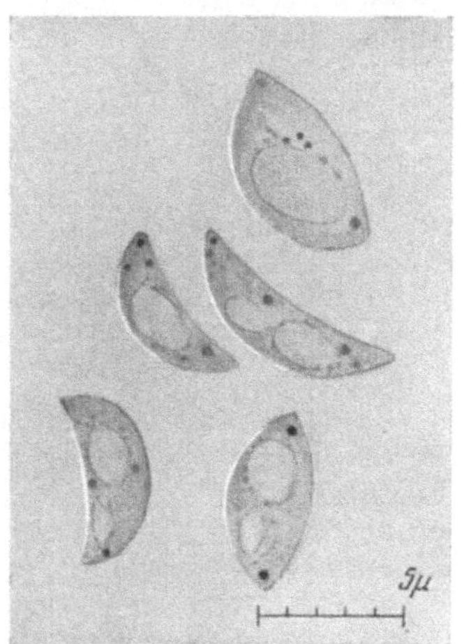

Abb. 180. Normal gestaltete Toxoplasmen aus dem Peritonealexsudat der Maus. Einzelheiten ungefärbt. (Nach PIEKARSKI.)

auf Schnitten erscheinen sie jedoch häufig viel kleiner, nämlich 2—3,5 μ lang und 0,5—2 μ breit. Die sog. Pseudocysten erreichen einen Durchmesser von 30—40 μ (Abb. 181).

Biologie. Die Toxoplasmen befallen außer dem Menschen auch noch zahlreiche Wirbeltiere, z. B. den Kammfinger oder Gundi *(Ctenodactylus gundi)* und andere Nagetiere wie Kaninchen, Ratte, Maus, Eichhörnchen und Meerschweinchen, ferner Schimpanse, Hund, Frettchen, Maulwurf, Beuteltiere, Huhn, Taube und vielleicht auch Eidechsen, Schlangen und Frösche. Die Empfänglichkeitsbereitschaft der genannten Arten ist allerdings verschieden stark.

Im Gegensatz zu den Malariaerregern kommen die Toxoplasmen niemals in den roten Blutkörperchen vor, wenn sie auch in erster Linie intracelluläre Parasiten sind. Sie können wohl alle Zellarten befallen, bevorzugen aber die Zellen des Reticuloendothels und das Zentralnervensystem, insbesondere das Gehirn, ferner die Netzhaut. Die intracelluläre Lage zahlreicher Parasiten führt zur Ausbildung der *Pseudocysten*, deren Hülle von dem Rest der befallenen Zelle gebildet wird.

Die Toxoplasmen können auch frei in der Blutbahn und in Exsudaten vorkommen. Besonders kurz vor dem Tode des befallenen Tieres treten sie im peripheren Blut auf.

Ein besonderer Entwicklungscyclus der Toxoplasmen ist unbekannt.

Als natürliche Übertragungswege von Mensch zu Mensch kommen die intrauterine Infektion des Fötus, die Infektion des Säuglings mit der Milch der befallenen Mutter und auch Schmutzinfektionen mit infek-

tiösem Stuhl und Urin in Frage. Haustiere, insbesondere Hunde
(WESTPHAL und FINKE[1]), und Nagetiere spielen als *Reservewirte* eine Rolle.

Bei der natürlichen Übertragung der Toxoplasmen von Tier zu Tier
kommt als weiterer Infektionsmodus der Kannibalismus hinzu.

Experimentell ist u. a. gezeigt worden, daß *Bettwanzen (Cimex
lectularia)*, *Mäuseflöhe (Ctenopsyllus segnis)* (PIEKARSKI) und *Rattenflöhe (Nosopsyllus fasciatus)* (LAVEN und WESTPHAL) Toxoplasmen aus

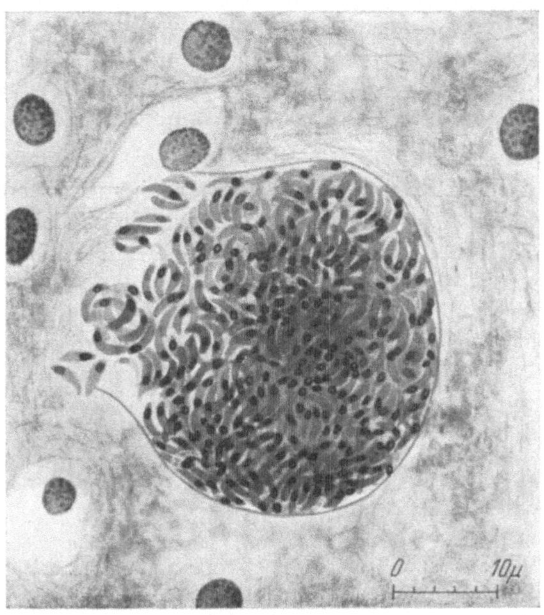

Abb. 181. *Toxoplasma*-Pseudocyste (Terminalkolonie) aus dem Gehirn eines Kindes. Links-
seitlich geöffnet, unklar ob mechanische Verletzung oder beginnende Aussaat vorliegt.
(Hämatoxylinfärbung.) (Nach PIEKARSKI.)

dem infizierten Wirt in sich aufnehmen und die infektionstüchtigen
Parasiten auf einen anderen Wirt transportieren können. Der neue Wirt
infiziert sich entweder auf oralem Wege durch Zerbeißen der befallenen
bluterfüllten Insekten oder durch Verunreinigung der Stichwunde beim
Zerdrücken des infizierten Insektes.

Pathogene Bedeutung[2]. Die Toxoplasmose des Menschen ist wahrscheinlich über die ganze Erde verbreitet. In Deutschland wurde der
erste Fall im Jahre 1947/48 in der Umgebung von Hamburg von
MAYER und weitere Fälle im Jahre 1948 in Bonn von ULLRICH[3] und
MÜLLER klinisch erkannt und hier von PIEKARSKI erstmalig parasito-

---

[1] WESTPHAL, A., u. L. FINKE: Z. Tropenmed., Parasitol. **2**, 236—239 (1950).

[2] GRUND, G.: Ärztl. Prax. **2**, Nr. 32, 1—2 (1950). — W. MOHR, u. A. WEST-
PHAL: Med. Klin. **45**, 1167—1168 (1950).

[3] ULLRICH, O.: Med. Klin. **44**, 521 (1949).

logisch gesichert. Offenbar ist die Toxoplasma-Infektion in Deutschland keineswegs selten und kommt unter der Landbevölkerung häufiger vor als unter der Stadtbevölkerung. In der Umgebung von Hamburg stellte Westphal serologisch bei 253 Personen ohne Anzeichen einer Toxoplasmose einen Infektionsindex von etwa 2—3% fest. Diese Zahl stimmt auffallend mit der Anzahl von Totgeburten überein, für die die Toxoplasmose vielleicht ein sehr wichtiger ätiologischer Faktor ist. Von 13 diagnostisch ungeklärten Totgeburten im 5. bis 9. Monat ergaben 10 Fälle positive Toxoplasma-Reaktionen.

Als charakteristische Symptome für den an Toxoplasmose erkrankten *Säugling* gelten Encephalitis, Fieber, Hydrocephalus, Entzündung der Chorioidea und Netzhaut des Auges, Verkalkungsherde im Gehirn und unter Umständen Krämpfe. Die Infektion führt fast immer zum Tode.

Erwachsene erkranken allem Anschein nach nur selten akut, dann oft unter dem Bilde einer Lungenentzündung gelegentlich in Verbindung mit einem flüchtigen Exanthem bzw. auch mit Fieber und Kopfschmerzen. Der Hautausschlag wird mit dem des Felsengebirgsfiebers (vgl. S. 250) verglichen.

Die chronische Form der Infektion verläuft offenbar symptomlos, doch können epileptiforme Anfälle oder Augenleiden in Form einer Chorioretinitis auftreten.

IV. Amöben (Entamoeba, Endolimax, Pseudolimax, Dientamoeba).

Untersuchung. Die Untersuchungsverfahren für die parasitischen Amöben, ihre vegetativen Stadien und ihre Cysten, sind im zweiten Abschnitt des Allgemeinen Teiles S. 29—37 dargelegt. Zur Kenntnis der Differentialdiagnose der Amöben studiere der Anfänger zunächst typische Formen im gefärbten Präparat.

Morphologie. Die Amöben sind mikroskopisch kleine hyaline Lebewesen. Infolge der Bildung und beständigen Wiedereinziehung ihrer *Pseudopodien* oder Scheinfüßchen ist ihre Form unregelmäßig. Sie sind durch einen *Kern* gekennzeichnet, der von einer Protoplasmamasse umgeben ist, dem *Cytoplasma*. In frischem Zustande kann man diesen Kern bisweilen sehen, jedenfalls kann er leicht durch Eisen-Hämatoxylin sichtbar gemacht werden. Das Cytoplasma kann sich in zwei deutlich unterschiedene Schichten teilen, eine äußere hyaline, das *Ektoplasma*, und eine innere vakuolisierte, das *Endoplasma*.

Biologie. Viele Amöben leben frei. Nur einige Arten sind echte Parasiten und kommen im Freien nur als Cysten vor. Die parasitischen Arten gehören zu den Gattungen: *Entamoeba, Endolimax, Pseudolimax* (= *Jodamoeba*) und *Dientamoeba*.

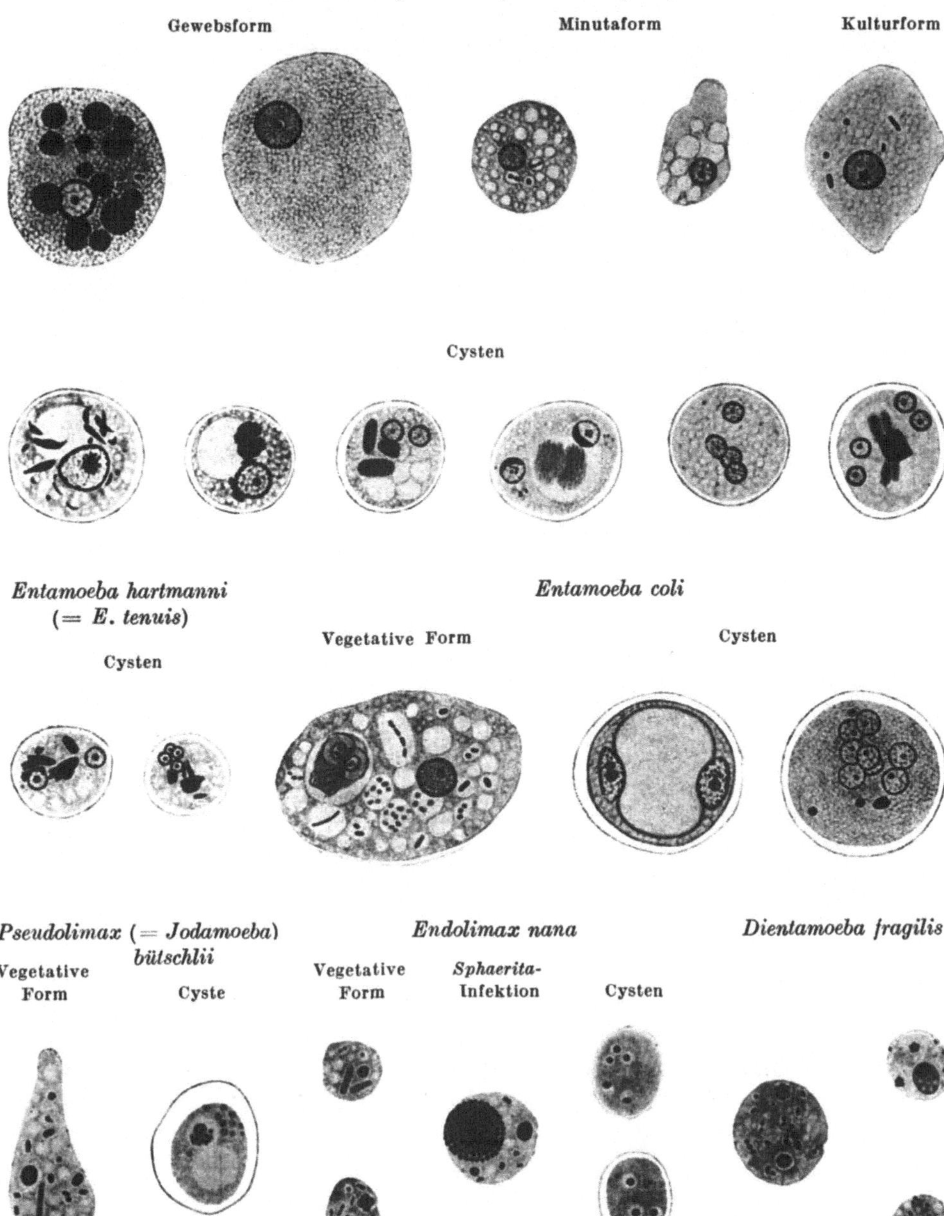

Abb. 182. *Die Darmamöben des Menschen.* Alle bei gleicher Vergrößerung; etwa 2000fach.
(Orig. REICHENOW aus MARTIN MAYER.)

Die parasitischen Amöben ernähren sich von Bakterien, von verschiedensten Speiseresten usw., einige Arten aber auch von roten Blutkörperchen. Ihre Vermehrung geschieht durch Zweiteilung mit nachfolgender Encystierung. *Durch den Genuß der mit dem Stuhl ins Freie gelangten reifen Cysten infiziert sich der Mensch.* Und zwar erfolgt die Übertragung der Cysten meistens durch ungekochtes Wasser, durch Milch, Gemüse, Salate, Radieschen, Früchte usw. Für die Verbreitung der Amöben spielen die *Fliegen* eine gewisse Rolle, da sie die Cysten rein mechanisch übertragen können (WESTPHAL[1]).

Einteilung. Die Amöben, die als Parasiten des Menschen hauptsächlich in Frage kommen und auch bei den verschiedensten Affenarten gefunden werden, gehören vier Gattungen[2] an, deren Kennzeichen wir hier anführen.

Kern mit kleinem, zentral oder exzentrisch gelegenen Karyosom und
    einem Belag von Chromatinkörnern an der Membran . . . . . . *Entamoeba*
Kern mit exzentrisch gelegenem, umfangreichen, unregelmäßigen
    Karyosom und schmaler heller Außenzone ohne Chromatinbelag
    an der Membran . . . . *Endolimax*
Kern mit großem runden, zentral gelegenen Karyosom, das von einer
    Schicht achromatischer Granula und mit einer breiten hellen Außen-
    zone umgeben ist . . . . *Pseudolimax*

Wir besprechen nacheinander die wichtigsten Arten (Abb. 7, 8, 182).

Entamoeba coli (Abb. 183) ist in frischem Zustande in Schleimteilchen des Kotes leicht erkennbar, und zwar an ihrer geringen Beweglichkeit bei normaler Temperatur und ihrem allgemeinen Habitus. Sie hat einen Durchmesser von 20—30 μ und lebt im Lumen des menschlichen Dickdarms, wo sie sich von Speiseresten, von verschiedenen Parasiten oder deren Cysten, niemals aber von roten Blutkörperchen ernährt. Ausnahmsweise kann sie tief in die zuvor verletzte Schleimhaut eindringen. Die Übertragung auf Katzen verläuft im allgemeinen negativ.

Wir erwähnen etwas später diejenigen Merkmale, durch die sich diese harmlose Darmamöbe von der Ruhramöbe (*Entamoeba dysenteriae*) unterscheidet.

Die *Ruhramöbe* [*Entamoeba dysenteriae* (= *E. histolytica* = *E. tetragena*)] (Abb. 184 u. 185) tritt bei gesunden oder in der Genesung begriffenen Parasitenträgern in der apathogenen *Darmlumen-* oder *Minutaform* auf, die sich von der pathogenen *Magna-*, *Histolytica-* oder *Gewebsform* unterscheidet, so z. B. dadurch, daß die Minutaform niemals rote

---

[1] WESTPHAL, A.: Z. Hyg. **128**, 56—72 (1948).

[2] Kurz sei auf *Dientamoeba fragilis* hingewiesen. Sie ist die seltenste und kleinste Darmamöbe des Menschen mit einem Durchmesser von nur 4—12 μ. Die vegetativen Stadien besitzen meist zwei Kerne mit je einem zentral gelegenen granulierten Karyosom ohne Chromatinbelag an der Membran (Abb. 182). Cysten sind von PIEKARSKI beschrieben. [Z. Hyg. **127**, 496—500 (1948).]

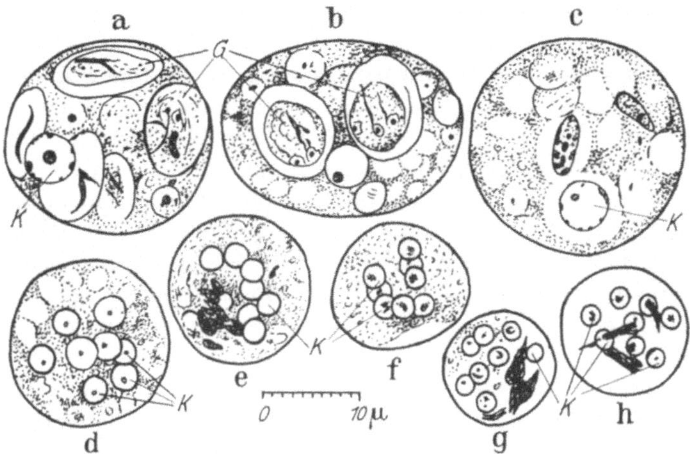

Abb. 183. *Entamoeba coli.* a—c) vegetative Formen, d—h) reife Cysten. a) im Cytoplasma 6 phagocytierte Cysten von *Giardia (G).* d) und e) Cysten mittlerer Größe, f) und h) kleine Cysten, g) Zwergcyste, *K* Kerne.

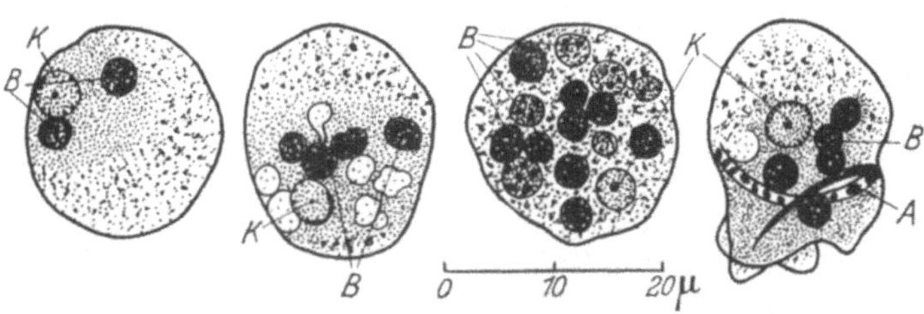

Abb. 184. *Entamoeba dysenteriae (= E. histolytica) (Erreger der Amöbenruhr).* Vegetative Formen aus dem Kot einer experimentell infizierten Katze. Man sieht sehr deutlich die leicht färbbare (chromatophile) Zone, die punktiert wiedergegeben ist. *K* Kern, *B* phagocytierte rote Blutkörperchen auf verschiedenen Stadien der Verdauung. *A* phagocytierter *Algenfaden* der Gattung *Oscillaria.*

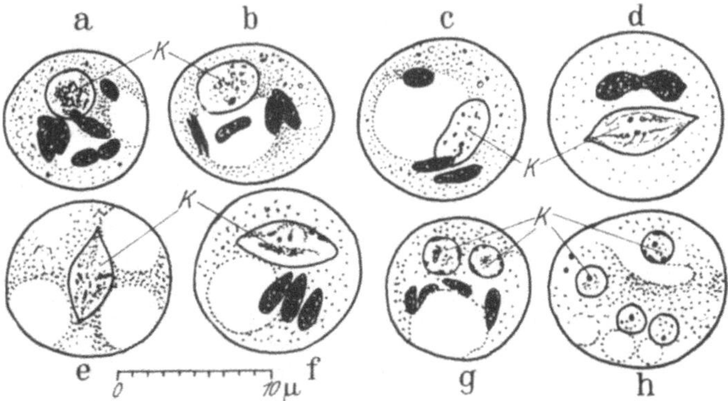

Abb. 185. *Ruhramöbe [Entamoeba dysenteriae (= E. histolytica)].* Bildung der 4 Cystenkerne: a) 1 Ruhekern, b—f) beginnende Zweiteilung, g) Cyste mit 2 Kernen, h) reife Cyste mit 4 Kernen, *K* Kerne. Beachte das Fehlen und Vorhandensein der schwarz gefärbten Chromidialkörper und der Glykogenvakuole mit ihrem unscharfen Rand!

Blutkörperchen phagocytiert im Gegensatz zur sog. *aktiven* Gewebsform. Die Minutaform hat einen Durchmesser von (10—) 15—20 (—25)μ, ist nur schwach beweglich und besitzt dicke, sackartige Pseudopodien, einen in frischem Zustande bisweilen sichtbaren Kern und kleinere Nahrungsvakuolen als *E. coli*, mit der sie sonst Ähnlichkeit hat. In gefärbtem Zustande unterscheidet sich die Minutaform von *E. coli* durch ihr Karyosom, welches statt exzentrisch fast immer zentral oder fast zentral gelegen ist.

In ihrer nichtpathogenen *Minutaform* lebt *Entamoeba dysenteriae* im Lumen des Dickdarms, wo sie sich von Bakterien und verschiedenen Nahrungsresten ernährt. Sie wird als die normale vegetative Form von *E. dysenteriae* angesehen.

In ihrer rote Blutkörperchen phagocytierenden und pathogenen *Histolyticaform*, die auch als *aktive* Form oder *Gewebsform* bezeichnet wird und 20—30μ groß ist (*Magnaform*), findet man *E. dysenteriae*

Hauptunterschiede zwischen der Ruhramöbe [E. dysenteriae (= E. histolytica)] und der harmlosen Darmamöbe (E. coli).

Arten:	Ruhramöbe (*E. dysenteriae*)	Darmamöbe (*E. coli*)
Ektoplasma:	deutlich vom Endoplasma unterschieden und *stark lichtbrechend*.	wenig vom Endoplasma unterschieden und *wenig lichtbrechend*.
Endoplasma:	fein vakuolisiert, enthält *zahlreiche rote Blutkörperchen* (Histolytica-Form).	grob vakuolisiert, enthält niemals rote Blutkörperchen.
Pseudopodien:	bilden sich schnell (bruchsackartig) und sind sehr beweglich (Histolytica-Form).	bilden sich langsam und sind wenig beweglich.
Beweglichkeit:	sehr groß (Histolytica-Form).	sehr gering.
Kern:	meistens peripher gelegen, klein, zart, selten im lebendfrischen Zustande sichtbar, nur ein Karyosom enthaltend.	meistens fast zentral gelegen, groß, kompakt, chromatinreich, fast immer im lebendfrischen Zustande sichtbar, zeigt zuweilen im Inneren mehrere zusammengeballte Chromatinkörnchen.
Karyosom (Binnenkörper):	meistens zentral oder fast zentral gelegen.	meistens exzentrisch gelegen.
Cyste:	klein, 10—14μ im Durchmesser mit dünner Membran und einfacher Kontur, enthält im reifen Zustand *4 Kerne* und große, an den Enden abgerundete Chromidialkörper (Reservestoffe).	umfangreich, 15—20μ im Durchmesser, mit dicker Membran und doppelter Kontur, enthält im reifen Zustand *8 Kerne*, nur ausnahmsweise Chromidialkörper, die dünn und an den Enden zugespitzt sind.

ebenfalls im Dickdarm, aber auch in den Geschwüren, die sie in diesem Abschnitt des Darmes oder bisweilen auch im hinteren Teil des Dünndarmes verursacht. Auf Katzen übertragen, erweist sie sich als pathogen und ruft die für die Amöbenruhr charakteristischen Geschwüre hervor (Abb. 193 u. 194) (vgl. A. WESTPHAL u. F. MARSCHALL[1]). Die *Ruhramöbe* findet man in Deutschland und Frankreich fast nur bei Personen, die in den Kolonien oder in näherer Berührung mit Kolonialbewohnern gelebt haben, jedoch sind auch hier autochthone Fälle festgestellt worden.

Die Kennzeichen, durch die man *E. dysenteriae* von *E. coli* unterscheiden kann, sind in vorstehender Tabelle aufgeführt..

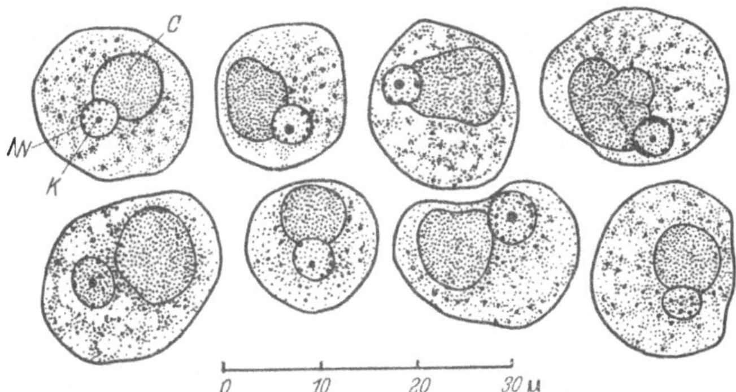

Abb. 186. *Große vegetative Formen von Entamoeba dispar aus der Katze.* Die Katze wurde infiziert mit vegetativen Formen aus dem Stuhl eines Menschen, der ein Abführmittel erhalten hatte. Beachte die leicht färbbaren (chromophilen) Plasmabezirke (*C*), die sehr deutlich bei dieser Amöbenart hervortreten. *N* Kern, *K* zentral gelegenes Karyosom.

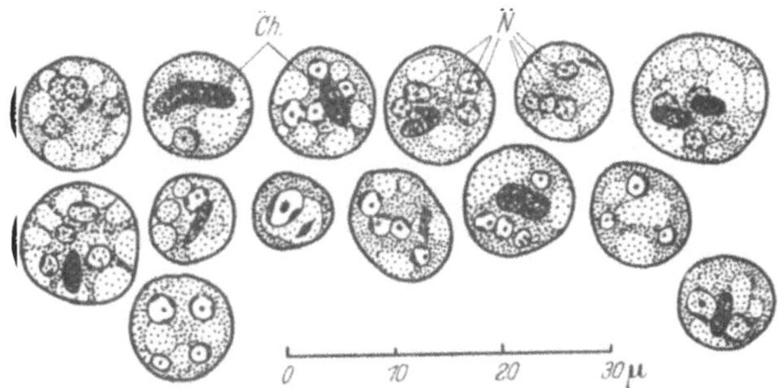

Abb. 187. *Cysten von Entamoeba dispar* mit 1, 2 und 4 Kernen (*N*). Diese Stadien wurden in festem Stuhl gefunden. Mehrere enthalten umfangreiche und wenig zahlreiche Chromidialkörper (*Ch*).

Entamoeba dispar (Abb. 186 u. 187) des Menschen ist vom morphologischen Gesichtspunkt aus mit der *Minutaform* von *E. dysenteriae* identisch und wird daher als besondere Art nicht allgemein anerkannt. Sie unterscheidet sich jedoch von ihr durch gelegentliches Phagocytieren

---

[1] WESTPHAL, A., u. F. MARSCHALL: Amöbenruhr bei Katzen auf Grund bakterieller Grundlage. Virchows Arch. **308**, 22—44 (1941).

von roten Blutkörperchen, wenn sie bei der Katze vorkommt, ferner durch ihre sehr geringe pathogene Bedeutung für dieses Tier. Weitere Merkmale von *E. dispar* sind die große geographische Verbreitung und die große Zahl der Parasitenträger, auf die sie keinerlei pathogene Wirkung auszuüben scheint. Diese Amöbe findet man bei 10—15% aller Menschen in der ganzen Welt.

Entamoeba hartmanni (= *E. tenuis*) (Abb. 188) ist sozusagen das verkleinerte Abbild der *Minutaform* der Ruhramöbe. Die vegetativen

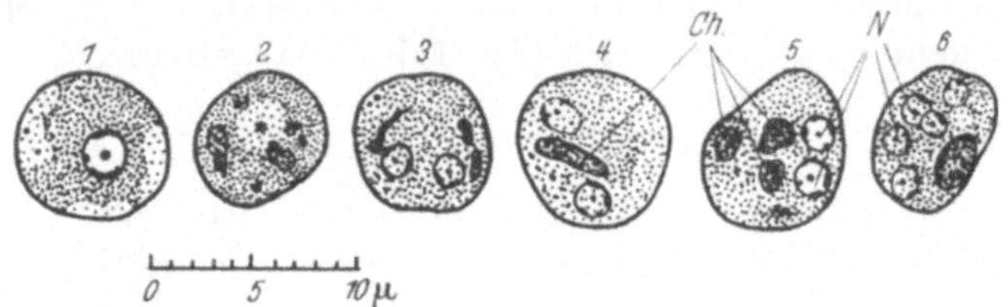

Abb. 188. *Entamoeba hartmanni* (= *E. tenuis*). *1* vegetative Form; *2—6* Cysten mit 1, 2 und 4 Kernen (*N*) und Chromidialkörpern (*Ch*). [Nach WOODOOH u. PEUFOLD (1916).]

Formen sind meistens 5—7μ, selten 10μ groß. Die reifen Cysten haben *4 Kerne* und sind rund oder eiförmig, 5—10μ groß, im allgemeinen jedoch beträgt ihr Durchmesser 6—8μ. Die Infektion junger Katzen scheint stets negativ zu verlaufen. Diese nichtpathogene Art wird bei 5—17% aller Menschen angetroffen.

Die vegetativen Formen von *Endolimax nana* (Abb. 189 u. 190) sind sehr wenig beweglich und haben einen Durchmesser von 6—12μ. Die

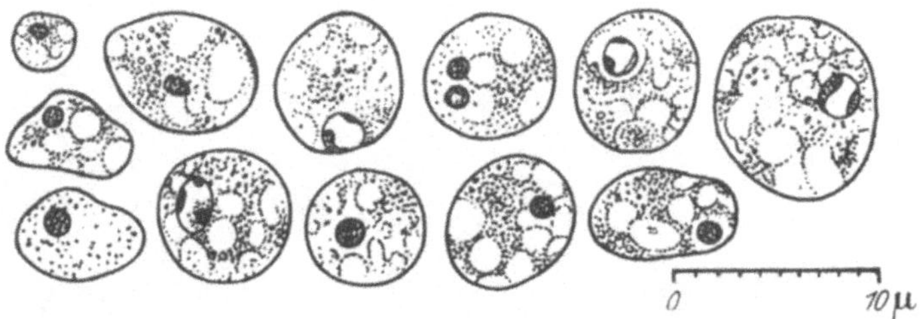

Abb. 189. *Endolimax nana*. Normale und degenerierte vegetative Formen.

Cysten sind rund, öfter noch eiförmig, 7—9μ lang und mit *vier* charakteristischen *Kernen* versehen, denen das Außenchromatin an der Kernmembran fehlt. Diese nichtpathogene Amöbe kommt in allen Ländern der Welt häufig vor.

Die vegetativen Formen von *Pseudolimax* (= *Jodamoeba*) *bütschlii* (Abb. 191) sind unbeweglich oder nur schwer beweglich und 8—15μ groß. Der sehr charakteristische Kern besteht aus einem kleinen Bläschen, das von einer im allgemeinen achromatischen Membran umgeben ist, und enthält ein großes, rundes, kompaktes, von achromatischen, stark lichtbrechenden Körnchen umschlossenes Karyosom. Die reifen Cysten, deren Durchmesser 9—12 μ beträgt, besitzen nur *einen einzigen Kern*. Ihre Gestalt ist unregelmäßig, und sie enthalten eine scharf um-

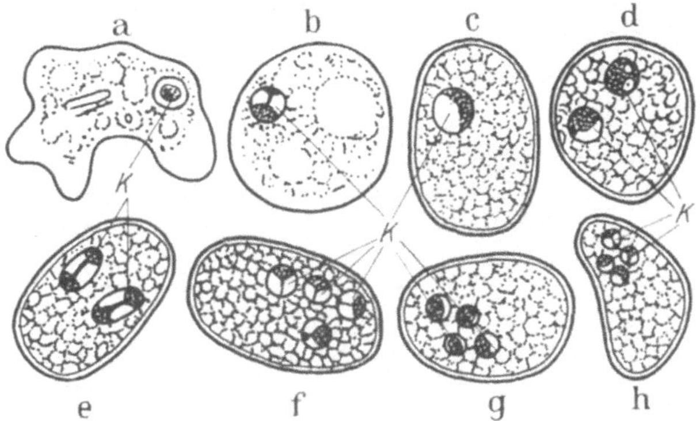

Abb. 190. *Endolimax nana.* a) vegetative Form; b—h) Cysten; f), g), h) reife Cysten mit je 4 Kernen (*K*). (Nach WENYON u. O'CONNOR.)

rissene Glykogenvakuole, die man mit Jod dunkelbraun färben kann, daher die Bezeichnung *Jodamöben*. Diese Amöbe scheint keinerlei pathogene Bedeutung zu besitzen. Sie kommt sehr häufig beim Schwein vor.

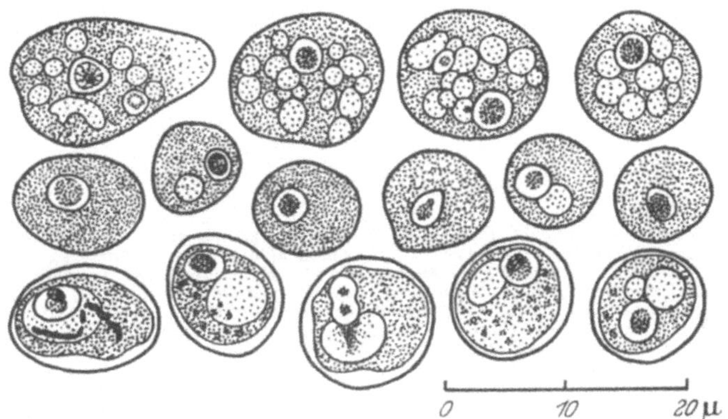

Abb. 191. *Pseudolimax* (= *Jodamoeba*) *bütschlii.* In der obersten Reihe vegetative Formen, in der mittleren präcystische Formen, in der untersten verschiedene Cysten mit scharf umrissener Glykogenvakuole. Eisenhämatoxylin-Färbung.

Pathogene Bedeutung. *Entamoeba coli, E. dispar, E. hartmanni, Endolimax nana, Dientamoeba fragilis* und *Pseudolimax bütschlii* haben keine pathogene Bedeutung[1].

---

[1] In der Mundhöhle kommt die sehr häufige, ebenfalls apathogene *Entamoeba gingivalis* vor. Sie ist der *E. dysenteriae* sehr ähnlich und 10—12 μ groß. Cysten sind unbekannt.

Einwandfrei festgestellt ist die Tatsache, daß *Entamoeba dysenteriae* (= *E. histolytica*) der alleinige Erreger der *Amöbenruhr* ist.

Die Entwicklung der Ruhramöbe ist noch nicht völlig bekannt. Man gibt im allgemeinen zwei Entwicklungscyclen an (Abb. 192).

1. Bei dem *normalen oder nichtpathogenen Cyclus* vermehren sich die stets sehr kleinen Amöben, die *Darmlumen-* oder *Minutaformen*, auf der

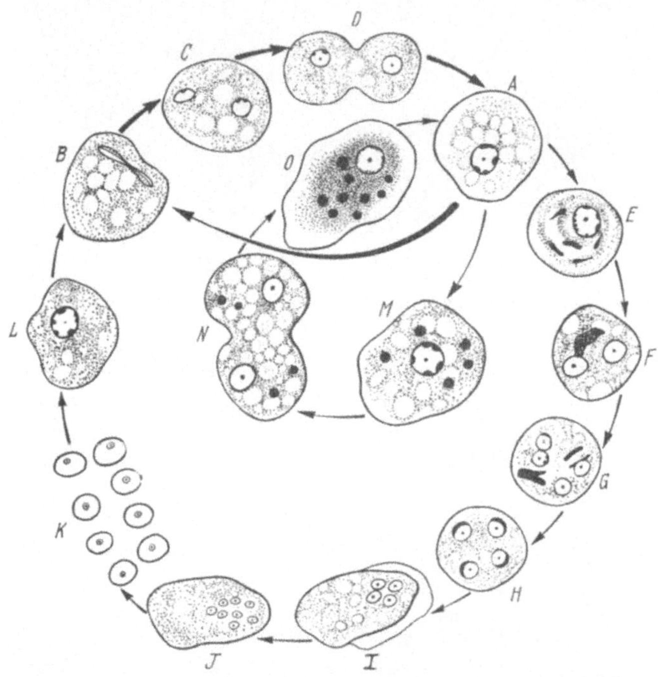

Abb. 192. *Entwicklungskreis der Ruhramöbe* [*Entamoeba dysenteriae* (= *E. histolytica*)]. *A, B, C, D* Entwicklungscyclus der vegetativen apathogenen *Minutaform* im *Darmlumen. A, M* Übergang der Minutaform in die pathogene *Magnaform* oder *Histolyticaform*, die im *Gewebe* (*M, N, O*) parasitiert und sich wieder in die Minutaform (*A*) verwandeln kann. *E, F, G, H Cysten*, die sich aus der vegetativen Minutaform (*A*) entwickelt haben und mit dem Stuhl entleert werden. *I* mit verunreinigter Nahrung aufgenommene Cyste, aus der im Dünndarm die Ruhramöbe schlüpft. *J, K, L* Entwicklung zur vegetativen Minutaform (*B*). Während der Vermehrungsperiode der Minutaform (*A—D*) werden oft keine Cysten ausgeschieden. Dieser Zeitraum wird als *negative Periode* bezeichnet. (Nach BRUMPT, etwas verändert.)

Oberfläche der Schleimhaut der gesunden Parasitenträger durch Teilung. Nach einer bestimmten Zahl von Teilungen werden die Amöben zu präcystischen Formen, die sich später encystieren. Der verhältnismäßig große Kern teilt sich in zwei Tochterkerne, und jeder Tochterkern teilt sich wieder in zwei neue Kerne. Auf diese Weise wird die *reife Cyste mit vier Kernen* gebildet.

2. Der *anomale oder pathogene Cyclus* entsteht unter dem Einfluß anderer Krankheiten, die zu einer Resistenzherabsetzung der Darmwand führen, sei es infolge anderer parasitärer Erkrankungen, sei es infolge

von Darmschädigungen oder Verschlechterung des allgemeinen Zustandes eines gesunden Amöbenträgers. Die Amöben wachsen dann heran zur großen *Gewebsform*, die sehr *aktiv* ist und auch als *Histolyticaform* oder *Magnaform* bezeichnet wird. Die Gewebsform phagocytiert rote Blutkörperchen und hat außerdem die Fähigkeit zur extracellulären Verdauung, d. h. sie scheidet ein proteolytisches Ferment aus, das das

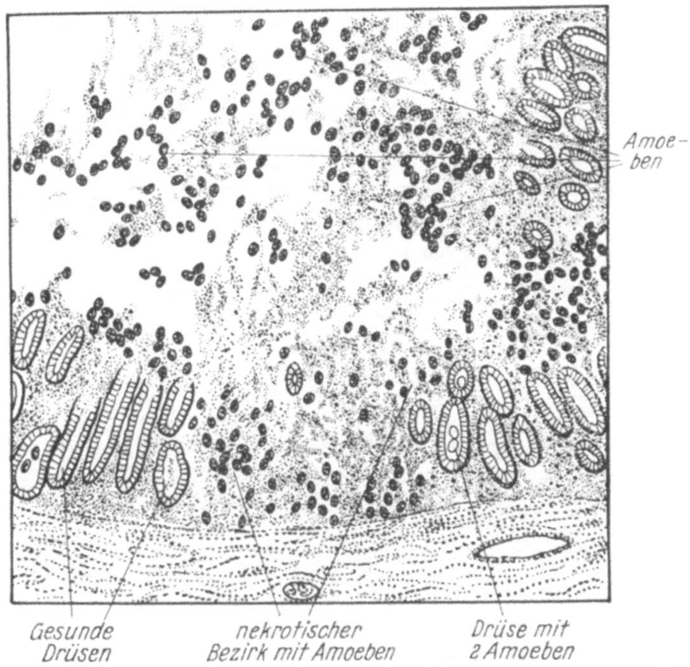

Abb. 193. *Experimentelle Amöbendysenterie der Katze*. Schnitt durch den Darm. Die Stellen, die mit Amöben überschwemmt sind, sind nekrotisch. Die Amöben dringen in bestimmten Fällen in die Submucosa ein. In 75facher Vergrößerung.

umgebende Darmgewebe auflöst, also histolytisch wirksam ist, um es dann in gelöster Form in sich aufzunehmen (zu resorbieren). Diese Umwandlung zur Gewebsform findet man in Ländern, wo die Amöbenruhr endemisch auftritt, etwa bei jedem zehnten Träger von Ruhramöben. Dagegen kommt es regelmäßig zur Bildung der Gewebsform bei Katzen, wenn diese per os mit reifen Cysten oder durch intrarectale Einführung von Cysten infiziert worden sind. Bei der rectalen Infektion muß der After vorübergehend geschlossen werden.

Die Gewebsformen vermehren sich aktiv durch Teilung und werden mit dem Schleim, der infolge der Darmreizung durch die Parasiten abgesondert wird, ins Freie befördert. Unter verschiedenartigen Einflüssen ergeben die Gewebsformen wieder die Minutaformen und verwandeln sich allmählich in Cysten mit vier Kernen, die zur Erhaltung der Art bestimmt sind. Die Umwandlung der Gewebsform zur Minutaform läßt sich in der Kultur beobachten. Die *Kulturform* stellt eine Zwischenform zwischen der Magna- und Minutaform dar.

Die Gewebsform von *Entamoeba dysenteriae* ist der pathogene Erreger der *Amöbenruhr*.

Amöbenruhr[1]. Die *Amöbenruhr*, *Amöbendysenterie* oder *Tropenruhr* kann in Ausnahmefällen schwache, sehr gemilderte Formen annehmen. Gewöhnlich wird sie durch ein objektives Symptom gekenn-

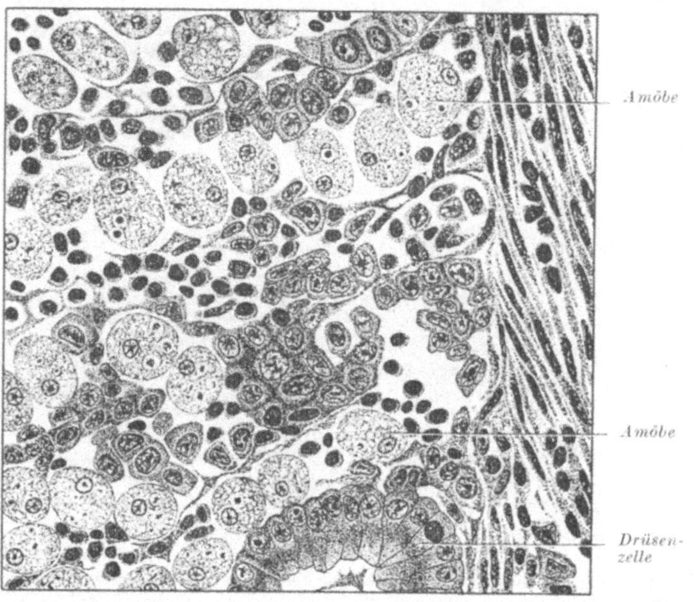

Abb. 194. *Experimentelle Amöbendysenterie der Katze.* Einheimischer Fall. Die Amöben sind .eicht zu erkennen. Auf den Schnitten erscheinen sie immer abgerundet, und ihr Kern zeigt ein sehr deutliches Karyosom. Schnitt durch den Darm in 600facher Vergrößerung. (Nach BRUMPT.)

zeichnet, nämlich durch glasigen und schleimig-blutigen „himbeergeleeartigen" Stuhl und weiter durch zwei subjektive Symptome, nämlich Bauchschmerzen und Stuhlzwang. Letzterer tritt nur dann auf, wenn rectale Geschwüre vorliegen. Die Amöbenruhr tritt meist endemisch auf, ist aber kosmopolitisch verbreitet, von langer Dauer und mit häufigen Rückfällen.

---

[1] WESTPHAL, A.: Amöbenruhr auf Grund bacillärer Ruhrschädigungen. Tropenhyg. Schriftr. **10**, 16—23 (1943). — CH. F. CRAIG: The Etiology, Diagnosis and Treatment of Amebiasis. Baltimore 1944. — O. FISCHER: Die Klinik der Amöbenruhr und ihrer Folgeerscheinungen. Stuttgart 1950.

Die von der Ruhramöbe hervorgerufenen Darmschädigungen treten als in die Tiefe dringende, hemdenknopfähnliche Geschwüre von sehr verschiedener Größe in Erscheinung. Die Ränder der Geschwüre lösen sich von ihrer Unterfläche ab und werden ausgestoßen (Abb. 193 u. 194).

Diese Geschwüre unterscheiden sich deutlich von denen der Bacillenruhr, die flach, ausgedehnt und oberflächlich sind und nur selten die Submucosa angreifen.

Die am häufigsten eintretende Komplikation der Amöbenruhr ist der *Leberabsceß*, der auch als tropischer Leberabsceß bezeichnet wird.

Achter Abschnitt.

Spirochäten (Spirochaetoidea), Bartonellen (Bartonellaceae), Rickettsien (Rickettsiaceae).

Die **Spirochäten (Proflagellata** oder **Spirochaetoidea)**, deren systematische Stellung[1] noch nicht ganz geklärt ist, sind spiralenförmige Organismen mit dünnem, biegsamem Körper und der Fähigkeit, sich aktiv zu bewegen. Einige von ihnen sind für die Pathologie sehr wichtig.

Die **Bartonellen (Bartonellaceae)** sind Organismen, deren verwandschaftliche Stellung ebenfalls sehr unsicher ist. Sie sind vielgestaltig, oft kugelförmig, besitzen zuweilen chromatische und stäbchenförmige Granula und sind Parasiten auf oder in (?) den roten Blutkörperchen.

Die **Rickettsien (Rickettsiaceae)**, deren systematische Einordnung viel umstritten ist, sind sehr kleine Organismen ohne deutliche Hülle, sehr vielgestaltig, im allgemeinen abgerundet, oft stäbchen- oder fadenförmig, bisweilen hantelförmig. Da sie für die menschliche Pathologie sehr wichtig sind, müssen sie erwähnt werden.

I. Spirochäten (Spirochaetoidea).

Untersuchung. In frischem Zustande können die Spirochäten in Dunkelfeldbeleuchtung untersucht werden. Um diejenigen zu finden, die in Organen leben, macht man von den einzelnen pathologischen Stellen Ausstriche und färbt diese nach verschiedenen Methoden.

Ein sehr einfaches Ausstrichverfahren besteht darin, daß man die zu untersuchende Flüssigkeit mit chinesischer Tusche versetzt. Die Spirochäten erscheinen dann als helle, sehr deutlich umrissene Fäden auf dem schwarzen oder bräunlichen Untergrund der angetrockneten Tusche.

---

[1] Nach neuesten Untersuchungen von SCHLOSSBERGER, JAKOB und PIEKARSKI [Naturw. **37**, 186—187 (1950)] scheint es berechtigt zu sein, die Spirochäten den Bakterien als eigene Ordnung zuzugliedern.

Bei der Untersuchung von Blutspirochäten verfährt man wie bei den anderen Blutparasiten. Das Verfahren ist im dritten Abschnitt des Allgemeinen Teils behandelt, der der Untersuchung des Blutes gewidmet ist (S. 37—44). Das Blut muß jedoch während des Fieberanfalles entnommen werden. Es ist oft nötig, eine größere Anzahl von Dicken Tropfen durchzusehen, um überhaupt Spirochäten zu finden.

Morphologie. Die Spirochäten haben einen dünnen, biegsamen, spiralig gewundenen Körper und besitzen im allgemeinen keine Geißeln zur Fortbewegung. Sie haben keinen ausgebildeten Kern wie die Protozoen. Jedoch besitzen sie längs ihrer Spiralstruktur, etwa in Abständen einer halben Windung, kernähnliche Körper, die sich offenbar in gleicher Weise zu teilen vermögen wie die Nukleoide der Bakterien. Bei den gewöhnlichen Färbemethoden erscheint ihr Körper einheitlich gefärbt. Man kann sie nicht nach der Methode von GRAM färben, sie sind also GRAM-negativ.

Biologie. Die Spirochäten werden in verschiedenen Geweben und im Blut angetroffen. Sie vermehren sich durch *Querteilung*, und die sehr dünnen Endanhänge, die sie bisweilen zeigen, entstehen dadurch, daß sie bei der Teilung auseinandergezogen werden. Unter bestimmten Bedingungen können die Spirochäten sich in Körnchenstadien verwandeln, nehmen aber unter anderen Einflüssen wieder die Spirochätenform an.

Der Entwicklungscyclus einiger parasitischer Spirochäten hat viel Ähnlichkeit mit demjenigen der Trypanosomen. So durchlaufen z. B. die Rückfallfieberspirochäten, wenn sie von ihren Überträgern, blutsaugenden Insekten oder Milben, aufgenommen werden, im Organismus dieser Überträger bestimmte Entwicklungsstadien. Sie sind dann 5 oder 6 Tage hindurch nicht pathogen. Erst am 6. Tage erscheinen zahlreiche infektionsfähige *metacyclische Spirochäten.*

Einteilung. Die Spirochäten werden in eine bestimmte Anzahl Gattungen eingeteilt, von denen man sich nur drei zu merken braucht:

1. die Gattung *Spirochaeta* (= *Borrelia*) (Abb. 195) mit etwa 4—10 regelmäßigen oder unregelmäßigen Spiralen bei den einfachen Formen, zahlreicheren dagegen bei denjenigen, die im Begriff sind, sich zu teilen;

2. die Gattung *Treponema* (Abb. 198) mit stärker zusammengedrängten Spiralen und

3. die Gattung *Leptospira*[1] (Abb. 199) mit 40—50 regelmäßigen, starren und zusammengedrängten Spiralen.

Pathogene Bedeutung. Die Spirochäten spielen in der menschlichen Pathologie eine sehr wichtige Rolle. Vom medizinischen Standpunkt

---

[1] Vgl. H. SCHLOSSBERGER u. H. BRANDIS: Über die Typendifferenzierung bei pathogenen Mikroorganismen. Klin. Wschr. **28**, 625—631 (1950).

aus teilen wir sie in zwei Gruppen. In die erste Gruppe stellen wir *die Spirochäten der Rückfallfieber*, in die zweite *die übrigen pathogenen Spirochäten*.

1. Die Rückfallfieber-Spirochäten (Spirochaeta recurrentis, duttoni, venezuelensis, hispanica, turicatae, persica).

Vom klinischen Gesichtspunkt aus werden die *Rückfallfieber* oder *Blutspirochätosen* durch einen ersten, im Durchschnitt 3—6tägigen, kontinuierlichen Fieberanfall gekennzeichnet, dem ein ebenso langer Zeitraum (Intervall) scheinbarer Genesung folgt. Darauf tritt wieder ein Fieberanfall von gleicher Länge wie der erste auf. Die Rückfälle (Relapse) können je nach den Gegenden, wo das Fieber herrscht, in verschiedener Zahl aufeinanderfolgen.

Je nachdem ob der Überträger ein Insekt oder eine Milbe ist, teilt man gewöhnlich diese Spirochätosen in *Läuserückfallfieber* und *Zecken-*

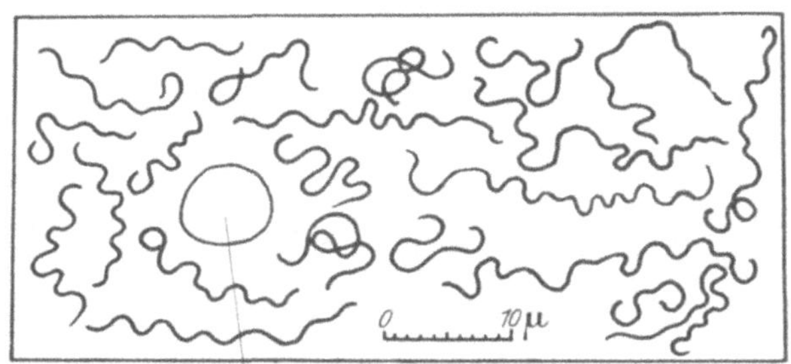

Abb. 195. *Spirochaeta recurrentis* (= *S. obermeieri*) (*Erreger des Läuserückfallfiebers*). (Nach BRUMPT, BOURROUL u. GUIMARAES.)

rückfallfieber ein. Beide Rückfallfiebergruppen werden durch Parasiten der Gattung *Spirochaeta* (= *Borrelia*) hervorgerufen.

Das durch Läuse übertragene Rückfallfieber. Das durch Läuse übertragene Rückfallfieber oder *Kosmopolitische* oder *Europäische Rückfallfieber* hat *Spirochaeta recurrentis* (= *S. obermeieri*) (Abb. 195) als Erreger. Man findet die Spirochäten im Blut, im Liquor cerebrospinalis und in verschiedenen Geweben. Ihr Überträger ist die *Menschenlaus*, und zwar sowohl die *Kopflaus* (*Pediculus capitis*) (Abb. 70) als auch besonders die *Kleiderlaus* [*P. corporis* (= *P. vestimenti*)], in deren Körper sich die Entwicklung des Parasiten vollzieht (Abb. 196). In der Leibeshöhle dieser Insekten sammeln sich schließlich die metacyclischen Spirochäten an. *Die Läuse übertragen also die Krankheit nicht durch den Stich. Die infektionsfähigen Spirochäten dringen vielmehr in den Menschen ein, wenn man ein infiziertes Insekt auf der Haut zerdrückt.*

Die durch Zecken übertragenen Rückfallfieber. Die Zeckenrückfallfieber beobachtet man in einigen Ländern. Diese Krankheiten werden anscheinend in den verschiedenen Verbreitungsgebieten durch besondere Spirochätenarten hervorgerufen.

Spirochaeta duttoni (Abb. 197) verursacht das *Afrikanische* oder *Äthiopische Rückfallfieber* oder *tickfever* (Zeckenfieber) der englischen Autoren. Die Überträger sind *Lederzecken* der Gattung *Ornithodorus*,

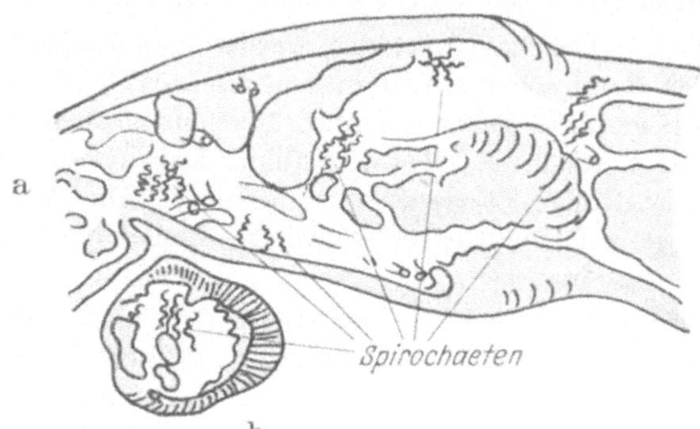

Abb. 196. *Entwicklungsstadien von Spirochaeta recurrentis (= S. obermeieri) (Erreger des Läuse-rückfallfiebers)*. Schnitt durch ein Bein (a) und eine Antenne (b) einer Laus mit zahlreichen metacyclischen Spirochäten. (Nach CH. NICOLLE u. CH. LEBAILLY.)

nämlich: *O. moubata* (Abb. 78), *O. savignyi* (Abb. 79) und *O. erraticus*. Die infektionsfähigen Spirochäten werden mit der Coxalflüssigkeit und den Exkrementen der mit Blut vollgesogenen Milben ausgestoßen. Diese *Ausscheidungen geraten mit der* kleinen, durch den Stich des Tieres ver-

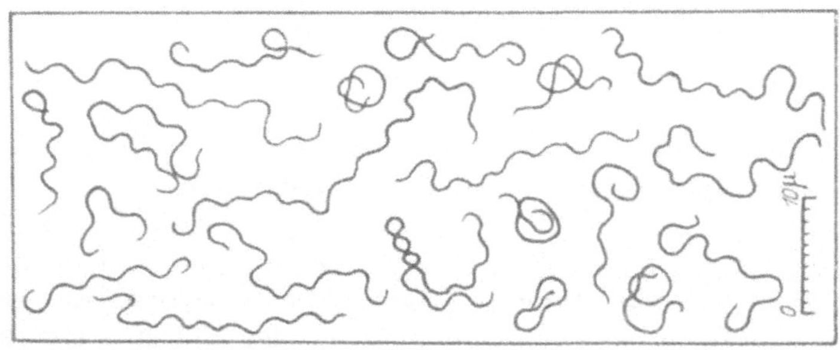

Abb. 197. *Spirochaeta duttoni (Erreger des Afrikanischen Zeckenrückfallfiebers)*. Parasit von Brazzaville, aus dem Blut einer von *Ornithodorus moubata* infizierten Ratte.

ursachten *Wunde in Berührung, und auf diese Weise dringen die Spiro-chäten in den menschlichen Organismus ein.*

Spirochaeta venezuelensis (= *S. neotropicalis*) ist der Erreger des *Südamerikanischen Rückfallfiebers*. Sie wird auf die gleiche Weise wie die vorhergehende Art durch *Ornithodorus venezuelensis* (= *O. rudis*) und *O. talaje* übertragen.

Spirochaeta hispanica verursacht ein *Rückfallfieber* in *Spanien*, *Marokko* und *Tunis*. Der Überträger ist *Ornithodorus erraticus* (= *O. ma-*

rocanus), der dieselbe Übertragungsweise hat wie die vorhergehenden und in Schweineställen lebt und Schweineblut saugt. Das junge *Hausschwein* stellt das hauptsächliche Parasitenreservoir dieser Spirochäte dar, da es in unmittelbarer Nähe menschlicher Wohnungen lebt. Jedoch sind auch verschiedene wildlebende Tiere, wie *Fuchs, Schakal, Igel, Stachelschwein* und mehrere *Nagetiere* Reservewirte.

Spirochaeta turicatae erregt das *Sporadische Rückfallfieber der Vereinigten Staaten* oder *Nordamerikanische Rückfallfieber.* Überträger ist *Ornithodorus turicata.*

Spirochaeta persica ist der Erreger eines Rückfallfiebers in *Zentralasien,* des sog. „*Miana*". Es wird durch *Ornithodorus tholozani* (= *O. papillipes*) übertragen.

2. Die übrigen pathogenen Spirochäten (Spirochaeta vincenti, bronchialis, Treponema pallidum, pertenue, Leptospira hepdomadis, icterohaemorrhagiae, grippotyphosa).

Die übrigen pathogenen Spirochäten sind folgende:

Spirochaeta vincenti ist zusammen mit spindelförmigen fusiformen Bacillen, *Bacillus hastilis* (= *Fusobacterium Plaut-Vincenti*) der Erreger der PLAUT-VINCENTschen *Angina,* des *Hospitalbrandes* und des *tropischen Phagedänismus* (*Ulcus tropicum*).

Spirochaeta bronchialis kommt ebenfalls mit spindelförmigen Bacillen vor und kann mit *S. vincenti* identisch sein. Sie verursacht die *blutige Angina* oder *Bronchialspirochätose,* die von CASTELLANI in Ceylon entdeckt und seitdem in verschiedenen Ländern, auch in Frankreich, beobachtet worden ist.

Treponema pallidum (Abb. 198) ist der Erreger der *Syphilis* oder *Lues* und wird gewöhnlich durch geschlechtlichen Verkehr übertragen. Bekanntlich gibt es aber auch eine durch diaplacentare Übertragung hervorgerufene sog. hereditäre oder angeborene (congenitale) Syphilis.

Treponema pertenue verursacht eine tropische Hautkrankheit, die unter dem Namen *Frambösie* bekannt ist und durch nahen, aber außergeschlechtlichen Verkehr übertragen wird. Sie ist weder germinal noch diaplacentar übertragbar.

Leptospira hebdomadis erregt das *japanische Siebentagefieber* „*Nanukayami*" oder *Herbstfieber.* Die Übertragung der Leptospiren erfolgt durch den Biß der *Japanischen Wühlmaus* oder *Kurzohrfeldmaus* (*Microtus montebelloi*), die als Parasitenreservoir dient.

Leptospira icterohaemorrhagiae (= *Spirochaeta icterogenes*) (Abb. 199) ist der Erreger der WEILschen *Krankheit,* der *fieberhaften hämorrhagischen Gelbsucht* oder des *Icterus infectiosus.* Man findet diese Spirochäten im Blut und in dem Urin der Kranken. Es scheint, daß sie durch den Biß von *Ratten,* die die Parasiten beherbergen, übertragen werden können. Aber es ist wahrscheinlich, daß der Mensch sich häufiger durch den Genuß von Lebensmitteln infiziert, die durch den Urin von Ratten, die als Reservewirte dienen, verunreinigt sind.

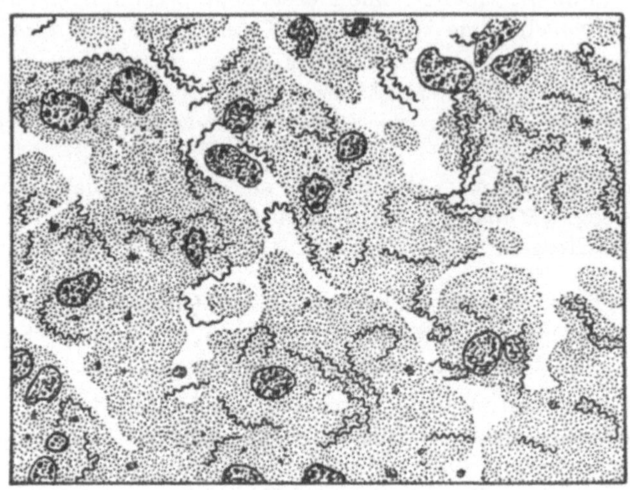

Abb. 198. *Treponema pallidum in der Leber eines Syphilitikers.* Fall von angeborener Syphilis. (Nach LEVADITI u. ROCHÉ.)

Leptospira grippotyphosa erregt das *Schlamm-, Feld- oder Erntefieber.* Von der vorhergehenden Art unterscheidet sie sich nur durch ihre antigenen Eigenschaften. Als Parasitenreservoir kommen *Feldmäuse (Microtus*

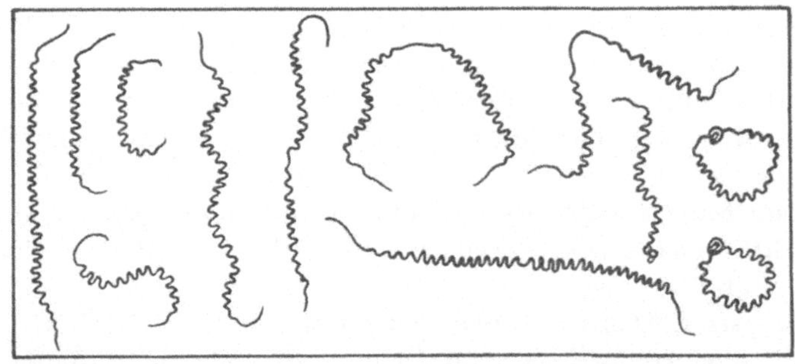

Abb. 199. *Leptospira icterohaemorrhagiae (Erreger der WEILschen Krankheit).* (Nach GONDER und GROSS.)

arvalis) in Frage. In den Bereichen der Stromgebiete Donau, Elbe und Saale, ferner der Mecklenburger Seenplatte, in Baden, Rußland, Frankreich und in Holland wurden mit Leptospiren infizierte Feldmäuse gefunden. In den verseuchten Beständen der Feldmäuse sind schätzungsweise 10—20% der Tiere infiziert.

II. Bartonellen (Bartonellaceae).

Untersuchung. Die Untersuchung der Bartonellen ist die gleiche wie bei den anderen Blutparasiten. Das Verfahren ist im dritten Abschnitt des Allgemeinen Teils, der die Untersuchung des Blutes behandelt, näher besprochen (S. 37—44).

Morphologie. Die Bartonellen sind vielgestaltige Parasiten auf oder in (?) den roten Blutkörperchen (Abb. 200), meist von kugelförmiger Gestalt. Sie enthalten bisweilen chromatische und stäbchenförmige Granula.

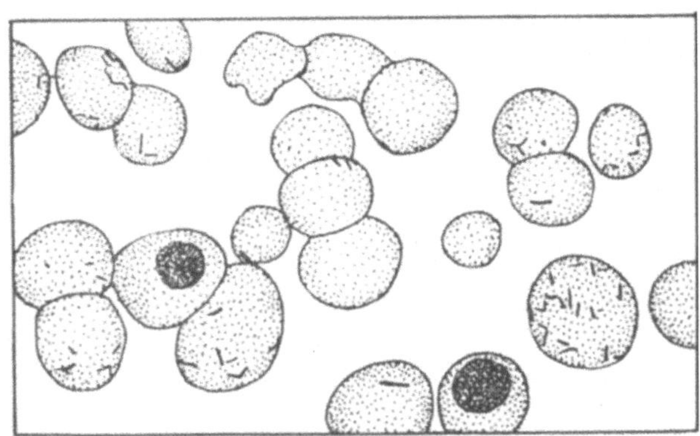

Abb. 200. *Bartonella bacilliformis im peripheren Blut eines am Oroyafieber-Erkrankten.* (Nach R. STRONG, TYZZER, BRUES, SELLARDS u. GASTIABURU.)

Biologie. Die Schizogonie vollzieht sich in den Endothelzellen der Blutgefäße der Milz und in denen der Lymphdrüsen.

Pathogene Bedeutung. Nur eine einzige Art ist bemerkenswert: *Bartonella bacilliformis*, der Erreger der *Verruga peruana*, des *Oroyafiebers* oder der CARRIONschen Krankheit. Es handelt sich hierbei um eine Hauterkrankung mit unregelmäßigem Fieber, die in Peru auf die engen Felsentäler der westlichen Abhänge der Anden beschränkt ist. Überträger sind *Phlebotomen* oder *Gnitzen* (vgl. Abb. 37), nämlich *Phlebotomus noguchii* und wahrscheinlich *P. peruensis* und *P. verrucarum*.

III. Rickettsien (Rickettsiaceae).

Untersuchung. Man muß die Rickettsien bei Wirbeltieren oder Arthropoden, die ihre Überträger sind, suchen. Dort findet man sie in dem Lumen des Darmkanals oder in den Zellen verschiedener Organe. Ohne die Gewebe zu zerquetschen, muß man sie sorgfältig auseinanderzupfen, um eine Anzahl Zellen zu erhalten, die Parasiten beherbergen. Die zerzupften Gewebsteilchen werden getrocknet, in absolutem Alkohol fixiert und langsam 2—4 Stunden in verdünnter GIEMSA-Lösung gefärbt (1 Tropfen GIEMSA-Lösung auf 1 ccm destilliertes Wasser). Man kann auch Schnittpräparate herstellen, indem man nach Zenker fixiert und nach Romanowsky färbt[1].

Morphologie. Die Rickettsien sind sehr kleine Organismen (Abb. 201) mit einem Durchmesser von meist weniger als $0,5\,\mu$ und ohne so deutliche Konturen wie die Bakterien. Sie sind sehr vielgestaltig, im allgemeinen abgerundet, oft stäbchen- oder fadenförmig, bisweilen hantelförmig und unbeweglich. Sie lassen sich leicht nach der Methode von Romanowsky, aber schlecht mit Anilinfarben färben und sind Gram-negativ. Kulturen gelingen in bebrüteten Hühnereiern. Die Rickettsien sind nicht filtrierbar.

Biologie. Die Rickettsien leben parasitisch bei Arthropoden und Wirbeltieren. Man findet sie in den Zellen verschiedener Organe oder

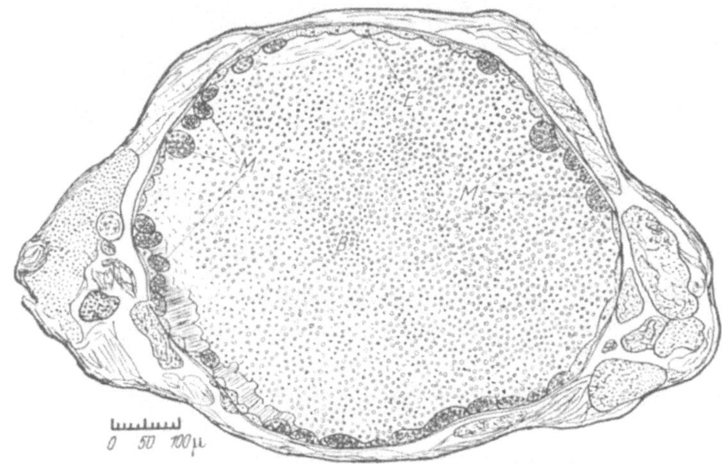

Abb. 201. *Rickettsia prowazeki* (*Erreger des Fleckfiebers*). Querschnitt durch die Magenregion einer Laus. *B* aufgesogenes Blut, *E* normales Epithel, *M* hypertrophierte Magenzellen, vollgepfropft mit Rickettsien.

im Darmlumen. Bei den Arthropoden werden bestimmte Arten durch die Eier (germinal) auf die nächste Generation übertragen.

Pathogene Bedeutung. Die Rickettsien verursachen beim Menschen oft sehr schwere, von verschiedenen Arthropoden übertragene Erkrankungen.

Durch Zecken übertragene Rickettsiosen. Folgende Arten sind die Erreger der zu dieser Gruppe gehörenden Rickettsiosen:

Rickettsia rickettsi (= *R. brasiliensis*) ist der Erreger des *Felsengebirgsfiebers* (*Rocky Mountains Spotted Fever*), das an bestimmten Stellen Nordamerikas auftritt. Es ist dieses eine schwere, akute, endemische Fiebererkrankung. Sie herrscht besonders während des Sommers und wird durch typhusartige Zustände und einen feuerroten oder petechialen Haut-

---

[1] Vgl. E. Darzins: Rickettsienstudien. Zbl. Bakter. I. Orig. **151**, 18—20 (1943).

ausschlag am ganzen Körper gekennzeichnet. An der Stelle, wo der Übertäger gestochen hat, ist anscheinend kein Schorf vorhanden. Die WEIL-FELIX-Reaktion mit *Proteus X 19* ist unzuverlässig. Überträger ist die *Waldzecke Dermacentor andersoni* (Abb. 74 u. 75), die die Infektion auf ihre Nachkommen übertragen kann. Reservewrte in der Natur sind urbekannt.

Das *Brasilianische Fleckfieber von São Paulo* und das *Fleckfieber von Kolumbien* sind ätiologisch dieselben Krankheiten wie das Felsengebirgsfieber, aber der Überträger ist in der Natur *Amblyomma cayennense*. Experimentell lassen sich diese Krankheiten auch durch zahlreiche andere Schildzecken übertragen.

Rickettsia conori ist der Erreger des *Exanthematischen Zeckenfiebers* oder *Mittelmeerfleckfiebers* oder *Beulenfleckfiebers*, das besonders in den Mittelmeerländern verbreitet ist. Hier handelt es sich um eine gutartige, akute und endemische Fiebererkrankung. Sie ist nicht ansteckend, tritt saisonmäßig in der heißen Jahreszeit auf und ruft am ganzen Körper einen Hautausschlag hervor. Ein schwarzer Fleck oder Schorf wird oft vom Beginn der Erkrankung an an der Stichstelle des Überträgers beobachtet. Überträger ist eine *Hundezecke (Rhipicephalus sanguineus)*, die ebenfalls die Infektion auf ihre Nachkommen übertragen kann. Als Parasitenreservoire scheinen junge *Hunde* in Frage zu kommen.

Rickettsia pijperi ist die Ursache des *Zeckenbißfiebers* in Südafrika. Diese Fieberkrankheit ist gutartig, endemisch, von Gelenk- und Muskelschmerzen und oft von einem Hautausschlag begleitet; charakteristisch ist remittierendes Fieber. An der Stichstelle befindet sich fast immer Schorf. Die WEIL-FELIX-Reaktion ist im allgemeinen negativ. Überträger sind *Rhipicephalus sinus, R. appendiculatus, Boophilus decoloratus, Haemaphysalis leachi* und *Amblyomma hebraeum*. Bei ihnen ist die Infektion „erblich".

Rickettsia burneti (= R. diaporica) ist der Erreger des *Queenslandfiebers*, kurz *Q-Fieber* genannt. Es kommt nicht nur in Australien vor, sondern auch in Deutschland, Nordamerika, Griechenland, Italien, Egland und der Schweiz. Die Überträger sind in Australien: *Haemaphysalis humerosa, Rhipicephalus sanguineus* und vielleicht auch *Haemaphysalis bispinosa* und *Ixodes holocyclus*. In Amerika wird diese Rickettsiose übertragen von *Dermacentor andersoni* (Abb. 74 u. 75) und vielleicht auch von *Amblyomma maculatum*[1].

Von den Krankheiten, die wahrscheinlich von Rickettsien hervorgerufen und von Schildzecken übertragen werden, erwähnen wir noch:

Das *Colorado-Zeckenfieber*, dessen Überträger *Dermacentor andersoni* ist.

Das *Bullis-Fieber*, das von *Amblyomma americanum* übertragen wird.

---

[1] Vgl. F. WEYER: Die Übertragung des Q-Fiebers als zoologisches Problem. Neue Erg. u. Probl. d. Zool. Leipzig 1950. S. 1079—1088.

Das *Zecken-Fleckfieber*, übertragen von *Dermacentor nuttalli*.

Durch Rote Laufmilben übertragene Rickettsiosen. Wir haben hier nur eine einzige Art zu erwähnen:

Rickettsia orientalis (= *R. nipponica*), Erreger des *japanischen Fluß- oder Überschwemmungsfiebers* oder der *Tsutsugamushikrankheit*, einer endemischen, oft sehr ernsten Fieberkrankheit. Dort, wo der Kranke gestochen worden ist, befindet sich zunächst eine brandige Stelle. Nach einigen Tagen bildet sich ein kleines Geschwür. Die Überträger sind die *roten Larven der Tsutsugamushi- oder Kedanimilbe* (*Trombicula akamushi* und *T. delhiensis*) (Abb. 81). Das hauptsächliche Parasitenreservoir in Japan ist eine kleine *Feldmaus*, nämlich *Microtus montebelloi*.

Durch Läuse übertragene Rickettsiosen. Zwei Rickettsienarten werden durch Läuse übertragen:

Der Erreger des *Flecktyphus* oder des *bösartigen* oder *epidemischen Fleckfiebers* ist *Rickettsia prowazeki* (Abb. 201). Der klassische Flecktyphus, auch *Kriegs-* oder *Hungertyphus* genannt, ist eine schwere Erkrankung, die überall dort herrscht, wo die persönliche Hygiene vollkommen rückständig ist, besonders wo sich unsaubere Menschen in Massen ansammeln, ferner bei Armeen im Felde usw. Die Krankheitszeichen sind: Fieber, ausgesprochene typhöse Erscheinungen und ein Hautausschlag in Form kleiner Flecken, die Unterleib, Brust, Arme und Beine bedecken. Petechien treten nicht immer auf. Die WEIL-FELIX-Reaktion ist zu Beginn der Krankheit in 50% der Fälle positiv, beim Beginn der Entfieberung und der Genesung aber zu 100% positiv. Überträger sind die *Menschenläuse*, und zwar die *Kleiderlaus* (*Pediculus corporis = P. vestimenti*) und ausnahmsweise die *Kopflaus* (*P. capitis*) (Abb. 70). Bei der Laus erzeugen die Rickettsien eine ruhrartige Darmerkrankung.

Rickettsia quintana ist der Erreger des *Fünftagefiebers*, das auch *Wolhynisches* oder *Schützengrabenfieber* genannt wird. Charakteristisch für diese Krankheit sind folgende Symptome: plötzlich eintretende Fieberanfälle, die 24—48 Stunden dauern und denen ein fieberfreier Zeitraum von 4 Tagen folgt. Die Fieberanfälle sind von Schmerzen in den Muskeln und Knochen begleitet. Überträger sind ebenfalls die *Menschenläuse*, nämlich die *Kleiderlaus* (*Pediculus corporis = P. vestimenti*) und die *Kopflaus* (*P. capitis*).

Durch Flöhe übertragene Rickettsiosen. Es ist nur eine Art zu nennen:

Rickettsia mooseri (= *R. murina*) ist der Erreger des *gutartigen, endemischen* oder *murinen Fleckfiebers* oder *Rattenfleckfiebers*, einer Krankheit, die weniger gefährlich ist als der Flecktyphus. Sie ist eine weit über die ganze bewohnte Erde verbreitete *Epizootie der Ratten* und verursacht beim Menschen einen Hautausschlag, der im Gegensatz zum

Flecktyphus sogar die Handflächen und Fußsohlen ergreifen kann. Es kommt aber nicht zur Bildung von Petechien, sondern nur zur Roseolenbildung. Die Überträger sind sehr zahlreich: *Schildzecken, Läuse, Wanzen,* besonders aber zahlreiche *Floharten,* von denen wir die *Rattenflöhe* [*Xenopsylla cheopis* und *Nosopsyllus* (= *Ceratophyllus*) *fasciatus*] und den *Hundefloh* [*Ctenocephalides* (= *Ctenocephalus*) *canis*] (Abb. 63) erwähnen.

Rickettsiosen mit unbekannter Übertragungsweise. Auch hier ist nur eine Art bemerkenswert:

Rickettsia trachomatis wird bei dem *Trachom,* der *Körnerkrankheit* oder *ägyptischen Augenkrankheit (Conjunctivitis granulosa)* beobachtet. Die Krankheit ist in den warmen Ländern außerordentlich verbreitet, kommt aber schon endemisch in der Steiermark und Ostdeutschland vor[1]. Wahrscheinlich spielen *Fliegen* bei der Übertragung eine Rolle.

Neunter Abschnitt.

Pilze (Fungi)[2].

Die **Pilze (Fungi)** sind niedere Pflanzen, denen das Chlorophyll fehlt Sie verschaffen sich die zu ihrer Ernährung notwendigen Substanzen aus verwesenden organischen Stoffen, in selteneren Fällen aus lebendem Gewebe. Da den Pilzen das Chlorophyll fehlt, brauchen sie zum Wachstum kein Licht, und daraus erklärt es sich, daß sie sich in der Dunkelheit inmitten pflanzlicher oder tierischer Gewebe entwickeln können.

Untersuchung[3]. Man kann die Untersuchung der Pilze in Kulturen oder im Gewebe vornehmen.

Im ersten Falle wird ein Bruchteil der Kultur in Lactophenolblau nach LANGERON zwischen Objektträger und Deckgläschen untersucht. Die Färbung im Lactophenolblau läßt die Mycelfäden gleichzeitig aufquellen und erleichtert dadurch die Untersuchung. Um die Perithezien und andere Gebilde zu untersuchen, empfiehlt es sich, eine ganze Kultur zusammen mit ihrem festen Substrat, z. B. einer Mohrrübe, Kartoffel oder Agar, zu fixieren und Schnitte anzufertigen.

Im zweiten Fall behandelt man die Haare, Schuppen oder parasitierten Gewebe mit 30—40proz. Kalilauge. Die Behandlung in kalter Kalilauge dauert einige Stunden, in erwärmter dagegen nur einige Sekunden. Am ratsamsten aber ist es, das Untersuchungsobjekt ohne vorherige Behandlung in Chlorallactophenol einzubetten. Befinden sich

---

[1] Vgl. W. ROHRSCHNEIDER: Verbreitung des Trachoms in Mitteleuropa. In H. ZEISS: Seuchenatlas. VI/1. 8. Lfg. Gotha 1944.

[2] Vgl. M. LANGERON: Précis de mycologie. Paris 1945.

[3] Vgl. M. SERRANO: Z. Parasitenkde. **12**, 1—35 (1942).

die Pilze in einer eitrigen Flüssigkeit, so kann man Ausstrichpräparate anfertigen, die man nach den bekannten Methoden von GRAM oder ZIEHL-NEELSEN färbt.

Morphologie. Der vegetative Aufbau der Pilze ist sehr einfach. Sie bestehen aus dem *Thallus* oder *Mycelium.* Der Thallus wird gebildet von dünnen, fadenförmigen *Mycelfäden* oder *Hyphen,* die ihrerseits aus einer bald einkernigen, bald vielkernigen Protoplasmamasse bestehen, die von einer widerstandsfähigen Membran begrenzt wird. Bald ist die Protoplasmamasse in den Fäden ungeteilt und *schlauchförmig* (Abb. 202 a), bald ist sie mit *Querwänden* versehen oder *gekammert (septiert)* (Abb. 202 b).

Die Mycelfäden haben entweder Spitzenwachstum oder bilden seitliche, bisweilen gabelförmige (dichotome) Verzweigungen. Wenn mehrere

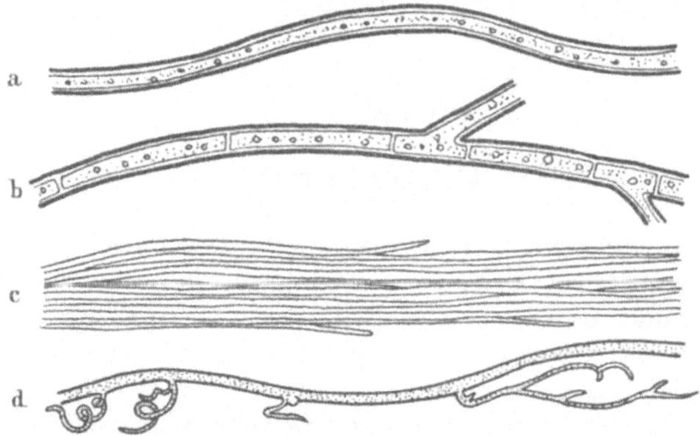

Abb. 202. *Verschiedene Formen von Mycelfäden oder Hyphen bei den Pilzen.* a) einheitlicher (ungekammerter) schlauchförmiger Mycelfaden. b) mit Querwänden versehener (gekammerter) Mycelfaden. c) Coremien. d) Mycelfaden mit wurzelähnlichen Organen oder Rhizoiden.

Fäden sich verbinden, gemeinsam wachsen und eine Art Strang bilden, so nennt man sie *Coremien* (Abb. 202 c). Sind sie zu einer festen Masse zusammengefügt, so heißen sie *Sklerotien.* Die Außenwand (Rinde) dieser Sklerotien besteht für gewöhnlich aus derbwandigen Zellen, während das Innere aus einem Pseudoparenchym (Scheingewebe) besteht, bei dem kurzzellige Hyphen wirr durcheinanderwachsen. In manchen Fällen kommt es zu Anastomosen (Verbindungen) der Mycelfäden, in anderen teilen sie sich und bilden isolierte Teilstücke, wie z. B. bei dem zerbrechlichen Mycelium der Thallosporeen. Das Mycelium kann mit wurzelähnlichen Organen, den *Rhizoiden* (Abb. 202 d), oder mit Saugfortsätzen, den *Haustorien,* versehen sein. Diese Organe sind entweder für die Befestigung der Pilze am Substrat oder für die Ernährung von Bedeutung.

Die Pilze sind häufig polymorph und können demzufolge je nach der Umgebung, in der sie sich entwickeln, sehr verschiedene Formen annehmen.

Biologie. Die meisten Pilze sind saprophytische Pflanzen. Jedoch gehen bestimmte Arten aus dem saprophytischen Dasein, das ihnen an sich vollkommen genügen kann, zur parasitären Lebensweise über, obgleich diese für ihre Entwicklung durchaus nicht notwendig zu sein scheint und als Anpassungsphänomen angesehen werden kann. Die zuletzt erwähnten Pilze interessieren den Arzt. Sie können zu den *fakultativen Parasiten* gerechnet werden.

Vermehrung. Die Vermehrungsweisen der Pilze sind sehr verschieden. Man kann sie in zwei Gruppen einteilen:

1. *Hauptfruchtformen* oder *Hauptfruktifikationen.*

2. *Nebenfruchtformen* oder *Nebenfruktifikationen.*

Hauptfruchtformen. Diese Formen finden sich bei einer ganzen Gruppe von Pilzen und dienen zu ihrer Charakterisierung. So vermehren

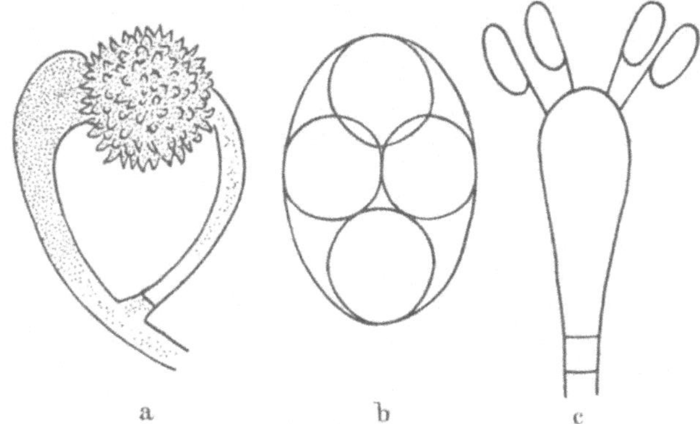

Abb. 203. *Drei Hauptfruchtformen bei den Pilzen.* a) Zygospore, b) Ascie, c) Basidie.

sich die *Algenpilze* (*Phycomycetes*) durch Eizellen, die *Schlauchpilze* (*Ascomycetes*) durch Sporenschläuche oder Ascien und die *Basidienpilze* (*Basidiomycetes*)[1] durch Basidien. Es gibt also drei Hauptfruchtformen: *Eizellen, Ascien* und *Basidien.*

Eizellen. Die *Oosporen* bilden sich durch die Vereinigung des Inhaltes eines weiblichen (Oogonium) und eines männlichen (Antheridium) Schlauches, das Protoplasma beider Zellen verschmilzt miteinander, umgibt sich mit einer dicken Wand, und die reife Oospore ist gebildet (Anisogamie). Sind die verschmelzenden Zellen morphologisch gleich (Isogamie), so wird das Befruchtungsprodukt als *Zygospore* bezeichnet (Abb. 203a).

Ascien. Die Ascie (Abb. 203b) ist ein keulenförmiger Sporenschlauch, in dem sich im allgemeinen *vier,* bisweilen acht oder ein Vielfaches von acht *Ascosporen* durch freie Zellbildung herausbilden. Die Ascien können

---

[1] Die Basidienpilze sind für die Parasitologie ohne Bedeutung.

nackt, d. h. inmitten der Mycelfäden isoliert, oder auch von einem festen Organ, dem *Perithecium*, umgeben sein.

Basidien (Abb. 203 c). Die Basidie besteht aus einer Anschwellung der Mycelfäden. Sie trägt *vier* dünne Stielchen, die Sterigmen. Auf jedem *Sterigma* sitzt eine *Basidiospore*.

Nebenfruchtformen. Diese Formen kann man zwar auch bei Pilzen finden, deren Vermehrung durch Eizellen, Ascien oder Basidien vor sich geht. Man beobachtet sie aber besonders bei Pilzen, die keine der

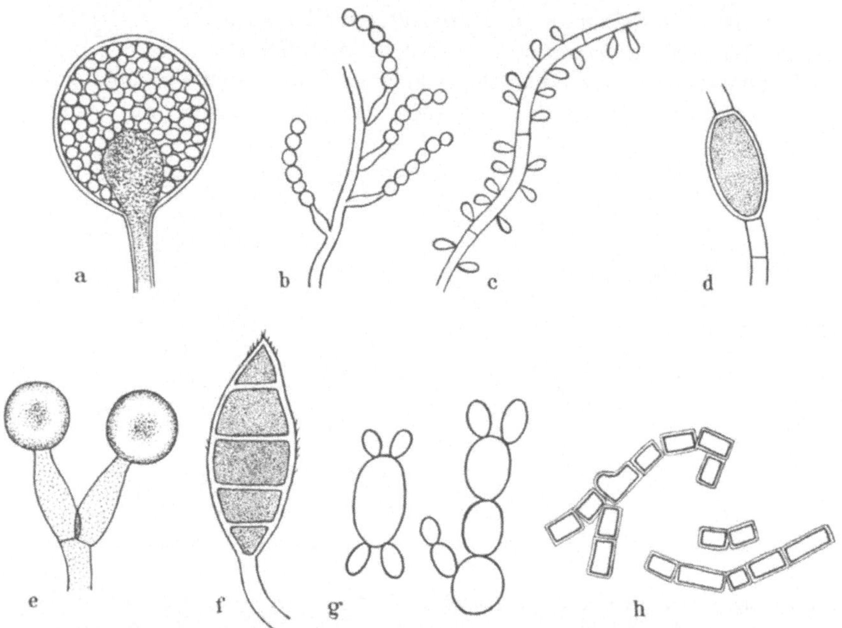

Abb. 204. *Wichtige Nebenfruchtformen bei den Pilzen.* a) Sporangium mit Columella und Endosporen. b) endständige Exosporen oder Konidien. c) seitenständige Konidien. d) intercalare Chlamydospore. e) endständige Chlamydosporen. f) mehrfach gekammerte Spindelspore. g) Knospensporen oder Blastosporen. h) Oidien oder Arthrosporen.

drei Hauptfruchtformen aufweisen. Man bezeichnet die hierhin gehörigen Pilze oft auch als *unvollkommene Pilze (Fungi imperfecti)*, weil man von ihrer Vermehrungsweise nur Nebenfruchtformen kennt.

Die Nebenfruchtformen der Vermehrung sind sehr verschieden. Wir erwähnen hier nur die Formen, die bei den pathogenen Pilzen auftreten, von denen wir sprechen müssen.

Endosporen oder *Sporangiensporen*. Diese Sporen (Abb. 204 a) entstehen im Innern eines besonderen Behälters, des *Sporangiums*, rund um ein angeschwollenes Säulchen (*Columella*). Man beobachtet sie bei *Mucorineen (Schimmelpilzen)* (Abb. 205).

Exosporen oder *Konidien*. Es sind dies abfallende Sporen, die einzeln oder in Reihen durch Sprossung nach außen abgeschnürt werden. Die einen sind *endständig* oder *terminal* wie bei der *Schimmelpilz*gattung *Aspergillus* (Abb. 204b), oder sie stehen in Reihen und sind auf kleinen flaschenförmigen Gebilden, *Phialiden* oder *Pykniden*, inseriert (Abb. 206). Man spricht dann von *Pyknokonidien* oder *Pyknosporen*. Andere Konidien wiederum sind zu beiden Seiten der Mycelfäden angeordnet und sitzen unmittelbar auf denselben. Solche *seitenständige* oder *laterale* Konidien kommen bei der Gattung *Sporotrichum* vor (Abb. 204c).

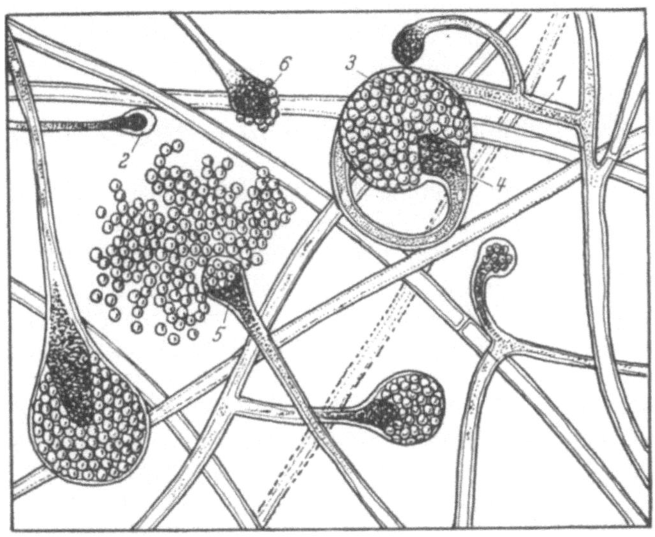

Abb. 205. *Doldenkopfschimmelpilz* (*Lichtheimia corymbifera*). Tropfenkultur. *1* sporentragende Hyphe mit 2 Sporangien; *2* junge Sporangie; *3* reife Sporangie mit Columella (*4*), im Innern des Sporangiums befinden sich die Endosporen oder Sporangiensporen; *5* Columella mit den (Endo-) Sporen im Augenblick nach dem Platzen des Sporangiums; *6* isolierte Columella nach Entfernung der Sporen. In 440facher Vergrößerung. (Nach einem gefärbten Präparat von M. LANGERON.)

Aleurien. Sie unterscheiden sich von den Konidien durch ihre unlösbare Verbindung mit den Mycelfäden, von denen sie nur durch Zerstörung der letzteren gelöst werden können.

Chlamydosporen oder *Gemmen*. Es sind dies widerstandsfähige Sporen, arterhaltende Organe, mit sehr dicker Membran. Sie bilden sich auf Kosten des Thallus. Sie können *eingeschaltet* (*interkalar*) (Abb. 204d) oder *endständig* (*terminal*) sein (Abb. 204e). Zu den Chlamydosporen gehören auch die *mehrfach gekammerten* (*septierten*) *Spindelsporen*, die die Gruppe der *Hautpilze* kennzeichnen (Abb. 204f).

Thallosporen. Diese Sporen sind wie die Chlamydosporen anfangs ein Teil des Thallus und dienen der Vermehrung nur sekundär. Man teilt sie in *Knospensporen* oder *Blastosporen* (Abb. 204g) und in *Oidien*

oder *Arthrosporen* (Abb. 204h) ein. Die Knospensporen sind sehr empfindlich und entstehen durch Knospung oder Aufteilung des Thallus in
runde Körperchen. Die Oidien bilden sich durch Aufteilung des Thallus
in wenigtens anfangs viereckige Körperchen.

Einteilung. Die Systematik beruht einerseits auf dem vegetativen
Aufbau, andererseits auf den der Vermehrung dienenden Organen.
Diejenigen Pilze, die Parasiten des Menschen sind, gehören alle zu den
drei folgenden Ordnungen, nämlich *Algenpilzen* (*Phycomycetes*), *Schlauchpilzen* (*Ascomycetes*) und *Fadenpilzen* (*Hyphomycetes* oder *Fungi imperfecti*). Eine jede dieser Ordnungen wird in eine Reihe von Familien und
Unterfamilien eingeteilt, von denen wir die wichtigsten mit ihren unterscheidenden Merkmalen und den näher beschriebenen Gattungen aufzählen (siehe nebenstehende Tabelle).

Pathogene Bedeutung. Die durch Pilze hervorgerufenen parasitären
Erkrankungen heißen *Mykosen.*

Unter den **Algenpilzen** oder **Phycomyceten** spielen die *Schimmelpilze*
oder *Mucorineen* nur eine ganz untergeordnete pathogene Rolle. Bestimmte, zu den Gattungen *Mucor, Lichtheimia* (Abb. 205) und *Rhizomucor* gehörige Arten, die nichts weiter sind als gewöhnliche Schimmelpilze, können sich im Ohr entwickeln und *Otomykosen* hervorrufen. Ein
durch *Rhizomucor parasiticus* verursachter Fall von *Lungenmykose* ist
beobachtet worden.

Andere Phycomyceten, die *Chytridiaceen*, haben hingegen, wenn
auch nicht bei uns, so doch in Amerika, eine pathogene Bedeutung. Eine
Art dieser Gruppe, *Coccidioides immitis*, erregt besonders in Brasilien
eine ernste Erkrankung, nämlich das *coccidioidale Granulom*, das durch
folgende Symptome gekennzeichnet wird: einzelne oder zusammenhängende Hautknötchen, papulo-pustulöse Hautausschläge und Schädigung verschiedener Organe. Wir fügen noch hinzu, daß einige Arten
der Chytridiaceen, die zur Gattung *Sphaerita* (Abb. 182) gehören, Parasiten der Amöben sind und daher als Hilfsparasiten (vgl. S. 3) angesehen
werden können.

Unter den **Schlauchpilzen** oder **Ascomyceten** gibt es bei den *Hefe-*
oder *Sproßpilzen* (*Saccharomyceten* oder *Blastomyceten*) eine Reihe von
Gattungen und Arten, besonders die Gattungen *Saccharomyces* und
Endomyces, die Erreger der *Blastomykosen* sind. Diese Krankheiten
zeigen trotz der großen Anzahl der als Erreger in Betracht kommenden
Pilze klinisch ziemlich einheitliche Bilder.

Am häufigsten hat man es hierbei mit *Hautentzündungen* (*Dermatitis*)
zu tun. Anfangs bilden sich hirsekorngroße Knötchen (miliare Abscesse),
die sich zu warzenartigen (verrukösen) verschiebbaren Erhöhungen ausbreiten und tief sitzen. Oft zeigen sich subcutane Knötchen und Abscesse,
die zuletzt vereitern. In manchen Fällen erstrecken sich die Hautschädi-

Systematische Übersicht über die wichtigsten Pilze, die als Parasiten des Menschen in Frage kommen.

Thallus anfänglich ohne Scheidewand. Vermehrung durch *Gameten* und Sporangien	Algenpilze (Phycomycetes)	*Zygosporen* aus zwei gleichwertigen Zellen bestehend Jochpilze (Zygomycetes)	Schimmelpilze (Mucorinees)	*Mucor, Lichtheimia, Rhizomucor*
		Oosporen aus zwei ungleichwertigen Zellen gebildet Eipilze (Oomycetes)	Ohnfadenpilze (Chytridinees)	*Coccidioides, Sphaerita*
Thallus mit Scheidewand. Vermehrung durch *Ascien* und verschiedene Sporen	Schlauchpilze (Ascomycetes)	*Nackte* Ascien; kein Perithecium	Hefepilze (Saccharomycetes)	*Saccharomyces, Endomyces*
		Perithecium mit einer Hülle aus locker verwickelten Mycelfäden	Nacktpilze (Gymnoascees)	*Trichophyton, Ctenomyces, Microsporum, Achorion, Epidermophyton*
		Geschlossenes Perithecium; dicke Membran	Schimmelpilze (Perisporiacees)	*Aspergillus, Sterigmatocystis, Penicillium*
Thallus mit oder ohne Scheidewand. Vermehrung nur durch *Nebenfruchtformen*	Fadenpilze[1] (Hyphomycetes oder Fungi imperfecti)	dicker Thallus — Konidien — Konidiosporeen (Conidiosporees) — Endständige Konidien	Phialideen (Phialidees)	—
		dicker Thallus — Konidien — Konidiosporeen (Conidiosporees) — Seitenständige Konidien	Sporotricheen (Sporotrichees)	*Sporotrichum, Rhinocladium*
		dicker Thallus — Thallosporen — Thallosporeen (Thallosporees) — Blastosporen	Blastosporeen (Blastosporees)	*Candida, Blastocystis*
		dicker Thallus — Thallosporen — Thallosporeen (Thallosporees) — Arthrosporen	Arthrosporeen (Arthrosporees)	—
		dünner Thallus — Mikrosiphoneen (Microsiphonees)		*Actinomyces, Cohnistreptothrix*

17*

Zu den Fadenpilzen gehörende Gattungen, deren nähere systematische Stellung noch nicht feststeht: *Malassezia, Madurella, Indiella.*

gungen auf die Schleimhäute, und bisweilen bilden sich mehr oder weniger verbreitete krankhafte Veränderungen an den inneren Organen. Bei diesen *generalisierten Blastomykosen* entsteht eine echte chronische Septicämie mit sehr verschiedener Lokalisation, subcutanen Knötchen, zahlreichen Abscessen, Magen-Darm-Erscheinungen und Krankheitserscheinungen in den Lungen, den Gelenken, Muskeln, Knochen, Augen, dem Gehirn usw.

Andere Ascomyceten, die *Perisporiaceen*, besonders *Aspergillus* (Abb. 211), *Sterigmatocystis* und *Penicillium*[1] (Abb. 206), haben eine viel geringere pathogene Bedeutung und entwickeln sich wie die anderen *Schimmelpilze*, die wir bereits (S. 258) erwähnt haben, in den Körperhöhlen des Menschen. Sie verursachen *Otomykosen* oder *Pharyngomykosen*.

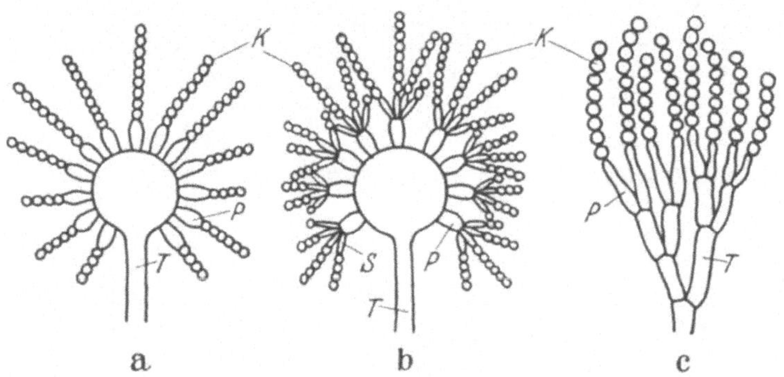

Abb. 206. *Verschiedene Konidienformen bei Perisporiaceen.* a) *Aspergillus (Gießkannenschimmel)*, b) *Sterigmatocystis*, c) *Penicillium (Pinselschimmel)*. *K* Konidien oder Exosporen, *P* primäre Phialiden, *S* sekundäre Phialiden, *T* Konidienträger.

Unter den zur Gruppe der *Gymnoasceen* gehörenden Ascomyceten einerseits und den **Fadenpilzen (Hyphomyceten** oder **Fungi imperfecti)** andererseits findet man die meisten pathogenen Arten. Wir zählen hier die wichtigsten auf.

I. Hautpilze (Trichophyton, Ctenomyces, Microsporum, Achorion, Epidermophyton).

Die *Hautpilze* oder *Dermatophyten* umfassen zahlreiche innerhalb der Ordnung der Ascomyceten zu der Unterordnung der *Nacktpilze* oder *Gymnoasceen* gehörende Arten.

---

[1] A. FLEMING entdeckte die antibakterielle (antibiotische) Eigenschaft des Penicillins, eines Extraktes des Schimmelpilzes *Penicillium notatum*. Die antibiotische Wirkung des Penicillins ist sehr stark gegen zahlreiche Mikroben, besonders gegen Spirochäten, Staphylokokken, Pneumokokken, Gonokokken und Meningokokken. Die Wirkung ist viel geringer gegen Bakterien der Coli-Paratyphus-Gruppe und fast gleich Null gegen Influenzabazillen.

Morphologie. Wir besprechen nacheinander das Mycelium und die Fortpflanzungsorgane.

Mycelium. Das Mycelium, das wir zuerst betrachten, ist dimorph: Es ist entweder ein dünnes, vegetatives Mycelium und bildet den Sporenapparat oder ein umfangreicheres Mycelium, das die Hülle des Peritheciums bildet und krummstabförmig gebogene Fortsätze besitzt, die entweder kammartig gezähnt oder mit Körnchen versehen sind (*Ctenomyces*).

Dieser bei der Gattung *Ctenomyces* ständige Dimorphismus ist bei den Gattungen *Miscosporum* und *Trichophyton* abgeschwächt und kommt bei der Gattung *Epidermophyton* überhaupt nicht mehr vor.

Die unter dem Namen „*Favus-Nagelköpfe*", „*Favus-Leuchter*", „*Favus-Geweih*", „*Favus-Kammzinken*" usw. beschriebenen Gebilde sind krankhafte Formen.

Fortpflanzungsorgane. Zu den Fortpflanzungsorganen gehören folgende Teile:

1. Ein Sporenapparat, der aus *Aleurien* besteht. Letztere bilden sich nach dem einfachsten Typ, nämlich nach dem sog. *Acladium*-Typ, d. h. sie entstehen auf kreuzweise verzweigten Sporenständern wie ein Tannenzweig.

2. Mehrfach septierte *Spindelsporen* (Abb. 204f).

3. *Rankenfortsätze*, die nach LANGERON und MILOCHEVITCH Überreste der Verzierungen des Peritheciums der Gymnoasceen sind und die man insbesondere bei der Gattung *Ctenomyces* findet.

4. *Chlamydosporen*, die endständig (Abb. 204e), eingeschoben (intercalar) (Abb. 204d) oder kettenförmig sind.

Biologie. Im Gegensatz zu vielen parasitischen Pilzen, die man auch als Saprophyten kennt, hat man bisher noch niemals Hautpilze in der freien Natur beobachtet. Jedoch ist der saprophytische Ursprung dieser Pilze sehr wahrscheinlich, denn bestimmte sporadische Fälle von Dermatomykosen können kaum anders erklärt werden.

Einteilung. Die Gattungen, über die wir sprechen werden, unterscheiden sich durch folgende Merkmale:

In der Hauptsache *Rankenfortsätze* (entspricht den „*Endo- und Ectothrix*-Arten mit kleinen Sporen" von SABOURAUD)	Erreger der Bartflechte (*Ctenomyces*)
In der Hauptsache *Spindelsporen* und *Aleurien* (entspricht dem größeren Teil der alten Gattung *Microsporum*)	Erreger der Mikrosporie (*Microsporum*)
Besonders gebildete Spindelsporen. Weder Rankenfortsätze noch Aleurien	Erreger des tropischen Ringwurms (*Epidermophyton*)
In der Hauptsache *Aleurien* vom *Acladium*-Typ. Rankenfortsätze und Spindelsporen selten	Erreger der Trichophytie (*Trichophyton*)
Weder Rankenfortsätze noch Spindelsporen noch Aleurien. Glatte Kulturen auf den „klassischen" Nährböden	Erreger des Favus (*Achorion*)

17a

Pathogene Bedeutung. Zahlreiche Pilzarten, die den verschiedenen Gattungen angehören, von denen wir soeben gesprochen haben, entwickeln sich in der Epidermis, den Haaren, bisweilen den Nägeln und bewirken die unter dem Namen *Dermatomykosen* bekannten Pilzerkrankungen. Wir erwähnen hier nur die am häufigsten vorkommenden Arten und die Schädigungen, die sie verursachen.

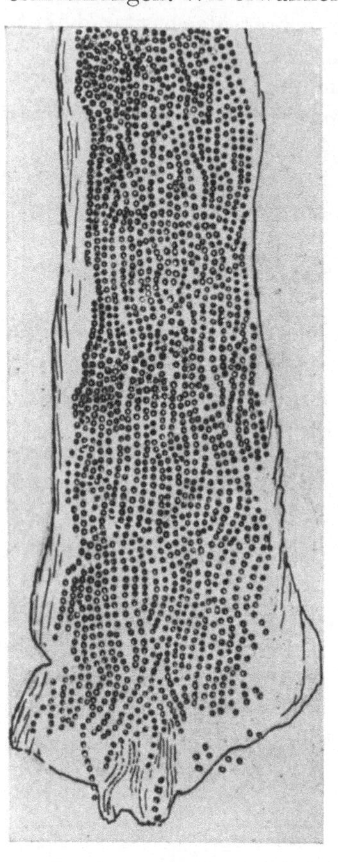

Abb. 207. *Trichophyton tonsurans.* Haar eines an Trichophytie Erkrankten. In 260facher Vergrößerung. (Nach SABOURAUD.)

Die parasitären Stadien von *Trichophyton tonsurans* (Abb. 207) treten als kleine, lichtbrechende Körperchen in Erscheinung und dringen gänzlich in die Haarsubstanz ein. Man nennt die Art deshalb auch *endothrix.* Sie verursacht vorwiegend eine Haarkrankheit, nämlich die *Trichophytie* oder *Herpes tonsurans (Scherende Flechte).* Kennzeichnend hierfür sind große kahle Stellen mit unregelmäßigen Rändern. Innerhalb der kahlen Stellen befinden sich zahlreiche gesunde Haare. Man findet diese Erkrankung am häufigsten dort, wo sich viele Kinder aufhalten und sich gegenseitig anstecken. Sie verschwindet, sobald die Pubertät erreicht ist. Derselbe Parasit erregt auf „unbehaarter" Haut *Herpes circinatus* und kann *Onychomykose* oder *Nageltrichophytie* hervorrufen.

Eine verwandte Art, *Trichophyton sabouraudi*, verursacht ebenfalls *Herpes circinatus* und *Onychomykose*, ferner die *Schülertrichophytie* oder den *peladoiden Herpes tonsurans* von SABOURAUD.

Trichophyton concentricum ist der Erreger einer unter dem Namen *Tokelau*, *Schuppenringwurm* oder *Tinea imbricata* bekannten exotischen Dermatomykose. Diese Krankheit ist hauptsächlich über Ozeanien und den Fernen Osten verbreitet. Auf der erkrankten Haut bilden sich Ringe von mehreren Zentimetern Durchmesser, die aus konzentrischen Schuppenkränzen von heller Farbe bestehen, zwischen denen regelmäßig Ringe von gesunder Hautfarbe liegen. Alle Körperteile können von dieser Erkrankung ergriffen werden, jedoch bleiben die Haare immer verschont.

Ctenomyces mentagrophytes (früher *Trichophyton mentagrophytes*) (Abb. 208) verursacht, sobald er die Barthaare befällt, die *Bartflechte* (*Sycosis parasitaria* oder *Mentagra Plinii*), eine ursprünglich tierische Erkrankung. Man beobachtet sie hauptsächlich bei Menschen, die in Berührung mit Pferden kommen. Der Pilz entwickelt sich sowohl innerhalb als außerhalb der Barthaare, er ist also ein „*endo-ectothrix*". Wenn er sich auf „unbehaarten" Hautstellen entwickelt, ist er der Erreger der *Folliculitis agminata parasitaria.*

Microsporum (= *Sabouraudites*) *audouini* (Abb. 209) ist eine für den Menschen, hauptsächlich das Kind, eigentümliche Parasitenart. Die an der befallenen Stelle entfernten Haare zeigen an ihrer Basis eine weiße, aus vielen runden Körperchen bestehende Scheide. Diese Körperchen haben einen Durchmesser von 2 bis 3 μ und befinden sich stets an der Außenseite des Haares. Im Innern des Haares findet man Mycelfäden, die in der Richtung des Haares wachsen, 2 μ im Durchmesser haben und mit Querwänden versehen (segmentiert) sind. Sie streben zur Außenseite des Haares, verzweigen sich dabei und erzeugen durch Sprossung die peripheren

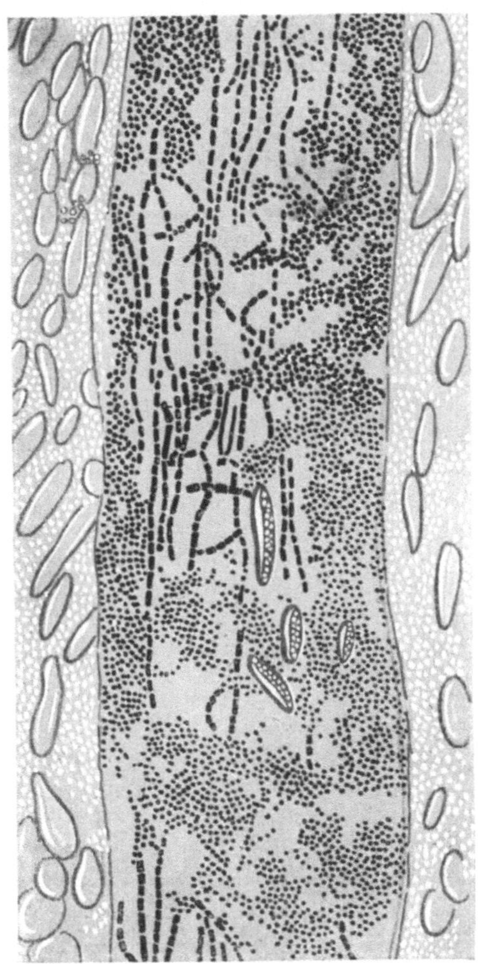

Abb. 208. *Ctenomyces mentagrophytes.* Erreger der Bartflechte. Beachte die inneren gekammerten Fäden und die außenliegenden Sporen. In 600facher Vergrößerung. (Nach SABOURAUD.)

Sporen. Dieser Pilz verursacht die *Mikrosporie,* die *Kinderdermatomykose* oder die *Dermatomykose von* GRUBY-SABOURAUD. Die Grindflecken sind rund oder oval, mit sehr scharfen Umrissen und im allgemeinen wenig zahlreich. Im Gegensatz zum Herpes tonsurans beobachtet man hier niemals gesunde Haare auf den erkrankten Stellen.

Diese sehr ansteckende Krankheit kommt nur bei Kindern unter 15 Jahren vor. Ist dieses Alter erreicht, so verschwindet sie spontan. In Westfalen wurde in den Jahren 1946/47 eine 191 Fälle umfassende Endemie festgestellt[1].

Der *Favuspilz* (*Achorion schoenleini*) (Abb. 210) verursacht, wenn er sich in den Haaren der Kopfhaut oder des Körpers entwickelt, den

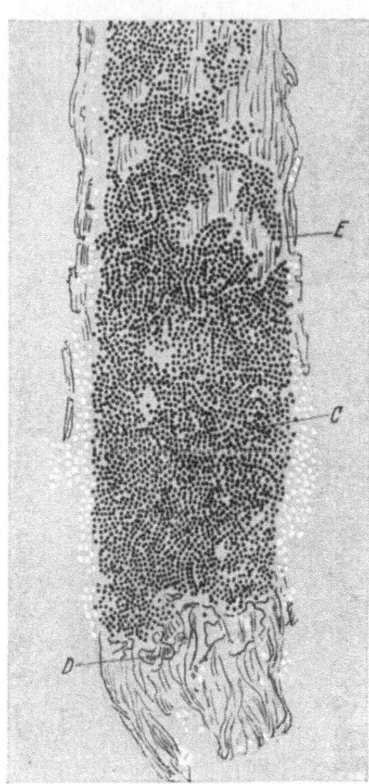

Abb. 209. *Microsporum* (= *Sabouraudites*) *audouini*. Haar eines an Mikrosporie Erkrankten. *C* Sporen, *D* Mycelium-„Fransen" von ADAMSON, *E* Epidermiszellen. (Nach SABOURAUD.)

Erbgrind oder *Favus*. Im Haar tritt der Pilz entweder als *Mycelium* oder im *Sporulationsstadium* auf. Die Fäden des Myceliums sind geradlinig fortlaufend und dringen von außen in das Zentrum des Haares ein. Ihre Verzweigung ist dichotomisch. In dem häufigeren Sporulationsstadium sind die Fäden gewunden, wenig zahlreich, zum Teil mit Sporen von verschiedenem Durchmesser und in der äußeren Rindenschicht des Haares gelegen. Sie teilen sich drei- oder viermal und bilden eine Art Pinsel, der dem Skelett eines Fußes ähnelt und daher unter dem Namen „*Favusfuß*" bekannt ist. In der mikroskopischen Untersuchung kann man leicht das *Favus*-Haar vom *Trichophyton*-Haar unterscheiden. Das erste ist stets nur wenig von den sporentragenden Fäden durchzogen, das zweite dagegen ist meistens ganz damit angefüllt. Auf der Haut ist die charakteristische Form der Erkrankung das *Scutullum* (Schüsselchen), das sich immer um ein Haar bildet und durch Sprossung des Parasiten im Haarbalg entsteht. Es ist von gelber Farbe und von sehr verschiedener Größe. Die Übertragung des Favus kann entweder von Mensch zu Mensch oder von Tier zu Mensch geschehen oder indirekt durch Kleidungsstücke, Decken usw. stattfinden. Man hat Fälle von *Nagel-* und *Darmfavus* beobachtet.

Epidermophyton floccosum (= *E. cruris*) ist der Erreger des *tropischen Ringwurmes* (*Epidermophytie, Eczema marginatum* oder *Tinea cruris* usw.). Dieses Ekzem wird durch rote, kreisrunde und mit deut-

---

[1] MONCORPS, C., u. E. GANTE: Dermat. Wschr. **119**, 81—87 (1947).

lich ausgeprägtem Wall versehene Flecken gekennzeichnet, deren Konturen unregelmäßig und die meist auf der Innenseite des Schenkels und der Schamleiste lokalisiert sind. Der tropische Ringwurm ist eine sehr ansteckende, in den Tropen stark verbreitete Pilzinfektion.

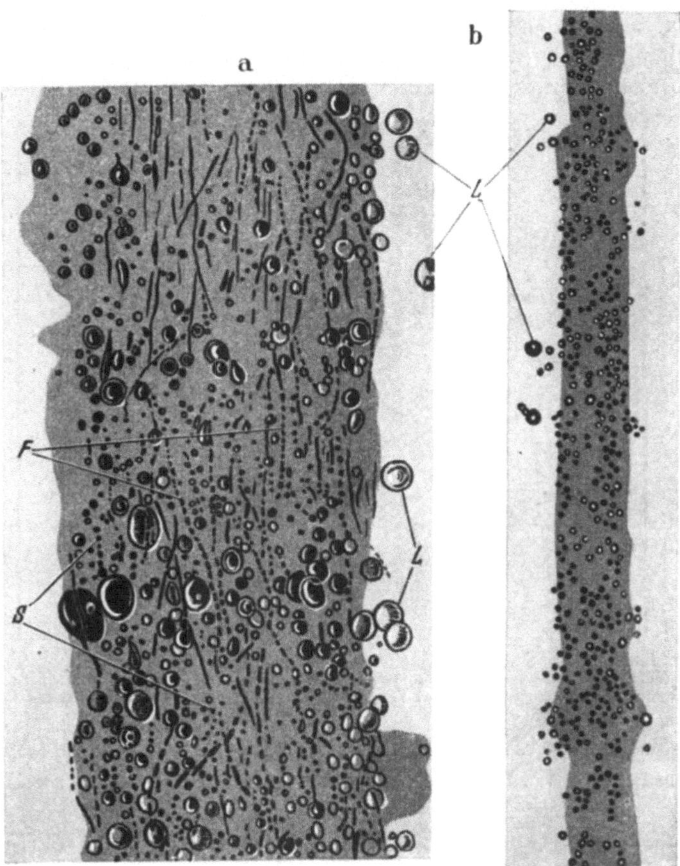

Abb. 210. *Favus- (Erbgrind-) Haar eines mit Favuspilzen (Achorion schoenleini) infizierten Kindes.* a) in 260facher, b) in 75facher Vergrößerung. Beachte die bei der Behandlung mit 40% Kalilauge auftretenden charakteristischen Luftblasen (*L*), die gekammerten Pilzfäden (*F*) und die Sporulationsstadien (*S*). (Nach SABOURAUD.)

II. Pilz der Lungenaspergillose (Aspergillus fumigatus).

Der *rauchfarbige Kolbenschimmelpilz (Aspergillus fumigatus)* (Abb. 211) kommt in der Natur als Saprophyt sehr häufig vor. Sein Übergang zur parasitischen Lebensweise scheint besonderen Bedingungen unterworfen zu sein, die man nur selten im menschlichen Organismus antrifft. Man beobachtet die *Lungenaspergillose* am häufigsten bei Menschen, die viel mit Tieren umgehen, bei denen sich *Aspergillus*-Arten finden. Wir nennen als Beispiel Taubenmäster und Menschen, die beruflich mit dem Auskämmen von Haaren zu tun haben. Erstere nehmen oft Körner in den Mund, um sie in den Schnabel des Vogels zu bringen, letztere überpudern die Haare mit Roggenmehl, das reich an *Aspergillus*-Sporen ist.

Die Kranken haben das Aussehen von Tuberkulösen, zeigen aber kein einziges, für diese Krankheit charakteristisches Symptom. Die Diagnose ist nur durch die mikroskopische Untersuchung möglich, weil

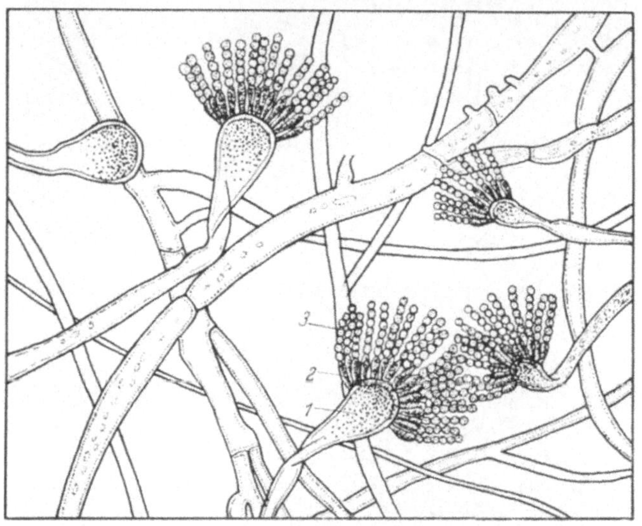

Abb. 211. *Rauchfarbiger Kolbenschimmelpilz (Aspergillus fumigatus)*. Tropfenkultur. *1* Sporentragende Verbreiterung einer Hyphe mit Phialiden (*2*), auf der rosenkranzförmig die Konidien oder Exosporen (*3*) sitzen. In 440facher Vergrößerung. (Nach einem Präparat von M. LANGERON.)

hierdurch einerseits das Fehlen der KOCHschen Tuberkelbacillen, andererseits das Vorhandensein von Mycelfäden und Sporen von *Aspergillus fumigatus* im Auswurf nachzuweisen ist.

III. Pilze der Sporotrichose (Sporotrichum, Rhinocladium).

Die Pilze, die die Sporotrichose erregen, gehören zu den Gattungen *Sporotrichum* und *Rhinocladium* und sind in der Natur als Saprophyten sehr verbreitet. Einige Arten können als Parasiten beim Menschen oder bei Tieren leben. Die am weitesten verbreitete Art ist *Rhinocladium beurmanni* (Abb. 212), der wichtigste Erreger der *Sporotrichose*.

Die Sporotrichose ist eine kosmopolitische Krankheit. Der parasitische Pilz dringt infolge eines Stiches, eines Bisses oder auch auf dem Verdauungswege in den Organismus ein. Charakteristisch für die Krankheit sind die anfangs harten, dann weicher werdenden oder vereiterten Knoten, die in der Cutis und Subcutis, an den Muskeln und Knochen oder unter den Schleimhäuten vorkommen. Der weicher gewordene

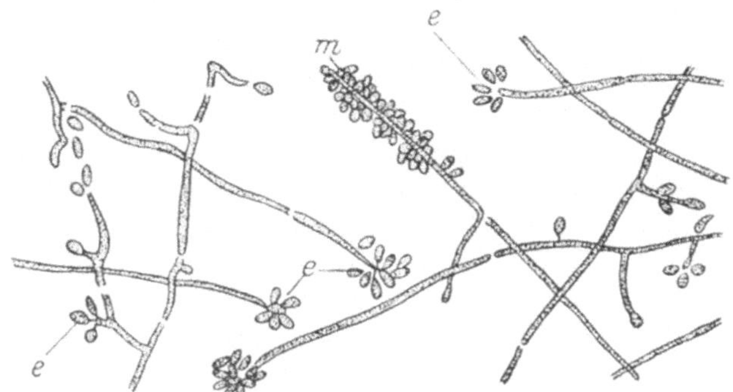

Abb. 212. *Rhinocladium beurmanni, wichtigster Erreger der Sporotrichose.* Tropfenkultur. Isolierte Konidien, endständig (*e*) und in „Muff"-Form (*m*). In 640facher Vergrößerung. (Nach einem Präparat von M. LANGERON.)

Knoten enthält zuerst eine durchsichtige Flüssigkeit, die später eitrig und dick wird. Das häufigste klinische Bild sind die *gummaähnlichen Knotenbildungen in Form kleiner zerstreuter Herde.* Seltener ist die *lymphangitische Form*, die auf ein sporotrichoses Geschwür folgt.

Die Sporotrichose ist verhältnismäßig gutartig. Nach der Heilung bleibt eine unregelmäßig geränderte Narbe zurück, die den tuberkulösen oder syphilitischen Narben ähnelt.

IV. Soorpilze (Candida).

Der Soor kann durch verschiedene Pilzarten verursacht werden. In der großen Mehrzahl der Fälle jedoch ist *Candida* (= *Mycotorula* = *Oidium*) *albicans* der Erreger. In den Kulturen bilden die *Candida*-Arten milchige, dicke und konvexe Kolonien, in denen man eine fortschreitende Verzweigung des Pseudomyceliums beobachtet. Letzteres besteht aus kurzen Fäden, die eine Art Quirl tragen. Dieser ist aus abgerundeten oder ovalen, nur selten aus länglichen Blastosporen gebildet (Abb. 213 u. 214). Man beobachtet in den Kulturen auch endständige Chlamydosporen (Abb. 215).

Abb. 213. *Verzweigte Fäden vom Soorpilz* [*Candida* (= *Mycotorula*)] *mit Quirlen von Blastosporen.* (Nach LANGERON u. TALICE.)

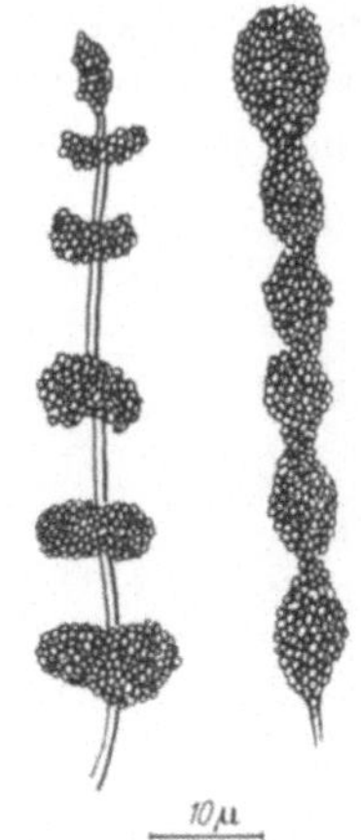

Abb. 214. *Alte Fäden vom Soorpilz [Candida (= Mycotorula)] mit rundlichen Anhäufungen von Blastosporen.* (Nach LANGERON u. TALICE.)

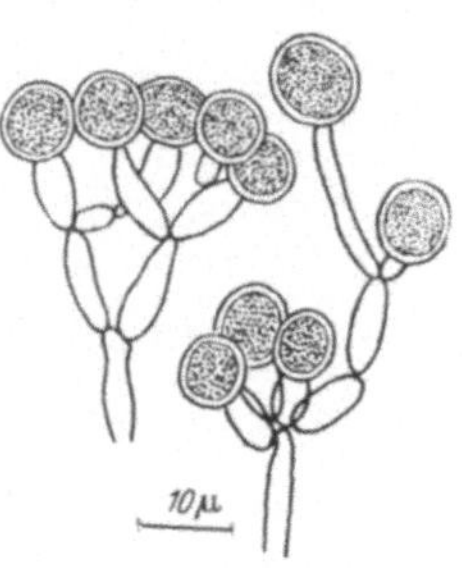

Abb. 215.   *Endständige Chlamydosporen vom Soorpilz [Candida (= Mycotorula)].* (Nach LANGERON u. TALICE.)

In seiner parasitären Form erscheint der Pilz als weißer oder grauweißer häutiger Belag von 1—2 mm Dicke, der nur schwach an der Schleimhaut haftet, auf der er sich entwickelt. Am häufigsten sitzt er im Munde, aber man findet ihn auch im Rachen, in der Speiseröhre und sogar an anderen Stellen des Verdauungskanals. Die mikroskopische Untersuchung zeigt, daß der Pilz aus zylindrischen, einfachen oder verzweigten und im Durchmesser 3—5 μ großen Fäden besteht. Inmitten dieser Fäden oder auch am Ende von bestimmten Mycelfäden befinden sich kugel- oder eiförmige, sehr lichtbrechende Blastosporen mit einem Durchmesser von 5—7 μ.

Der *Soor*, auch *Schwämmchen, Mehlmund* oder *Stomatomykosis* genannt, tritt besonders bei schwächlichen Kindern auf, bisweilen auch bei Diabetikern oder bei Erwachsenen im letzten Stadium von kachektischen Krankheiten, wie Krebs oder Tuberkulose.

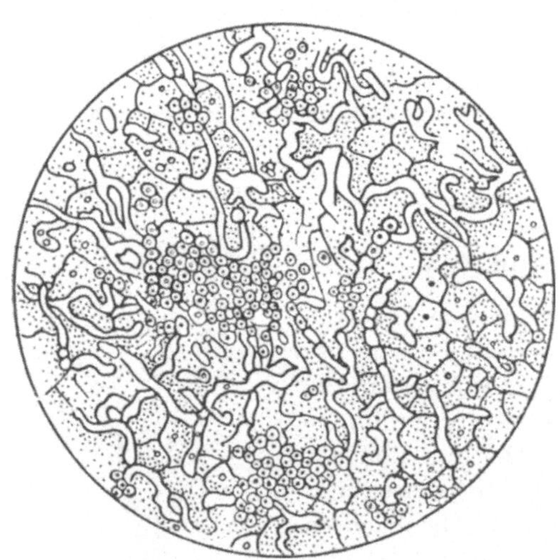

Abb. 216. *Malassezia (= Microsporum) furfur in einer Schuppe der Kleienflechte oder Pityriasis versicolor.* (Nach C. FOX.)

V. Pilz der Pityriasis versicolor (Malassezia furfur).

Für die mikroskopische Untersuchung des Erregers der Pityriasis versicolor entfernt man die Hautschuppen mit dem Fingernagel und behandelt sie mit Kalilauge. Der Pilz [*Malassezia (= Microsporum) furfur*] (Abb. 216) tritt in zwei Formen auf: Die eine besteht aus gewundenen, nicht verzweigten Fäden von etwa 3 μ Durchmesser, die andere aus runden

Körperchen von 3—5 μ Durchmesser, im allgemeinen zu 15—30 zusammengeballt.

Der Parasitismus dieses Pilzes erregt beim Menschen die *Pityriasis versicolor* oder *Kleienflechte*, eine Dermatomykose mit folgenden Kennzeichen: Es treten scharf umgrenzte, glatte oder leicht schuppige, gelbe bis dunkelbraune Flecken von sehr verschiedener Größe auf, die meist auf der Brust sitzen. Fährt man mit dem Fingernagel über einen solchen Flecken, so löst er sich als ein Hautfetzen ab, ohne daß die tiefer gelegenen Schichten der Haut zu bluten beginnen. Diese *Fingernagelprobe* ist für die Diagnose der Kleienflechte wichtig.

VI. Pilze der Mycetome.

Wir definieren zuerst den Begriff „Mycetome"[1], wie er in der Parasitologie gebräuchlich ist. Mycetome sind demzufolge durch Pilze erzeugte entzündliche Tumorbildungen. Sie enthalten Körnchen von verschiedener Form, Größe und Farbe, die aus verfilzten Mycelfäden gebildet sind und durch mehr oder weniger entwickelte Fisteln ins Freie ausgestoßen werden können.

Die als Erreger der Mycetome in Betracht kommenden Pilze sind sehr zahlreich und gehören ganz verschiedenen Gruppen an. Je nachdem die Pilze ein dickes oder ein sehr feines Mycelium haben, letzteres bei den Mikrosiphoneen, teilt man die Mycetome in zwei Gruppen ein: nämlich in die *Maduromykosen* und in die *Aktinomykosen* oder *Streptotricheenerkrankungen*.

1. Pilze der Maduromykosen (Madurella, Aspergillus, Penicillium, Indiella, Sterigmatocystis).

Morphologie. Die Pilze, die Maduromykosen erzeugen, sind durch umfangreiche, mit Querwänden versehene (segmentierte) Mycelfäden gekennzeichnet, die feste Außenwände besitzen und häufig Chlamydosporen bilden. Sie gehören verschiedenen Gattungen an, von denen wir nur die wichtigsten erwähnen.

Pathogene Bedeutung. Die Gattung *Madurella* (Abb. 217) und bestimmte *Aspergillus-* und *Penicillium*-Arten verursachen die *Maduromykose mit schwarzen Körnern* (Abb. 218).

Die Gattung *Indiella* (Abb. 219) und bestimmte *Sterigmatocystis*-Arten sind die Erreger der *Maduromykose mit weißen Körnern*.

---

[1] Organe, in denen Pilze oder Bakterien als Symbionten leben, bezeichnet man in der Zoologie ebenfalls als Mycetome. (Vgl. P. BUCHNER: Tier und Pflanze in Symbiose. 2. Aufl. Berlin 1930 und: Symbiose der Tiere mit pflanzlichen Mikroorganismen. Sammlung Göschen, Bd. 1128. 2. Aufl. Berlin 1949.)

Endlich ist auch eine *Aspergillus*-Art bekannt, durch die gelegentlich eine *Maduromykose mit roten Körnern* entsteht.

Diese Mycetome werden durch Pilzinfektionen bei Hautverletzungen hervorgerufen. Solche Hautverletzungen können schon durch einen

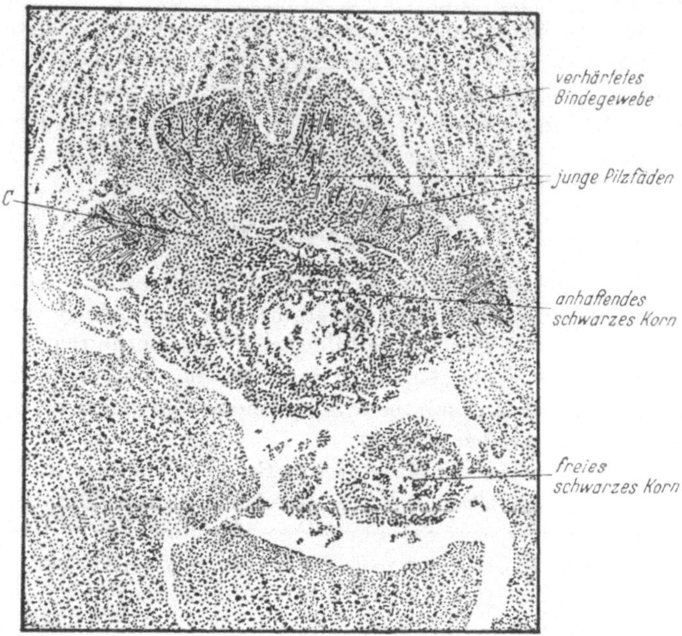

Abb. 217. *Madurella mycetomi, ein Erreger der Maduromykose mit schwarzen Körnern.* Bildungsmodus der Körner. *C* die Stelle, wo sich das Korn von der jungen parasitären Masse loszulösen beginnt. (Nach BRUMPT.)

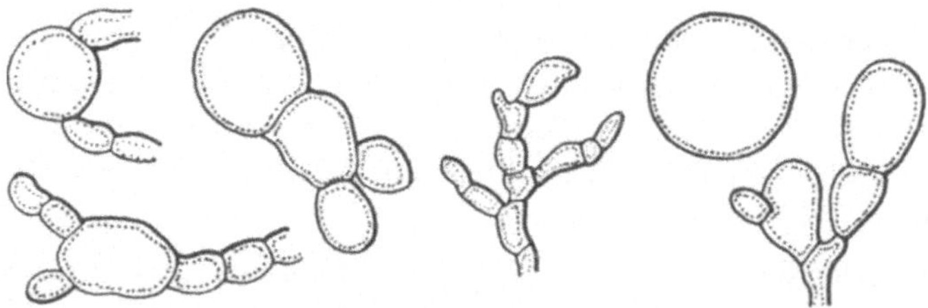

Abb. 218. *Schwarze Körner von einer Maduromykose („Schwarzer Madurafuß"), hervorgerufen durch Madurella mycetomi.*

Holzsplitter, einen Dorn usw. entstehen. Nach einer Latenzzeit von mehreren Monaten oder einigen Jahren beginnt der Tumor mit einer scharf umgrenzten Verhärtung, die nach einigen Wochen kleine Öffnungen aufweist. Die für die Krankheit charakteristischen Körner werden durch diese Öffnungen ausgeschieden. Allmählich bilden sich

neue Knoten auf der Haut; der Tumor wächst und kann eine enorme
Größe erreichen. Am häufigsten sitzen die Mycetome an den Füßen
(*Madurafuß*), da diese bei barfuß gehenden Menschen leicht verletzt
werden können. Doch findet man sie auch an der Hand, dem Knie

Abb. 219. *Weiße Körner von einer Maduromykose, hervorgerufen durch Indiella mansoni.*

oder anderen Körperteilen. Eine spontane Heilung ist selten, aber die
Krankheit generalisiert niemals und führt nur selten den Tod durch
Kachexie herbei, wie es im Gegensatz hierzu bei der Aktinomykose der
Fall sein kann.

2. Pilze der Aktinomykosen oder Streptotricheenerkrankungen (Actinomyces, Cohnistreptothrix).

Morphologie. Die *Strahlenpilze*, die die Aktinomykosen oder Streptotricheenerkrankungen erzeugen, sind durch sehr feine, nicht mit Querwänden versehene (unsegmentierte), oft strahlenförmig angeordnete

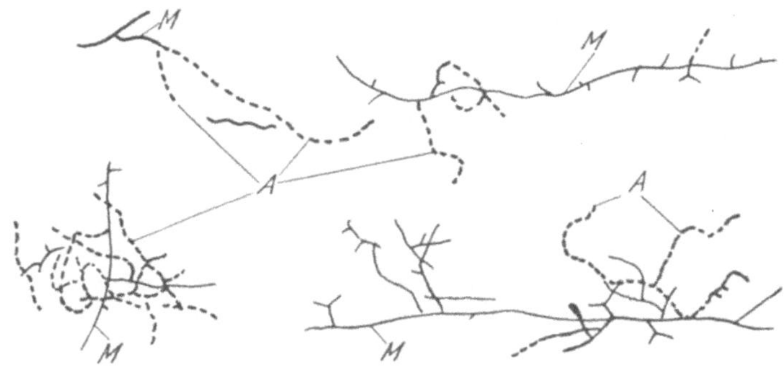

Abb. 220. *Fäden von Strahlenpilzen (Actinomyces) im hängenden Tropfen.* Sehr feine und verzweigte Mycelfäden (*M*) mit Bildung von Arthrosporen (*A*). In 500facher Vergrößerung. (Nach
M. LANGERON.)

Mycelfäden gekennzeichnet, deren Durchmesser $1\,\mu$ oder weniger als
$1\,\mu$ beträgt. Sie sind oft seitlich verzweigt, ihr Inhalt ist homogen, ohne
deutliche Kerne und oft in bakterien- oder kokkenförmige Bruchstücke
gegliedert (Abb. 220). Die Pilze können mit Anilinfarben gefärbt werden,
sind im allgemeinen GRAM-positiv und bisweilen säurefest. Am Ende
der Luftmycelien (*Actinomyces*) bilden sich kleine Ketten von Arthrosporen, die jedoch bei bestimmten Gattungen fehlen (*Cohnistreptothrix*).

Die peripheren Fäden des Thallus oder Pilzrasens zeigen bisweilen in Läsionen oder sogar in bestimmten Kulturen *keulenartige Anschwellungen* (Abb. 221) und bilden die äußere *Kolbenschicht.*

Pathogene Bedeutung. Wir erwähnen zuerst zwei Arten: *Actinomyces bovis*[1] und *Cohnistreptothrix israeli*, da sie die wichtigsten Erreger der menschlichen *Aktinomykose* oder *Streptotricheenerkrankung* sind.

Die Pilze der Aktinomykose leben als Saprophyten auf verschiedenen Pflanzen, besonders auf Getreideähren, Stroh und Gräsern, und der Befall unseres Organismus scheint fast immer durch eine Hautverletzung

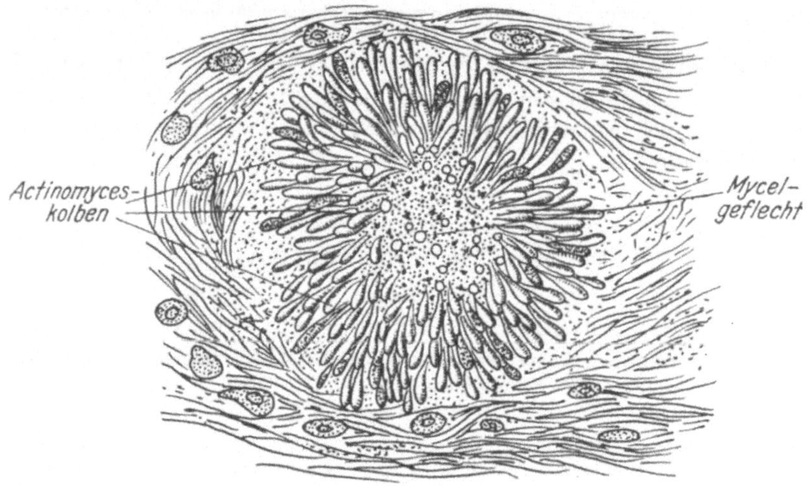

Abb. 221. *Aktinomykose des Rindes.* Die Abbildung stellt ein Körnchen, eine sog. Actinomyces-druse oder Strahlenpilzkolonie dar, wie man es im dicken Schnitt findet, oder wenn man ein Körnchen zwischen Objektträger und Deckgläschen zerquetscht. In 600facher Vergrößerung. (Nach R. BLANCHARD.)

bedingt zu sein. Denn durch die Unsitte, Gräser, Ähren, Gerstengrannen usw. in den Mund zu nehmen, kann es zu kleinen unscheinbaren Verletzungen der Schleimhaut kommen, in denen sich die Pilze festsetzen. In selteneren Fällen findet die Infektion durch die Lunge oder auf dem Verdauungswege statt.

Die Parasiten, die die Aktinomykosen hervorrufen, können sich in allen Geweben des Organismus entwickeln. Die Knochen werden von einer Ostitis rareficans ergriffen, aber Sehnen und Nerven werden im allgemeinen verschont. Der von den Strahlenpilzen hervorgerufene Tumor entwickelt sich weiter und wächst oft sehr schnell. Unter dem Einfluß des Parasiten wird er weich, es bildet sich eine mehr oder weniger

---

[1] *A. bovis* ist in Wirklichkeit ein Sammelname für mehrere Arten, die hier nach ihrer Häufigkeit angeordnet sind: *A. sulphureus, A. albus, A. albidoflavus* und *A. corneus.*

große Zahl von Fisteln, aus denen ein dicker, an den charakteristischen *gelben Körnern* (Abb. 222) reicher Eiter herausfließt. Diese Körner sind nur selten größer als 150 μ, und ihre Färbung wechselt zwischen Weiß und mehr oder weniger dunklem Gelb. Sie zeigen eine radiär angeordnete, aus keulenförmigen Zellen gebildete äußere Schicht, die Schicht der *Actinomyceskolben*, die eine zentrale Masse umschließt. Diese besteht aus einem Geflecht von verzweigten Mycelfäden. Die Körner bezeichnet man als *Actinomycesdrusen* oder *Strahlenpilzkolonien* (Abb. 221).

Die wichtigsten klinischen Formen sind: die *Mund-, Rachen- und Halsaktinomykose*, bei weitem die häufigsten in der gemäßigten Zone,

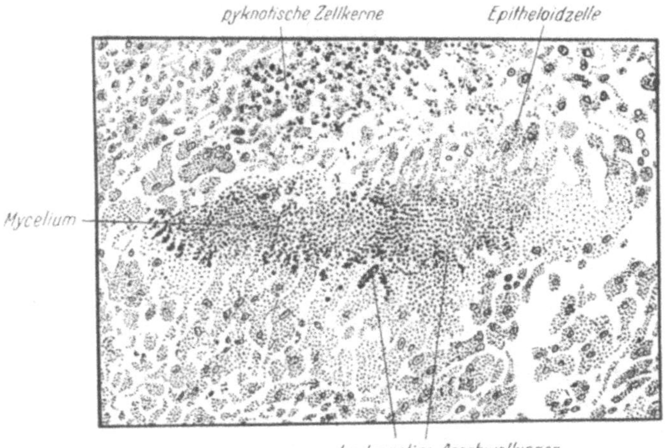

Abb. 222. *Rinderaktinomykose.* Schnitt durch ein junges Korn. Beachte die längliche Form des Kornes und die kranzförmige Anordnung der keulenartigen Anschwellungen und der Epitheloidzellen. (Nach BRUMPT.)

ferner die Lungen-, tiefsitzende Bauch-, Darm-, Haut-, Glieder- und endlich die Gehirnaktinomykose. Man hat bisweilen beobachtet, daß die Krankheit generalisiert, indem sie sich durch lokale Progression oder auf dem Lymph- oder Blutwege weiter ausbreitet.

Eine andere Art, die wir erwähnen, ist *Actinomyces* (= *Streptothrix*) *madurae*. Sie verursacht das *Vincentsche Mycetom mit weißen Körnern* oder *Madurafuß*. In frischen Fällen erscheint die Haut wenig angegriffen und zeigt nur einige Fisteln. In alten Fällen beobachtet man auf der Hautoberfläche Knoten und Beulen. Der Tumor sitzt hauptsächlich am Fuß, entwickelt sich langsam und beeinflußt das Allgemeinbefinden wenig. Im Gegensatz zur obenerwähnten Aktinomykose werden die *Knochen nicht in Mitleidenschaft gezogen.* Das Aussehen der Körner auf Schnitten ist typisch und zeigt, daß die Vermehrung durch Sprossung sekundärer Körner auf der Oberfläche des ersten Kornes stattfindet.

VII. Pilz des Erythrasma (Actinomyces minutissimus).

Der Erreger des Erythrasma ist der Pilz *Actinomyces* (= *Microsporum*) *minutissimus* (Abb. 223), der wie die Pilze der Aktinomykosen zu der Gruppe der Mikrosiphoneen gehört. Sein Mycelium ist sehr zart und besitzt nur einen Durchmesser von 0,6—1,3 μ.

Abb. 223. *Actinomyces* (= *Microsporum*) *minutissimus, Erreger des Erythrasma, in einer Hautschuppe.* Blaufärbung nach SAHLI. In 1000facher Vergrößerung. (Nach G. DARIER.)

Das *Erythrasma* ist eine recht verbreitete, aber gutartige Hautmykose. Sie tritt in Form von scharf umrissenen, schwärzlichen oder bräunlichen Flecken in Erscheinung. Die Oberfläche dieser Flecken ist glatt, mehlig, leicht schuppig; der Juckreiz ist gering und die Dauer der Krankheit unbestimmt. Diese Dermatomykose ist besonders häufig bei Erwachsenen und sitzt gewöhnlich an den Falten des Unterleibes. Sie tritt einseitig oder doppelseitig auf und kann sich auf die Schamregion, die Innenfläche der Oberschenkel und das Scrotum erstrecken. Man beobachtet sie ferner in der Achselhöhle, den Brust- und Bauchfalten dicker Menschen. Die mikroskopische Untersuchung der Hautschuppen läßt die Mycelfäden dieses parasitischen Pilzes erkennen.

Zehnter Abschnitt.

Zwischenwirte und Reservewirte der Parasiten des Menschen.

Der Begriff des *Zwischenwirtes* ist im ersten Abschnitt des Allgemeinen Teils bereits näher definiert worden (S. 5). Zwischenwirte sind demnach Tiere, die bestimmte Larvenstadien (z. B. Finnen) der Parasiten beherbergen und ohne die der vollständige Entwicklungscyclus der in Betracht kommenden Parasiten nicht ablaufen kann.

Parasitenreservoire oder *Reservewirte* dagegen sind Tiere, die ebenso wie der Mensch die geschlechtsreifen Parasiten (gelegentlich auch andere Entwicklungsstadien) beherbergen. Die Reservewirte vertragen aber im allgemeinen den Befall mit Parasiten mehr oder weniger gut und sind daher für die Ausbreitung derselben von großer epidemiologischer Bedeutung.

I. Zwischenwirte.

Die tierischen Zwischenwirte der Parasiten des Menschen sind uns nicht direkt schädlich. Nichtsdestoweniger sind sie uns indirekt äußerst nachteilig; denn wenn es uns gelänge, sie zu vernichten, so wäre der Entwicklungscyclus der von ihnen beherbergten Parasiten unterbrochen und damit der Befall des Menschen unmöglich.

Vom pathologischen Standpunkt aus kann man die Zwischenwirte in zwei wohlunterschiedene Gruppen einteilen.

Zur ersten Gruppe gehören die blutsaugenden Arthropoden, die zugleich Überträger verschiedener pathogener Parasiten sind. Da sie die Erreger aktiv übertragen, bezeichnen wir sie als *aktive Zwischenwirte* oder *Krankheitsüberträger*.

Die zweite Gruppe setzt sich aus sehr verschiedenen Tieren zusammen. Es sind dies: Wirbeltiere, Schnecken und Arthropoden. Sie spielen immer eine passive Rolle insofern, als sie niemals den Menschen aktiv angehen. Letzterer infiziert sich, entweder indem er diese parasitierten Tiere zufällig oder absichtlich ganz oder teilweise genießt, oder durch Aufnahme freilebender Parasitenlarven, die vorher ihre Entwicklung in bestimmten Zwischenwirten dieser Gruppe durchlaufen haben. Im Gegensatz zu den obenerwähnten Überträgern nennt man diese Tiere *passive Zwischenwirte*.

1. Aktive Zwischenwirte oder Krankheitsüberträger.

Die aktiven Zwischenwirte oder Krankheitsüberträger sind zugleich temporäre und stationäre Parasiten. Denn einerseits saugen sie aus unserem Organismus das für ihre Ernährung nötige Blut, andererseits nehmen sie damit zugleich auch bestimmte pathogene Parasiten in sich auf, denen sie nacheinander als Zwischenwirte und Überträger dienen. Zu dieser Gruppe gehören die stechenden Insekten und Milben, über deren pathogene Bedeutung wir bereits mehrfach gesprochen haben.

Die einen Überträger impfen uns mit ihrem Rüssel die infektionsfähigen Stadien der Parasiten direkt ein. Auf diese Weise übertragen die *Malariamücken* (*Anopheles*) die Sporozoiten der Plasmodien[1] und die *Tsetsefliegen* (*Glossina*) die metacyclischen Trypanosomenstadien der Schlafkrankheit.

Andere Überträger legen im Augenblick des Stiches die Erreger einfach auf unsere Haut ab. So verlassen z. B. die Mikrofilarien die Rüsselscheide der *Stechmücken* (*Culex*) oder der *Bremsen* (*Chrysops*) und bohren sich dann aktiv durch die Haut.

---

[1] Da die Geschlechtsgeneration der Malariaerreger in der Mücke lebt, wird von einem Teil der Autoren *Anopheles* als Endwirt und der Mensch als Zwischenwirt bezeichnet.

Insekten als aktive Zwischenwirte oder Krankheitsüberträger.

Zwischenwirte und Überträger	Übertragene Parasiten	Krankheiten des Menschen	Art der Übertragung
Anopheles	Plasmodium	Malaria	Stich
Anopheles *Taeniorhynchus*	Wuchereria malayi	Malaiische Filariasis	,,
Anopheles quadrimaculatus *Aedes (Stegomyia) aegypti* *Culex pipiens pallens* *Culex taeniorhynchus*	Unbekannter Erreger	Japanische Sommer- encephalitis	,,
Culex taeniorhynchus *Culex pipiens* . . .	Unbekannter Erreger	Russische Sommer- encephalitis	,,
Culex, Aedes . . .	Wuchereria bancrofti	Bancroft-Filariasis	,,
	Filtrierbares Virus	Denguëfieber	,,
Aedes (Stegomyia) .	Filtrierbares Virus	Gelbfieber	,,
Phlebotomus papatasi usw.	Filtrierbares Virus	Pappatacifieber	,,
	Leishmania tropica	Orientbeule	,,
Phl. argentipes usw.	Leishmania donovani	Kala-Azar	,,
Phl. intermedius . .	Leishmania brasiliensis	Amerikanische Hautleishmaniase	,,
Phl. perniciosus . .	Leishmania infantum	Kinder-Kala-Azar	,,
Phl. noguchii usw. .	Bartonella bacilliformis	Verruga peruana	,,
Simulium avidum usw.	Onchocerca caecutiens	Amerikanische Onchocerkose	,,
S. damnosum . . .	Onchocerca volvulus	Afrik. Onchocerkose	,,
Chrysops silaceus . *Chr. dimidiatus* . .	Loa loa	Kamerun- schwellungen	,,
Chr. discalis	Pasteurella tularensis	Tularämie	,,
Glossina palpalis .	Trypanosoma gambiense	Schlafkrankheit	,,
G. morsitans	Trypanosoma rhodesiense	Schlafkrankheit	,,
Xenopsylla cheopis usw.	Pasteurella pestis	Pest	,,
	Rickettsia mooseri	Rattenfleckfieber	,,
Triatoma megista . *Rhodnius prolixus* .	Trypanosoma cruzi	Chagaskrankheit	Kot
Pediculus capitis . . *P. corporis*	Rickettsia prowazeki Rickettsia quintana	Flecktyphus Fünftagefieber	Stich u. Kot
	Spirochaeta recurrentis	Rückfallfieber	Zerquet- schung

Noch andere Überträger setzen mit ihren Exkrementen oder mit
den Ausscheidungen bestimmter Drüsen die pathogenen Parasiten auf
der Oberfläche unserer Haut ab. Auch diese Erreger dringen dann aktiv
durch die Haut ein. So übertragen die *Raubwanzen* (*Triatoma* oder
Rhodnius) durch ihren Kot die metacyclischen Trypanosomenstadien
der Chagaskrankheit auf Menschen. Durch die Ausscheidungen ihrer
Coxaldrüsen infizieren uns verschiedene *Lederzecken* der Gattung *Ornitho-*
dorus mit den metacyclischen Spirochäten des Zeckenrückfallfiebers.

Milben als aktive Zwischenwirte oder Krankheitsüberträger.

Zwischenwirte und Überträger	Übertragene Parasiten	Krankheiten des Menschen	Art der Übertragung
Ixodes holocyclus usw.		Zeckenparalyse	Stich
Rhipicephalus simus usw.	Rickettsia pijperi	Zeckenbißfieber	,,
R. sanguineus . . .	Rickettsia conori	Exanthematisches Zeckenfieber	,,
Rhipicephalus sanguineus *Haemaphysalis humerosa*	Rickettsia burneti	Australisches Q-Fieber	,,
Dermacentor andersoni	Rickettsia burneti (= R. diaporica)	Amerikanisches Q-Fieber	,,
	Rickettsia rickettsi	Felsengebirgsfieber	,,
	Pasteurella tularensis	Tularämie	,,
	Rickettsia?	Colorado-Fieber	,,
Dermacentor nuttalli	Rickettsia?	Zeckenfleckfieber	,,
Dermacentor silvarum *Ixodes persulcatus* *Haemaphysalis concinna*	Unbekannter Erreger	Taigaencephalitis	,,
Amblyomna cayennense	Rickettsia rickettsi	Fleckfieber von Kolumbien	,,
	Rickettsia rickettsi (= R. brasiliensis)	Fleckfieber von São-Paulo	,,
Amblyomma americanum	Rickettsia?	Bullis-Fieber	,,
Ornithodorus moubata usw.	Spirochaeta duttoni	Afrikanisches Rückfallfieber	Coxalflüssigkeit
O. venezuelensis usw.	Spirochaeta venezuelensis	Südamerikanisches Rückfallfieber	,,
O. erraticus	Spirochaeta hispanica	Spanisches Rückfallfieber	,,
O. turicata	Spirochaeta turicatae	Nordamerikanisch. Rückfallfieber	,,
O. tholozani	Spirochaeta persica	Rückfallfieber Zentralasiens	,,
Thrombicula akamushi usw.	Rickettsia orientalis	Japan. Flußfieber	Stich

Endlich bilden einige Insekten wie die *Läuse*[1] gewissermaßen den Übergang zwischen den aktiven und den passiven Zwischenwirten. Weder impfen sie direkt die metacyclischen Spirochäten des Kosmopolitischen Rückfallfiebers in uns ein, noch legen sie die Parasiten auf unser Integument ab. Die in Frage kommenden Spirochäten werden

---

[1] Die Erreger des Fleckfiebers (*Rickettsia provazeki*) werden sowohl durch den Stich als auch durch den Kot und den Leibesinhalt zerquetschter *Läuse* übertragen.

vielmehr erst durch eine Verletzung der Laus frei und können erst dann die Leibeshöhle des Insekts, worin sie eingeschlossen sind, verlassen oder gelangen auf die Haut, indem das ganze Insekt zerdrückt wird.

Wir stellen nun zwei Listen dieser Zwischenwirte (*Insekten*, S. 276, *Milben*, S. 277) auf und geben die Parasiten an, die sie beherbergen, und die Krankheiten, die sie übertragen.

2. Passive Zwischenwirte.

Die Zwischenwirte, von denen wir soeben gesprochen haben, übertragen aktiv die von ihnen beherbergten Parasiten oder legen sie auf

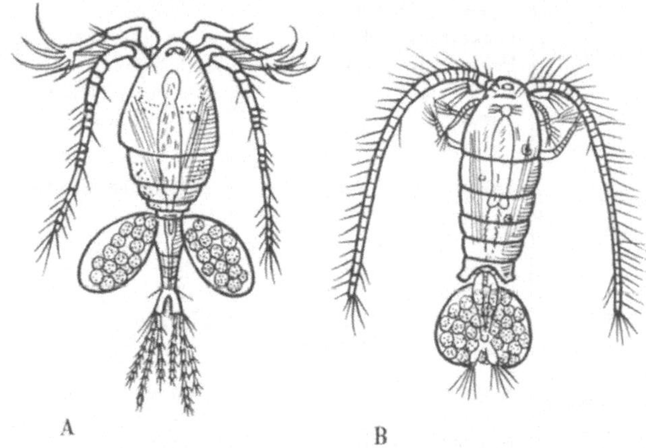

Abb. 224. *Weibliche Hüpferlinge.* A) *Cyclops coronatus*, Zwischenwirt vom *Medinawurm* (*Dracunculus medinensis*); B) *Diaptomus*, ein erster Zwischenwirt vom *Fischbandwurm* (*Diphyllobothrium latum*).

die Oberfläche der Haut ab. Die passiven Zwischenwirte verhalten sich völlig anders. Auch sie beherbergen in ihren Organen oder Geweben die Parasitenlarven, aber sie übertragen sie nicht direkt auf den Menschen. Außerdem gehören sie den verschiedensten Tierklassen an.

Säugetiere (Mammalia), Fische (Pisces), Insekten (Insecta), Krebse (Crustacea). Die Art, wie der Mensch durch Säugetiere, Fische, Insekten oder Krebse infiziert wird, ist sehr verschieden. Er kann unfreiwillig mit Lebensmitteln oder mit dem Trinkwasser ein *Insekt* oder einen sehr kleinen Krebs verschlucken, z. B. einen *Hüpferling (Cyclops)* (Abb. 224A), der mit den Larven des Medinawurmes infiziert ist. Das Fleisch von *Säugetieren*, das der Mensch genießt, kann Finnen und Trichinen enthalten. Als zweite Zwischenwirte können *Fische* (Abb. 225 und 226) Plerocercoide vom Fischbandwurm und Metacercarien vom Chinesischen und Katzenleberegel beherbergen und *Krebse* (Abb. 227)

Metacercarien vom Lungenegel. Die Fische und Krebse stellen in diesen Fällen Hilfs- oder Transportwirte dar.

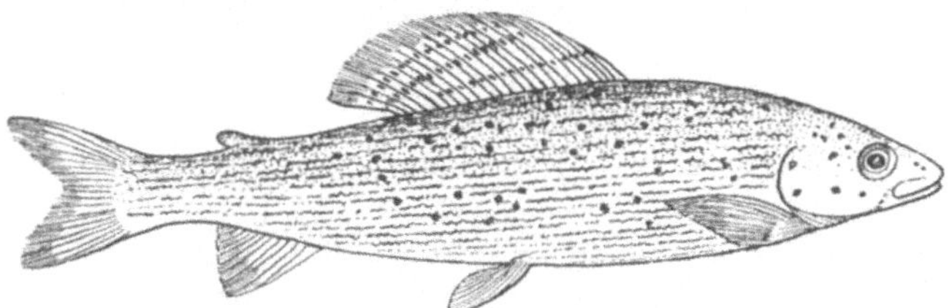

Abb. 225. *Äsche* (*Thymallus vulgaris*), ein zweiter Zwischenwirt vom *Fischbandwurm* (*Diphyllobothrium latum*).

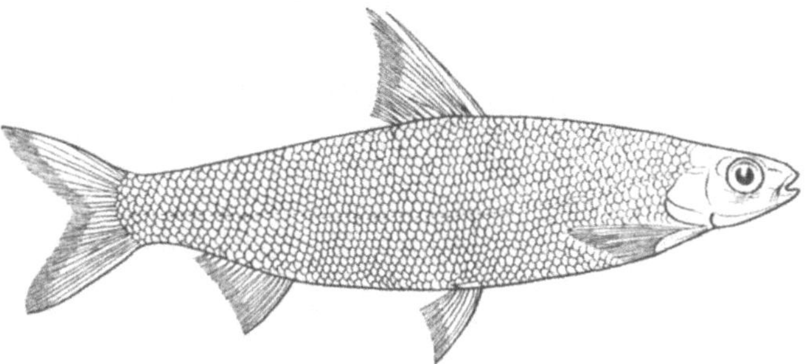

Abb. 226. *Xenocypris davidi*, ein zweiter Zwischenwirt vom *Chinesischen Leberegel* [*Opisthorchis* (= *Clonorchis*) *sinensis*].

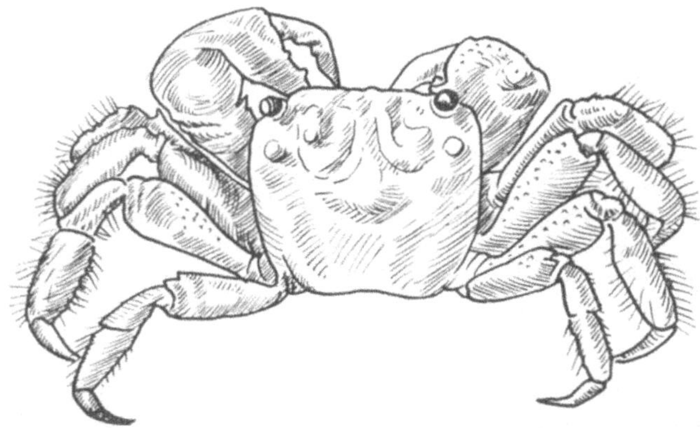

Abb. 227. Die *Süßwasserkrabbe Sesarma dehaani*, ein zweiter Zwischenwirt vom *Lungenegel* (*Paragonimus ringeri*).

Die folgende Tabelle bringt eine Aufzählung der Zwischenwirte, die zu dieser Gruppe gehören (S. 280).

Schnecken (Gastropoda). Als Zwischenwirte für Trematodenlarven dienen immer Schnecken. Der Mensch infiziert sich auf mehr indirekte Weise mit den Cercarien. Man beobachtet bei den Schnecken nicht nur

Säugetiere, Fische, Insekten und Krebse als passive Zwischenwirte.

Zoologische Gruppe	Zwischenwirte	Übertragene Parasiten	Stadium des Parasiten im Zwischenwirt	Krankheiten des Menschen	Art der Übertragung
Säugetiere	Verschiedene *Rinderarten*	Rinderbandwurm	Finnen	Täniose	Mit der Nahrung
	Schwein, Mensch	Schweinebandwurm	Finnen	Täniose Cysticercose	
	Schwein, Ratte, Fuchs, Mensch	Trichine	Muskeltrichinen	Trichinose	
	Rind, Schaf, Schwein, Mensch	Hundewurm	Hydatiden	Echinokokkenkrankheit	
Fische	*Hecht, Quappe, Barsch* und *Salmoniden* usw.	Fischbandwurm	Plerocercoide (2. Finnenstadium)	Diphyllobothriose	Mit der Nahrung
	Schleie, Tapar, Plötz und andere *Weißfische*	Chinesischer Leberegel, Katzenleberegel	Encystierte Metacercarien	Opisthorchiasis der Leber	
Insekten	*Hundehaarling, Hunde-* und *Menschenfloh*	Gurkenkernbandwurm	Cysticercoide	Täniose	Mit verschmutzter Nahrung
Krebse	*Süßwasserkrabben, Japanische Wollhandkrabbe*	Lungenegel	Encystierte Metacercarien	Paragonimiasis	Mit der Nahrung
	Hüpferlinge (*Cyclops*)	Medinawurm	Larven	Draconculose	Trinkwasser
	Hüpferlinge (*Cyclops strenuus, Diaptomus gracilis* usw.)	Fischbandwurm	Procercoide (1. Finnenstadium)	Diphyllobothriose	Die Procercoide entwickeln sich in Fischen zu infektionsfähigen Plerocercoiden

Sporocysten und Redien, d. h. Larvenformen, die sich niemals im
menschlichen Organismus weiterentwickeln können, sondern auch infektionsfähige Cercarien. Die fertig entwickelten Cercarien verlassen
normalerweise die Schnecke und infizieren dann den Menschen, sei es aktiv,
wie z. B. die Cercarien der Bilharzien, die durch die Haut eindringen, sei es
passiv, indem der Mensch sie verschluckt. Letzteres geschieht entweder,
nachdem sich die Cercarien im Freien encystiert haben, oder nachdem sie
in einen zweiten Zwischenwirt oder Hilfswirt, einen Fisch oder einen
Krebs, eingedrungen sind und sich dort zu Metacercarien entwickelt haben.

Die *Schnecken* oder *Gastropoden*, die den Trematoden des Menschen als Zwischenwirte dienen, kommen auf dem Lande oder im Süßwasser vor. Sie gehören zwei verschiedenen Ordnungen an:

1. Die *Pulmonaten* oder *Lungenschnecken* (*Pulmonata*) sind Hermaphroditen oder Zwitter, ihre Mantelhöhle ist in eine Lunge umgewandelt, und ihre Schale ist ungedeckelt.

2. Die *Prosobranchier* oder *Vorderkiemer* (*Prosobranchia*) haben Kiemen und eine mit Deckel versehene Schale und sind getrenntgeschlechtlich.

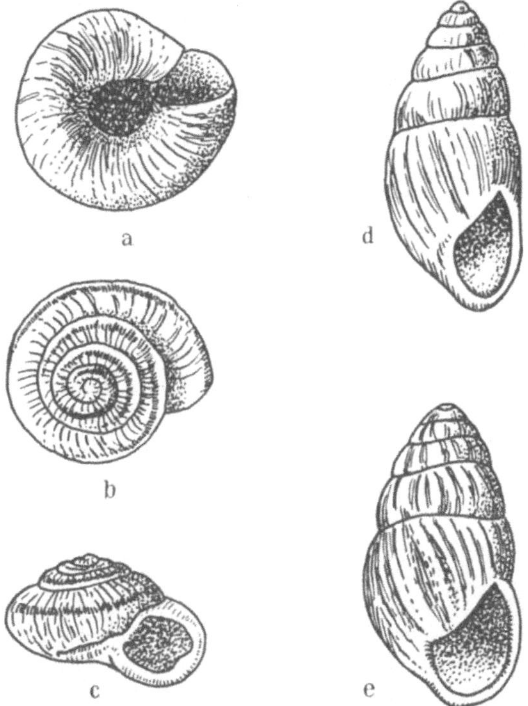

Abb. 228. *Zwischenwirte vom Kleinen Leberegel* (*Dicrocoelium dendriticum*): a, b, c) *Heideschnirkelschnecke* (*Helicella candidula*); d und e) *Turmschnecke* (*Zebrina detrita*), d) aus Tirol, e) aus Thüringen. (Nach H. VOGEL.)

Lungenschnecken (Pulmonata). Von Bedeutung für die menschliche Parasitologie sind 7 wichtige Gattungen, die man leicht an ihrem Vorkommen und an der Gestalt ihres Gehäuses erkennen kann. Die einen sind Land-, die anderen Wasserschnecken. Die Schale ist bald *eiförmig*, bald *scheibenförmig* und mehr oder weniger abgeflacht. Bald windet sie sich nach rechts wie bei der Weinbergschnecke, man nennt sie dann *rechtsgewunden*, bald zeigt sie Linkswindungen und heißt dann *linksgewunden*.

Die 7 Gattungen unterscheiden sich folgendermaßen:

Auf der Erde lebend
- *scheibenförmige, rechtsgewundene* Schale . . *Heideschnirkelschnecke (Helicella)*
- *kegelförmige, rechtsgewundene* Schale . . . *Turmschnecke (Zebrina)*

Im Süßwasser lebend
- *eiförmige* Schale
  - *rechtsgewunden* . . . . *Schlammschnecke (Limnaea)*
  - *linksgewunden*
    - *kugelförmig od. länglich* . . *Bullinus (= Bulinus)*
    - *sehr bauchig* . *Physopsis*
- *scheibenförmige, rechtsgewundene* Schale
  - *abgerundet* . . *Tellerschnecke (Planorbis)*
  - *abgeplattet* . . *Segmentina*

Die *Heideschnirkelschnecke (Helicella)* (Abb. 146a u. b und 228a—c) ähnelt sehr kleinen Weinbergschnecken. Wie die letzteren sind es pflanzenfressende Landschnecken, die auf der ganzen Erde sehr verbreitet sind.

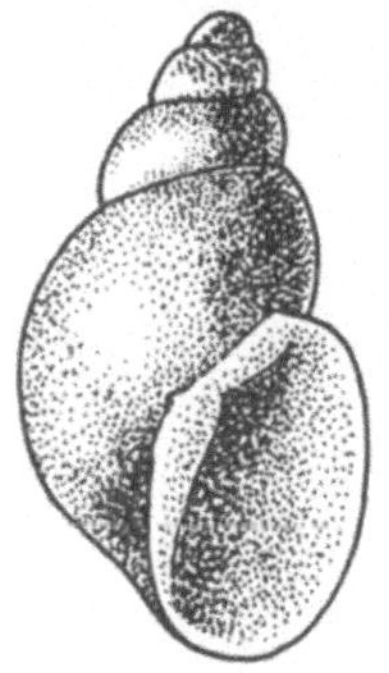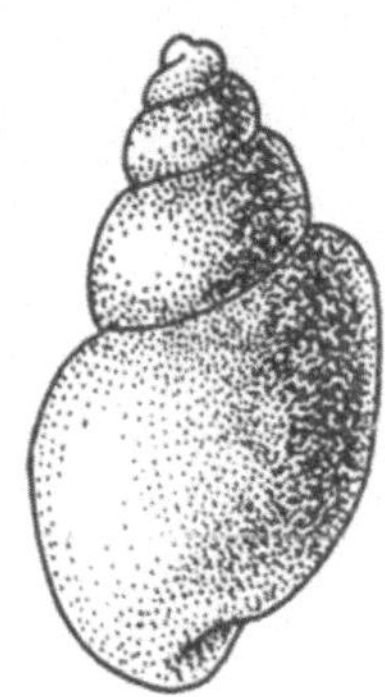

Abb. 229. *Kleine Schlammschnecke (Limnaea truncatula)* in 5facher Vergrößerung. Zwischenwirt vom *Großen Leberegel (Fasciola hepatica)*.

Die *Turmschnecke (Zebrina)* (Abb. 146c u. 228d, e) ist ebenfalls sehr verbreitet. Es sind Landschnecken mit länglicher, kegelförmiger Schale, die auf der Oberfläche mehr oder weniger deutlich zebraartig gestreift sind.

Die *Schlammschnecken (Limnaea)* (Abb. 229) findet man sehr zahlreich in süßen, besonders stehenden Gewässern, obgleich manche Arten sich gern in fließendem Wasser aufhalten. Sie können sich noch in einer Höhe von 5500 m entwickeln, z. B. trifft man sie auf den Hochflächen Tibets an. Sie ernähren sich hauptsächlich von pflanzlichen, manchmal sogar von tierischen Stoffen und können Gegenstände, die mit Algen bedeckt sind, vollständig abschaben. Die Schlammschnecken sind *ovipar* und heften ihre eiförmigen und durchsichtigen Eier, den sog. Laich, an Wasserpflanzen oder schwimmende Gegenstände. Die Eier bilden eine schleimige, durchsichtige Masse. Im Frühling und sogar einen Teil des Sommers hindurch findet die Eiablage statt.

Die Arten der Gattung *Bullinus (= Bulinus)* (Abb. 230) bewohnen das Süßwasser und können nicht im Trockenen leben. Sie bewegen sich langsam und heften sich fest an ihren jeweiligen Stützpunkt. Sie sind Pflanzenfresser und *ovipar*. Die Eier werden auf Steinen, Blättern und Gehäusen ihrer eigenen Art oder anderer Schnecken abgelegt. Der Laich ist kreisförmig, flach und enthält nur eine Lage Eier. Die geographische Verbreitung dieser Schnecken ist sehr ausgedehnt.

Die Gattung *Physopsis* ist wie die Gattung *Bullinus* (= *Bulinus*)
Süßwasserbewohner. Die uns interessierenden Arten sind in fast ganz
Südafrika, einem großen Teil Ostafrikas und im Kongobecken ver-
breitet.

Die *Tellerschnecken* (*Planorbis*) (Abb. 143 u. 231) leben in Sümpfen,
Teichen, Bächen und Flüssen. Sie lieben ruhige, klare oder auch sumpfige

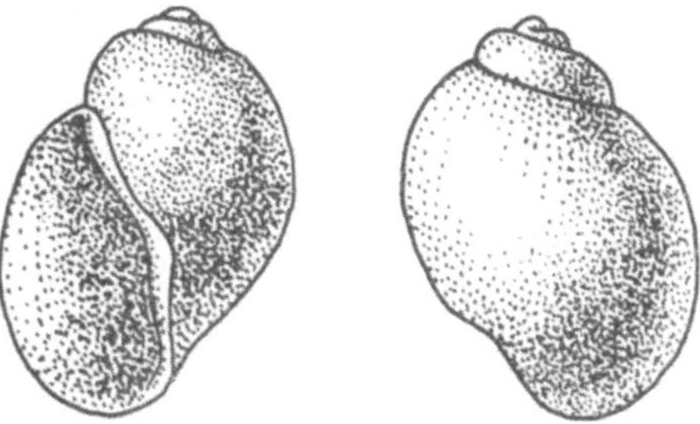

Abb. 230. *Bullinus* (= *Bulinus*) *contortus* (= *B. truncatus*) in 4facher Vergrößerung. Zwischenwirt vom *Blasenpärchenegel* (*Schistosoma haematobium*).

Gewässer und leben zwischen den Wasserpflanzen, von denen sie sich
ernähren. Man beobachtet sie oft am Ufer des Wassers und findet sie
in Mengen in den Wasserbecken öffentlicher Gärten in tropischen
Städten. Einige Arten sind verhältnismäßig groß. Diese Schnecken sind
ovipar und heften ihre kugel- oder eiförmigen, durchsichtigen und in
kleinen hornartigen Kapseln vereinigten Eier an Wasserpflanzen oder

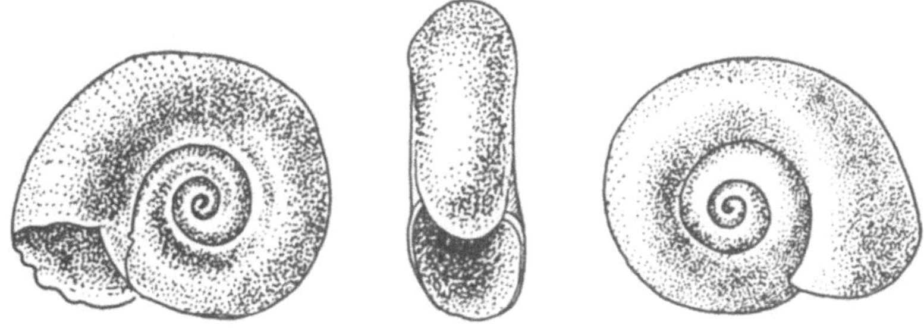

Abb. 231. *Tellerschnecke* (*Planorbis boissyi*) in 2,5facher Vergrößerung. Zwischenwirt vom *Darmpärchenegel* (*Schistosoma mansoni*).

Kieselsteine. Die Tellerschnecken sind überall im Süßwasser auf der
ganzen Erde verbreitet, außer in den Polargegenden.

Die Arten der Gattung *Segmentina* leben wie die Tellerschnecken
im Süßwasser, vorzugsweise in klaren, reinen Gewässern zwischen
Wasserpflanzen.

Vorderkiemer (Prosobranchia). Die Prosobranchier, die den
Mediziner interessieren, gehören drei Gattungen an, die sich auf drei

verschiedene Familien verteilen. Es sind die drei Gattungen: *Bithynia*, *Oncomelania* und *Melania*.

Dünne, ungefähr kegelförmige Schale, *kalkartiger* Deckel . . . . *Sumpfdeckelschnecke (Bithynia)*

In die Länge gestreckte kegelförmige Schale, *hornartiger* Deckel

- kleine Arten, Schalenöffnung mit verdicktem Rand . . *Oncomelania*
- größere Arten, Schalenöffnung mit dünnem Rand *Kronenschnecke (Melania)*

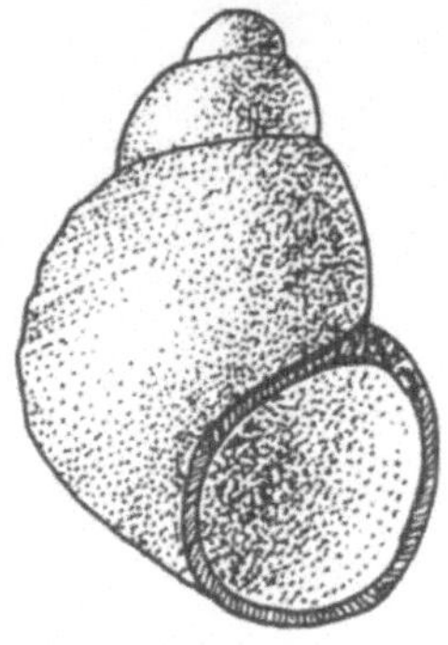
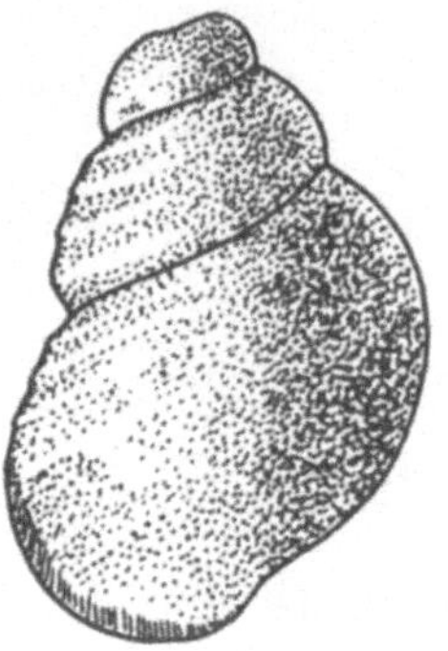

Abb. 232. *Japanische Sumpfdeckelschnecke (Bithynia striatula japonica)* in 5facher Vergrößerung. Erster Zwischenwirt vom *Chinesischen Leberegel [Opisthorchis (= Clonorchis) sinensis]*.

Die *kleinen Sumpfdeckelschnecken* der Gattung *Bithynia* (Abb. 232) sind Pflanzenfresser und leben außerordentlich häufig in Tümpeln, Flüssen und Bächen. Diese Schnecken kriechen auf Steine oder Pflanzen, die vom Wasser überspült sind. Sie besitzen die Fähigkeit, einen schleimigen Faden auszuscheiden, der zwischen dem halbgeöffneten Deckel und dem Rand des Mundfeldes austritt und ihnen die Möglichkeit gibt, sich an Wasserpflanzen zu hängen. Die Sumpfdeckelschnekken der Gattung *Bithynia* sind *ovipar* und heften ihre kleinen, durchsichtigen und kugelförmigen Eier an schwimmende Gegenstände.

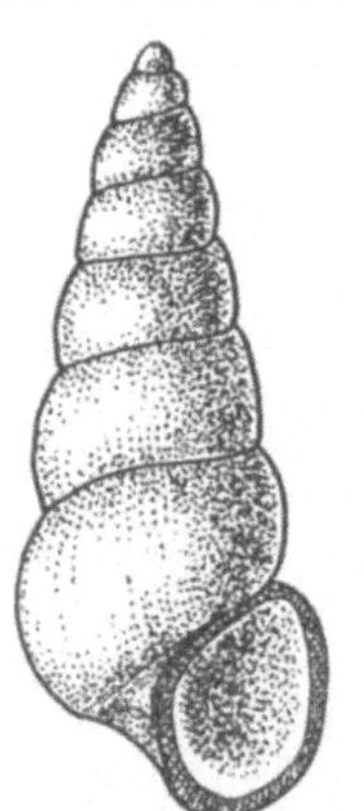
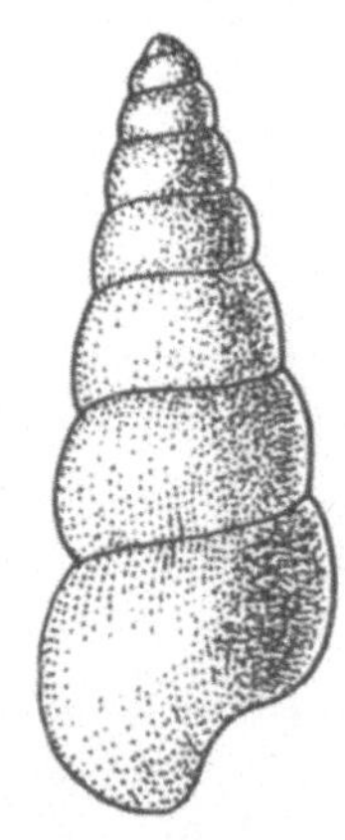

Abb. 233. *Oncomelania nosophora*, Zwischenwirt vom *Japanischen Pärchenegel (Schistosoma japonicum)*. In 6,25facher Vergrößerung.

Die Arten der Gattung *Oncomelania* (Abb. 233) sind kleine chinesische und japanische Schnecken, die in Mengen zwischen dem Schilf und dem Riedgras (*Carex*), auf den Steinen und Felsen klarer oder sumpfiger Gewässer leben. Diese Schnecken halten sich meist an der Oberfläche des Wassers auf. Sie haben zwar keine amphibische Lebensweise, verlassen aber gern das Wasser und besitzen eine große Widerstandskraft gegen Trockenheit. Man findet sie nicht selten auf der Rinde von Bäumen, die am Ufer von Flüssen und Seen wachsen.

Die *Kronenschnecken* der Gattung *Melania* (Abb. 234) sind überall im Süßwasser in den warmen Ländern verbreitet. Sie leben dort bisweilen außerordentlich zahlreich. Die Kronenschnecken sind *vivipar*.

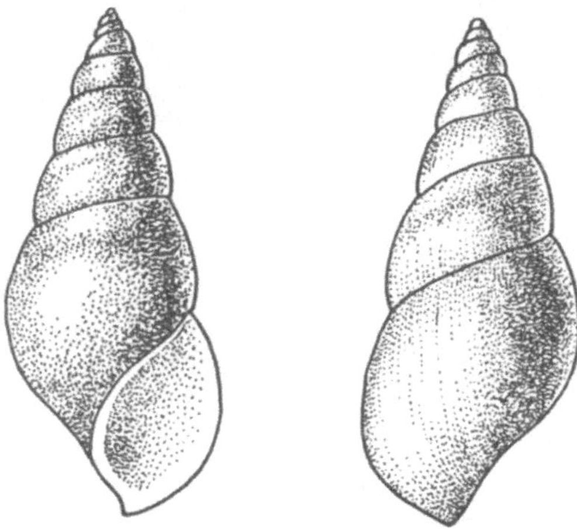

Abb. 234. *Kronenschnecke* (*Melania libertina*). Erster Zwischenwirt vom *Lungenegel* (*Paragonimus ringeri*). In 3,5facher Vergrößerung.

Im allgemeinen entwickelt sich jede Trematoderspecies bei Schneckenarten, die zur gleichen oder wenigstens verwandten Gattung innerhalb einer Familie gehören.

Mit Ausnahme vom *Japanischen Pärchenegel* (*Schistosoma japonicum*), dessen Larven bei Prosobranchiern leben, kann man sagen, daß die im Menschen parasitierenden Trematoden, die nur einen Zwischenwirt haben, sich bei Pulmonaten, diejenigen aber mit zwei aufeinanderfolgenden Zwischenwirten sich bei Prosobranchiern entwickeln.

Untenstehende Tabelle (S. 286) enthält eine Aufzählung der hauptsächlichsten Schneckenarten, die Zwischenwirte der beim Menschen beobachteten Trematodenarten sind.

II. Reservewirte.

Wir haben weiter oben (S. 274) definiert, welche Tiere als Parasitenreservoire oder Reservewirte bezeichnet werden. Während die Zwischenwirte für die Entwicklung bestimmter Parasiten notwendig sind, sind es die Parasitenreservoire nicht. Sie sind, mit anderen Worten, für die von ihnen beherbergten pathogenen Parasiten nicht unbedingt nötig.

Schnecken als passive Zwischenwirte.

Zoolo-gische Gruppe	Zwischenwirte	Übertragene Parasiten	Krankheiten des Menschen	Art der Übertragung
Lungenschnecken oder Pulmonaten	*Planorbis coenosus* *Segmentina hemi-sphaerula* usw.	Fasciolopsis	Darmegel-krankheit	Infektion mit an Wasserpflanzen encystierten Metacercarien oder mit Trinkwasser
	Limnaea truncatula usw.	Fasciola	Leberegel-krankheit	
	Zebrina dedrita *Helicella candidula, itala* u. *ericetorum*	Dicrocoelium	Leberegel-krankheit	Infektion mit den an Gräsern haftenden Cercarien-Schleim-klumpen
	Limnaea stagnalis	Tricho-bilharzia	Dermatitis der Schwimmer	Aktive Einbohrung der Cercarien in die Haut
	Bullinus (= *Buli-nus*) *contortus* (= *B. truncatus*) *Physopsis africana* *Planorbis metidjen-sis dufouri* usw.	Schistosoma hämatobium	Blasen- oder Urogenital-bilharziose	Desgl.
	Physopsis africana	Sch. inter-calatum	Darm-bilharziose	Desgl.
	Planorbis boissyi *P. olivaceus* *P. centimetralis* *P. guadelupensis* usw.	Sch. mansoni		
Kiemenschnecken oder Proso-branchier	*Oncomelania noso-phora* *O. formosana* *O. hupensis*	Sch. japoni-cum	Katayama-krankheit	Desgl.
	Bithynia striatula japonica usw. *B. leachi*	Opisthorchis sinensis O. tenuicollis	Opisthor-chiasis der Leber	Infektion durch das Verspeisen roher Fische, die die encystierten Metacercarien enthalten
	Melania libertina *M. paucicincta* *M. extensa* *M. obliquegranosa* *M. tuberculata* usw.	Paragonimus	Lungenegel-krankheit	Infektion durch das Verspeisen roher Süßwasserkrebse, die die encystierten Metacer-carien enthalten

Die meisten bisher bekannten Parasitenreservoire sind *Säugetiere*[1]. Diese Tiere gewinnen täglich an Bedeutung für die menschliche Parasitologie. Wir erinnern nur an die Rolle dieser Tiere für die Ätiologie

---

[1] Einige wild lebende Vögel sind ebenfalls Parasitenreservoire, und zwar beherbergen sie *Pasteurella tularensis*, den Erreger der Tularämie.

Säugetiere als Reservewirte von Krankheitserregern. (Fortsetzung S. 288.)

Säugetiere	Erreger	Krankheit des Menschen	Übertragungsweise
Löwenäffchen (*Leontocebus geoffroyi*)	Spirochaeta venezuelensis	Südamerikanisches Rückfallfieber	Coxalflüssigkeit u. Stich von Ornithodorus venezuelensis und talaje
Zahlreiche *Nagetiere*; vor allem *Murmeltiere* (*Marmota*), *Ziesel* (*Spermophilus*); bes. *Hausratte* (*Epimys rattus*) und *Wanderratte* (*Epimys norvegicus*)	Pasteurella pestis	Pest	Flohstiche
Hausratte (*Epimys rattus*) und *Wanderratte* (*Epimys norvegicus*)	Leptospira icterohaemorrhagiae	WEILsche Krankheit	Biß und Urin
	Spirochaeta duttoni	Afrikanisches Rückfallfieber	Coxalflüssigkeit von Ornithodorus moubata
	Spirillum morsusmuris	Rattenbißkrankheit	Biß
	Rickettsia mooseri	Rattenfleckfieber	Stich von Flöhen und and. Insekten
Hausmaus (*Mus musculus*)	Leptospira icterohaemorrhagiae	WEILsche Krankheit	Biß und Urin
	Spirochaeta duttoni	Afrikanisches Rückfallfieber	Coxalflüssigkeit von Ornithodorus moubata
Japanische Wühlmaus (*Microtus montebelloi*)	Leptospira icterohaemorrhagiae	WEILsche Krankheit	Biß und Urin
	Leptospira hebdomadis	7-Tage-Fieber	Biß
	Spirillum morsusmuris	Rattenbißkrankheit	Biß
	Rickettsia orientalis	Japanisches Flußfieber	Milben- (Trombicula-) Stich
Feldmaus (*Microtus arvalis*)	Leptospira grippotyphosa	Feldfieber	Unbekannt
Eichhörnchen (*Sciurus vulgaris*)	Spirillum morsusmuris	Rattenbißkrankheit	Biß
Backenhörnchen (*Eutamias spec.*)	Spirochaeta turicatae	Nordamerikan. Rückfallfieber	Coxalflüssigkeit u. Stich von Ornithodorus turicata

Säugetiere als Reservewirte von Krankheitserregern. (Fortsetzung von S. 287.)

Säugetiere	Erreger	Krankheit des Menschen	Übertragungsweise
Kalifornisches Ziesel (Otospermophilus bee-cheyi); Amerikan. Ka-ninchen (Sylvilagus nut-talli); Präriehase (Le-pus campestris); Nord-amerikan. Murmeltier (Marmota flaviventer); Bisamratte (Fiber zibe-thicus)	Pasteurella tularensis	Tularämie	Stich von Chrysops oder Dermacentor; direkte Kontakt-infektion
Pestratten (Nesocia); Brandmäuse (Apodemus) usw.	Leptospira ictero-haemorrhagiae	WEILsche Krankheit	Biß und Urin
Indische Pestratte (Nesocia bengalensis)	Spirillum morsus-muris	Rattenbiß-krankheit	Biß
Feldspitzmaus (Crocidura stampflii)	Spirochaeta duttoni	Afrikanisches Rückfallfieber	Coxalflüssigkeit von Ornithodorus moubata
Haushund (Canis familiaris)	Leishmania infantum Leptospira ictero-haemorrhagiae Spirillum morsus-muris	Kinder-Kala-Azar WEILsche Krankheit Rattenbiß-krankheit	Phlebotomus-Stich Biß und Urin Biß
Junge Hunde (Canis familiaris)	Rickettsia conori	Mittelmeer-fleckfieber	Stich von Rhipicephalus sanguineus
Fuchs (Vulpes vulpes)	Leptospira ictero-haemorrhagiae	WEILsche Krankheit	Biß und Urin
Katze (Felis catus); Iltis (Putorius putorius)	Spirillum morsus-muris	Rattenbiß-krankheit	Biß
Ferkel und zahlreiche wild lebende *Säugetiere*	Spirochaeta hispanica	Spanisches und nordafrikanisches Rückfallfieber	Coxalflüssigkeit von Ornithodorus erraticus
Verschiedene *Gürteltiere (Dasypus)*	Trypanosoma cruzi	Chagaskrankheit	Kot von Triatoma und Rhodnius
Neungürteliges Gürtel-tier (Dasypus novem-cinctus)	Spirochaeta venezuelensis	Süd-amerikanisches Rückfallfieber	Coxalflüssigkeit u. Stich von Ornitho-dorus venezuelensis
Großohr-Opossum (Di-delphys aurita) und andere *Didelphys*-Arten	Trypanosoma cruzi	Chagaskrankheit	Kot von Triatoma und Rhodnius
Große Beutelratte (Di-delphys marsupialis)	Spirochaeta venezuelensis	Süd-amerikanisches Rückfallfieber	Coxalflüssigkeit von Ornithodorus venezuelensis

und Epidemiologie nicht nur der Pest, sondern auch einer Reihe anderer Krankheiten, deren Kenntnis jüngeren Datums ist, wie z. B. Rattenbiß-krankheit, WEILsche Krankheit, Kinder-Kala-Azar, Rückfallfieber usw.

Die Säugetiere, die Parasitenreservoire darstellen, gehören den verschiedensten Ordnungen an, aber von größter Bedeutung unter ihnen sind die *Nagetiere*[1]. Denn nicht nur eine große Anzahl von Nagetierarten beherbergt Parasiten, die für den Menschen pathogen sind, sondern die Nager übertragen auf uns auch sehr viele verschiedene Erregerarten.

Wir geben hier eine Liste der hauptsächlichen Reservewirte und der pathogenen Schmarotzer, die jene verbreiten können (S. 287 u. 288).

---

[1] KRUMBIEGEL, I.: Eurasische Mäuse als Seuchenüberträger, ihre Verbreitung und geomedizinische Bedeutung. Beitr. z. Hyg. u. Epidem. H. 3. Leipzig 1948.

Wichtigstes parasitologisches Schrifttum.

1. Lehrbücher und Handbücher.

BACH, F. W., u. J. ZSCHUCKE: Die mikroskopische Diagnostik der wichtigsten Tropenkrankheiten. Leverkusen 1926.

BAYER: Kurze mikroskopische und chemische Diagnostik für die tropenärztliche Praxis. Leverkusen 1940.

BAYLIS, H. A.: A Manual of Helminthology, Medical and Veterinary. London 1929.

BELDING, D. C.: Textbook of Clinical Parasitology including Laboratory Ident f cation and Technic. New York 1942.

BLACKBLOCK, D. B., and T. SOUTHWELL: A guide to Human Parasitology. 4. Aufl. London 1945.

BRAUN, H.: Parasitische Würmer als Krankheitsursachen. Stuttgart 1942.

BRAUN, M., u. O. SEIFERT: Die tierischen Parasiten des Menschen. 1. Teil, M. BRAUN: Naturgeschichte der tierischen Parasiten des Menschen. 6. Aufl. Leipzig 1925. 2. Teil, O. SEIFERT: Klinik und Therapie der tierischen Parasiten des Menschen. 3. Aufl. Leipzig 1926.

BRERA, V. L.: Medizinisch-praktische Vorlesungen über die vornehmsten Eingeweidewürmer des menschlichen lebenden Körpers und die sogenannten Wurmkrankheiten. Übersetzt und mit Zusätzen versehen von F. A. WEBER. Leipzig 1803.

BRUMPT, E.: Précis de parasitologie. 6. Aufl. 2 Bände. Paris 1949.

CASTELLANI, A., and A. J. CHALMERS: A Manual of Tropical Medicine. 3. Aufl. London 1929.

CHANDLER, A. C.: Introduction to Parasitology. 8. Aufl. New York 1949.

CRAIG, C. F.: Laboratory Diagnosis of Protozoan Diseases. 2. Aufl. Philadelphia 1948.

CRAIG, C. F., and E. C. FAUST: Clinical Parasitology. 4. Aufl. Philadelphia 1945.

DOFLEIN, F., u. E. REICHENOW: Lehrbuch der Protozoenkunde. 6. Aufl. Jena 1949.

ENSER, K.: Grundlagen der medizinischen Zoologie. Wien 1950.

FAUST, E. C.: Human Helminthology. 3. Aufl. Philadelphia 1949.

FIEBIGER, J.: Die tierischen Parasiten der Haus- und Nutztiere, sowie des Menschen. 4. Aufl. Berlin und Wien 1947.

GOEZE, J. A. E.: Versuch einer Naturgeschichte der Eingeweidewürmer thierischer Körper. Blankenburg 1782.

GUNDEL, M.: Die ansteckenden Krankheiten. 4. Aufl. Stuttgart 1950.

HOARE, C. A.: Medical Protozoology. London 1950.

HORANT, H.: Parasitologie médicale. Paris 1939.

JOYEUX et SICÉ: Précis de Médecine Coloniale. 2. Aufl. Paris 1937.

KEMKES, B.: Leitfaden der medizinischen Mikrobiologie und Parasitologie. Berlin 1948.

KEMPER, H.: Die Haus- und Gesundheitsschädlinge und ihre Bekämpfung. 2. Aufl. Berlin u. München 1950.

KOEGEL, A.: Das Ungeziefer. Stuttgart 1925.

— Die wichtigsten gesundheitsschädlichen Würmer der landwirtschaftlichen Nutztiere in Deutschland. Stuttgart 1925.

— Die wichtigsten durch Protozoen verursachten Nutztierkrankheiten in Deutschland. Stuttgart 1926.

KOEGEL, A.: Nutztierparasitologie für Tierärzte, Landwirte und Nutztierhalter.
1. Band. Stuttgart 1950.

KOLLE, W., u. H. HETSCH: Experimentelle Bakteriologie und Infektionskrankheiten.
9. Aufl. Berlin und Wien 1942.

— u. A. v. WASSERMANN: Handbuch der pathogenen Mikroorganismen. 3. Aufl.
von W. KOLLE, R. KRAUS und P. UHLENHUTH. Jena, Berlin und Wien
1929/31.

KREIS, H. A.: Kompendium der parasitischen Würmer. Basel 1947.

LACHENSCHMID, B.: Praktikum der tierärztlichen Schlachtvieh- und Fleischbeschau.
2. Aufl. Stuttgart 1940.

LANGERON, M.: Précis de Microscopie. 6. Aufl. Paris 1941.

LANGERON, M., et M. RONDEAU DU NOYER: Coprologie microscopique. 2. Aufl.
Paris 1930.

LEUCKART, R.: Die Parasiten des Menschen und die von ihnen herrührenden
Krankheiten. Leipzig 1879/86.

MACKIE, T. T., G. W. HUNTER and C. B. WORTH: A Manual of Tropical Medicine.
Philadelphia u. London 1945.

MANSON-BAHR, P. H.: Manson's Tropical Diseases. 12. Aufl. Baltimore 1945.

MARTINI, E.: Lehrbuch der medizinischen Entomologie. 3. Aufl. Jena 1946.

MATHESON, R.: Medical Entomology. 2. Aufl. Ithaca, New York 1950.

MAYER, M.: Exotische Krankheiten. 2. Aufl. Berlin 1929.

MENSE, C.: Handbuch der Tropenkrankheiten. 4. Aufl. Leipzig.

MÜLLER, R.: Medizinische Mikrobiologie. 4. Aufl. München u. Berlin 1950.

NAUCK, E. G.: Tropenmedizin und Parasitologie. Bd. 69 von „Naturfg. u. Med.
in Deutschland 1939—1946". Wiesbaden 1949.

NEUMANN, R. O., u. M. MAYER: Atlas und Lehrbuch wichtiger tierischer Parasiten
und ihrer Überträger. München 1914.

NEVEU-LEMAIRE, M.: Traité d'Helminthologie médicale et vétérinaire. Paris
1936.

— Traité d'Entomologie médicale et vétérinaire. Paris 1938.

OELKERS, H. A.: Pharmakologische Grundlagen der Behandlung von Wurmkrankheiten. 3. Aufl. Leipzig 1950.

PFLUGFELDER, O.: Zooparasiten und die Reaktionen ihrer Wirtstiere. Jena 1950.

REICHENOW, E.: Grundriß der Protozoologie für Ärzte und Tierärzte. 2. Aufl.
Leipzig 1947.

— u. G. WÜLKER: Leitfaden zur Untersuchung der tierischen Parasiten des Menschen und der Haustiere. Leipzig 1929.

RODENWALDT, E. (Herausgeber): Weltatlas der Seuchenverbreitung und Seuchen-
bewegung. (In Bearbeitung.)

RUGE, R., P. MÜHLENS u. M. ZUR VERTH: Krankheiten und Hygiene der warmen
Länder. 5. Aufl. von P. MÜHLENS, E. NAUCK, H. VOGEL und H. RUGE. Leipzig
1942.

SCHMID, F., u. E. HIERONYMI: Diagnose und Bekämpfung der parasitären Krankheiten unserer Haustiere. 5. Aufl. Berlin 1949.

VON SCHMIDT, H.: Durch Insekten hervorgerufene Krankheiten. Stuttgart 1949.

SIMMONS, J. St., and C. J. GENTZKOW: Laboratory Methods of the U. S. Army.
5. Aufl. Philadelphia 1944 u. 1946.

SPREHN, C.: Lehrbuch der Helminthologie. Berlin 1932.

STEIN, R. O.: Die Fadenpilzerkrankungen des Menschen. 2. Aufl. München 1930.

STEINIGER, F., u. H. KREUL: Taschenbuch der Schädlingsbekämpfungsmittel.
Husum 1948.

STEMPELL, W.: Die tierischen Parasiten des Menschen. Jena 1938.

Stritt, F. R., P. W. Clouth u. S. E. Branham: Practical Bacteriology, Hematology and Parasitology. 10. Aufl. Philadelphia 1948.

Szidat, L., u. R. Wigand: Leitfaden der einheimischen Wurmkrankheiten des Menschen. Leipzig 1934.

Vogel, H.: Grundriß der Tropenkrankheiten. Stuttgart 1947.

Wenyon: Protozoology. London 1936.

Weyer, F.: Grundriß der medizinischen Entomologie. 2. Aufl. Leipzig 1948.

Wigand, R.: Therapie der Infektionen des Menschen durch Würmer in Mitteleuropa. 2. Aufl. Leipzig 1944.

Zeiss, H.: Seuchenatlas. Lfg. 1—8. Gotha 1942/44.

2. *Zeitschriften* (auch eingegangene).

Acta Tropica. Basel.

Annales de parasitologie. Paris.

Annals of Tropical Medicine and Parasitology. Liverpool.

Annual Review of Microbiology. Stanford (California).

Anzeiger für Schädlingskunde.

Archives de parasitologie. Paris.

Archiv für Schiffs- und Tropenhygiene, Pathologie und Therapie exotischer Krankheiten. Leipzig.

Bulletin de la Société de Pathologie exotique. Paris.

Bulletin de l'Institut Pasteur, Paris.

China Medical Journal. Shanghai.

Der Schädlingsbekämpfer. Braunschweig.

Desinfektion und Schädlingsbekämpfung. Freiburg i. Br.

Deutsche Tropenmedizinische Zeitschrift. Leipzig.

Documenta Neerlandica et Indonesia de Morbis Tropicis. Amsterdam.

Ergebnisse der Hygiene, Bakteriologie, Immunitätsforschung und experimentellen Therapie. Berlin.

Excerpta Medica. Section IV und VI. Amsterdam.

Helminthological Abstracts. Aberystwyth, Wales.

Indian Journal of Helminthology. Lucknow.

Indian Journal of Medical Research. Calcutta.

Journal of General Microbiology. Cambridge.

Journal of Helminthology. London.

Journal of Parasitology. New York.

Journal of the Malaria Institute of India. Calcutta.

Journal of the Medical Association of Formosa. Taihoku, Formosa.

Journal of Tropical Medicine and Hygiene. London.

Memorias do Instituto Oswaldo Cruz. Rio de Janeiro.

Merkblätter des Bernhard Nocht-Institutes für Schiffs- und Tropenkrankheiten in Hamburg. Leipzig.

Merkblätter für Medizinische Parasitologie. Stuttgart.

Parasitology. Cambridge.

Proceedings of the Fourth International Congress on Tropical Medicine and Malaria. 2 Bände. Washington 1948.

Review of Applied Entomology. London.

Revista Brasilera de Malariologia. Rio de Janeiro.

Rivista di Malariologia. Rom.

Schädlingsbekämpfung, Staufen i. Br.

The American Journal of Hygiene. Baltimore.

The American Journal of Tropical Medicine. Baltimore.

The Chinese Review of Tropical Medicine. Taiwan.
The Journal of Tropical Medicine and Hygiene. London.
Transactions of the Congresses of the Far Eastern Association of Tropical Medicine.
Transactions of the Royal Society of Tropical Medicine and Hygiene. London.
Tropenhygienische Schriftenreihe. Stuttgart.
Tropical Diseases Bulletin. London.
Zeitschrift für angewandte Entomologie. Berlin.
Zeitschrift für Hygiene und Infektionskrankheiten. Berlin.
Zeitschrift für hygienische Zoologie. Berlin.
Zeitschrift für Infektionskrankheiten, parasitäre Krankheiten und Hygiene der Haustiere. Berlin.
Zeitschrift für Parasitenkunde. Berlin, Göttingen, Heidelberg.
Zeitschrift für Tropenmedizin und Parasitologie. Stuttgart.
Zentralblatt für Bakteriologie, Parasitenkunde, Infektionskrankheiten und Hygiene. Jena.

Namenverzeichnis.

Sachverzeichnis.

Die mit einem * versehenen Seitenzahlen beziehen sich auf die Abbildungen. Sind bei einem Schlagwort mehrere Seitenzahlen angegeben, so findet sich nur bei der fettgedruckten Seitenzahl eine ausführliche Beschreibung.

Leipziger Druckhaus, Leipzig (M 115)
Gen.-Nr. 721/81/50.